U0320507

计算机技术开发与应用丛书

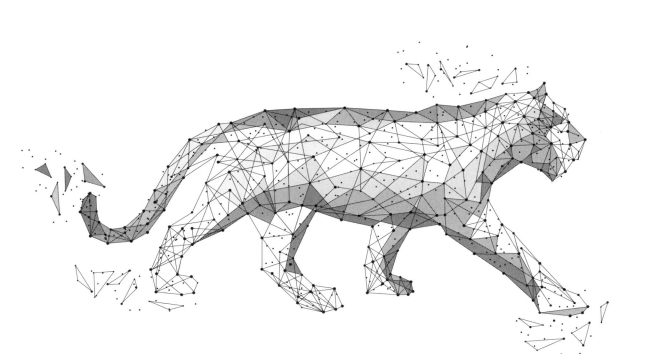

Flutter

组件详解与实战

[加] 王浩然（Bradley Wang）◎ 编著

清华大学出版社

北京

北京市版权局著作权合同登记号　图字：01-2021-7603

内 容 简 介

本书秉承 Flutter 框架"一切皆为组件"的核心设计思想，配合大量实例，系统且全面地介绍 Flutter 2.0 中各种组件。同时，穿插于全书的"Flutter 框架小知识"和"Dart Tips 语法小贴士"可帮助刚入门的读者迅速掌握框架和编程语言中必需的基础知识。

全书按照"由入门到精通"划分，又按功能板块细分，共分为 3 篇：基础篇（第 1～5 章）详细介绍基础布局、文字、图片、按钮、事件流、滚动列表等常用组件，既适合 Flutter 新手，也可帮助有一定经验的开发者查漏补遗；进阶篇（第 6～10 章）介绍更多与布局、动画、导航、人机交互、弹窗等功能相关的组件；扩展篇（第 11～15 章）重点介绍如 Sliver 机制、高效渲染、打破约束、自定义布局等难点。

本书既可作为 Flutter 的入门书籍，也可作为计算机软件从业人员的参考书。

图书在版编目（CIP）数据

Flutter 组件详解与实战/（加）王浩然（Bradley Wang）编著.—北京：清华大学出版社，2022.1
（计算机技术开发与应用丛书）
ISBN 978-7-302-59420-8

Ⅰ．①F…　Ⅱ．①王…　Ⅲ．①移动终端－应用程序－程序设计　Ⅳ．①TN929.53

中国版本图书馆 CIP 数据核字（2021）第 211269 号

责任编辑：赵佳霓
封面设计：吴　刚
责任校对：刘玉霞
责任印制：沈　露

出版发行：清华大学出版社
　　　　网　　　址：http://www.tup.com.cn, http://www.wqbook.com
　　　　地　　　址：北京清华大学学研大厦 A 座　　　邮　　编：100084
　　　　社 总 机：010-62770175　　　　　　　　　　邮　　购：010-83470235
　　　　投稿与读者服务：010-62776969, c-service@tup.tsinghua.edu.cn
　　　　质量反馈：010-62772015, zhiliang@tup.tsinghua.edu.cn
　　　　课件下载：http://www.tup.com.cn, 010-83470236
印　装　者：北京同文印刷有限责任公司
经　　销：全国新华书店
开　　本：186mm×240mm　　　印　张：29.5　　　　　字　　数：662 千字
版　　次：2022 年 2 月第 1 版　　　　　　　　　　　　印　　次：2022 年 2 月第 1 次印刷
印　　数：1～2000
定　　价：109.00 元

产品编号：089902-01

前 言
FOREWORD

Flutter 是谷歌公司推出的一款全新前端框架,主要用于移动应用程序(App)、网页及桌面应用程序的开发,可实现一份代码多端运行。Flutter 于 2021 年 3 月 3 日推出 2.0 正式版。同时,Ubuntu 操作系统宣布将 Flutter 作为其首选开发语言。

开发者在使用 Flutter 时主要通过由多个小组件(widgets)之间的相互配合与嵌套,构建出复杂的程序页面,因此对于刚入门的 Flutter 开发者而言,最迫切需要的就是增加 Flutter 组件知识的储备,以便在面对错综复杂的实战需求时,会选用最合适的组件。在谷歌公司的官方英文教程中,点击量最大、评论反响最好的也正是其"每周认识一个新组件"(Widgets of the Week)系列视频。

例如,Flutter 框架已内置一个 ReorderableListView 组件,借助它,短短几行代码就可以实现一个支持拖动排序且可动态加载的列表,然而刚入门的开发者可能并不知道它的存在,遇到类似的业务需求时,第一反应是自己动手做,但那样就需要多写很多代码,浪费时间不说,通常并不能写好,许多边界情况考虑不周,可谓"加班加点写 Bug",勤劳地为自己和团队挖了一个又一个坑。

本书针对这些"痛点",并以当今用户对程序界面和动画效果的高要求为出发点,秉承 Flutter 框架"一切皆为组件"的核心设计思想,向读者系统地介绍 Flutter 中各种组件,帮助广大开发者尽量避免"重复发明轮子"。在熟悉并掌握一定数量的 Flutter 组件后,开发者通常可在短时间内利用更少的代码实现更多的需求,轻松迭代出美观、流畅、友好、高效且符合原生系统风格的出色的应用程序。

本书分为基础篇、进阶篇与扩展篇 3 篇,并配有大量 Flutter 代码实例。读者既可以按顺序阅读全书,以增加和巩固自身的知识储备,也可先快速浏览并简单熟悉这些组件后,在实战或工作中遇到实际需求时再详细阅读相关章节。另外,有经验的开发者还可以通过本书附录中的索引迅速查询所有书中提及的 Flutter 组件。全书主要内容如下:

基础篇由第 1～5 章组成。其中,第 1 章介绍最基本的组件排版与布局概念;第 2 章详细介绍用于渲染文字和图片的组件;第 3 章讲解基础的文本框和按钮等组件;第 4 章介绍与异步操作、事件流及进度条相关的组件;第 5 章详细讲解大量与滚动列表相关的组件。由于这些都是 Flutter 框架中较为基础且常用的组件,因此本书这部分内容较为详细,涵盖了 40 个组件的全部属性和参数,并同时配有大量实战经验、技巧、实例等,既可帮助初学者打好基础,也适合有一定基础的 Flutter 开发者查漏补遗。

进阶篇由第 6～10 章组成。其中,第 6 章详细介绍 Flutter 的布局原理,尤其是尺寸约束方面的知识,建议仔细阅读并理解;第 7 章介绍一些简单的隐式动画组件,开发者借助这些组件,短短几行代码就能实现不错的动画效果;第 8 章介绍包括触碰、双击、平移、拖放、捏拉缩放及立体触控等与用户交互相关的组件;第 9 章和第 10 章介绍由 Overlay 主导的对话框、底部弹窗、导航器等功能组件,以及介绍 Flutter 程序根部组件的作用。

扩展篇由第 11～15 章组成。其中,第 11 章按照字母顺序,简单介绍大量 Material 风格和 Cupertino 风格的组件,以确保读者在实战中遇到类似需求时知道从合适的组件下手;第 12 章配合大量视频教材,全面介绍 Flutter 框架中与动画相关的知识,包括补间动画、交错动画、动画控制器及如何在实战中选择合适的动画组件等内容;第 13 章介绍 Sliver 机制,也就是 Flutter 框架中滚动组件的核心机制,可支持多种不同类型的滚动列表及顶部导航条的联动;第 14 章主要介绍投影、半透明、矩阵变形、模糊滤镜及裁剪边框等修饰性组件;第 15 章介绍与测量尺寸、提升性能、打破布局约束及深度自定义渲染相关的组件。掌握了这些知识后,相信读者一定会对 Flutter 框架有更深的理解。

最后,在此由衷感谢清华大学出版社赵佳霓编辑为本书提出的许多宝贵意见,并为图书出版付出的辛勤劳动;另外,还要感谢笔者的家人和朋友们,尤其是笔者的妻子,在疫情期间承担了大部分家务并悉心照料刚出生的宝宝,使笔者可以全身心投入写作。

由于笔者水平有限,且 Flutter 框架技术日新月异,书中难免存在不完善之处,望读者见谅。

王浩然

2021 年 10 月

本书源代码

目 录
CONTENTS

基 础 篇

进　阶　篇

扩　展　篇

基础篇

第1章

基础布局

1.1 什么是组件

组件(Widget,也常被译作控件或小部件等)是 Flutter 框架的基石。Flutter 作为现代的 UI 框架,从 React 框架获得灵感[①],通过定义一个个相对独立的小组件,再利用组件与组件之间的嵌套与配合,逐步搭建出复杂的用户界面。Flutter 框架自带了大量的组件,其中大部分组件主要负责渲染用户界面,例如文本框或图片等,也有一部分组件负责处理人机交互,例如触摸事件监听或识别拖放操作等,还有一些功能性组件,例如媒体查询组件等,可以获得当前设备的尺寸及屏幕亮度等信息。

在 Flutter 框架中,组件不可变(immutable),即一旦被创建就不可以再修改其中的内容,但通常一个应用程序在运行时会有不少动态内容需要随时改变,包括显示不同的数据,跳转页面,甚至动画等,因此每当程序内部数据发生改变或因动画效果而导致用户界面需要更新时,所有涉及的组件都会被摧毁并重制。Flutter 框架对组件摧毁和重制的过程优化到极致,所以并不需要过度担心性能问题。

以每次新建 Flutter 项目时自动生成的计数器程序为例,屏幕正中央有 2 个文本框,其中一个显示固定文案,译作"你已单击按钮这么多次",另一个则用数字显示用户究竟单击了多少次按钮。这里按钮指的就是程序右下角的那个悬浮按钮,用户单击后可观察到计数器加 1。读者应该对该程序并不陌生,运行效果如图 1-1 所示。

不考虑程序的总体页面结构,如导航条等,这个程序

图 1-1 新建 Flutter 项目时自动
生成的计数器程序

---

① https://flutter.dev/docs/development/ui/widgets-intro

至少有 3 个核心组件,分别为 2 个渲染文字的 Text 组件,以及 1 个悬浮按钮组件。它需要实现的功能是当用户单击按钮后改变第 2 个 Text 组件中的文本。在传统框架,如桌面开发、原生 App 开发或者不用框架的 JavaScript 中,常见思路是在"单击按钮"事件中编写代码,先修改存储数字的变量,再利用已知控件名,配合 findViewById 或者 getElementById 等办法找到负责渲染数字的那个控件,接着修改该控件的 .text 或者 .value 等属性,使其显示新的变量值,而 Flutter 框架则省去了后几步,在按钮单击事件中修改变量,之后可直接通过调用 setState 方法通知 Flutter 引擎"部分数据发生了变化,用户界面不一样了,请重新绘制"。整个过程不需要开发者具体说明是哪部分数据发生了变化,导致了哪些界面需要重绘。Flutter 引擎会刷新整个界面,通常在 1ms 内完成一切重绘。

本书先为读者介绍 3 个负责渲染界面的组件,分别是 FlutterLogo、PlaceHolder 和 Container 组件,以加深读者对组件和模块化布局的认识,同时也为以后的内容和概念打下基础。

1.1.1　FlutterLogo

FlutterLogo 组件,顾名思义,是一个专门用于渲染 Flutter 徽标的组件。常见于 Hello World 等演示程序,或者用于与 Flutter 密切相关的项目,例如宣传或介绍 Flutter 的网站,或者 Flutter 演示程序等。这个组件的使用方法比较简单,代码如下:

```
FlutterLogo(
    size: 100,
    style: FlutterLogoStyle.stacked,
)
```

1. 尺寸

FlutterLogo 组件的尺寸由 size 属性设置,默认值为 24.0,单位是逻辑像素。Flutter 框架中的尺寸或位置信息,例如高度、宽度等,一般都以逻辑像素作为单位。

 Flutter 框架小知识

逻辑像素是什么

大家一定非常熟悉像素的概念,即屏幕上一个个可以独立显示颜色的小点。例如在一块 1920×1080 像素的分辨率的屏幕上,水平方向有 1920 像素,垂直方向有 1080 像素。通过简单地相乘,可以得出这块屏幕约有 200 万像素。

随着屏幕制造工艺的改进和科技的发展,电子设备的分辨率越来越高,呈现出的画面越来越细腻,同时屏幕上的每个物理像素也变得越来越小。在同样的 6 英寸屏幕上,部分手机屏幕只有 200 万像素,但也有一些手机屏幕则会用到 800 万像素甚至更多。

由于每个物理像素的规格不同,在界面设计时像素不再是一种合理的单位。例如若将一个按钮的宽度设置为 500 像素,则在老式或低端的屏幕上或许能占 5cm,但在高清屏幕上由于像素密度高,500 像素可能只占不到 2cm,因此,Flutter 框架使用比较现代的"逻辑像素"概念,相当于安卓原生开发里的 display pixel 单位,或 iOS 原生开发里的 CGPoint 概念。运行时,Flutter 程序会根据当前的设备信息自动提供逻辑像素到物理像素的转换,最终提供统一的"每 38 像素约为 1cm"或"每英寸约 96 像素"的接口[①]。这样开发者在处理页面布局时,就不需要考虑不同设备屏幕的像素密度问题了。

同时这里值得一提的是,FlutterLogo 组件默认的尺寸 24.0 实际是由最近的上级 IconTheme 组件设置的,而 IconTheme 组件(图标主题)的主要作用就是设置各式 Icon 组件(图标)的默认尺寸和风格。本书将在第 2 章"文字与图片"中详细介绍这 2 个组件。

2. 样式

徽标样式可由 style 属性设置,即是否需要在徽标附近插入 Flutter 文字,以及文字的显示位置。这里的默认值是 FlutterLogoStyle.markOnly,即只显示徽标,不显示文字。其他可选值为 FlutterLogoStyle.horizontal 和 FlutterLogoStyle.stacked,分别将文字显示在徽标的右边和下边。

这里需要注意的是,这个组件的外形是一条边长由 size 属性定义的正方形。为了将内容保持在正方形的边框内,当需要显示 Flutter 字样时,即使 size 参数不变,徽标实际尺寸也会相应缩小,具体效果如图 1-2 所示。

图 1-2 FlutterLogo 的不同样式

3. 其他不常用属性

1) color 和 textColor

徽标的颜色由 color 属性设置,默认为蓝色。如果不方便使用蓝色(例如 App 本身就是蓝色背景等),推荐使用橙黄色、红色或靛蓝色。如果包括默认蓝色在内的这 4 种颜色都不合适,则推荐使用粉红色、紫色或者青色。这些是 Flutter 品牌使用的颜色[②]。

若前面通过 style 属性选择了需要显示 Flutter 文字,则还可以再借助 textColor 属性修改文字的颜色。在白色背景上,推荐使用颜色代码为 #616161 的中性灰。

2) duration 和 curve

由于 FlutterLogo 组件内置了隐式动画,当 size、style、color、textColor 这些属性值有变化时,该组件会自动触发渐变动画效果。这里 duration 属性负责控制动画时长,默认为 750ms,而 curve 属性负责动画曲线,默认为线性,即默认情况下该组件会在新值与旧值之间线性插入 750ms 的补帧动画效果。这里 duration 和 curve 属于隐式动画组件的常用属

---

① https://api.flutter.dev/flutter/dart-ui/Window/devicePixelRatio.html

② https://api.flutter.dev/flutter/material/FlutterLogo/colors.html

性,有兴趣的读者可参考第 7 章"过渡动画"中的相关内容。

1.1.2 Placeholder

软件开发的过程中经常会遇到一部分功能模块暂时还无法实现的情况,例如横幅广告等,但又需要在屏幕布局上为它们留下合适的空间,这时 Placeholder 组件就可以派上用场了。它可以方便开发者在屏幕上画出一个占位框,表示这块内容暂时还没完成。它的用法非常简单,基本代码如下:

```
Placeholder()
```

1. 常用属性

无。一般而言直接调用 Placeholder 组件不传任何参数就可以应付绝大多数场景了。一般而言,它会试图占满全部可用空间,如整个屏幕。实战中通常会用 Container 组件或 SizedBox 组件作为 Placeholder 组件的父级,以约束它的尺寸。关于 Container 组件和 SizedBox 组件的用法,会在本章后面小节详细介绍。

2. 不常用属性

1) fallbackWidth 和 fallbackHeight

前面提到 Placeholder 组件会尽量试图占满父级组件的全部可用空间,如全屏等,但如果父级组件某个维度的尺寸是"无边界"的,例如 Column 组件可以垂直排列多个组件,它在垂直方向(高度)就是无边界的(正无穷),此时 Placeholder 组件就会采用 fallbackWidth 和 fallbackHeight 所指定的宽度和高度,默认为 400 逻辑像素。这里 fallback 是"备用方案"的意思,因此若父级组件没有出现无边界的情况,则 Placeholder 组件会直接忽略这 2 个属性,在满足父级组件布局约束的前提下越大越好。例如,实战中需将 Placeholder 组件尺寸设置为 300×300 逻辑像素,应通过插入 SizedBox 父级组件直接干预 Placeholder 组件的尺寸,而不是设置这 2 个参数。

关于更多布局约束的内容,以及"无边界"等约束概念,读者可参考第 6 章"进阶布局"中的关于 ConstrainedBox 组件的相关内容。

2) strokeWidth 和 color

这 2 个属性负责定义 Placeholder 组件的样式。其中 strokeWidth 属性用于调整其边框和叉的粗细,默认为 2.0 单位(逻辑像素),而 color 则是定义它们的颜色,具体效果如图 1-3 所示。

Placeholder 组件的叉背后的留白部分实际上并非是由该组件渲染的,因此不受其属性控制。如果需要改变背景颜色,则可以考虑把 Placeholder 组件嵌套在一个 Container 组件里,再去修改 Container 组件的颜

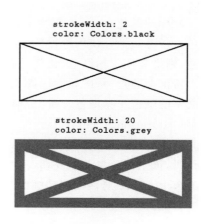

图 1-3 Placeholder 组件可调节渲染
颜色和粗细

色或其他修饰属性。

实战中,与其精心设计 Placeholder 组件的样式,不如抓紧时间把没完成的功能尽快开发出来,这样就可以尽早删掉 Placeholder 组件了。

1.1.3 Container

在 Flutter 框架中,若需对一个组件进行包装或修饰,则最直接的办法就是将它嵌套在一个容器组件内。Container 组件就是这样一个结合了定义尺寸、形状、背景颜色、间距、留白、装饰等多功能于一身的组件。虽然这些功能都有对应的组件,例如调节尺寸可以用 SizedBox 组件,设置间距可以用 Padding 组件,更改背景颜色可以用 DecoratedBox 组件,这些本书都会介绍到,但对于初学者而言,直接套用 Container 组件无疑是最简便且最容易记住的方式。对于有经验的开发者,适时使用 Container 组件也有助于在缩短代码量的同时增加代码的可读性。

除了包装和修饰其他组件之外,Container 组件也可以直接用来绘制图形或色块,代码如下:

```
Container(
    width: 200,
    height: 100,
    color: Colors.grey,
)
```

以上代码利用 width(宽度)、height(高度)和 color(颜色)3 个常用属性,定义了一个宽度为 200 逻辑像素、高度为 100 逻辑像素的灰色矩形,如图 1-4 所示。

1. 嵌套子组件

除了绘制图形外,Container 组件更常用于包装和修饰其他组件。开发者可借助其 child 参数传入另一个组件,以达成嵌套的效果。这里需要注意的是,如果嵌套的子组件的尺寸小于这个 Container 组件,则还需要通过传入 alignment(对齐)属性设置内部的小组件应该怎样

图 1-4 用 Container 组件绘制一个矩形色块

摆放,如居中、左上、右下等。如果没有传入 alignment 参数,则 Container 组件不会自动把 child 居中,而是会将 child 设置为自身尺寸。

例如上例中的灰色的 Container 组件可以使用 child 属性再嵌套一个黑色的 Container 组件,并在其中再次嵌套第 3 个白色的 Container 组件,并为它们分别设置对齐属性,代码如下:

```
//第 1 章/container_child.dart

Container(
    width: 200,
    height: 100,
```

```
    color: Colors.grey,                          //最外层的灰色 Container 组件
    alignment: Alignment.topLeft,                //子组件对齐方式：左上
    child: Container(
      width: 120,
      height: 80,
      color: Colors.black,                       //中间层的黑色 Container 组件
      alignment: Alignment.bottomCenter,         //子组件对齐方式：中下
      child: Container(
        width: 20,
        height: 40,
        color: Colors.white,                     //最内层的白色 Container 组件
      ),
    ),
)
```

运行效果如图 1-5 所示。

实战中，Container 组件也常用于为其他组件设置背景颜色。例如，可将之前介绍的
FlutterLogo 组件尺寸设置为 100 单位（高度和宽度均为 100 逻辑像素），并嵌套在
Container 组件内，再用 color 属性把 Container 组件设置为黑色，代码如下：

```
Container(
    color: Colors.black,
    child: FlutterLogo(size: 100),
)
```

运行效果如图 1-6 所示。

图 1-5　用 Container 组件嵌套的形式
修饰其他组件

图 1-6　用 Container 组件使 FlutterLogo 的
背景变成黑色

这里可以观察到 FlutterLogo 的背景变成了黑色（实际上是它的父级组件 Container 组
件的填充色），并且由于 FlutterLogo 的尺寸是 100 单位，从视觉效果上，可以推测此时
Container 组件的尺寸似乎也应该是 100 单位。

实际上，这个 Container 组件的尺寸确实是 100 单位。在没有设置 alignment 属性的情

况下,也没有刻意设置 Container 组件的高度和宽度时,它会尽量把自己的尺寸调节到 child 的尺寸,但若设置了 alignment 属性,它就不会这么做了。Container 组件自身尺寸的算法相对复杂,有兴趣的读者可参考本节末尾的"Flutter 框架小知识:Container 组件的尺寸究竟是怎么确定的?"。

由此可见,如果直接将一个组件嵌套在 Container 组件中,而不设置 Container 组件的任何属性,视觉上就不会有效果,因为这个 Container 组件的尺寸会匹配 child,且默认填充色为透明。

另外,Flutter 框架中还有大量其他组件也有 child 属性,一般用于嵌套另一个组件,与上述用法一致,本书之后的章节将不再详细介绍其他组件的 child 属性。

2. 常用属性

1) width 和 height

宽度和高度,类型为 double 小数,默认值为 null。用于设置 Container 组件的尺寸,单位是逻辑像素。

 Dart Tips 语法小贴士

Dart 空安全(null-safety)及遗留代码

上文提到 Container 组件尺寸属性的类型为 double,默认值是 null。考虑空安全,实际上 Container 组件的尺寸属性应是"double?"而不是 double 类,前者为"可空的小数"类型而后者为"不可空的小数"类型。在 2021 年 3 月 3 日发布的 Flutter 2.0 中,Flutter 开始默认采用支持空安全的 Dart 2.12 版,因此组件的可选参数都必须是可空类型,即可选的 color 参数需写为"Color?",可选的子组件应是"Widget?"类等。本书为了提高阅读流畅度,在提及 Dart 类型时尽量不添加问号,以免在阅读时引起不必要的断句障碍。

在 2021 年 3 月之前启动的 Flutter 项目可能还没有迁移至 Flutter 2.0 空安全,因此在那些项目代码中,任何类型都是可空的,如 int、bool、double 等,初始值都是 null,而不是很多编程语言里常见的 0、false 或者 0.0 等。在启用空安全之前,只有赋值定义如 int i = 0 时,其初始值才是 0,否则直接定义 int i 就相当于 int i = null,因此在旧代码中,若看到其他开发者写了 if(checked == true) 的时候,不要轻易地把它"简化"成 if(checked),因为空安全之前的 bool 有 3 种状态,因此上段代码的原作者可能是指 if(checked != false && checked != null),所以一定要仔细检查确认后再决定。

如果一个 Container 组件只被设置了尺寸,而没有用到其他的功能,如填充色或修饰属性等,也可以考虑直接使用 SizedBox 组件,在本章后面小节会介绍。

2) color

填充色,类型为 Color(可空颜色类,准确而言是"Color?"),当其值为 null 时则为透明,没有填充效果。通常在开发的过程中,为了看清 Container 组件的尺寸和位置,可以临时为它设置一些不透明或半透明的颜色,如 Colors. blue 蓝色或 Colors. red. withOpacity(0.5)

半透明的红色等,以便直观地观察和调整布局。

这里的填充色必须是单一的颜色,如需使用颜色渐变(有时也译作色彩梯度或颜色带),可以使用 decoration(修饰)属性。需要注意的是,颜色和修饰属性有冲突,如果使用decoration 属性,则这里的 color 属性必须为空(传入 null 或删掉不传)。

3) child

子组件,类型为 Widget。如果不传入,且没有定义 Container 组件的尺寸,则 Container组件会尽量占满父级组件的全部空间。例如,当父级组件也没有定义或约束尺寸时,它会占满整个屏幕。

Container 组件只支持嵌套一个子组件,如果需要传入多个组件,则可考虑使用Column、Row 或 Stack 组件。这些布局组件在实战中都比较常见,在本章后面小节也会依次介绍。

4) alignment

当子组件的尺寸小于 Container 组件时,开发者可利用 alignment 属性设置对齐方式。类型为 Alignment 类,构造函数为 Alignment(double x, double y),其中 x 和 y 分别对应横轴和纵轴方向的位置,取值范围为 [−1.0, 1.0]。横轴(x)方向 −1.0 表示最左边,1.0表示最右边,0.0 则坐落于正中间。纵轴(y)方向 −1.0 表示最顶部,1.0 表示最底部,例如从上到下 1/8 的位置就可以用 −0.25 表示。

Alignment 类型对常见的对齐场景已内置命名构造函数,方便开发者直接使用,以增加代码可读性。例如,左上对齐既可以用 Alignment(−1.0, −1.0) 表示,也可以直接用Alignment.topLeft 表示。

如果 child 属性为空,即没有子组件需要对齐,则 alignment 属性会被直接忽略。

5) margin 和 padding

间距留白和填充留白,分别指 Container 组件的"外部"和"内部"的空白部分。类型为EdgeInsets 类,基本的构造函数有 EdgeInsets.fromLTRB(double left, double top, doubleright, double bottom),即依次单独设置左、上、右、下这 4 个方向分别留白多少逻辑像素。如果 4 个数值相同,则可以使用 EdgeInsets.all(double value)同时设置 4 个方向的值。如果只需设置其中几个值,则可以使用 EdgeInsets.only()方法,传入需要设置的方向,省略的方向则自动为 0。

例如,可通过 margin 和 padding 属性修改一个 Container 组件的留白情况,代码如下:

```
//第 1 章/container_padding.dart

Container(
    color: Colors.black,
    child: Container(
        width: 100,
        height: 100,
```

```
        //设置"外部"间距留白,左边 16 单位,底部 8 单位
        margin: EdgeInsets.only(left: 16.0, bottom: 8.0),
        //设置"内部"填充留白,所有方向 16 单位
        padding: EdgeInsets.all(16.0),
        color: Colors.grey,
        alignment: Alignment.topLeft,
        child: Container(
            width: 50,
            height: 50,
            color: Colors.white,
        ),
    ),
)
```

运行效果如图 1-7 所示。

3．不常用属性

1）constraints

布局约束,可以传入 BoxConstraints 类型,约束其 child 组件的最大尺寸和最小尺寸,同时 Container 组件自身的尺寸也可能会受影响。有关 Flutter 布局约束和原理,以及该属性的具体用法和示例,读者可参考第 6 章"进阶布局"中介绍 ConstrainedBox 组件的内容。

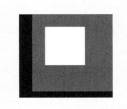

图 1-7　Container 的间距
留白和填充

实战中,若只需使用约束属性,而不需要使用 Container 组件的其他属性,则可考虑直接使用 ConstrainedBox 组件。实际上,Container 组件本身只是一个结合了各种其他组件于一身的"便利组件",它最主要的作用就是当一段代码需要同时使用大量布局组件时可减少嵌套的层数。

2）decoration

修饰属性是一个相对复杂的属性,可以包括形状、阴影、边框、渐变色填充等的修饰。修饰的效果会渲染在子组件 child 后面,作为背景。具体用法与 DecoratedBox 组件的同名属性相同,读者可参考第 14 章"渲染与特效"中关于 DecoratedBox 组件的内容。

由于本节介绍的 Container 组件本质是一个结合了定义尺寸、约束、形状、背景颜色、间距、填充、变形等功能于一身的组件,因此若只需用到修饰属性,则可直接使用 DecoratedBox 组件。

3）foregroundDecoration

前景修饰,同样是一个修饰属性,可以做到和 decoration 属性同样的效果,唯一的区别是修饰的效果会渲染在子组件 child 的前面,即 z 轴方向会叠加在 decoration（背景修饰）和 child（子组件）的上面。如果使用同样尺寸且不透明的修饰,则它可能会完全遮挡住 child 及背景修饰的内容。

例如,可结合 decoration 和 foregroundDecoration 两种修饰参数一同使用,代码如下：

```
//第 1 章/container_decoration.dart

Container(
    width: 100,
    height: 100,
    //背景修饰
    decoration: BoxDecoration(
      //从左到右,由黑色到灰色的渐变色
      gradient: LinearGradient(
        colors: [Colors.black, Colors.grey],
      ),
      //模糊阴影
      boxShadow: [BoxShadow(blurRadius: 10)],
    ),
    //子组件居中对齐
    alignment: Alignment.center,
    //子组件,白色正方形
    child: Container(
      color: Colors.white,
      width: 50,
      height: 50,
    ),
    //前景修饰
    foregroundDecoration: BoxDecoration(
      //半透明的灰色
      color: Colors.grey.withOpacity(0.5),
      //圆形
      shape: BoxShape.circle,
    ),
)
```

这段代码定义了渐变效果的背景方块,并添加了阴影效果。内部嵌入了白色的正方形 Container 作为子组件,最后利用前景修饰参数做出圆形半透明覆盖层,运行效果如图 1-8 所示。

4) clipBehavior

裁边行为,这是为 2018 年 6 月的一个 Flutter 框架改动引起的新概念[①]而新增的一个参数。该改动取消了默认渲染时的反锯齿(anti-aliasing),因为绝大部分情况下反锯齿并不会带来画质的提升,却会造成不必要的资源浪费。默认关闭反锯齿可以大幅增加 Flutter 渲染的性能,但因为 Container 组件可以通过 decoration 属性支持"斜"裁边(如三角形裁

图 1-8　Container 组件的背景
修饰与前景修饰

---

① https://groups.google.com/forum/#!topic/flutter-dev/XMHE0XdsXxI

边),如果裁边后锯齿严重,可以通过 clipBehavior 属性手动启用反锯齿。

除了 Container 组件外,不少其他支持裁剪效果的组件也都有 clipBehavior 属性,本书将不再单独介绍。关于锯齿现象及 clipBehavior 属性,可查阅第 14 章关于"裁剪边框"的内容。

5) transform

变形参数,可以接收一个 4×4 的矩阵,获得对三维物体的缩放、平移和旋转的描述,并在渲染 Container 时应用变形效果。三维物体的任意缩放、平移和旋转都可以通过一个 4×4 矩阵完成,14.1.5 节将做简单介绍很多其他的图形框架采用类似设计,因此矩阵的计算方法实际上并不属于 Flutter 框架的知识范畴。

例如利用一个适当的矩阵,可以对上例(图 1-8)中的 Container 做出 x 轴放大至 150%,y 轴缩小至 75%,并沿 z 轴方向旋转 45° 的变形效果。数学计算后得出,这样的变形需要以下矩阵:

$$\begin{bmatrix} 1.06 & -1.06 & 0.00 & 0.00 \\ 0.53 & 0.53 & 0.00 & 0.00 \\ 0.00 & 0.00 & 1.50 & 0.00 \\ 0.00 & 0.00 & 0.00 & 1.00 \end{bmatrix}$$

运行效果如图 1-9 所示。

图 1-9 利用矩阵达到变形效果

实战中,如果只需使用变形属性,则可以直接使用 Transform 组件。当 Container 组件的 transform 属性不为空时,它实际就在背后自动调用了 Transform 组件,因此读者也可参考第 14 章"渲染与特效"中关于 Transform 组件的介绍。

 Flutter 框架小知识

Container 组件的尺寸究竟是怎么确定的

简而言之,没有子组件(child 属性为空)的 Container 会尽量占满父级组件的全部可用空间,而有子组件的 Container 会尽量将自己与子组件的尺寸匹配。

具体情况如下:

(1) 在没有子组件(child:null)的情况下。

a. 首先综合父级约束及自身的 width、height、constraints 属性计算约束;

b. 如果最终计算出的约束有界,则尽量占满;

c. 如果最终计算出的约束无界,则尽量缩小。

(2) 在有 child 子组件的情况下。

a. 首先将父级约束及自身的 width、height、constraints 约束传递给 child;

b. 等 child 确定完尺寸后,Container 尽量缩小,以便匹配 child 尺寸;

c. 但若提供了 alignment 属性,则尽量放大,为对齐 child 创造条件;

d. 又若某维度的约束无界,则依然只能尽量缩小,以便匹配 child 尺寸。

（3）如果 Container 组件周围存在留白，则最终尺寸也可能受到影响。其中 margin 会直接增加 Container 组件的尺寸，而 padding 及 decoration 属性（若设置了边框修饰），仅在 Container 组件试图匹配 child 尺寸时额外增加尺寸。

综合起来也可以这样理解：没有 child 的 Container 组件，越大越好，除非约束无界；有 child 的 Container 组件，匹配 child，除非 child 要对齐。

举例说明：

（1）例如某无 child 的 Container 组件的父级组件是 Column，垂直方向无界，水平方向有边界（屏幕宽度），则该 Container 组件会选择高度为 0（无界时尽量缩小），宽度匹配屏幕宽度（有界时尽量占满）。由于高度为 0，该 Container 组件的面积为 0，肉眼不可见。

（2）假设上例中的 Container 组件新增了一个 child 组件，并提供了 alignment 属性要求居中，则 Container 组件在垂直方向匹配子组件的尺寸，在水平方向占满全部可用空间，再将子组件居中。

（3）若 Container 组件有子组件但未提供对齐方式，且各种尺寸属性皆为空，则 Container 组件会将父级组件的布局约束直接传达给子组件，当子组件确定尺寸后，Container 组件再将自身尺寸设置为子组件尺寸。

1.2 如何拆分布局

生活中看似复杂的排版与布局通常是由相对简单的小模块组合而成的。例如图 1-10（左图）这篇新闻概要的布局，可以大致拆分为图片、分割线、日期、间隔留白、标题、正文共 6 个模块，拆分结果如图 1-10（右图）所示。

图 1-10　一篇新闻概要可被拆分成 6 个模块

仔细观察不难发现，这 6 个模块从整体可以分为垂直排列的 3 组模块。如图 1-11 所示，由上到下，图片为第 1 组，分割线为第 2 组，而下面的日期、间隔留白、标题和正文，由于相互之间是水平方向排列的，在垂直方向只能统一归纳为第 3 组。

而图 1-11 中的相对复杂的第 3 组，虽然自身包括日期、间隔留白、标题和正文这 4 个模块，但由于最后 2 块（标题和正文）又是垂直方向排列的，因此水平方向只能继续拆成 3 组，

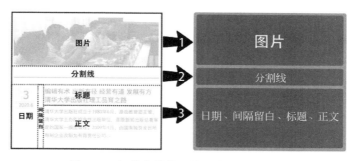

图 1-11　细分的模块可被垂直拆分为 3 组

分别为日期、间隔留白、标题与正文。

　　为了方便说明,这里将新闻概要的 6 个模块分别标注字母 A～F,如图 1-12(左图)所示。在布局时,这 6 个模块可被看作垂直方向排列 3 个模块(A、B、其他),其中第 3 个模块自身又嵌套了水平方向排列的 3 个模块(C、D、其他),而最终它的第 3 个模块又由垂直排列的 2 个模块(E、F)拼成。模块的布局和嵌套关系如图 1-12 所示。

图 1-12　新闻概要的 6 个模块和最终布局的对应关系

　　这样拆分布局,化繁为简的思路非常有用。通过建立和渲染一个个相对独立的小模块,再把小模块按照一定的布局方式排列与摆放,最终可构造出非常复杂且华丽的用户界面。

　　在 Flutter 里,Column 组件可以帮助开发者垂直排列多个子组件,而 Row 组件则可用于水平方向排列,因此,图 1-12(右图)中的最终布局直接对应以下伪代码:

```
Column[                    //垂直排列
    A(),
    B(),
    Row[                   //水平排列
        C(),
        D(),
        Column[            //垂直排列
            E(),
            F(),
        ]
    ],
]
```

1.2.1　Column

竖列(Column)可将多个子组件沿着垂直的"纵坐标轴"方向排列。由于它需要同时排列多个子组件,所以嵌套子组件的参数不是 child,而是复数形式 children,代码如下:

```
Column(
  children: [
    Container(width: 100, height: 30, color: Colors.grey),
    FlutterLogo(size: 30),
    Container(width: 100, height: 30, color: Colors.black),
    Container(width: 100, height: 30),
    Container(width: 100, height: 30, color: Colors.grey),
  ],
)
```

这样就可以把 5 个组件垂直排列在一个"竖列"中,运行效果如图 1-13 所示。

这里值得一提的是,上例 Column 的 5 个子组件中第 4 个是一个高度为 30 单位且无填充色的空白 Container 组件。实战中,页面布局设计可能经常需要在组件之间留白,而插入透明的组件是一种较为常见的思路。有经验的开发者通常会使用 SizedBox 组件而不是 Container 组件做到同样的视觉效果,因为前者可使程序运行更高效。SizedBox 组件实际上就是一个单纯负责设置尺寸的组件,且可以借助 Dart 语法中的 const 关键字进一步提升运行效率,具体用法可参考本章关于 SizedBox 组件的介绍。

图 1-13　借助 Column 组件垂直排列 5 个组件

1. 子组件的传入

不同于常见的 child 参数,这里的子组件由 children 参数接收一个"组件列表"类型,即一系列需要嵌在 Column 里面的子组件。通常情况下,Column 用于程序界面布局,如登录页面等,所以传入的子组件应该都是需要显示到屏幕上的,一般不希望出现"放不下"的情况。如果需要展示的内容不属于程序界面而属于业务逻辑内容的渲染,如产品列表、公司人员列表、财务清单等可能会出现几百甚至几万个元素,应该考虑使用 ListView 组件,而不是这里的 Column 组件。ListView 组件支持用户滑动翻页,具体用法可以参考第 5 章"列表和网格"的相关介绍。

2. 主轴和交叉轴

因为 Column 组件会将子组件依次垂直排列,所以垂直方向又称为"主轴"方向,而"交叉轴"方向是指与主轴成 90°直角的方向,因此 Column 组件的交叉轴是水平方向的。简而言之,因为 Column 组件把子组件"竖着排列",所以它的主轴就是"竖着的",而它的交叉轴就是"横着的"。

1）mainAxisSize 属性

主轴尺寸是指 Column 组件在主轴方向（垂直方向）所占的空间。传入类型为 MainAxisSize，默认值是 MainAxisSize. max（尽量大），例如可通过这个属性将其设置成 MainAxisSize. min（尽量小）。默认情况下，Column 组件在不打破父级组件尺寸约束的前提下，会在主轴方向尽量多占空间，例如填满全屏幕的高度，如图 1-14（左图）所示，但如果传入 MainAxisSize. min，则会使 Column 缩至子组件高度的总和，运行效果如图 1-14（右图）所示。图中灰色部分为 Column 组件的背景色，以方便观察它们所占的空间。

程序运行时，Column 组件会根据其父级约束及其 children 的总尺寸，配合 mainAxisSize 属性，最终确定自身尺寸。当全部子组件尺寸相加后依然低于父级组件提供的最大可用空间时，该属性就可以决定 Column 组件是否应该将剩余的空间占满。

这里需要注意的是，Flutter 组件在布局的过程中一般不会违背父级约束。例如当 Column 组件的父级组件是一个尺寸为 300×300 单位的 Container 组件时，则该 Column 组件自身尺寸一定也会是 300×300 单位，因此这里的 mainAxisSize 属性就无法生效。换言之，即使将主轴尺寸设置为"尽量小"，Column 组件若受到父级约束的最小尺寸限制，则它排列完 children 后仍可能会有剩余空间。反之，若 children 参数传入的子组件数量过多，或者高度总和过大，即使将主轴尺寸设置为"尽量大"，Column 组件依然会在排列完后没有剩余空间。更进一步，如果 Column 组件的高度不足以安放所有子组件，就会在运行时渲染"溢出"的黑黄色警戒线效果，如图 1-15 所示，提醒开发者注意调整布局。

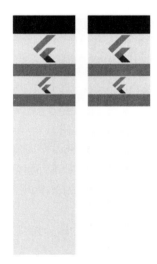
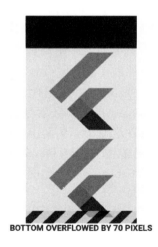

图 1-14　Column 组件的主轴尺寸属性　　图 1-15　提示 Column 组件底部溢出 70 像素

此类"溢出警戒线"只会在调试模式（Debug Mode）出现。正式发布版（Release）的 Flutter 程序不应出现溢出提示，而是直接裁剪掉溢出的部分不予显示，并且不报错。

2）mainAxisAlignment 属性

主轴对齐方式，需要传入的类型为 MainAxisAlignment 类，默认为 MainAxisAlignment. start，即沿主轴起始位置摆放。在垂直排列的 Column 组件里，起始位置一般为顶部，如图 1-16（左图）所示。若需将子组件沿主轴末尾位置摆放，则可通过传入 MainAxisAlignment. end 实现，如图 1-16（中图）所示。如需居中摆放，则可传入 MainAxisAlignment. center，如图 1-16（右图）所示。

除了主轴的起始、中间、末尾 3 个位置外，Column 组件还提供了另外 3 种可自动插入留白的对齐方式，分别是 spaceBetween（在相邻的子组件之间插入空白，但不在第一个和最后一个子组件外围插入留白）、spaceEvenly（在子组件周围统一插入留白）、spaceAround（在相邻的子组件之间插入留白，并在第一个和最后一个子组件外围插入一半的留白）。图 1-17 从左到右依次展示了 spaceBetween、spaceEvenly 和 spaceAround 的效果。

图 1-16　主轴对齐中 3 种不留白的效果

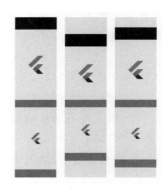

图 1-17　主轴对齐中 3 种留白的效果

若主轴排列完所有子组件后并没有出现剩余空间，则这里的对齐就没有效果。如需要在 Column 组件的任意特定位置设置固定留白，则可以通过在 children 属性中插入透明的 Container 组件或 SizedBox 组件实现。

3）crossAxisAlignment 属性

交叉轴对齐方式，默认为居中对齐，即 CrossAxisAlignment. center。如果需要向左或者向右对齐，则可以通过传入 start 和 end 设置。图 1-18 从左到右依次展示了 CrossAxisAlignment. center（中间）、CrossAxisAlignment. start（起始）和 CrossAxisAlignment. end（结束）的效果。

除了以上 3 种交叉轴对齐方式外，Flutter 还提供了 stretch 和 baseline 这 2 种对齐选项。前者要求子组件在宽度上尽量拉伸，以填满整个父级组件的最大约束。例如，实战中可通过它实现"所有按钮宽度一致"的效果。后者则是按照子组件文字的基准线对齐。这是 Column 组件由父类 Flex 组件继承而来的属性，一般实战中不会在 Column 组件中使用。

3. 垂直方向

垂直方向（verticalDirection 属性）是指子组件的排列顺序，默认为从上到下进行排列，即 VerticalDirection. down 方向。如果有必要,则可以通过 VerticalDirection. up 在运行时反转子组件的顺序。图 1-19 分别展示了默认的排列方向及反转后的运行效果。

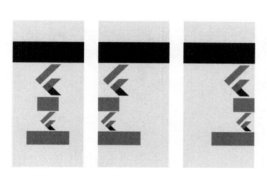

图 1-18　交叉轴的 3 种不同对齐方式

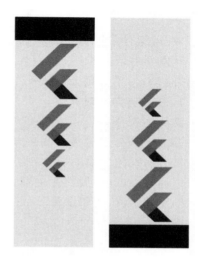

图 1-19　左边为默认情况,右边以
"从下到上"的顺序排列

这个属性使用率不高,因为 Column 组件主要用于渲染用户界面元素,而不用于显示诸如货物清单等逻辑业务元素,因此 Column 内部子组件的顺序通常在设计和开发时就已经确定了,不太需要通过该属性在运行时调整顺序。

1. 2. 2　Row

当需要将多个组件沿水平方向并列显示时,就可以使用负责横排的 Row 组件。这与 1.2.1 节介绍的竖排 Column 组件大同小异,主要区别是主轴和交叉轴方向互相交换。

因为 Row 组件会将子组件依次水平排列,所以它的"主轴"就是水平方向,因此,主轴尺寸是指 Row 组件在水平方向所占的空间,主轴对齐是指水平方向的对齐,而与之相对的"交叉轴"的对齐参数就可以用于改变垂直方向的对齐方式。

1. 2. 3　Wrap

虽然 Column 组件和 Row 组件都非常适合将子组件沿着某一轴依次排列,但是当遇到子组件较多的情况时,它们很容易因为空间不足而造成溢出。此时或许可以考虑使用 Wrap 组件,代码如下:

```
Wrap(
  children: [
    FlutterLogo(),
```

```
      FlutterLogo(),
   ],
 )
```

Wrap 组件的默认行为和 Row 组件非常相似,将子组件从左到右依次排列,但当空间不足时,Row 组件会溢出,而 Wrap 组件则会自动换行,如图 1-20 所示。

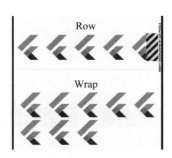

图 1-20　溢出的 Row 组件和自动换行的 Wrap 组件

1. 主轴方向与对齐

默认情况下,Wrap 组件的主轴是水平方向的,与 Row 组件相似。通过传入 direction：Axis. vertical 可将其主轴方向设置为垂直方向,类似 Column 组件。此外还可以通过 spacing 属性在主轴方向为每个子组件之间插入固定的留白,例如设置 spacing：10. 0 表示 children 之间需插入 10 单位的留白。

设置好主轴方向后,交叉轴就自然确定了。开发者接着可以使用 alignment 和 crossAxisAlignment 这 2 个属性分别设置主轴和交叉轴方向的对齐方式,用法与 Row 组件和 Column 组件大同小异。例如,可通过传入 alignment：WrapAlignment. center 使 Wrap 的 children 在主轴方向居中。

2. Run

Wrap 组件沿着主轴方向依次排列子组件,当空间不足时便会另起一行或一列。它的每行(或列)被称作为一个 Run。当出现多个 Run 时,它们之间的留白可由 runSpacing 属性控制。另外,这些 Run 在 Wrap 组件内的对齐方式也可以由 runAlignment 属性设置。

这里需要注意的是,只有当 Wrap 自身尺寸足够大时才可以观察到 runAlignment 不同值的区别。例如一个水平方向的 Wrap 组件共有 2 行,每行高度均为 100 单位,且这 2 行之间按照 runSpacing 设置了 10 单位留白,则总占高为 210 单位。默认情况下 Wrap 的自身尺寸会匹配其内容,故此时 Wrap 的高度也是 210 单位。这样无论怎样通过 runAlignment 属性修改 Run 之间的对齐方式,都不会观察到效果。假设 Wrap 的自身高度比较宽裕(如可在其父级插入 Container 或 SizedBox 修改其高度),那么通过 runAlignment：WrapAlignment. end 就可以将这 2 行显示在 Wrap 的底部。

1. 2. 4　Stack

除了前面介绍的 Column 和 Row 组件都可以将一系列子组件由一个方向依次摆放外,在布局中还有一种较为常见的情况,就是叠放。例如,在图片上加水印、在用户头像加上一对猫耳朵、把 54 张扑克牌的图片叠在一起变成一副牌等。

Stack 就是一个可将子组件叠在一起显示的容器组件。由于它需要同时叠放多个子组件,所以传入子组件的属性不是 child,而是复数形式 children,代码如下:

```
Stack(
    children: [
        FlutterLogo(size: 100),
        FlutterLogo(size: 50),
    ],
)
```

这样就可以把 2 个 FlutterLogo 组件叠放在一起,运行效果如图 1-21 所示。

1. 布局算法

仔细观察上例不难发现,对于不同尺寸的组件,Stack 默认将它们沿着左上角对齐。实战中一般需要精确地控制叠放的位置,这就涉及 Stack 的组件布局算法了,但在此之前,不得不先提一个与 Stack 密切相关的组件:Positioned。实际上,Stack 里的子组件在布局时会被分为"有位置"和"无位置"这 2 大类,而其中"有位置"特指被 Positioned 包裹的子组件。

图 1-21　用 Stack 将 2 个 FluterLogo 组件叠放显示

布局时,Stack 首先会找到所有"无位置"的子组件,并向它们传入 fit 属性所设置的布局约束,如"不超过父级组件尺寸"等,允许它们一定程度内自由选择自身的尺寸,并让它们依次汇报最终确定的尺寸结果。在得到全部"无位置"子组件所确定的最终尺寸后,Stack 会把自身尺寸匹配到其中最大的子组件的尺寸,再把其他(可能同等尺寸,或者较小)的子组件按照 alignment 属性设置的对齐方式摆放。如果没有设置对齐方式,则默认为左上角(在从右到左阅读习惯的设备上默认为右上角)。如果 Stack 里不存在"无位置"的子组件,即全部子组件都是 Positioned 组件,则 Stack 会尽量将自身尺寸设置为父级布局约束所允许的最大尺寸,为对齐 children 创造条件。

一旦全部"无位置"的子组件都安置到位,同时 Stack 自身尺寸也确定完毕后,接下来就可以安排"有位置"的 Positioned 子组件了。具体布局算法将在 1.2.5 节介绍 Positioned 组件时详细讲解。

1) fit 属性

尺寸适配属性用于控制 Stack 如何将自己的父级组件的尺寸约束传达给"无位置"的子组件,类型是 StackFit,默认值是 StackFit.loose(宽松)。例如,某 Stack 的父级组件要求 Stack 的尺寸为 $200 \times 200 \sim 500 \times 500$ 单位,在默认的宽松状态下,Stack 可以允许其 children 在不违背父级约束的前提下,自由选择尺寸,即可在 $0 \times 0 \sim 500 \times 500$ 单位任意选择。相反,如果传入 fit:StackFit.expand(扩张),则 Stack 会要求所有"无位置"的 children 必须占满父级约束的最大空间,即尺寸必须为 500×500 单位。最后,当传入 StackFit.passthrough(穿透)时,Stack 会将自己父级组件的尺寸约束直接传给子组件,即保持原有的 $200 \times 200 \sim 500 \times 500$ 单位的约束。这些"尺寸约束"的内容相对复杂,初学者也可等阅读完

第 6 章"进阶布局"后再来回顾这部分内容。

有些初学者容易误认为 fit 属性用于控制 Stack 的尺寸,StackFit. expand 似乎是让 Stack 自身"扩张"到最大尺寸。实际上,fit 属性只是帮助约束 Stack 中"无位置"的那些子组件的尺寸。前面提到,在布局的过程中,Stack 最终会将自身尺寸适配到"无位置"子组件中的最大的那个,因此,当这里 fit 参数被设置为 StackFit. expand 时,实际上是 Stack 要求了"无位置"子组件尽量放大,自己再适配变大后的子组件,看起来就好像是 Stack 自身尺寸直接变大,但实际上 Stack 自身尺寸变大只是子组件变大后的一个副作用。

2) alignment 属性

如果子组件的尺寸小于 Stack 本身,alignment 属性可用来指定对齐方式。类型为 Alignment 类,需同时指定水平和垂直 2 个维度的对齐,如 Alignment. topCenter 等。对此不熟悉的读者可参考本章之前 Container 组件中同名属性的相关介绍。

这里需要指出的是,如果子组件已经使用了 Positioned 对齐,但没有设置完整,则默认的维度依然会按照这里 alignment 属性所设置的方式对齐。例如,这里通过 Positioned 组件要求底边留白 10 单位,而不特别说明水平方向的对齐情况,代码如下:

```
Stack(
    alignment: Alignment.topRight,        //将默认对齐方式修改为右上
    children: [
      FlutterLogo(size: 100),
      Positioned(
        bottom: 10,                        //要求底边留白 10 单位
        child: Container(
          width: 40,
          height: 40,
          color: Colors.grey,
        ),
      ),
    ],
)
```

上述代码中,若不设置 alignment 属性,则 Stack 依然会按照默认的左上对齐,再遵循 Positioned 对底边(垂直方向)的要求,将组件绘制在左下角,并与底边保留 10 单位的空白,如图 1-22(a)所示,但因为上述代码通过 alignment 属性修改了默认对齐方式为右上,实际运行时再结合底边留白 10 单位的要求,最终 Positioned 的叠放位置就会变成右下角,如图 1-22(b)所示。

2. 叠放次序

Stack 在渲染时会将子组件按照 children 属性里的列表顺序依次绘制并覆盖叠放,因此列表里第一个组件会首先被绘制,于是出现在

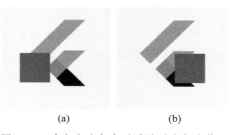

(a)   (b)

图 1-22　确定底边留白后默认对齐仍有作用

最底层,容易被其他组件覆盖,而列表里最后一个组件则会被绘制到最顶层,可能遮住其他组件,但自身不会被 Stack 中的其他子组件遮挡。

3. 溢出

默认情况下,溢出 Stack 尺寸边界的子组件会被裁剪,不予显示。这一行为是由 clipBehavior 属性控制的,默认为 Clip. hardEdge,即迅速地裁剪(不启用抗锯齿)多余部分。若需显示溢出的组件,则开发者可将 clipBehavior 的属性修改为 Clip. none,要求不裁剪,代码如下:

```
Container(
    //将 Stack 的尺寸限制为 200×200,并设置为灰色背景以方便观察
    width: 200,
    height: 200,
    color: Colors.grey,
    child: Stack(
        clipBehavior: Clip.none,                    //不裁剪
        children: [
            Positioned(
                top: −25,
                left: −50,
                child: FlutterLogo(size: 100),
            ),
        ],
    ),
)
```

图 1-23 展示了子组件溢出部分"裁剪"(图(a))和"不裁剪"(图(b))的区别。

这里需要注意的是,虽然溢出 Stack 的内容可以通过修改裁剪行为绘制出来,但这些区域依然不会被算作触摸手势的识别范围。例如某个按钮一半在内一半在外,则只有在 Stack 范围内的那半个按钮可响应用户的单击事件。Flutter 框架的这部分行为目前稍有争议[①],也许未来某个 Flutter 版本中会改变,但就目前来讲,如果溢

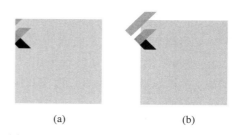

(a)　　　　　　(b)

图 1-23　Stack 子组件溢出部分的裁剪行为

出的组件是如按钮等需要用户交互的界面元素,则一定要注意测试这一行为,或者尽量想办法通过更好地设置 Stack 本身尺寸避免出现子组件溢出。

另外,读者可能会在一些旧版本的 Flutter 代码中见到 Stack 组件的 Overflow 属性,包括 Overflow. clip(裁边)与 Overflow. visible(可见)这 2 种值。这是旧版本的遗留属性,用于设置同样的行为,但也可能会在未来版本中被移除,因此目前推荐使用这里介绍的

① https://github.com/flutter/flutter/issues/19445

clipBehavior 属性。

1.2.5　Positioned

若需要精确控制若干个子组件在 Stack 中的位置,则开发者可选用 Positioned 组件,而 1.2.4 节也提到过,Stack 在布局时会将 children 参数中的子组件分为二大类,一类是"有位置"的子组件,即 Positioned 组件,另一类是"无位置"的其他组件。由此可见 Positioned 和 Stack 两个组件紧密相连。使用时,Positioned 组件一般直接作为 Stack 组件的子级,不再在二者之间插入其他组件,而真正需要渲染的子组件应通过 Positioned 的 child 属性嵌入,作为 Positioned 的子级。

1. top、bottom、left、right 属性

上、下、左、右属性分别由 top、bottom、left、right 这 4 个参数设置,用于控制 Positioned 的子组件在 Stack 容器内的位置,类型为小数,单位是逻辑像素。例如,top: 16.0 表示上级 Stack 应将该 Positioned 的子组件沿其顶部对齐,并留白 16 逻辑像素,而 bottom: 8.0 则会使 Stack 沿其底部对齐,并留出 8 单位的空白。

当 top 和 bottom 同时传入时,会迫使 Positioned 的 child 的高度约束至相应的高度。例如当 Stack 的尺寸为 300×300 单位时,同时传入 top 和 bottom 为 10 单位,则会迫使子组件的高度占满中间的 280 单位。

同样地,left 和 right 用于设置水平方向的对齐方式和留白。单独传入时,会使子组件自动对齐在 Stack 的左边或右边,若同时传入则会额外增加对其子组件的约束,间接设置了它的宽度。

实战中通常不必同时使用这 4 个参数。例如当需要布局在 Stack 的左上角时,一般选择传入 top 和 left 这 2 个参数,而当需要沿右下角对齐时,可直接传入 bottom 和 right 这 2 个参数。当横轴和纵轴方向其中某个维度没有传入相关参数时,Stack 会依照自身的 alignment 属性值处理默认的维度。

当 2 个维度都没有传入任何参数时,即 Positioned 全部位置属性(包括上述 4 个属性和下面要介绍的 width 和 height 属性)都为空时,Stack 不会再把这个组件当作"有位置"的组件,而是直接当成 Positioned 不存在,对其子组件按照"无位置"方式处理。这一行为是由于 Positioned 本质属于 Flutter 框架中的 ParentDataWidget 类型的组件,本质目的是为父级组件提供数据。当它的属性皆为空时,也就不存在数据了。本书由于篇幅限制不再展开讨论,对此有兴趣的读者可自行探索相关知识。

2. width 和 height 属性

除了前面介绍的 top、bottom、left、right 以外,开发者还可以直接通过传入宽度(width)和高度(height)参数约束子组件的尺寸。例如,当传入 top: 20 和 height: 50 时,Stack 会沿顶部对齐,留白 20 单位,并把子组件的高度约束至 50 单位。Stack 的高度若超过 70 单位,即底部若还有剩余空间,则会留白;若 Stack 的高度低于 70 单位,则会发生溢出,这时 Stack 的 clipBehavior 参数可用于决定是否对溢出部分进行裁剪。

值得一提的是，同一维度的 3 个属性（横轴 left、right、width 属性，以及纵轴 top、bottom、height 属性）最多只可以传入 2 个，否则会产生运行时错误。

作为总结，这里提供一个较完整的示例，核心部分代码如下：

```
//第 1 章/positioned_example.dart

Container(
  width: 200,
  height: 200,
  color: Colors.grey[200],
  child: Stack(
    children: [
      Positioned(
        //左上对齐,利用 width 和 height 设置子组件尺寸
        left: 20,
        top: 20,
        width: 50,
        height: 50,
        child: FlutterLogo(),
      ),
      Positioned(
        //左下对齐,子组件默认尺寸
        left: 20,
        bottom: 20,
        child: FlutterLogo(),
      ),
      Positioned(
        //右上对齐,子组件默认尺寸
        right: 20,
        top: 20,
        child: FlutterLogo(),
      ),
      Positioned(
        //通过同时设置上、下、左、右来约束子组件的尺寸
        left: 100,
        right: 20,
        top: 100,
        bottom: 20,
        child: FlutterLogo(),
      ),
    ],
  ),
)
```

这个示例展示了 Positioned 组件中 2 个维度共 6 种不同参数的使用方式，均可用于指定子组件在 Stack 中的位置及尺寸。程序运行效果如图 1-24 所示。

另外，Stack 和 Positioned 配合并不一定可以满足一切布局需求。例如，假设布局时需

要将若干个子组件斜沿对角线排列,如图 1-25 所示,此种情况不太容易通过 Stack 实现。

图 1-24　Positioned 组件中的 6 种参数
　　　　 的用法展示

图 1-25　Stack 和 Positioned 不容易
　　　　 做出这种效果

这里的主要问题是 Stack 和 Positioned 组件无法在不确定每个子组件尺寸的前提下,正确设置 top 和 left 等属性值。当然,如果每个子组件的尺寸都是已知的,则在实战中也可以通过简单计算直接得出需要的留白距离,但若无法提前确定每个子组件的尺寸,且需要根据它们的实际尺寸动态调整布局,则可以考虑使用 CustomMultiChildLayout 组件,读者可参考第 15 章"深入布局"中的相关介绍与实例。

1.3　组件尺寸和位置

界面布局中时常需要设置和调整组件的尺寸与位置,这时就需要一些能控制尺寸和位置的组件。其实之前介绍的 Container 组件就可以通过 width、height 和 constraint 属性约束自身和子组件的尺寸,也可以通过 alignment 属性调整子组件相对于自身的位置。实际上,Container 本身只是一个结合了各种常见组件于一身的"便利型组件",有点类似编程语言中"语法糖"的作用。当只需使用 Container 提供的一个或几个功能时,通常也可以直接使用相应的组件,这样代码阅读起来更直观,且程序运行时也会稍微高效些。

1.3.1　SizedBox

自定义组件的尺寸时,较为常见的办法是直接通过 SizedBox 组件设置其宽度和高度。当该组件的 width 或 height 属性不为空时,SizedBox 会将其父级约束变为紧约束,以促使 SizedBox 的 child 渲染成指定的尺寸,代码如下:

```
SizedBox(
  width: 50,
  height: 50,
  child: FlutterLogo(),
)
```

运行时可得到一个尺寸为 50×50 单位的 Flutter 图标,图略。

没有子组件的 SizedBox 也很有用。例如,需要在某片区域插入固定大小的留白,就可以直接将 SizedBox 的尺寸设置为需要的大小,以渲染出一个空白。另外实战中也常借助空白的 SizedBox() 来满足一个返回 Widget 类型的函数,有点类似于返回空字符串("")的思路,代码如下:

```
return _show ? FlutterLogo() : const SizedBox();
```

这样就可以通过 _show 变量,在运行时判断是否应显示 FlutterLogo 组件,或显示一个空白的 SizedBox 组件。若显示后者,既没有内容,也不占地方,这样就实现了将 FlutterLogo 隐藏的效果。

Dart Tips 语法小贴士

const 关键字

细心的读者会发现,上例中 SizedBox 代码前有一个 const 关键字。Dart 语法里的 const 关键字表示“编译时常量”,即不需要程序开始运行,就已经可以提前确定好的值。这类值可在编译时确定,且在任何时候都不会改变,因此可以节约少量运行时的性能开支。

在 Flutter 中,如果一个组件的构造函数所接收的所有参数都为编译时常量,则这个组件本身也可以通过 const 关键字标注为常量,以小幅提升性能,因此实战中若需要插入留白,则使用 const SizedBox() 是较为高效的方式。

1. width 和 height 属性

SizedBox 组件最常用的功能就是通过 width 和 height 属性设置宽度和高度。它们可以接收任意满足父级约束范围内的值,并将自身和子组件尽量设置到相应尺寸。若宽度或高度为空,则 SizedBox 会直接将父级约束转达给自己的子组件。

如果想要尽量占满全部可用空间,则可以传入 double.infinity(正无穷)。例如,可制作一个高度为 50 单位,但宽度要求占满全屏的 Placeholder 组件,代码如下:

```
const SizedBox(
  width: double.infinity,
  height: 50,
  child: Placeholder(),
)
```

运行效果如图 1-26 所示。

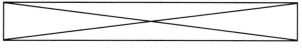

图 1-26　宽度占满全屏的 Placeholder

由此可见,即使传入的宽度为正无穷,最终 SizedBox 及 Placeholder 并没有真的无穷大。这是由于程序自身会被设备的屏幕尺寸所约束。例如某款手机的屏幕宽度为 414 逻辑像素,则无论怎样用 SizedBox 或其他办法设置组件的宽度,都无法让组件渲染到屏幕之外,因此若把上例中 width 属性从正无穷修改为 500 或 415,则在上述设备运行时的效果都是一样的:宽度会被修正为屏幕宽度,即 414 单位。

为了直观地演示 Flutter 布局中"尺寸无法违背父级约束"这一原理,这里使用 Container、SizedBox 和 FlutterLogo 这 3 个组件举例,代码如下:

```
Container(
    width: 400,
    height: 400,
    color: Colors.grey,
    child: SizedBox(
        width: 200,
        height: 200,
        child: FlutterLogo(),
    ),
)
```

上述代码定义了一个 400 × 400 单位的灰色 Container,内置一个 200×200 单位的 SizedBox,并最后嵌套一个 FlutterLogo 组件。运行后可观察到一个 400×400 单位的 Flutter 徽标,如图 1-27 所示。

这是因为 SizedBox 组件所设置的是 200×200 单位的尺寸,无法满足其父级 Container 组件要求的 400×400 单位尺寸,因此被修正为 400×400 单位,于是 FlutterLogo 组件最终受到的约束也是 400×400 单位。由此可见,布局时父级约束的优先级是高于组件本身所设置的尺寸的,过大或过小都会被自动纠正。关于 Flutter 布局原理,在第 6 章"进阶布局"中有更详细的介绍。

图 1-27 SizedBox 所设置的宽度和高度并没有被采纳

2. 子组件

SizedBox 的子组件通过 child 参数传入。当存在子组件时,SizedBox 会尽量约束子组件的尺寸,当子组件不存在时,SizedBox 也会将自身尺寸调整到设定的值,占据应有的空间但不绘制任何可见的元素。这一点在实战中非常有用,例如可在 Column 或 Row 内插入空白,代码如下:

```
Row(
    children: [
        FlutterLogo(),
```

```
    const SizedBox(width: 20),
    FlutterLogo(),
    FlutterLogo(),
  ],
)
```

　　这里使用了 3 个 FlutterLogo 组件,并在第 1
个与第 2 个之间插入了一个宽度为 20 单位的
SizedBox 组件作为留白,以隔开相邻的两个组
件,运行效果如图 1-28 所示。

　　上例通过一个宽度不为 0 的 SizedBox 组件,
实现在 Row 的指定位置插入留白效果。同理,
如需要在 Column 指定位置插入留白,则应设置
SizedBox 的高度属性。

图 1-28　通过 SizedBox 在 Row 指定
位置插入空白

1.3.2　Align

　　负责对齐的 Align 组件其实有 2 个用途。首先最常见的用途就是决定其子组件的对齐
方式,而相对比较小众的功能,是可以把自身尺寸调整到子组件的若干倍,例如将 Align 组
件本身尺寸设置为其 child 尺寸的 1.5 倍等。

1. 对齐方式

　　在设置子组件的对齐方式时,Align 组件与上文介绍的 Container 组件用法一致,通过
alignment 参数传入对齐方式即可,代码如下:

```
Align(
  alignment: Alignment( - 0.5, 1.0),
  child: FlutterLogo(),
)
```

　　Align 组件的 alignment 属性默认值为居中。一般常用的有以下 2 种赋值方法:

　　第 1 种方法是之前在 Container 部分所介绍过的,传入 Alignment 类,也是 Flutter 团
队目前的推荐做法。构造函数为 Alignment(double x, double y),其中 x 和 y 分别对应横
轴和纵轴方向的位置,常用取值范围为 $[-1.0, 1.0]$。横轴方向 x,-1.0 表示最左边,1.0
表示最右边,0.0 则坐落于正中间。纵轴方向 y,-1.0 表示最上面,1.0 表示最下面,而例
如从上到下 1/8 的位置就可以通过传入 -0.25 表示。Flutter 框架的 Alignment 类已对常
见的对齐场景制作了相应的内置命名构造函数,方便大家使用和增加代码可读性。例如,左
上对齐既可以用 Alignment($-1.0, -1.0$)表示,也可以直接用 Alignment.topLeft 表示。

　　第 2 种对 alignment 属性的赋值方法是传入 FractionalOffset 类。这与传入 Alignment
非常相似,主要区别在于 x 和 y 对应横轴和纵轴方向的位置,常用取值范围为 $[0.0, 1.0]$,

而不是[－1.0,1.0]。即同样表示正中间,Alignment 是(0.0,0.0)而 FractionalOffset 是(0.5,0.5)。

值得一提的是,上述 2 种方式都可接收超出范围的值,例如可传入 2.0 等,代码如下:

```
Container(
    width: 100,
    height: 100,
    color: Colors.grey[200],
    child: Align(
        alignment: Alignment(2.0, 0),              //使用 Alignment
// alignment: FractionalOffset(1.5, 0.5),        //或使用 FractionalOffset
        child: FlutterLogo(size: 50),
    ),
)
```

上述代码在一个父级组件为 100×100 单位的 Container 容器内,利用 Align 组件,将子组件 FlutterLogo 垂直对齐,并在水平方向溢出 50%,运行效果如图 1-29 所示。

此外,从上例代码中不难对比出,同样 y 轴方向居中,Alignment 类使用 0 表示,而 FractionalOffset 类则使用 0.5 表示。类似地,x 轴方向溢出 50% 的效果也分别用 2.0 和 1.5 表示。

图 1-29　Align 可以使子组件溢出

 Flutter 框架小知识

既然有 Alignment 类,为什么还要有 FractionalOffset 类

这 2 类表达的信息完全一致,即通过容器的总尺寸的比例,确定容器内的一个位置点。它们的主要区别在于(0,0)值对应的位置。就 Flutter 框架的历史而言,首先诞生的是 FractionalOffset 类,即左上角为(0,0),这也符合很多其他的 UI 框架的设计习惯。

但后来随着 Flutter 逐渐完善且更国际化,尤其是当遇到从右至左的阅读习惯(如阿拉伯语)时,Flutter 团队发现始终将左上角固定为 (0,0) 并不是最好的选择。于是又创建了 Alignment 类,使 (0,0) 对应正中间,并鼓励大家开始使用[①]。

为了兼容 Alignment 类型问世之前的 Flutter 遗留代码,FractionalOffset 将会继续存在于框架中。实战中不推荐大家在新代码中使用。

2. 设置自身尺寸

默认情况下,Align 组件的自身尺寸会尽量占满父级约束的上限,即越大越好。这很合理,因为只有 Align 自身尺寸比较大时,才有足够的条件将 child 摆放在自己内部的指定位

---

① 　https://api.flutter.dev/flutter/painting/FractionalOffset-class.html

置。实战中，若不需要让 Align 填满父级组件的全部可用空间，则可以利用 widthFactor（宽度倍数）和 heightFactor（高度倍数）直接将 Align 自身尺寸设置为子组件的尺寸的倍数。

例如，可通过设置 widthFactor 和 heightFactor 分别将 Align 组件的宽度和高度设置为 child 的 2.0 倍和 0.5 倍，子组件居中，并在父级插入灰色 Container 以观察 Align 组件的实际尺寸，代码如下：

```
Container(
  color: Colors.grey,
  child: Align(
    alignment: Alignment.center,
    widthFactor: 2.0,
    heightFactor: 0.5,
    child: FlutterLogo(size: 100),
  ),
)
```

运行效果如图 1-30 所示。

值得一提的是，虽然上例 Align 组件的高度只有其子组件的一半，但它仍将 FlutterLogo 完整地绘制到屏幕上了。这是由于 Flutter 的布局和绘制是相对独立的 2 个步骤，而尺寸和约束一般是指布局时的概念。Flutter 组件通常可以随意地在屏幕的任何位置绘制任何内容。若不需要某组件绘制"出格"的内容，则在实战中可借助 ClipRect 将出格部分裁剪，具体用法可参考第 14 章有关 ClipRect 组件的介绍。

图 1-30　设置 Align 的宽度倍数
和高度倍数

1.3.3　Center

在所有对齐方式中，居中无疑是最常见的情况，因此 Flutter 框架从 Align 组件继承了一个新的 Center 组件，专门负责居中。Center 组件的实现方法也是直接在构造函数里调用父类，仅此而已。在 Flutter 框架的源码中可以看到，Center 组件的全部代码只有以下这短短几行：

```
class Center extends Align {
  const Center({double widthFactor, double heightFactor, Widget child})
    : super(widthFactor: widthFactor, heightFactor: heightFactor, child: child);
}
```

由此可见，Center 组件总共有 3 个参数：child（子组件）、widthFactor（宽度倍数）和 heightFactor（高度倍数），用法与 1.3.2 节介绍的 Align 组件完全相同，在此不赘述。

Dart Tips 语法小贴士

位置参数、可选位置参数和命名参数

在 Center 组件的构造函数里可以看到传入的 3 个参数被花括号{}包围，这是 Dart 里面命名参数的表达方式。因为命名参数在使用的时候不需要在意位置，且不必传的参数可以直接不填，需要传的参数也会打上参数名，可读性极高，因此 Flutter 组件大量使用命名参数。

Dart 语法中，函数的参数共有 3 类，分别是必传的位置参数、可选的位置参数及命名参数。在定义函数时这 3 类参数可以随意混合使用。

第 1 类必传位置参数，其实就是传统编程语言里最常见的必填参数，调用时需要按照顺序传入。例如函数 add(int x, int y) 就定义了 x 和 y 这 2 个位置参数。调用时，例如 add(2,3)，程序会按照顺序将 x 赋值为 2，将 y 赋值为 3。

第 2 类可选位置参数，用方括号表示，并且可以提供默认值。如函数 log(double x,[int base=10])就表示小数 x 必传（且为第 1 个参数），而整数 base 参数选传（且为第 2 个参数）。若调用时没有传入第 2 个参数，则取默认值 10。例如 log(20.0) 或者 log(20.0,2) 都是合法的调用。

第 3 类命名参数，需要用花括号表示，默认所有的命名参数都是可选的，因此也可以设置默认值。如果需要与位置参数混合使用，则必须把位置参数写在最前面。只有等所有的位置参数都写完了，才可以在花括号里面写命名参数。例如函数 log(double x,{int base=10})，即表示 x 必传，而后面的参数可以选择省略。如果需要传参数，则一定要注明参数的名字再传值。如 log(20, base: 2) 等。Flutter 于 2021 年 3 月 3 日起正式支持空安全，并添加了 required 关键字，因此开发者也可以使用必传的命名参数，例如 log({required double x, int base = 10}) 就可使 x 参数必传。

在 Flutter 2.0 之前，必传的命名参数通过 @required 标注的方式勉强实现。例如可写 log({@required double x, int base = 10})，这样如果调用时不传入 x 值，就会出现警告，但不会报错。如果程序员没有注意或选择性忽视了警告，就可能出现空值，因此不少旧代码都会利用 assert 确保必填的参数都已被赋值。

与 Align 组件一样，Center 的自身尺寸也默认为越大越好，尽量占满父级组件的全部可用空间，以便更好地将自己的子组件居中摆放。Center 与 Align 组件相比，实际上只少了 alignment 参数，因为它不支持其他的对齐方式，而恰好 Align 组件不传 alignment 参数时，其默认行为也是居中，于是代码中出现的所有 Center 组件均可直接替换为 Align 组件。这样做除了牺牲可读性之外，运行起来不会有任何区别。由此可见，Center 存在的意义就是为了帮助代码的可读性，属于像"语法糖"一样的便利组件。

第 2 章

文字与图片

2.1 文字

　　文字可谓是用户界面的核心元素了。无论是内容展示还是用户信息的输入,几乎离不开文字,而 Flutter 框架遵循"一切皆为组件"的核心设计理念,一般不接受以字符串的形式把文字渲染到屏幕上,而是借助诸如 Text 组件等方式先设置需要显示的内容、文本样式、对齐方式等参数,配置好的组件也可以再被嵌套到其他容器类父级组件里,最终被渲染到屏幕上。

2.1.1　Text

　　Text 组件,顾名思义,是一个最基础的显示文本的组件。一般来讲,开发者只需把想要渲染的字符串传给 Text 组件就可以完成"从字符串到组件"的转换。例如可在屏幕上渲染"Hello Flutter!"字样,代码如下:

```
Text("Hello Flutter!")
```

　　运行效果如图 2-1 所示。

　　这里可以观察到,即使在调用 Text 组件时没有传入任何字体样式信息,它仍然"较为正确"地使用了系统默认的字体大小和颜色。这其实是因为Flutter 新建项目的时候,默认自动生成的演示小程序已经包含了相对成熟的界面框架,其中自动生成的 Scaffold 组件就含有向下级组件提供默认字体样式的功能,包括字体大小和颜色等。

Hello Flutter!

图 2-1　Text 组件默认的文本
　　　　显示风格

　　在 MaterialApp 中,如果 Text 组件的上级组件中不存在任何默认的样式,则 Text 组件会渲染出醒目的红色大号字,并加上耀眼的黄色双下画线,用来提醒开发人员注意设置文本样式。

例如,在新建一个 Flutter 应用程序后把里面自动生成的代码全部删除,替换成以下代码:

```
//第2章/text_as_root.dart

import 'package:flutter/material.dart';

void main() {
  runApp(
    MaterialApp(
      home: Center(
        child: Text("Hello Flutter!"),
      ),
    ),
  );
}
```

在这段代码中,Text 组件的父级是 Center 组件(用于居中,具体用法可以参考第 1 章的相关内容),而 Center 组件的父级是 MaterialApp(提供最基本的 App 常用功能,具体可以参考第 10 章的相关介绍)。相对于 Flutter 新建项目时生成的计数器演示程序,这里缺少了 Scaffold 组件,因此 Text 组件如图 2-2 所示,渲染出黑底红字及醒目的黄色双下画线,以引起开发者的注意。

图 2-2　Text 组件缺少样式参数时的渲染风格

实战中若发现 Text 组件渲染出图 2-2 的效果,则应检查它是否能从上级继承文本样式,或使用 style 属性为其设置文本样式。

 Flutter 框架小知识

Flutter 程序的入口在哪里?

通过上面这个非常短小的程序实例可以观察到,Dart 程序的入口是 main 函数。这一点与很多其他编程语言相似。

Flutter 应用程序启动的核心代码就在于 main 函数里面的这句 runApp。它负责初始化 WidgetsFlutterBinding 等核心服务,并与 Flutter 引擎配合,最终将组件实体化后渲染到屏幕上。这里可以看到,调用 runApp 函数时只需传入一个参数,就是一个组件。Flutter 会将这个组件当作组件树(Widget Tree)的根,再继续一层层嵌套其他组件,最终满足各式复杂的布局需求和程序效果。

1. 必传的位置参数

在 Text 组件的默认构造函数中有一个必须传的位置参数(也称作非命名参数),且必须作为第 1 个参数传入。其内容就是需要显示的文本,类型是 String。例如,上例中,Text("Hello

Flutter!"）就传入了"Hello Flutter!"这个字符串作为其位置参数的值。

必须注意的是，这里需要显示的文本字符串可以是空字符（""），但不可以为空值（null）。在 Flutter 2.0 之前，不慎传入 null 会导致运行时错误。在 Flutter 2.0 启用空安全后，传入 null 会直接导致代码无法编译，从而杜绝了可能会发生的运行时错误。

 Dart Tips 语法小贴士

Flutter 2.0 中健全的空安全

Dart 语言自 2020 年 11 月引入了健全的空安全（Sound Null Safety）概念，并于 2021 年 3 月随着 Flutter 2.0 的发布逐渐普及。在启用空安全的项目中，变量类型默认为非空。这样原本运行时的错误，就可以在编写代码时被发现。

若开发者确实需要允许某个变量可空，则在声明时需要在类型后加上问号，如 String 表示"非空字符串"，而"String?"则表示"可空字符串"。

除了默认的构造函数外，Text 组件还有一个非常好用的构造函数，Text. rich()可以用于在一段文字之间切换样式。使用这个构造函数时，必传的位置参数则不再是需要显示的字符串，而是一个 TextSpan 类。与简单的字符串不同的是，TextSpan 类除了可以通过 text 属性传入字符串外，还可以通过 style 属性自定义文字样式，甚至可以再通过 children 属性嵌套另一个 TextSpan 列表，以达成叠加文字样式的目的。如果在一段文字中需要用到多个不同的样式，则可以考虑使用这个构造函数。Text. rich()本质与 RichText 组件十分相似，其中 TextSpan 类的用法也是一致的，具体用法读者可参考本章。

2. style 属性

Text 组件的默认样式是由上级 DefaultTextStyle（默认文本样式组件，详见 2.1.2 节）继承而来。如果需要修改样式，则可以通过 style 参数传入一个 TextStyle 类型的值。Text 组件在渲染时，会自动将 style 参数中的样式与上级提供的样式合并，这种合并的设计在实战中非常有用。例如，当需要将文字的某一段加粗时，就可以单独传入字体粗细信息，而不需要传入其他信息，这样这段加粗的文字就会沿用周围文字的字体、字号、颜色等。TextStyle 类有以下属性可供设置。

1）fontWeight

字体粗细信息，包括 w100、w200、w300、w400、w500、w600、w700、w800、w900 这一系列值，分别对应最细到最粗的字体样式。需要最细的字可以用 w100 表示，最粗的字可以用 w900 表示。通常实战中并不需要使用这么多不同粗细的字，因此也可以直接通过 bold（粗体）和 normal（正常）两个可读性更高的值设置是否要加粗。其中 bold 实际对应 w700，而 normal 则对应 w400 的粗细样式。

图 2-3 从上到下依次展示了 w100（最细）、w400（正常）、w700（粗体）和 w900（最粗）的运行效果。

Hello w100
Hello w400
Hello w700
Hello w900

图 2-3　设置不同字体粗细的效果

用于实现图 2-3 所示效果的代码如下：

```
Column(
  children: < Widget >[
    Text("Hello w100", style: TextStyle(fontWeight: FontWeight.w100)),
    Text("Hello w400", style: TextStyle(fontWeight: FontWeight.normal)),
    Text("Hello w700", style: TextStyle(fontWeight: FontWeight.bold)),
    Text("Hello w900", style: TextStyle(fontWeight: FontWeight.w900)),
  ],
)
```

2）fontStyle

字体样式信息，只有 2 个可选值：正常和斜体，分别为 FontStyle. normal 和 FontStyle. italic。默认为正常显示，如需显示斜体，则可参考以下代码：

```
Text(
  "这段文字为斜体",
  style: TextStyle(fontStyle: FontStyle.italic),
)
```

运行效果略。

3）自定义字体

若想使用非系统自带的特殊字体，则需先将字体文件（如 ttf 文件）放在项目的目录内，并在 pubspec. yaml 里设置目录路径。如需使用自定义字体的不同粗细或斜体，则需要传入相应的字体文件。例如，以下配置文件定义了 2 种字体，分别为 Raleway 和 Schyler，代码如下：

```
flutter:
  fonts:
    - family: Raleway
      fonts:
        - asset: fonts/Raleway - Regular.ttf
        - asset: fonts/Raleway - Medium.ttf
          weight: 500
```

```
      - asset: fonts/Raleway - SemiBold.ttf
        weight: 600
  - family: Schyler
    fonts:
      - asset: fonts/Schyler - Regular.ttf
      - asset: fonts/Schyler - Italic.ttf
        style: italic
```

这里配置文件的 family 标签决定了字体的名称,即在编写代码时需要通过 fontFamily 参数传入的值。定义名称后即可用 fonts 标签定义一个或多个字体文件,每个文件都用 asset 标签定义路径(这里的路径是相对于项目的 pubspec. yaml 文件位置的相对路径),以及用 weight 和 style 标签说明该字体文件是否为粗体或斜体版本。

由此可见,上例的配置文件共指定了 5 个字体文件的路径,其意义如下:

- Raleway 字体,正常,文件路径:fonts/Raleway-Regular. ttf。
- Raleway 字体,w500 粗细,文件路径:fonts/Raleway-Medium. ttf。
- Raleway 字体,w600 粗细,文件路径:fonts/Raleway-SemiBold. ttf。
- Schyler 字体,正常,文件路径:fonts/Schyler-Regular. ttf。
- Schyler 字体,斜体,文件路径:fonts/Schyler-Italic. ttf。

定义好字体名称和文件路径后,在开发调用时,可以通过 style 属性的 fontFamily 参数传给 Text 组件。例如,以下代码就可以使用斜体的 Schyler 字体渲染,即 fonts/Schyler-Italic. ttf 这个字体文件:

```
Text(
  "你好,自定义字体!",
  style: TextStyle(
    fontFamily: 'Raleway',
    fontStyle: FontStyle.italic,
  ),
)
```

运行效果略。

4) size

字号,可以传入一个小数类型,默认值为 14.0。例如可以传入数值 28 以达到平时字号的两倍大小。相比于单独设置每个 Text 组件的字号信息,这里更推荐使用 Theme 或者 DefaultTextStyle 等继承式组件(InheritedWidget),统一设置整个 App 的字体风格。

5) color 和 backgroundColor

这 2 个属性负责调节颜色,其中 color 是指文本颜色,而 backgroundColor 是指背景颜色,传入类型均为 Color 类。这些 TextStyle 的参数都可以叠加使用,例如配合上文提到的字体粗细、样式和字号这 3 个参数,可以设置出一个黑底、白字、加大、加粗、加斜的文字,代码如下:

```
Text(
  "Sample TextStyle",
  style: TextStyle(
    color: Colors.white,              //白字
    backgroundColor: Colors.black,    //黑底
    fontWeight: FontWeight.bold,      //加粗
    fontStyle: FontStyle.italic,      //加斜
    fontSize: 28,                     //字号 28 号
  ),
)
```

运行效果及与默认风格的对比如图 2-4 所示。

6）decoration

借助文本修饰属性 decoration，以及配套的
decorationStyle、decorationColor 和 decorationThickness
共 4 个属性，可为文本添加修饰线段。例如，某些
文字编辑软件中常见的一种修饰是针对拼写错误
的单词标注红色波浪线，这个功能就可以借助这些
参数实现。

Sample TextStyle

这行是Text组件的默认风格

图 2-4　同时设置背景颜色和字号等
多种样式风格

其中，decoration 参数可以传入 3 种 TextDecoration，分别是 overline（上画线）、
underline（下画线）及 lineThrough（划掉）。如果对同一个文字需要同时渲染多种修饰，则可
以使用 Combine()构造函数，传入一个 TextDecoration 列表。例如同时添加上画线和下画
线的代码如下：

```
decoration: TextDecoration.combine([
  TextDecoration.overline,
  TextDecoration.underline,
])
```

在剩余 3 个配套的属性中，decorationStyle 参数可以传入 5 种 TextDecorationStyle，分
别是 solid（实线）、dashed（虚线）、dotted（点线）、wavy（波浪线）及 double（两条实线），而
decorationColor 和 decorationThickness 则分别对应修饰线的颜色和粗细。

例如，利用这些属性可制作一行被划掉的文字和一行有下画波浪线的文字，代码如下：

```
//第 2 章/text_decoration.dart

Column(
  children: [
    Text(
      "这是一行被划掉的文字",
      style: TextStyle(
```

```
          decoration: TextDecoration.lineThrough,      //划掉
          decorationStyle: TextDecorationStyle.solid,   //实线
          decorationColor: Colors.black,                //黑色
          decorationThickness: 4,                       //粗细为4单位
        ),
      ),
      Text(
        "一行有下画波浪线的文字",
        style: TextStyle(
          decoration: TextDecoration.underline,         //下画线
          decorationStyle: TextDecorationStyle.wavy,     //波浪线
          decorationColor: Colors.grey[600],            //深灰色
          decorationThickness: 2,                       //粗细为2单位
        ),
      ),
    ],
  )
```

运行效果如图 2-5 所示。

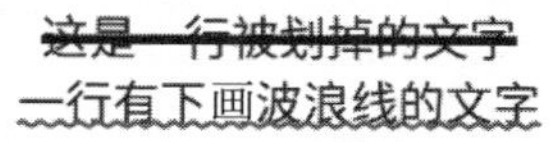

7）letterSpacing 和 wordSpacing

这 2 个属性用来调节文本间距，其中 letterSpacing
是字母与字母之间的留白，而 wordSpacing 是单词与单
词之间的留白。这里的"单词"是以空格（或其他空白
字符）为界线识别的，而一般汉语中不会出现空格，因
此汉语中每个汉字之间的留白都可以直接使用字母 letterSpacing 属性设置。

这是一行被划掉的文字
一行有下画波浪线的文字

图 2-5　文本修饰线条的渲染效果

例如，可用 2 个 Text 组件显示一些中英文混搭的句子，并将第 1 个的字母留白设置为
4 倍，将第 2 个的单词留白设为 10 倍，以便观察与对比，代码如下：

```
Column(
  children: [
    Text(
      "夏天要这样写字隔开散热快 summer",
      style: TextStyle(letterSpacing: 4),
    ),
    Text(
      "单词分开 主要靠空格 lorem ipsum",
      style: TextStyle(wordSpacing: 10),
    ),
  ],
)
```

具体运行效果如图 2-6 所示。

8）文本特效渲染

Text 组件的 style 属性也支持一些特效渲染，例如阴影、描边、渐变色等。其中最直接

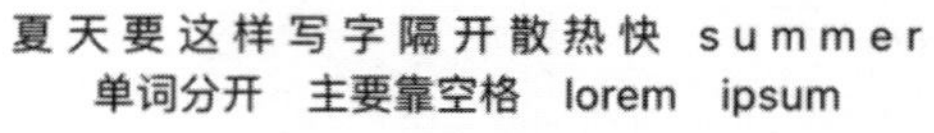

夏天要这样写字隔开散热快 ｓｕｍｍｅｒ
单词分开　主要靠空格　lorem　ipsum

图 2-6　字母留白与单词留白的渲染效果对比

的方式是利用 shadows 参数传入一组阴影，代码如下：

```
//第 2 章/text_shadows.dart

Text(
  '文字阴影效果',
  style: TextStyle(
    fontSize: 40,
    color: Colors.black,
    shadows: [
      BoxShadow(
        offset: Offset(10, 10),
        color: Colors.grey,
        blurRadius: 8,
      ),
    ],
  ),
)
```

这段代码使用了一个 BoxShadow，并将颜色设置为灰色，位移为 10 单位（向右和向下各偏移 10 单位），再设置 8 单位的模糊效果，最终运行效果如图 2-7 所示。

图 2-7　文字阴影效果

值得一提的是，这里 TextStyle 的 shadows 参数是一个列表类型，因此它可以支持多个阴影。例如，同时传入左上、左下、右上、右下这 4 个方向的阴影，就可以制造出类似描边的效果，代码如下：

```
Text(
  '同时使用 4 个阴影',
  style: TextStyle(
    fontSize: 40,
    shadows: [
```

```
      BoxShadow(offset: Offset(-2, -2), color: Colors.grey),
      BoxShadow(offset: Offset(-2, 2), color: Colors.grey),
      BoxShadow(offset: Offset(2, -2), color: Colors.grey),
      BoxShadow(offset: Offset(2, 2), color: Colors.grey),
    ],
  ),
)
```

运行效果如图 2-8 所示。

同时使用4个阴影

图 2-8　同时使用 4 个阴影以模拟描边的效果

　　其实这里 shadows 属性的用法与 Container 组件或 DecoratedBox 组件的 decoration 属性中 BoxDecoration 类的 boxShadow 参数非常类似，读者也可以参考第 14 章"渲染与特效"中关于 DecoratedBox 的内容。

　　除了阴影之外，TextStyle 还支持利用 foreground 和 background 两个参数直接调用底层 Paint（刷子）渲染自定义特效，直接操作前景和背景的渲染。相对于前面所介绍的同时使用 4 个阴影的方法，借助于 Paint 自定义前景（foreground）可以绘制出更完美的描边效果，甚至还可以先用 Stack 组件叠放 2 个 Text 组件，一个利用加粗描边，另一个显示白色叠盖，最终达到镂空的效果，代码如下：

```
//第 2 章/text_hollow.dart

Stack(
  children: <Widget>[
    Text(
      '文字镂空效果',
      style: TextStyle(
        fontSize: 40,
        foreground: Paint()
          ..style = PaintingStyle.stroke
          ..strokeWidth = 4
          ..color = Colors.black,
      ),
    ),
    Text(
      '文字镂空效果',
      style: TextStyle(
        fontSize: 40,
```

```
         color: Colors.white,
       ),
     ),
   ],
 )
```

运行效果如图 2-9 所示。

同样借助于 Paint,还可为文字添加渐变色的效果。例如,利用 background 属性指定背景颜色为从左到右的黑白渐变,再利用 foreground 属性设置前景文本颜色为从上到下由白至黑的渐变,完整代码如下:

图 2-9　文字镂空效果

```
//第 2 章/text_gradient.dart

import 'package:flutter/material.dart';
import 'dart:ui' as ui;

void main() {
  runApp(
    MaterialApp(
      home: Scaffold(
        appBar: AppBar(title: Text("Text Demo")),
        body: Text(
          '颜色渐变',
          style: TextStyle(
            fontSize: 48,
            background: Paint()
              ..shader = ui.Gradient.linear(
                Offset(0, 0),
                Offset(150, 0),
                [Colors.black, Colors.white],
              ),
            foreground: Paint()
              ..shader = ui.Gradient.linear(
                Offset(0, 100),
                Offset(0, 180),
                [Colors.white, Colors.black],
              ),
          ),
        ),
      )
    ),
  );
}
```

程序运行效果如图 2-10 所示。

图 2-10　文本与背景的颜色渐变

3. textAlign 和 textDirection

Text 组件内文字的对齐方式不是通过前面介绍的 style 属性设置的,而是通过 textAlign 属性设置的。这是因为文字对齐不属于文本渲染样式,而是属于排版方式。 TextAlign 是一个枚举类型,分别有 left(左齐)、right(右齐)、center(居中)、justify(两端对齐)、start(起始对齐)、end(末尾对齐)这 6 种值。

这里 textAlign 属性默认值为 start,一般不需要改动。同时出于国际化考虑,通常不推荐使用 left(左齐)和 right(右齐),而是用 start(起始对齐)和 end(末尾对齐),这样 Flutter 在系统默认语言为汉语或英语等从左到右阅读的语言时将会自动向左对齐,反之(如阿拉伯语或希伯来语)则向右对齐。

当需要改变默认阅读方向时可使用 textDirection 属性。例如,在一台将系统语言设置为汉语或英语的设备上,可以通过 TextDirection.rtl 强制改为从右到左阅读,以方便测试。

这里需要注意的是,textAlign 用于设置文本在 Text 组件内的对齐方式,而不是 Text 组件本身在其父级组件中的对齐方式。换句话说,只有当 Text 组件的尺寸大于需要渲染的文本尺寸时,设置对齐方式才有意义。实战中,如果设定完 textAlign 属性后,发现文本并没有按照传入的 TextAlign 值渲染文本,则很可能是因为 Text 组件本身尺寸太小了,因为它默认会自动匹配文本的尺寸。

为了演示,这里在一个 Column 组件内垂直排列 2 个尺寸不同的 Text 组件,却同时将它们的对齐方式设置为"末尾对齐",代码如下:

```
Column(
  children: [
    Container(
      color: Colors.grey[400],
      child: Text(
        "末尾对齐",
        textAlign: TextAlign.end,
      ),
    ),
    Container(
```

```
        width: 300,                    //将父级容器宽度设置为300以影响 Text 组件尺寸
        color: Colors.grey[400],
        child: Text(
          "末尾对齐",
          textAlign: TextAlign.end,
        ),
      ),
    ],
  )
```

运行效果如图 2-11 所示。由于 Text 组件的尺寸不同,上面那个 Text 组件没有足够的空间调整内部文本的对齐方式,因此并不会展示出末尾对齐的视觉效果。

图 2-11　当 Text 尺寸足够时才有文本对齐效果

实战中,对于短小的文字而言,虽然可以轻易地借助 SizedBox 等组件设置 Text 组件的尺寸,或者通过 Column 的 CrossAxisAlignment.stretch 等方式约束 Text 组件宽度,以达到可见的文本对齐效果,但通常更方便的做法是通过 Center 或 Align 等组件,或者 Contrainer 组件的 alignment 属性等方式,直接指定 Text 组件在父级组件中的摆放位置,以达到将文本居中或者靠右对齐的视觉效果。

4. maxLines 和 softWrap

当文本较长时,Text 组件默认会将文本内容自动分成多行显示。如有需要,可通过 softWrap 控制是否允许多行显示。例如,传入 softWrap:false 就可以关闭自动断行功能,这样无论文本有多长,都会显示出长长的一行。

同时,maxLines 属性可以设置 Text 组件最多可以显示几行,类型为整数。如 maxLines:3 表示 Text 组件最多只能渲染 3 行,若文本过长,则超出的部分将按照 overflow 参数所设置的方式处理。

5. overflow

当文本较长,且不需要渲染全部内容时,可用 overflow 属性设置超出的部分该如何处理。可传入的参数为 TextOverflow 类型,并提供了 clip(裁剪)、fade(渐淡)、ellipsis(省略号)、visible(可见)这 4 种选择。

图 2-12 由上到下依次展示了同一个较长的文本的多行显示情况。后 3 个 Text 组件由 maxLines 参数设置了最多显示 2 行后,又依次设置了 fade、ellipsis 和 clip 这 3 种溢出 TextOverflow 值。

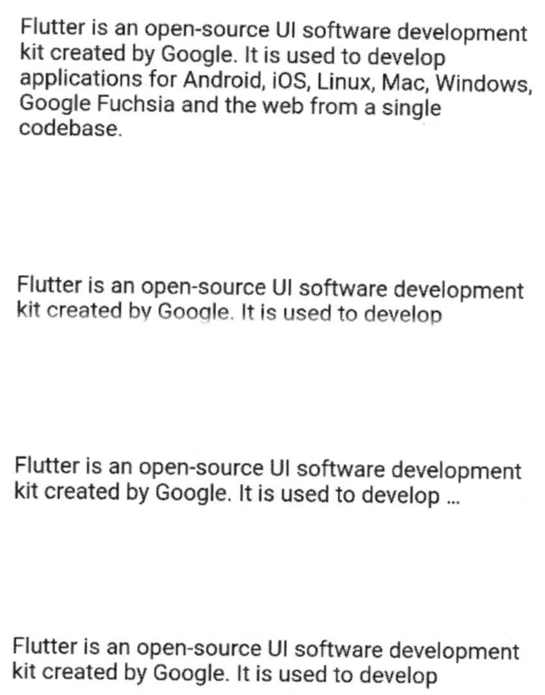

Flutter is an open-source UI software development
kit created by Google. It is used to develop
applications for Android, iOS, Linux, Mac, Windows,
Google Fuchsia and the web from a single
codebase.

Flutter is an open-source UI software development
kit created by Google. It is used to develop

Flutter is an open-source UI software development
kit created by Google. It is used to develop …

Flutter is an open-source UI software development
kit created by Google. It is used to develop

图 2-12　文本溢出时的渲染效果对比

用于实现图 2-12 效果的完整代码如下：

```
//第 2 章/text_overflow.dart

import 'package:flutter/material.dart';

void main() {
  final text =
      "Flutter is an open-source UI software development kit created by Google. "
      "It is used to develop applications for Android, iOS, Linux, Mac, Windows, "
      "Google Fuchsia and the web from a single codebase.";

  runApp(
    MaterialApp(
      home: Scaffold(
```

```
      appBar: AppBar(title: Text("Text Demo")),
      body: Column(
        mainAxisAlignment: MainAxisAlignment.spaceEvenly,
        children: [
          Text(text),                                  //默认显示全部文本
          Text(
            text,
            overflow: TextOverflow.fade,               //渐淡
            maxLines: 2,
          ),
          Text(
            text,
            overflow: TextOverflow.ellipsis,           //省略号
            maxLines: 2,
          ),
          Text(
            text,
            overflow: TextOverflow.clip,               //裁剪
            maxLines: 2,
          ),
        ],
      ),
    )),
  );
}
```

这里值得一提的是,当 overflow 参数被设置为 TextOverflow. ellipsis(省略号)时,即使没有特别传入 maxLines 规定的最大行数,也没有关闭 softWrap 自动换行,Text 组件默认仍然只会显示一行,而不会自动换行。

实战中,除了 overflow 参数以外,另一种常见的解决文字溢出的方式是缩小文字的字号。例如,这里讨论的文字溢出的处理(如渐淡或显示省略号等)通常只适用于大篇幅的文字,如产品介绍等,但并不是所有文字都适合裁剪或显示为省略号。例如"用户偏好与系统设置"这几个字若因部分设备屏幕太小而显示不下,也并不适合渲染为"用户偏好与系……"。对于这些情况,通常更好的解决方法是在小尺寸的设备上显示较小的字号。在 Flutter 框架中,如果屏幕空间不足,则自动缩小尺寸的最简单的方法是直接使用 FittedBox 组件,对此不熟悉的读者可查阅第 6 章有关 FittedBox 组件的介绍。

6. textScaleFactor

文字缩放系数,可以接收一个小数类型,并在 Text 组件渲染文本时将 style 参数里设置的字号数值(或默认的字号数值 14)与该系数相乘。例如,当字号为 14 号时,传入缩放系数 2.0 即可将字号放大至两倍,与直接设置字号 28 号效果一致,而传入缩放系数 0.5 即可将字号缩小至原来的一半,效果与直接将字号设置为 7 号相同。

这里需要注意的是,textScaleFactor 的默认值并不总是 1.0(无缩放效果)。恰恰相反,很多用户(尤其是中老年手机用户)会在设备的操作系统层面选择放大所有文字,以方便阅

读。假设用户在安卓或苹果系统中设置了将全局文字放大至150％,则Flutter中所有Text组件的textScaleFactor默认值都会是1.5,因此在开发过程中需要注意,不能借助这个textScaleFactor参数做出部分文字的放大效果。例如,若开发人员选择将某布局的标题文字缩放系数改成1.2,期待标题比正文的字号大20％的效果,但当遇到某些用户已经设置了将全局文字放大至150％时,这里标题的放大1.2倍反而会小于正文默认的放大1.5倍,显示效果适得其反。

若实战中遇到某部分布局需要固定文字大小(无视用户在系统层面设置的全局文字缩放),则这里可以将textScaleFactor设置为1.0,以统一不同设备和用户设置下的显示效果,但这么做之前一定要斟酌部分视力不佳的用户,以及超大屏设备(如电视)上的用户体验。

若需要获得用户在系统层面设置的缩放比例,则可以借助MediaQuery组件查询。具体用法读者可参考第6章"进阶布局"中关于MediaQuery的相关内容。

7. semanticsLabel

语义标签是辅助功能的一部分,用来协助第三方软件为有障碍人士提供无障碍功能。例如,盲人一般会通过某些软件将屏幕上的内容朗读出来,而这里的语义标签就可以帮助屏幕朗读软件,以提供更友好的用户体验。用法非常简单,代码如下:

```
Text("￥5.00", semanticsLabel: "五元整")
```

一般屏幕朗读软件会直接读出Text组件的文本内容,但若semanticsLabel不为空,则它们会选择使用这里的值替代原来的文本,直接朗读语义标签的内容,因此在上例中,朗读软件应直接读"五元整"而不是"人民币五点零零"或依赖其智能计算出其他读法。

2.1.2 DefaultTextStyle

实战中,经常会对不止一个Text组件配置其样式风格,而2.1.1节介绍Text组件及相关的文本样式配置时也提到,Text组件的默认样式是由上级DefaultTextStyle(默认文本样式)继承而来,因此,当多个Text组件需要统一风格时,与其单独设置这些Text组件的参数,还不如在Text组件的上级插入一个DefaultTextStyle组件,直接通过修改默认样式,统一多个下级Text组件。

1. 基础参数与用法

DefaultTextStyle组件的参数和Text组件非常相似,例如style属性可以借助TextStyle类型自定义字体、字号、粗细、颜色、渲染特效等,textAlign属性可以设置文本对齐方式,maxLines和overflow等可以规定最大行数及溢出部分的处理方式等。对此不熟悉的读者可以参考2.1.1节Text组件中相关内容的介绍和代码示例。

与Text组件不同的是,DefaultTextStyle不支持直接传入文本内容(Text组件那个必传的位置参数),而是支持child参数,可供传入一个任意组件。这里借助部分容器组件,如Column或Stack等,就可以间接传入多个Text组件作为DefaultTextStyle的下级,使它们同时继承DefaultTextStyle组件设置的默认文本样式。

例如可设置 DefaultTextStyle 的参数使默认样式成为灰色（默认为白色）、粗体、居中对齐，再通过传入一个 Column 容器，使 4 个子级 Text 组件统一继承这种样式，代码如下：

```
//第 2 章/default_text_demo.dart

DefaultTextStyle(                              //默认文本样式
  style: TextStyle(
    color: Colors.grey,                        //灰色
    fontWeight: FontWeight.bold,               //粗体
  ),
  textAlign: TextAlign.center,                 //居中对齐
  child: Column(
    crossAxisAlignment: CrossAxisAlignment.stretch,
    children: <Widget>[
      Text("明月几时有"),
      Text("把酒问青天"),
      Text(
        "不知天上宫阙",
        style: TextStyle(                      //单独设置样式
          color: Colors.black,                 //黑色
          fontStyle: FontStyle.italic,         //斜体
        ),
      ),
      Text("今夕是何年"),
    ],
  ),
)
```

运行效果如图 2-13 所示。

上例中，第 3 个 Text 组件额外单独传入了 style 参数，将文本样式设置为黑色且斜体。它的 style 参数的值会与上级 DefaultTextStyle 组件提供的默认样式合并，因此默认的灰色会被这里的黑色覆盖，默认的粗体与这里的斜体不冲突（前者为 fontWeight 属性，后者为 fontStyle 属性），因此合并后会同时使用，显示效果为既粗又斜。

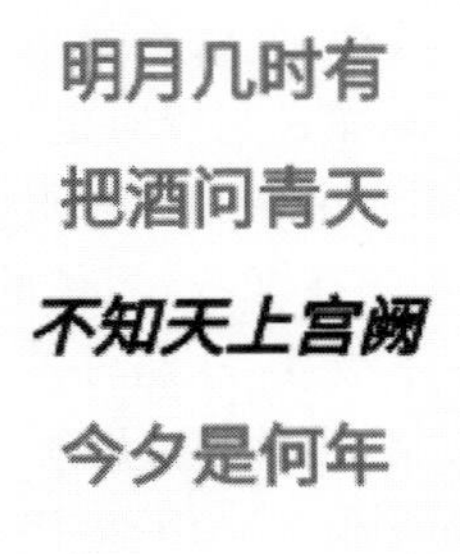

2. 合并与继承

Text 组件的默认样式是由最临近的上级 DefaultTextStyle 组件所提供的，因此当遇到多个 DefaultTextStyle 组件嵌套时，只有最近的那个样式会生效。换言之，每个 DefaultTextStyle 组件都可以当作一个文本样式的全新起点，不仅确定了它的下级 Text 组件的默认样式，还同时切断了它们与更上级的 DefaultTextStyle 的联系。

若需要新的 DefaultTextStyle 组件继承上级已有的默认样式，则可以借助 DefaultTextStyle. merge()构造函数进行合并操作，而不是重新开始。

明月几时有

把酒问青天

不知天上宫阙

今夕是何年

图 2-13　默认样式与单独设置的样式合并

例如,这里先使用定义父级样式的 DefaultTextStyle 组件,再定义 2 个子级样式,其中第 1 个不使用合并,第 2 个使用合并,代码如下:

```
//第 2 章/default_text_merge.dart

//定义默认文本样式：灰色、字号 24、加粗
DefaultTextStyle(
  style: TextStyle(
    color: Colors.grey,
    fontSize: 24,
    fontWeight: FontWeight.bold,
  ),
  child: Column(
    children: <Widget>[
      //不使用合并：将样式定义为黑色斜体
      DefaultTextStyle(
        style: TextStyle(
          color: Colors.black,
          fontStyle: FontStyle.italic,
        ),
        child: Text("落霞与孤鹜齐飞"),
      ),
      //使用合并：将样式定义为黑色斜体
      DefaultTextStyle.merge(
        style: TextStyle(
          color: Colors.black,
          fontStyle: FontStyle.italic,
        ),
        child: Text("秋水共长天一色"),
      ),
    ],
  ),
)
```

运行时,由于 Column 容器中的第 1 个 DefaultTextStyle 组件没有使用合并,因此父级组件定义的所有文本样式全部丢失,只使用这里定义的黑色斜体字(默认字号为 14 号),而第 2 个组件使用了 DefaultTextStyle. merge()合并构造函数,致使父级组件中的加粗和 24 号字效果得以保留,但父级定义的灰色仍然被这里定义的黑色所覆盖,再叠加上斜体,最终运行效果如图 2-14 所示。

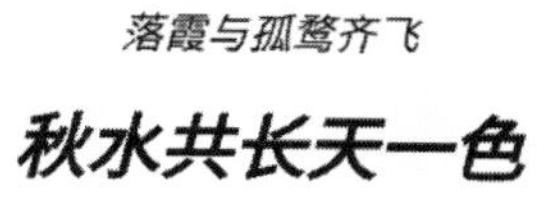

落霞与孤鹜齐飞

秋水共长天一色

图 2-14　默认样式与父级样式合并

3. 动画效果

若需要在程序运行时做出文本样式的渐变动画效果,如文本颜色渐渐由红到蓝的转变,或者字体大小的渐变等,则可考虑使用该组件的动画版:AnimatedDefaultTextStyle 组件。调用时只需额外传入动画时长(如 300ms),Flutter 就会自动根据传入的样式改变,渲染出

不同动画。有兴趣的读者可参考第 7 章"过渡动画"中关于 AnimatedDefaultTextStyle 组件的介绍。

2.1.3 RichText

RichText 组件可用来显示一段包含不同样式的文本。一般而言，Text 组件足以满足大部分文本显示的需求，配合 style 等参数，Text 组件也能渲染出各式各样的颜色、字体、字号、粗细、阴影等特效，但实战中偶尔会需要改变一段文字中的几个字，例如加粗强调一个词，或者为其中几个字添加蓝色下画线，制造出可以单击的视觉效果等。此时使用 RichText 组件就可以方便地在不同样式之间切换。

1. text 属性

RichText 组件中需要显示的文本内容由 text 属性设置。不同于 Text 组件，这里 RichText 组件需要传入的文本信息不是简单的字符串（String）类型，而是 TextSpan 类型。

TextSpan 类型本身是一种可以无限递归的树状结构。每个节点除了可以通过 text 属性传入字符串外，还可以通过 style 属性自定义文字样式，甚至可以再通过 children 属性传入一个 TextSpan 列表作为子节点，以实现叠加和嵌套文字样式的功能。

例如，可使用 RichText 渲染《桃花源记》的第一段，并多次切换文本样式，代码如下：

```
//第 2 章/default_text_example.dart

RichText(
  text: TextSpan(
    style: TextStyle(
      fontSize: 18,
      color: Colors.black,
    ),
    text: "晋太元中,",
    children: [
      TextSpan(
        text: "武陵",
        style: TextStyle(
          color: Colors.grey,
          fontWeight: FontWeight.bold,
          decoration: TextDecoration.underline,
        ),
      ),
      TextSpan(
        text: "人捕鱼为业。",
      ),
      TextSpan(
        style: TextStyle(fontStyle: FontStyle.italic),
        text: "缘溪行,忘路之远近。",
        children: [
          TextSpan(text: "忽逢桃花林,"),
```

```
            TextSpan(
                style: TextStyle(
                    fontStyle: FontStyle.normal,
                    fontWeight: FontWeight.w900,
                ),
                text: "夹岸",
            ),
            TextSpan(text: "数百步,中无杂树,芳草鲜美,"),
            TextSpan(
                style: TextStyle(
                    decoration: TextDecoration.underline,
                    decorationStyle: TextDecorationStyle.wavy,
                ),
                text: "落英缤纷",
            ),
            TextSpan(text: "。"),
        ],
    ),
    TextSpan(
        text: "渔人甚异之。复前行,欲穷其林。",
    ),
    ],
  ),
)
```

以上这段代码多次调用 TextSpan,递归出如图 2-15 所示的树状结构。其中,每个 TextSpan 都支持设定文本内容(text 参数)和文本样式(style 参数),两者均为选填。

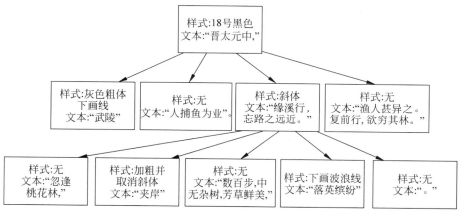

图 2-15　TextSpan 的树状递归结构

若 text 属性不为空,则这里的字符串会被插入最终文本内容中。若为空,程序运行时则会继续搜索子级 TextSpan。最终内容生成遵循深度优先遍历顺序。

若 style 属性不为空,则上级继承的样式将与当前样式合并,并应用到当前 TextSpan

及全部的下级 TextSpan。若 style 为空,则直接继承上级的样式而不做修改。本例中,树根级的 TextSpan 中设置的 18 号黑色将作用于所有的 TextSpan。

例如,本例中负责渲染"落英缤纷"片段的 TextSpan,就运用了自身"下画波浪线"样式,并继承了父级中的"斜体"样式,而其父级本身也继承了更上级"18 号黑色"样式。由于之后的句号不需要加下画线,因此单独作为另一个 TextSpan 放在同级。本例最终运行效果如图 2-16 所示。

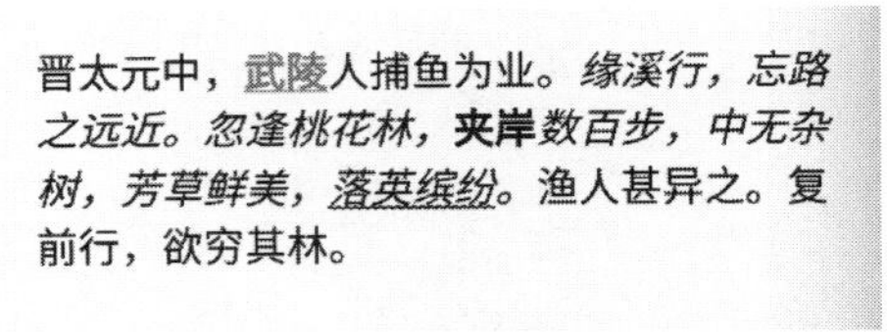

晋太元中,武陵人捕鱼为业。缘溪行,忘路之远近。忽逢桃花林,夹岸数百步,中无杂树,芳草鲜美,落英缤纷。渔人甚异之。复前行,欲穷其林。

图 2-16 RichText 可在不同样式之间切换

2. Text 组件的 Text.rich()构造函数

不同于之前介绍的 Text 组件,这里通过 text 参数传给 RichText 组件的 TextSpan 类型只会继承上级 TextSpan 树中的样式,而不继承上级 DefaultTextStyle 组件提供的默认样式。如需使用 DefaultTextStyle 组件统一设置样式,则可以考虑使用 Text 组件的 Text.rich()构造函数。

Text.rich()同样需要传入 TextSpan 树,因此与 RichText 用法大同小异。

例如,在之前《桃花源记》的例子中,源代码开头部分如下:

```
RichText(                        //这里将 RichText 换成 Text.rich
  text: TextSpan(                //并删掉"text: ",使用位置参数
    style: TextStyle(            //之后代码均不需要改动
      fontSize: 18,
      color: Colors.black,
    ),
    text: "晋太元中,",
    ...
```

这里只需修改前两句代码便可以完成 RichText 组件到 Text 组件的切换。替换之后的代码如下:

```
Text.rich(
  TextSpan(
    style: TextStyle(
      fontSize: 18,
      color: Colors.black,
    ),
    text: "晋太元中,",
    ...
```

切换到 Text 组件后,就可以用 DefaultTextStyle 组件统一设置多个 Text 组件的风格了。具体用法可参考本章前面关于 DefaultTextStyle 组件的介绍及代码示例。

值得一提的是,即使在实战中不需要在父级中插入 DefaultTextStyle 组件统一设置样式,通常开发者依然倾向于选用 Text.rich()构造函数继承 Flutter 框架已有的文本样式,如

Material 风格等。例如,一般 App 项目中的默认文本颜色很可能是黑色,但前文也提到过,TextStyle 的默认文本颜色是白色,因此读者可在简单的对比实验后发现,用 Text 组件通常不需要额外设置文本颜色,但用 RichText 组件则经常需要手动设置文本颜色。如上述《桃花源记》的例子中,改用 Text.rich() 后,第 1 个 TextSpan 的 color：Colors.black 参数可被省略。

3. 其他属性

除了 text 属性外,RichText 组件还同样支持 Text 组件的部分其他属性,如 textAlign 属性可以用于设置文本对齐方式,maxLines 和 overflow 等可以规定最大行数及溢出部分的处理方式,textScaleFactor 可以决定放大系数等。对此不熟悉的读者可参考本章介绍 Text 组件的相关内容及代码示例。

4. 触碰检测

实战中经常会遇到需要给一段文字中的某些部分加入链接,因此可能需要在某段文字中加入用户单击(触碰)的检测。TextSpan 中的 recognizer 参数支持传入一个 GestureRecognizer 类以便完成 TextSpan 树中某一片段的检测。例如,可利用 5 个 TextSpan 完成对其中 2 块区域的检测,代码如下：

```dart
//第 2 章/rich_text_link.dart

import 'package:flutter/material.dart';
import 'package:flutter/gestures.dart';

void main() {
  runApp(
    MaterialApp(
      home: Scaffold(
        appBar: AppBar(title: Text("RichText Demo")),
        body: RichText(
          text: TextSpan(
            style: TextStyle(color: Colors.black, fontSize: 18),
            children: [
              TextSpan(text: "我已阅读"),
              TextSpan(
                style: TextStyle(
                  color: Colors.grey,
                  decoration: TextDecoration.underline,
                ),
                text: "使用条款",
                recognizer: TapGestureRecognizer()
                  ..onTap = () => print("检测到用户单击使用条款"),
              ),
              TextSpan(text: "和"),
              TextSpan(
                style: TextStyle(
```

```
                    color: Colors.grey,
                    decoration: TextDecoration.underline,
                  ),
                  text: "隐私政策",
                  recognizer: TapGestureRecognizer()
                    ..onTap = () => print("检测到用户单击隐私政策"),
                ),
                TextSpan(text: "。"),
              ],
            ),
          ),
        ),
      ),
    );
  }
```

程序运行效果如图 2-17 所示。

这里使用 TextSpan 配合 recognizer 的这种检测用户单击的方式比较烦琐。实战中若可以检测整个 RichText 组件或 Text 组件的触碰事件(而不需要单独检测其中几个字或单词)时,更推荐直接使用一个名为 GestureDetector 的常用组件,具体用法可参考第 8 章"人机交互"的相关内容。

图 2-17　RichText 同时实现 2 个链接的效果

2.2　图标与图片

程序设计时经常会用到图标或图片来搭配文字,设计出既友好又美观的用户界面。在 Flutter 框架中,使用 Icon 和 Image 组件可以快速便捷地将图标与图片插入布局中。

2.2.1　Icon

Icon 是一个很常用的组件,用于快速地插入图标。图标的本质是一些相对特殊的字体,因此就像文字一样,属于矢量图形,可以支持无限缩放且不会失真。

如图 2-18 所示,同样的 Hello Flutter 文本,当由上至下分别采用 Times New Roman 体,LingWai TC(凌慧)体和 Webdings 体渲染时,呈现出的效果截然不同。其中 Webdings 字体属于一种图标字体。例如一般字体会把大写字母 H 多多少少渲染成一横两竖的样子,而它则干脆渲染成了一座房子的图案。类似地,小写字母 l 在这

Hello Flutter

Hello Flutter

🏠📦✈✈⚓ 🏭✈⚙🚢➤🏭✖

图 2-18　图标的本质是一些相对特殊的字体

段文本中出现了 3 次，所以 Webdings 就渲染成 3 个幸运星图案，它还将字母 u 渲染成地铁，而 t 则像是火车。

　　Flutter 框架中已经自带了一些图标，分别由 Icons 和 CupertinoIcons 两个类提供。前者包含常用的 Material 设计风格（常见于安卓系统）的图标，后者含有 Cupertino 风格（常见于 iOS 系统）的图标。两套图标库完全可以混搭使用。

1. 基础用法

　　Icon 组件非常易用，例如以下代码可绘制 3 个图标：

```
Row(
  mainAxisAlignment: MainAxisAlignment.spaceEvenly,
  children: [
    Icon(Icons.refresh),
    Icon(Icons.share),
    Icon(CupertinoIcons.share),
  ],
)
```

　　运行后得到 2 个 Material 图标和 1 个 Cupertino 图标，如图 2-19 所示。

　　使用 Icon 组件时首先要传入一个位置参数，也就是图标数据。上例中，前 2 个图标分别使用 Icons 类传入了一个名为 refresh（刷新）的图标数据和一个名为 share（分享）的图标数据，第 3 个图标则借助 CupertinoIcons 类传入了另一个名为

图 2-19　图标的显示效果

share（分享）的图标数据，呈现出 iOS 系统的风格。因为这个参数是不可选的位置参数，所以如果不传就会发生编译错误，但可以传 null，显示空白，但依然会保持 Icon 组件应有的尺寸。

　　实战中，如果不确定需要什么图案，则往往可以在代码中先输入"Icons."或"CupertinoIcons."，等待集成开发环境或者编辑器弹出自动补全的提示后，再从中挑选合适的图标。开发环境的补全功能一般会提供图标的预览，如图 2-20 所示。

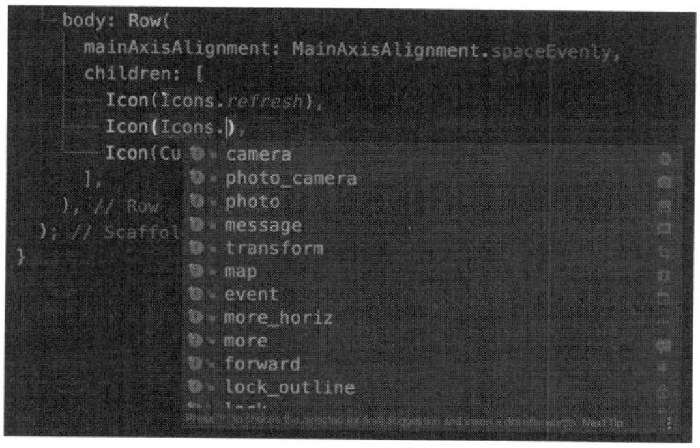

图 2-20　编辑器对图标的自动补全及预览功能

2．可选参数

1）size 和 color

除了图标数据外，一般常用的参数还有 size(尺寸)和 color(颜色)。默认时图标的尺寸和颜色继承上级的 IconTheme 组件(2.2.2 节会介绍)，或在找不到 IconTheme 的情况下默认为尺寸 24 单位的黑色。例如，可通过 size 和 color 属性将其改为 48 单位的蓝色刷新图案，代码如下：

```
Icon(
  Icons.refresh,
  size: 48,
  color: Colors.blue,
)
```

运行效果略。

2）semanticLabel

与 Text 组件一样，Icon 组件也支持 semanticLabel 属性，用于定义语义标签。这是辅助功能的一部分，用来协助第三方软件为有障碍人士提供无障碍功能。例如，盲人一般会通过某些软件将屏幕上的内容朗读出来，而这里的语义标签就可以引导屏幕朗读软件提供更友好的体验。

用法非常简单，例如可为一个五角星的图案加上语义标签，代码如下：

```
Icon(Icons.star, semanticLabel: "内容已收藏"),
```

这样当屏幕朗读软件遇到这个图标时，应该朗读"内容已收藏"，而不是读作 star、"五角星""小星星"或干脆不读等多种令开发者无法确定的行为。

3）textDirection

Icon 组件还有一个鲜为人知的属性，textDirection(阅读方向)。实战中很少需要手动修改这个参数，因为默认情况下 Icon 组件会获得运行设备的自动阅读方向。例如，在一台系统语言为英语的手机上阅读顺序是从左到右，而在系统语言为阿拉伯语的手机上则相反。若不需要这种自动适配的功能，则这里可以通过 textDirection 属性强制设置阅读顺序。

在阅读方向为从右至左时，部分图标会发生反转。例如"返回"图标会指向右边，而"前进"图标也会相应反转，就如同这二者互换了一般，但也不是所有图标都会有这种变化。例如在本节一开始提到的例子中的刷新和分享图标均不对称，但它们并不会反转。

3．背景颜色

细心的读者可能已经发现，在 Icon 组件提供的这些参数中，只有设置前景颜色的 color 属性，却没有设置背景颜色的属性。这是因为图标会以透明背景的形式渲染到现有的组件上，例如出现在蓝色的导航栏或淡灰色的按钮上。

如确实需要指定图标的背景颜色，也不难实现。例如可以通过将 Icon 组件嵌入 Ink 组件或直接嵌入有颜色的 Container 容器组件等方式完成。利用类似思路，还可以实现圆角边框等效果，代码如下：

```
//第 2 章/icon_background.dart

Container(
  decoration: BoxDecoration(
    borderRadius: BorderRadius.circular(12.0),
    color: Colors.black,
  ),
  child: Icon(
    Icons.star,
    color: Colors.white,
  ),
)
```

这段代码将一个白色的五角星图标嵌入一个黑色背景的容器组件内，以间接方式设置 Icon 背景颜色，并通过 borderRadius 属性将 Container 容器自身设置为圆角。运行效果如图 2-21 所示。

实战中若需要将图标制作成可单击的按钮，则可直接使用 IconButton 组件。读者可在第 11 章"风格组件"中找到 IconButton 组件的简介。

图 2-21　利用容器组件设置图标的边框和背景

2.2.2　IconTheme

实战中或许会需要统一设置多个 Icon 组件的样式。2.2.1 节也提到，Icon 组件的图标大小和颜色在默认时会继承父级的 IconTheme 组件所提供的样式，因此当多个 Icon 组件需要统一风格时，与其单独设置每幅图标的参数，还不如直接在它们的父级中插入一个 IconTheme 组件，定义默认样式。

1. 用法

相对于之前介绍的 DefaultTextStyle 组件（用于统一设置 Text 子组件的样式风格），图标的样式就简单多了。IconTheme 只需传入一个 IconThemeData 类型的值，其中可以设置 color（颜色）、size（尺寸）和 opacity（不透明度）这 3 项可选参数中的任意若干项。

例如利用 IconTheme 组件，统一将 3 个子组件的样式设置为 48 号灰色，代码如下：

```
//第 2 章/icon_theme.dart

IconTheme(
  data: IconThemeData(
    size: 48,
    color: Colors.grey,
```

```
  ),
child: Row(
  mainAxisAlignment: MainAxisAlignment.spaceEvenly,
  children: [
    Icon(Icons.close),
    Icon(
      Icons.arrow_back,
      size: 24,
    ),
    Icon(
      Icons.star,
      color: Colors.black,
    ),
  ],
),
)
```

运行效果如图 2-22 所示。可见第 1 个图标由于没有设
置样式，自动继承了父级 IconTheme 组件的数据，显示为 48
号灰色，第 2 个图标将尺寸改为 24，因此最终渲染的尺寸较
小。第 3 个图标自身设置了黑色，同样覆盖了父级所提供的
数据，最终渲染成黑色。

图 2-22　利用 IconTheme 组件
　　　　设置图标的默认样式

2．合并与继承

因为 Icon 组件的默认样式仅由最临近的上级 IconTheme 组件提供，所以当遇到多个
IconTheme 组件嵌套时，只有最近的那个样式会生效，因此在不合并的情况下，每个
IconTheme 组件都是一个全新的起点，不仅确定了它子级 Icon 组件的默认样式，还切断了
它们与更上级 IconTheme 的联系。

若需要新的 IconTheme 组件继承上级设定的默认样式，则可以借助 IconTheme. merge()
构造函数，将上级的默认样式作为起点，进行合并操作。这部分特性与 DefaultTextStyle 组
件完全一致，对此不熟悉的读者可参考 DefaultTextStyle 组件的相关内容。

2.2.3　Image

Image 是一个很常用的组件，用于显示图片并调节渲染方式或尺寸等。支持的图片格
式有 JPEG、PNG、BMP、WBMP、GIF（包括其静态图片和动画图片）、WebP（包括其静态图
片和动画图片）等。图片资源文件既可以从本地文件读取，也可以直接打包在程序里，还可
以从网络直接下载，甚至支持直接从内存字节组加载。

1．ImageProvider

Image 组件有 1 个必传的参数 image，类型为 ImageProvider。实际上，ImageProvider
（图片提供者）是一个抽象类，而 Flutter 框架提供了 4 种已知继承，分别为 NetworkImage
（网络图片）、FileImage（文件图片）、AssetImage（资源包图片）及 MemoryImage（内存图

片),对应 4 种不同的图片资源文件获取方式。同时,程序运行时的图片加载速度一般也是按照上述顺序由最慢(从网络加载)至最快(从内存加载)。

1)NetworkImage

网络图片,顾名思义就是直接提供某张图片资源的 URL 链接。Image 组件将根据 URL 链接地址,自动完成下载、解码、渲染等一系列动作。若运行设备条件允许,则会自动在一定程度上完成缓存操作,避免重复下载,从而在节约网络资源的同时提升下次加载的速度。

举个 Flutter 官方文档中的例子,通过 NetworkImage 作为 ImageProvider,向 Image 组件提供一个 URL,渲染一张"猫头鹰"的图片,代码如下:

```
const Image(
  image: NetworkImage('https://flutter.github.io/assets - for - api - docs/assets/widgets/
owl.jpg'),
)
```

运行效果如图 2-23 所示。

因为这里需要访问网络,编译时记得检查是否已经打开相关权限,如安卓 App 模块需要在原生 manifest 文件内添加 android.permission.INTERNET 申请网络权限。

2)FileImage

文件图片一般用来加载存储设备(如磁盘、扩展卡等)的文件系统中的图片资源文件,如用户手机中的照片等。使用 FileImage 时需要传入一个 File 类型的值,并在 File 类型中指明路径,代码如下:

图 2-23 用 NetworkImage 直接加载网络图片

```
Image(
  image: FileImage(
    File("path/to/DCIM/20201027 - 203748.jpg"),
  ),
)
```

运行效果略。根据文件路径的不同,这里可能需要读取用户数据,因此可能涉及用户隐私。程序运行时需检查是否已经向用户申请相关权限,如用户是否同意该 App 访问照片图库目录。安卓模块可能需要在原生 manifest 里添加 android.permission.READ_EXTERNAL_ STORAGE 权限。

3)AssetImage

资源包(AssetBundle)是指程序在编译时打包嵌入程序可执行文件中的其他文件,一般有图片资源或文字资源等。程序运行时可以方便地访问这些打包好的资源文件。比起通过 FileImage 指定文件名和路径读取文件,将图片文件在编译时放入程序的资源包可提高图片加载速度,并且也不用担心文件路径和访问权限等问题。通常程序界面需要用到的图片文件都以资源包的方式读取,例如背景图片、公司徽标、按钮背景及其他的装饰图片等。

所谓"打包",只需将图片资源的文件名或整个目录写入 pubspec. yaml 文件,例如以下配置文件片段定义了 3 个资源文件的路径:

```
flutter:
  uses - material - design: true
  assets:
    - images/cat.jpg
    - images/dog.jpg
    - images/tomato.png
```

这里的路径是以 pubspec. yaml 文件为基准的相对路径,因此上述 3 张图片文件应该放在 pubspec. yaml 文件同级的新建文件夹 images 中。需要加载时,可以使用如下代码:

```
Image(
  image: AssetImage("images/tomato.png"),
)
```

如果资源文件数量较多,则可选择在 pubspec 中以斜线(/)结尾,直接指定整个目录。这样做可以自动添加该目录下的全部文件,但不会包括子目录。例如以下配置文件片段定义了 assets 文件夹中的全部资源文件,以及其子目录 icons 文件夹中的全部资源文件:

```
flutter:
  uses - material - design: true
  assets:
    - assets/
    - assets/icons/
```

这里需要注意的是,在软件开发的过程中修改配置文件可能会导致 Flutter 的热更新(Hot Reload)功能失效,提示找不到资源文件。一般遇到这种情况时重启 App 即可解决。

4)MemoryImage

Image 组件还可以快速地从内存中的一个 Uint8List 字节列加载图片。Uint8List 是一个固定长度的 8 位正整数列表类型,可以存储任何二进制信息,如 PNG 格式的图片数据等。

然而一张 5MB 的图片所包含的字节信息若打印出来约需上千页纸,因此即使是很小的图片,本书也不方便展示其 Uint8List 字节列的内容。在实战中,一般内存的读写操作也不会需要将 Uint8List 字节列展示出来,但若确实需要用文本形式表达字节列内容,则最常见的做法是采用 base64 编码形式。

在 Flutter 框架中,dart:convert 包里的 base64Decode 函数可以有效地将 base64 编码转换成 Uint8List 类型,并传给 MemoryImage 使用。

由于篇幅限制,这里举例使用一个极小的 16×16 像素且被高度压缩后的 PNG 图片,文件只有 520 字节(0.5KB,大约是常见的 5MB 照片尺寸的万分之一)。这里通过 base64 编码后将其内容以 String 的形式保存在名为 data 的变量中,之后再利用 base64Decode 转码成 Uint8List 类型的变量,最后提供给 MemoryImage 以显示,代码如下:

```
//第2章/image_memory.dart

//图片数据,用 base64 形式保存为字符串
final String data =
    r'iVBORw0KGgoAAAANSUhEUgAAABAAAAAQCAMAAAoLQ9TAAAABGdBTUEAALGPC/xhBQAAAA'
    'FzUkdCAK7OHOkAAADJUExURSoyNUhPUENJSy01OCUtMDE9PDQ8PxwmKSgwM0pQUiYuMkBHS'
    'Tc + QT5FRzlAQOxTVS84OjM6PRojJyIrLnd6ekFISkNKTSszNoKFhY + QkPXPy7kZMTlFXWB4o'
    'KxQdIQ4XHGVpa15jZL6 + vPXv7Pv08OHf3P///zxCRldcXWlsbIiLiqmrqpiammxwce3q53x'
    '+ f/jz7/328u7p5BgiJnJOdVtiYmFlZs/PznROdNHPzf/9 + JiYmOLg3a + vrvv8/KWlpcTDwe'
    '/r6bW2tiwau5YAAADdSURBVBgZBQAFcoNAcOE4RQ5fXANEG0Ld5f + P6gAoIrXNKHO19AUgC'
    'FZ5RFiWQPQqRwDQikHT8qhpQ + FIR0FpR22anT7PHTa1mRLQKuyHu92tmE66hnKBhHuvb + u2'
    '7eZ5cEPXBMbjcdyK2zSs84WzBJDn4zr + Trn/93VUNAXKs + Lj58oUx + cMggQ8/vieZ5cujvt'
    '4rzwTjAjl8eX6nR/OJbFMG6TDrT5 + 2h8eOnK/lAF4mnJiMstJkVO9CMDEcFRYRzxUTNpEgB'
    'C24QaU + oErXRQICIomhjSkUVIFiP + YExUHb1U6 + QAAAABJRU5ErkJggg == ';

//转码至 Uint8List 类型
late final Bytes = base64Decode(data);

… //无关代码略

//build 方法中,利用 MemoryImage 从内存中加载图片
Image(
    image: MemoryImage(Bytes),
)
```

为了方便展示运行效果,本书将运行后得到的图片放大了 4 倍,如图 2-24 所示。

实战中若需要用到转码,则应尽量参考上例写法,将转码过程提出到 build()方法之外,避免 Flutter 在重绘每一帧时都重复转码,以减轻程序计算负荷,从而提高运行效率。

图 2-24　用 MemoryImage 直接读取字节信息

 Dart Tips 语法小贴士

Dart 中字符串(String)的表达方式

在 Dart 语言中,字符串既可以用单引号也可以用双引号标出。和大部分编程语言一样,Dart 的转义字符用反斜线开头,例如"\n"表示换行。若需要直接显示转义字符,而不进行转义,则可以在引号前加入前缀字母 r 表示 raw(无须转义),类似部分其他语言的 verbatim(逐字)功能。例如,当需要表示"\n"这 2 个字符,而不表示换行时,既可以用双反斜线如"\\n",也

可以使用 r"\n"，后者等同于诸如 C#语言中使用前缀@的效果：@"C:\Data\File.txt"。

在使用双引号时，文本内的单引号不需要转义。反之亦然，如 'This is "fun".'。

在需要连接多个字符串时，既可以使用加号，也可以省略加号。例如 "This is " "fun." 就省略了这 2 个字符串之间的加号，效果与"This is"＋"fun."相同。

需要多行显示时，可以使用 3 个单引号或者 3 个双引号作为标识。这样字符内容中出现的换行符会被保留，例如：

'''白日依山尽

黄河入海流'''

当需要用到变量并计算时，可以使用 ${} 直接在字符串内容中插入变量的值。例如 '共有 ${list.length}个元素'，若只需插入变量名，则可省略花括号，如 "他今年＄age 岁了"。

2. 构造函数

Image 组件共有 5 个构造函数。除了上文介绍的主构造函数 Image()外，还有 4 个命名构造函数，分别对应 4 种支持的图片资源提供方式，作为方便开发者使用的"语法糖"。

主构造函数中的 image 参数传入的 NetworkImage、FileImage、AssetImage、MemoryImage 分别对应命名构造函数 Image.network()、Image.file()、Image.asset()、Image.memory()，使用方法大同小异。

这里分别展示使用主构造函数配合 NetworkImage，和直接使用 Image.network()构造函数传入 URL，实现加载"猫头鹰"网络图片的效果，代码如下：

```
Column(
  children: [
    Image(
      image: NetworkImage(
          'https://flutter.github.io/assets-for-api-docs/assets/widgets/owl.jpg'),
    ),
    Image.network(
        'https://flutter.github.io/assets-for-api-docs/assets/widgets/owl.jpg'),
  ],
)
```

同理，当调用资源包图片文件时，直接使用 Image.asset()构造函数会方便很多，对比以下代码：

```
Column(
  children: [
    Image(
      image: AssetImage("images/tomato.png"),
    ),
    Image.asset("images/tomato.png"),
  ],
)
```

由此可见,实战中若无特殊需要,直接使用Image组件的4个命名参数是既可读又方便的做法。

3．尺寸和比例

1）width 和 height

首先,Image组件的尺寸可以由width(宽度)和height(高度)这2个参数设置,类型为小数,但这并不表示程序运行时所显示的图片就一定是这个尺寸。这是由于图片素材的长宽比并不一定总能与Image组件的长宽比例完美契合。一般情况下,当Image组件的尺寸小于素材图片文件的尺寸时,Flutter会自动按比例将素材缩小,并保持素材的长宽比,但当Image组件尺寸大于素材图片时,Flutter默认不会将素材放大,因为那么做一般会导致图片失真,从而造成不美观的用户界面。

值得一提的是,虽然Flutter会自动将素材文件缩小,实战中并不推荐故意使用巨大的文件。例如,公司徽标或用户头像等图片,若最终只需渲染在100×100单位的界面元素中,就不推荐直接使用如2048×2048的"超高清图片"文件。这样运行时会占用很多资源,并且Image组件自动将图片缩小后的效果通常也远不如专业软件。本书受图书印刷的清晰度所限在此无法举例,读者可自行对比:在很小的Image组件中直接使用如2048×2048的图片文件,与先用图片编辑软件将原图保存为较小的文件后再交给Flutter渲染,后者在性能和画质方面都应有大幅提升。

2）alignment

当Image组件与素材图片的长宽比不符,或素材图片的解析度不够时,Image组件显示完图片后四周仍可能会出现留白的情况。这时图片的具体对齐方式就由alignment属性控制。该属性的用法与Container组件同名属性一致,对此不熟悉的读者也可查阅第1章介绍Container组件的相关内容。

这里将Image组件的尺寸设置为300×200的矩形,并借助一个灰色的Container容器组件方便观察Image组件的尺寸,代码如下:

```
Container(
  color: Colors.grey,
  child: Image.asset(
    "images/owl.jpg",
    width: 300,
    height: 200,
    alignment: Alignment.centerRight,
  ),
)
```

由于传入的图片(owl.jpg)是正方形(512×512像素)素材,又由于Image组件的高度只有200单位,素材图片将被按比例压缩成200×200逻辑像素。此时Image组件宽度300单位无法被填满,因此其两侧会出现留白。这里通过alignment属性设置Alignment.centerRight,使图片沿组件的右侧中央位置对齐,最终运行效果如图2-25所示。

图 2-25　组件与图片尺寸不符时可设置对齐方式

3）fit

当素材文件尺寸或比例不合适时，除了缩小图片并留白再调整对齐方式外，也可以借助 fit 参数设置其他适配模式。这里 fit 的概念与大部分主流框架一致（如 CSS 中的 object-fit 参数等），需要传入的值为 BoxFit 类型，代码如下：

```
//第 2 章/image_fit.dart
Row(
  mainAxisAlignment: MainAxisAlignment.spaceEvenly,
  children: [
    Image.asset(
      "images/owl.jpg",
      height: 300,
      width: 100,
      fit: BoxFit.fill,
    ),
    Container(
      color: Colors.grey,
      child: Image.asset(
        "images/owl.jpg",
        height: 300,
        width: 100,
        fit: BoxFit.contain,
      ),
    ),
    Image.asset(
      "images/owl.jpg",
      height: 300,
      width: 100,
      fit: BoxFit.cover,
    ),
  ],
)
```

上述代码用到了 fill、contain、cover 这 3 种 BoxFit 的值。其中,fill 表示"拉伸",即不必维持原图的长宽比,直接将素材图片拉伸至 Image 组件的尺寸;contain 表示"素材完全显示",确保素材内容不会缺失,但可能会导致 Image 组件留白;cover 则表示"完全覆盖组件",确保 Image 组件不会留白,但素材图片可能被裁剪并导致内容缺失。运行效果如图 2-26 所示。

图 2-26　BoxFit 的 fill、contain 和 cover 的效果

除了以上 3 种值外,BoxFit 还支持另外 4 种值:fitHeight(适配高度)和 fitWidth(适配宽度),顾名思义,可分别确保素材图片适配 Image 组件的高度和宽度,但可能导致另一维度出现留白或裁剪。none(无适配)表示不对原图进行任何缩放操作,若 Image 组件的尺寸过大或过小,则会出现组件留白或素材图片被裁剪,最后 scaleDown(缩小)为一般情况下 Image 组件的默认行为,当素材图片足够大时,将素材按比例缩小至可填满其中一个维度,与 contain 效果一致,但当素材图片不够大时,不会擅自将素材放大,效果与 none 一致。

在部分适配模式下,素材图片和 Image 组件可能仍然无法紧密贴合,此时可继续使用 alignment 属性设置对齐方式。其实 Image 组件的 alignment 属性及 fit 属性的 7 种 BoxFit 值,均与 FittedBox 组件的同名属性效果一致。读者也可参考第 6 章"进阶布局"中有关 FittedBox 组件的介绍。

4) repeat

当通过前面介绍的 width、height 及 fit 属性设置完素材与组件之间的尺寸与适配关系后,仍出现组件有留白情况时,可再借助 repeat 参数选择是否重复使用素材,达到平铺的效果,代码如下:

```
Image.asset(
  "images/owl.jpg",
  height: 100,
  width: 350,
```

```
    alignment: Alignment.centerLeft,
    repeat: ImageRepeat.repeat,
)
```

这段代码将正方形的素材文件传入一个高度为 100 单位但宽度为 350 单位的 Image 组件中,并利用 repeat 参数设置了 ImageRepeat.repeat,即允许平铺,最后设置左侧对齐,效果如图 2-27 所示。

图 2-27 使用 repeat 参数达到平铺的效果

除了 ImageRepeat.repeat(允许平铺)外,ImageRepeat 还有 repeatX(只允许 X 轴方向重复)、repeatY(只允许 Y 轴方向重复)和 noRepeat(不允许平铺)这 4 种值。

4. 区域放大(9 图)

安卓原生开发里引入过一种特殊格式的图片,后缀名为 9.png,是一个具备区域拉伸能力的 PNG 格式图片。Flutter 框架不直接支持 9 图格式,但允许开发者对任意图片选择拉伸区域,因此比安卓原生的适用范围更广,也不再对图片文件有特殊要求。

具体使用方法是利用 Image 组件的 centerSlice 参数传入一个中心矩形,这样它就可以在矩形的上方和下方进行水平方向缩放,而矩形的左右区域可以任意进行垂直方向缩放。

例如,有一个尺寸为 50×50 像素的按钮背景素材图片,被放大后可以清晰辨认出原图的每个像素,如图 2-28 所示。观察后不难发现按钮的圆角区域若被拉伸则会产生严重的锯齿效果,因此不希望被缩放,但中间平滑的按钮中心区无论怎么缩放都不会失真,因此,开发时可以用 centerSlice 参数画出四周各留边 15 像素的矩形,这样 Flutter 就只会缩放中心的矩形部分。

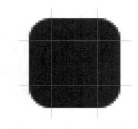

图 2-28 放大后的按钮图片

这里用 2 个 Image 组件举例,以对比 centerSlice 与普通缩放的区别,代码如下:

```
//第 2 章/image_center_slice.dart

Column(
  mainAxisAlignment: MainAxisAlignment.center,
```

```
children: [
  Image.asset(
    "images/button.png",
    height: 100,
    width: 350,
    centerSlice: Rect.fromLTRB(15, 15, 35, 35),
  ),
  Image.asset(
    "images/button.png",
    height: 100,
    width: 350,
    fit: BoxFit.fill,                    //普通拉伸
  ),
],
)
```

运行时,第 1 个 Image 组件由于利用 centerSlice 定义了中心区域,此时只会拉伸安全的中心区域,因此素材中的圆角区域得以保留。这与直接传入 BoxFit.fill 进行全图拉伸的第 2 个 Image 组件的渲染效果形成鲜明对比,如图 2-29 所示。

图 2-29　利用 centerSlice 只拉伸按钮的中心区域

与此同时,传入 centerSlice 属性后,Image 组件的默认适配方式(fit 属性)会自动由 scaleDown(缩小)变为 fill(拉伸),因此上例中的第 1 个 Image 组件没有手动传入 fit：BoxFit.fill 参数。

5. 混色

Flutter 框架支持完善的混色处理,其中图片的混色是通过 color 和 colorBlendMode 参数设置的。当 color 属性不为空时,该颜色就会通过 colorBlendMode 指定的混色模式与素材中的每个像素做混色操作。默认混色模式是 SrcIn,即原图中所有不透明的颜色全被改涂为 color 传入的颜色。

例如之前例子中展示过的"猫头鹰"素材图片,由于原图中没有像素是透明的,因此当通过 color 参数传入任意颜色(如红色)时,整张图片都会被渲染成一个红色的正方形。倘若对一个透明背景的素材文件(如结构简单的企业徽标文件)进行默认混色模式的混色处理,则透明部分的像素会依然保留透明色,因此可直接实现为徽标变色的效果。

再例如使用 BlendMode.softLight 柔光混色模式,对同一张图片分别进行白色和黑色混色处理,代码如下：

```
//第 2 章/image_blend_mode.dart

Column(
  mainAxisAlignment: MainAxisAlignment.center,
  children: [
```

```
Image.asset(
  "images/owl.jpg",
  height: 200,
  width: 200,
  color: Colors.white,
  colorBlendMode: BlendMode.softLight,
),
Image.asset(
  "images/owl.jpg",
  height: 200,
  width: 200,
  color: Colors.black,
  colorBlendMode: BlendMode.softLight,
),
    ],
)
```

运行效果如图 2-30 所示。

不同混色模式的操作方法和特性是一般的图像处理知识，并不是 Flutter 框架特有的概念，本书不在此详细讲解各种混色模式的效果。Flutter 中 Image 组件的混色模式属性支持的 BlendMode 枚举类有以下这些值：clear、src、dst、srcOver、dstOver、srcIn、dstIn、srcOut、dstOut、srcATop、dstATop、xor、plus、modulate、screen、overlay、darken、lighten、colorDodge、colorBurn、hardLight、softLight、difference、exclusion、multiply、hue、saturation、color、luminosity，这与大部分图片编辑软件支持的混色模式相同，读者若对这部分内容有兴趣但不了解，则可自行查阅资料补习图像处理的相关知识。

图 2-30　图片经过柔光混色处理后的效果

6. 无缝切换

当 Image 组件的素材文件源发生改变，尤其是切换到网络资源文件时，通常新图片资料的加载不会瞬间完成。此时 gaplessPlayback 参数可以控制 Image 组件是否应该继续显示之前的图片，直到新文件加载完成。

默认情况是 false，当出现素材切换时，如 NetworkImage 从一个 URL 切换到另一个 URL 时，Image 组件会暂时显示空白，直到新的图片加载完毕后立刻显示。如需启用无缝切换，则可以传入 gaplessPlayback：true，这样 Image 组件就会在新图片加载完成前持续显示旧图片，而不会出现空档。

7. 加载的过程

1）errorBuilder

如果图片加载的过程中发生错误，则 Image 组件会将 errorBuilder 方法的返回值渲染到屏幕上，因此借助 errorBuilder 参数可设置图片加载错误时需要显示的提示信息或替代

内容,代码如下:

```
Image.network(
  'https://file.not.found/404.png',
  errorBuilder: (context, exception, stackTrace) {
    print(exception);
    return Text("出错啦");
  },
)
```

这里利用 Image.network() 构造函数加载一个网络图片文件,但因网址有误,最终 errorBuilder 中的 Text 组件会被渲染出来,在屏幕上显示"出错啦"字样。同时,错误信息 (exception)和堆栈追踪(Stack Trace)也会作为参数传给 errorBuilder 方法。开发者既可以 根据错误信息渲染不同的提示内容,也可以将错误信息和堆栈追踪汇报给开发或运维团队。

2) frameBuilder

首先需要明确一点:这里 frame 应取动画术语中"帧"之意,而不是"画框"的意思,因 此,虽然这个 frameBuilder 可以做到修饰图片边框的效果,但其本意并不是用来为图片绘制 边框的,而是 Image 组件在加载图片时每帧都会调用的回传函数。

这里的回传函数包含 4 个参数,分别是 BuildContext context、Widget child、int frame 和 bool wasSynchronouslyLoaded。其中 child 是指原本的 Image 组件(因此直接在函数里 返回 child 就和默认时的 frameBuilder 做法一致),而 frame 指动图的第几帧,最后 wasSynchronouslyLoaded 表示图片是否为同步加载。

在图片加载的过程中,frame 值为空,当一帧图片加载完成后,frame 值不为空,因此借 助 frame 值的变化,也可做出例如图片加载过程中显示"加载中…"字样,加载完后立即显示 图片的效果,代码如下:

```
Image.network(
  "https://flutter.github.io/assets-for-api-docs/assets/widgets/owl-3.jpg",
  frameBuilder: (_, child, frame, _) {
    if (frame == null) return Text("加载中…");
    return child;
  },
)
```

以上代码判断当 frame 为空时,返回 Text 组件,否则返回图片本身,即 child 值。同理, 如果想在加载过程中渲染一个滚动的进度条而不是文字,则可以将 Text 组件替换成 CircularProgressIndicator 组件,对此不熟悉的读者可参考第 4 章"异步操作"中关于进度条 的部分内容。

利用 frameBuilder 还可以实现图片淡入等效果。参考代码如下:

```
//第 2 章/image_frame_builder.dart

Image.network(
  "https://flutter.github.io/assets-for-api-docs/assets/widgets/owl.jpg",
  frameBuilder: (context, child, frame, _) {
    return AnimatedOpacity(
      duration: const Duration(seconds: 1),
      opacity: frame == null ? 0 : 1,
      child: child,
    );
  },
  gaplessPlayback: true,
)
```

这段代码借助 AnimatedOpacity 这个隐式动画组件,再配合 frame 是否为空的条件判断决定不透明度的取值,以达到当图片加载完成后,渐渐显示出来的一种平滑过渡动画效果,读者不妨亲自动手试试。另外,对 AnimatedOpacity 组件不熟悉的读者可参考第 7 章"过渡动画"的相关介绍。

实战中,如需要在等待图片加载的过程中,先显示另一张图片(如本地资源包图片或能较快加载的缩略图)再过渡到原图,则可以直接使用 FadeInImage 组件更方便地实现,本书将在 2.2.4 节介绍。

3) loadingBuilder

这里的 loadingBuilder 与 frameBuilder 相似,不同的是,它的回传函数中会包含一种类型为 ImageChunkEvent 的值,用于描述当前文件的加载状态。在图片加载的过程中 loadingBuilder 会被反复调用,以不断更新并汇报当前加载进度。

例如,使用 loadingBuilder 可在图片加载完成前不断将加载完成度百分比显示在屏幕上,代码如下:

```
//第 2 章/image_loading_builder.dart

Image.network(
  "https://flutter.github.io/assets-for-api-docs/assets/widgets/owl.jpg",
  loadingBuilder: (context, child, progress) {
    //如果已经加载完成,就直接显示图片
    if (progress == null) return child;
    //计算加载完成度百分比:已下载字节/预计总字节 * 100
    final percent = progress.cumulativeBytesLoaded /
        progress.expectedTotalBytes * 100;
    return Text("加载 $percent%");
  },
)
```

显然 loadingBuilder 会在加载时连续被调用,若实战中不需要显示确切的加载进度,如只需显示静态的"加载中…"字样,则应该使用 frameBuilder 以提高性能。

另外,当使用了 loadingBuilder 时,无缝切换功能(gaplessPlayback 属性)通常会失效。因为当 loadingBuilder 判断出 progress(进度)不为空时,会直接渲染出如"加载 48%"字样,而不会保持显示上一张图片。

最后,当 frameBuilder 与 loadingBuilder 同时出现时,frameBuilder 会先被执行,其运行结果(它的返回值)会被传递为 loadingBuilder 的 child 参数。

8. 语义标签

1)semanticLabel

Image 组件与本章之前介绍过的 Text 组件和 Icon 组件类似,也支持 semanticLabel 属性,即语义标签。这是辅助功能的一部分,用来协助第三方软件为有障碍人士提供辅助功能。例如,盲人可通过某些软件将屏幕上的内容朗读出来,而这里的语义标签就可以引导屏幕朗读软件提供更好的体验。具体用法和示例可参考本章介绍 Text 组件和 Icon 组件的相关部分。

2)excludeFromSemantics

由于有些图片可能单纯作为装饰使用,即使无法看清也不影响用户体验,因此 Image 组件专门提供了 excludeFromSemantics 参数,提示辅助软件该图片不提供有意义的信息,无须朗读。例如,某 Image 组件是用于提供背景修饰的图片,那就可以传入 excludeFromSemantics:true 跳过朗读。

2.2.4 FadeInImage

若需要在图片加载的过程中暂时显示另一张替代图片,并在图片加载完毕后平滑过渡,就可以使用 FadeInImage 组件。通常替代图片可被迅速加载,而原图可能会耗时较久。作为替代的素材图片通常可以是一张本地资源包图片(如一个可爱的"正在努力加载哟"的 GIF 动图)或是一张能较快加载的小图(如预览图或缩略图)等。

这里值得指出的是,如果最终显示的图片并不需要加载(例如已被其他组件加载过,或者之前有过缓存),则 FadeInImage 会立刻显示最终图片,而不会用到替代素材,也不会有渐变过渡效果。

1. 基础用法

FadeInImage 组件的默认构造函数有两个必传参数,分别是 placeholder(加载过程中临时显示的替代图)和 image(最终显示的图片),代码如下:

```
FadeInImage(
    placeholder: AssetImage("assets/loading.gif"),
    image: NetworkImage("https://example.com/owl.jpg"),
)
```

这里通过 placeholder 参数传入一个文件名为 loading.gif 的 AssetImage(资源包图

片),再通过 image 参数传入一张 NetworkImage(网络图片),最终运行效果是先循环播放本地文件 loading.gif 动图的内容,直到网络图片加载完毕,再平滑地淡出淡入切换至后者。

2. 构造函数

FadeInImage 组件除了默认的构造函数外,还有 2 个命名构造函数,分别是常用的 assetNetwork 函数(从资源包图片切换到网络图片)和 memoryNetwork 函数(从内存图片切换到网络图片),作为方便开发者使用的"语法糖"。

将上例改用命名构造函数后的代码如下:

```
FadeInImage.assetNetwork(
  placeholder: "assets/loading.gif",
  image: "https://example.com/owl.jpg",
)
```

这里由于命名构造函数已说明 assetNetwork(从资源包图片切换到网络图片)的行为,所以 image 和 placeholder 参数都不再需要传入 ImageProvider 类,而是直接传入 String 使代码更简洁易读。

3. 过渡效果

当最终需要显示的素材文件(image 属性)确实需要耗时加载时,FadeInImage 组件会暂时显示替代图(placeholder 属性)。一旦最终图片加载完成,渐变效果就会开始执行。默认情况下,替代图首先会用 300ms 时间渐渐消失(不透明度渐变至 0%),之后素材文件再以 700ms 时间渐渐出现(不透明度渐变至 100%),整个过渡过程共耗时 1000ms,即 1s。

其中,替代图消失的动画时长可由 fadeOutDuration(渐出时长)参数控制,素材文件渐入的时长可用 fadeInDuration(渐入时长)参数控制,传入类型均为 Duration 类,表示时长。例如,可将渐出时长改为 2s,将渐入时长改为 3s,使整个过渡过程共耗时 5s,代码如下:

```
FadeInImage.assetNetwork(
  image: "https://example.com/owl.jpg",
  placeholder: "assets/loading.gif",
  fadeOutDuration: Duration(seconds: 2),
  fadeInDuration: Duration(seconds: 3),
)
```

除了动画时长外,渐出渐入还支持动画曲线(Curve),分别由 fadeOutCurve 和 fadeInCurve 属性控制,默认为线性。即默认情况下渐出渐入的效果均为规定时长内,线性插入不透明度的补帧动画效果。例如,动画进行到一半时,不透明度也应为 50%。实际上,这里过渡效果的时长和曲线都属于隐式动画的基础概念,详情可参考第 7 章的相关介绍。

4. 其他属性

由于 FadeInImage 组件可在一定情况下替代 Image 组件,因此它也支持大部分 Image 组件的属性,包括调整尺寸的 height 和 width 属性、调整对齐方式的 alignment 属性、设置适配模式的 fit 属性、决定是否平铺的 repeat 属性等。这些属性的用法与 Image 组件完全一致,在此不再赘述。

　　FadeInImage 组件没有 Image 组件的 gaplessPlayback(是否启用无缝切换)属性,因为它总是无缝切换的。另外当图片加载错误时,Image 组件会调用 errorBuilder 方法,但由于 FadeInImage 组件增加了替代图的概念,因此这里提供了 2 个回传函数,分别是 imageErrorBuilder 用来在图片加载错误时调用,以及 placeholderErrorBuilder 用来在替代图加载错误时调用。

　　最后,FadeInImage 组件虽然将 Image 组件的 semanticLabel(语义标签)属性改名为 imageSemanticLabel(图片语义标签),但在程序运行时无论正在显示的是最终素材图片还是替代图,这里的语义标签都会生效。如图片无意义,则可通过 excludeFromSemantics 属性提示第三方朗读软件跳过该图。

第 3 章　用　户　输　入

用户输入是大部分应用程序必不可少的环节，本章将介绍 2 种最基本的用户输入类型，分别是文本框和按钮。更复杂的用户操作，如滑动手势和拖放等，可参考第 8 章"人机交互"。

3.1　文本框

文本框可以让用户在应用程序中输入文本内容，例如搜索栏、聊天窗口的输入区域、表单中需要填写的快递信息或者登录界面的用户名和密码等地方都能找到文本框的身影。在 Flutter 框架中，最常见的文本框有 TextField 和 CupertinoTextField 这 2 个组件，分别对应安卓的 Material 风格和 iOS 的 Cupertino 风格。

3.1.1　TextField

TextField 组件是 Flutter 中最常用的文本框组件。它的基本用法非常简单，同时又支持各式各样的自定义。该组件虽然没有任何必传参数，但实战中经常需要传入 onSubmitted 参数，用于在用户完成输入时处理业务逻辑。例如，可将用户输入的内容打印至终端，代码如下：

```
TextField(
  onSubmitted: (value) =>
    print("submitted: $value"),
)
```

运行效果如图 3-1 所示。

TextField 共有 5 种状态：无焦点、无焦点且错误、有焦点、有焦点且错误、禁用。通常有焦点时 TextField 需要呈现出与众不同的样式，帮助用户辨认输入的文字将被录入哪个文本框。禁用的文本框（enabled 属性为 false 时）无法被用户选中，因此不可能有焦点。另外，这里的错误不是指程序运行时抛出异常或报错，而是指 TextField 可以呈现出一种错误

图 3-1　默认样式的文本框

的状态,主要用于提示用户可能输入有误,例如电子邮箱不符合格式等。

在默认情况下,TextField 组件遵循 Material 界面风格,自带一条下画线。当页面焦点不在文本框时下画线呈灰色,一旦获得页面焦点,下画线会自动变成程序当前主题风格的主颜色(如蓝色),并出现光标闪烁。若该设备没有物理键盘,则屏幕软键盘会同时弹出。当需要提示输入有误时,下画线则会变成红色。

1. InputDecoration

TextField 组件的大部分外观修饰可通过向 decoration 参数传入 InputDecoration 实现。而 InputDecoration 本身包罗万象,可以通过其构造函数传入大量参数,以便设置前缀、后缀、提示信息、边框、填充色及错误状态等需要显示的文本及样式。

1)前缀

InputDecoration 有 3 类前缀,如果同时设置则会依次显示,互不冲突。第 1 类是可用 icon 属性设置,在 TextField 前面插入一个图标。第 2 类是由 prefixIcon(前缀图标)和 prefixIconConstraints(前缀图标的布局约束)属性设置,用于定义显示在 icon 之后的前缀图标。第 3 类是 prefix(前缀组件)、prefixText(前缀文本)和 prefixStyle(前缀样式)属性设置,用于定义显示在 icon 和前缀图标之后的前缀文本。这里为了演示,同时使用上述 3 类前缀,代码如下:

```
TextField(
  decoration: InputDecoration(
    icon: Icon(Icons.add),                    //图标(加号)
    prefixIcon: Icon(Icons.lock),             //前缀图标(小锁)
    prefixText: "https://",                   //前缀文本内容
  ),
)
```

运行时,icon 属性设置的图标(加号)首先被显示出来,接着是 prefixIcon 属性设置的前缀图标(小锁)。这 2 个图标平时显示为灰色,并在文本框获得焦点时变成程序的主题色(如蓝色),并且在文本框获得焦点时,prefixText 中的内容也会被显示出来,运行效果如图 3-2 所示。

图 3-2　文本框前缀在有无焦点时的效果对比

上例代码中没有用到以下几个属性:首先 prefixIconConstraints 用于定义 prefixIcon 属性中图标的布局约束,例如规定最小宽度等。另外,prefix 属性和 prefixText 属性只能二选一,前者可以接收任何 Widget 类型,因此可以用于显示任意组件,而后者则直接接收 String 类型,故只支持文本。若选用 prefixText 使用文本,则可以用 prefixStyle 属性修改文本样式。

2)后缀

InputDecoration 还有 3 类设置后缀的属性。第 1 类是 counter、counterText 、counterStyle

等属性,用于定义 TextField 的计数器。第 2 类是 suffixIcon(后缀图标)和 suffixIconConstraints(后缀图标的布局约束)属性,用于定义显示 TextField 末尾处的后缀图标。第 3 类是 suffix(后缀组件)、suffixText(后缀文本)和 suffixStyle(后缀样式)属性,用于定义后缀文本。例如,可同时设置这 3 类后缀,代码如下:

```
TextField(
  decoration: InputDecoration(
    counterText: "0/40",                    //计数器文本内容
    suffixIcon: Icon(Icons.visibility),     //后缀图标(眼睛)
    suffix: Icon(Icons.clear),              //后缀组件(清除图标)
  ),
)
```

运行时无论文本框是否有焦点,counterText 属性设置的计数器和 suffixIcon 属性设置的后缀图标都始终可见。当文本框获得焦点时 suffix 属性所设置的组件(清除图标)也会被渲染出来,运行效果如图 3-3 所示。

上例代码中没有用到以下几个属性:首先是 counter 和 counterStyle,前者用于代替counterText 传入任意组件,使其不再局限于显示文本,后者则用于定义 counterText 的文本样

图 3-3 文本框后缀在有无焦点时的效果对比

式。另外,suffix 和 suffixText 只能二选一。不同于前缀的例子,这里为了演示,故意选用了可以传入任意组件的版本,并传入了一个 Icon 组件。最后还有 suffixStyle 属性,可用于定义后缀文本的默认样式,以及可用于定义后缀图标布局约束的 suffixIconConstraints 属性。

3)提示信息

Material 设计风格的文本框有 3 类提示信息,分别是 label(标签)、hint(暗示)和 helper(助手),因此 InputDecoration 也有相应的 3 类属性,分别是:labelText、labelStyle 和floatingLabelBehavior 属性,用于设置"标签"的文本、样式和是否自动漂浮。hintText、hintStyle 和 hintMaxLines 属性,用于设置"暗示"的文本、样式和行数,以及最后的helperText、helperStyle 和 helperMaxLines 属性,用于设置"助手"的文本、样式和行数。这3 类提示信息互不冲突,可以同时使用,代码如下:

```
TextField(
  decoration: InputDecoration(
    labelText: "Date of Birth",      //标签
    hintText: "yyyy-mm-dd",          //暗示
    helperText: "Optional",          //助手
  ),
)
```

运行时,首先 labelText 属性设置了标签,标明了该文本框的意图(Date of Birth,用于收集出生日期),并在文本框获得焦点后自动缩小并漂浮至左上角,不遮挡用户输入。此时 hintText 属性设置的文本开始出现,暗示格式要求(年-月-日),并将在用户输入任何字符后自动消失。最后,文本框的左下角始终显示 helperText,运行效果如图 3-4 所示。

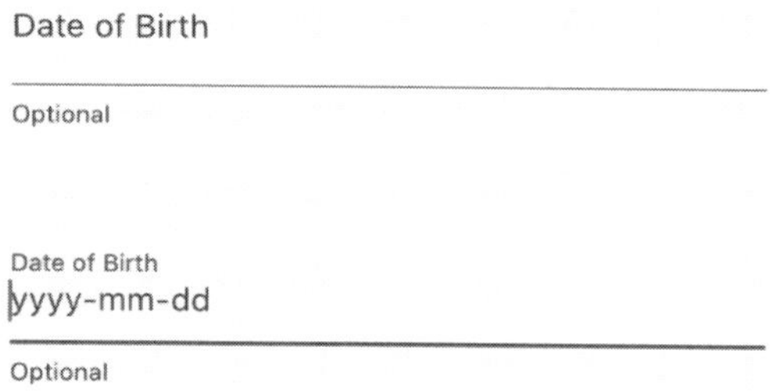

Date of Birth
_____

Optional

Date of Birth
yyyy-mm-dd
_____

Optional

图 3-4　文本框提示信息在有无焦点时的效果对比

上例代码中没有用到这 3 种提示信息对应的 style 属性或修改它们允许的最大行数,因此它们渲染的都是默认文本样式,包括字体大小和颜色等,且只占一行。另外,floatingLabelBehavior 属性可以用于定义标签(label)是否需要漂浮,默认为 FloatingLabelBehavior. auto,即自动漂浮,也可设置为 never(从不漂浮)或 always(总是漂浮)这些枚举值。

此外若文本框无焦点且支持多行,例如某个用于输入长篇内容的文本框共有 10 行,则默认情况下 labelText 会出现在垂直居中的位置,也就是第 5 行左右。若需让它漂浮在第 1 行的高度,则可通过传入 alignLabelWithHint：true 使 label 与 hint 对齐,即可实现这个效果。

4) 边框

上文提到,TextField 组件共有 5 种状态,因此 InputDecoration 也有 5 个相应的定义边框样式的属性,分别为 enabledBorder(无焦点时的边框)、errorBorder(无焦点且错误)、focusedBorder(有焦点时的边框)、focusedErrorBorder(有焦点且错误)、disabledBorder(禁用时的边框)。另外它还提供简单的 border 属性,用于定义默认边框。

边框样式的选择一般有下画线(默认样式)、四周边框、粗细及颜色等,这里举例展示一些不同的边框样式,代码如下:

```
//第 3 章/text_field_decoration_border. dart

Column(
  mainAxisAlignment: MainAxisAlignment. spaceEvenly,
  children: [
    TextField(
      decoration: InputDecoration(
```

```
        border: UnderlineInputBorder(),
        helperText: "UnderlineInputBorder",
      ),
    ),
    TextField(
      decoration: InputDecoration(
        border: OutlineInputBorder(),
        helperText: "OutlineInputBorder",
      ),
    ),
    TextField(
      decoration: InputDecoration(
        border: InputBorder.none,
        helperText: "InputBorder.none",
      ),
    ),
    TextField(
      decoration: InputDecoration(
        enabledBorder: OutlineInputBorder(
          borderRadius: BorderRadius.circular(48),
          borderSide: BorderSide(
            width: 8.0,
            color: Colors.black,
          ),
        ),
        helperText: "width: 8.0, black",
      ),
    ),
  ],
)
```

运行后一共得到 4 个 TextField 组件,从上到下分别为下画线、四周边框、无边框及自定义的黑色加粗圆边,效果如图 3-5 所示。

一般情况下通过 border 属性即可同时设置 5 种状态,如设置为四周边框后,TextField 会继续保持原有的边框配色和粗细方案(例如有错误时显示为红色等),但若像上例中第 4 个 TextField 组件那样完全自定义颜色和粗细,则必须通过 enabledBorder 等共 5 个属性分别设置相应情况下的样式,否则其他情况依然会显示默认样式。

另外,TextField 组件的默认修饰样式只有一条下画线作为边框。若不想有任何边框及其他修饰,则可以直接传入 decoration:null,清空一切默认的样式。

5)错误状态

当用户输入的内容不符合格式要求或者有误时,开发者可以通过传入一个 errorText(错误提示文字)字符串将 TextField 组件设置为错误状态。这样做时,组件修饰中原本 helperText 的位置会被替换为 errorText 的内容,并默认显示为红色。同时该组件的边框

图 3-5 文本框修饰边框的效果

会根据此刻是否有焦点，采用 errorBorder 或 focusedErrorBorder 二者之一，或在没有设置这些属性时将默认的蓝色下画线改为红色下画线。

　　例如，这里使用 Column 展示 3 个 TextField 组件，从上到下分别为无错误状态、有错误状态及设置了 errorBorder 的有错误状态，代码如下：

```
//第 3 章/text_field_decoration_error.dart

Column(
  mainAxisAlignment: MainAxisAlignment.spaceEvenly,
  children: [
```

```
TextField(
  decoration: InputDecoration(
    errorText: null,                          //错误提示为空,即无错误状态
    helperText: "Helper Text",
  ),
),
TextField(
  decoration: InputDecoration(
    errorText: "This field cannot be left blank",
    helperText: "Helper Text",
  ),
),
TextField(
  decoration: InputDecoration(
    errorText: "This field cannot be left blank",
    errorBorder: OutlineInputBorder(
      borderSide: BorderSide(
        width: 8.0,
        color: Colors.red,
      ),
    ),
  ),
),
],
)
```

运行效果如图 3-6 所示。

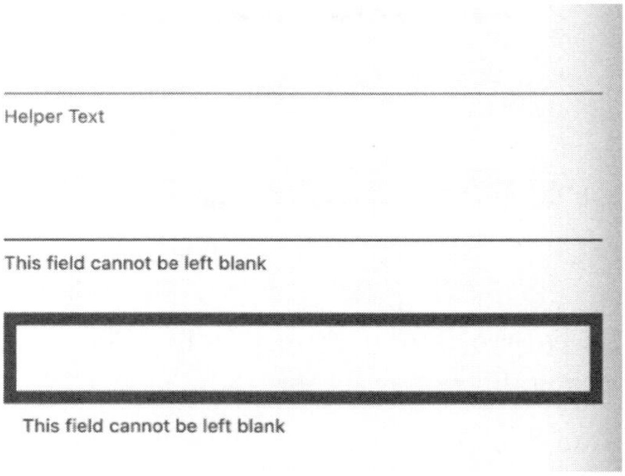

图 3-6　文本框后缀在有无焦点时的效果对比

另外,errorStyle 和 errorMaxLines 参数可分别设置错误提示文字的样式及最大行数,这与提示信息(如 helperText 等属性)的相应参数用法一致,在此不再赘述。

6)填充色

InputDecoration 支持为文本框填充背景色。如有需求,则可先将 filled 属性设置为

true,启用填充色,再通过 fillColor 属性设置一种颜色。此外若程序运行在有鼠标的设备上,则开发者还可以再通过 hoverColor 属性传入另一种颜色,用于当用户将鼠标指针停留在 TextField 组件上时叠加渲染的另一层颜色。例如可通过 fillColor 传入黑色填充,再通过 hoverColor 传入半透明的白色,代码如下:

```
TextField(
    decoration: InputDecoration(
        filled: true,
        fillColor: Colors.black,
        hoverColor: Colors.white.withOpacity(0.5),
    ),
)
```

当程序运行在桌面计算机的浏览器上时,除了会显示填充的黑色外,还会在鼠标光标停留时额外在黑色的基础上叠加透明度为 50% 的白色,最终混色出灰色,效果如图 3-7 所示。

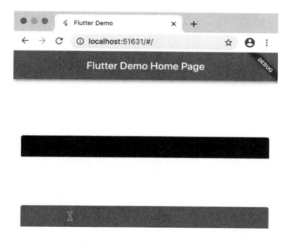

图 3-7　文本框填充色的效果

若程序运行在没有鼠标的设备(如手机)上,则会一直显示填充的黑色,而不会出现 hoverColor 的效果。另外,InputDecoration 原先还支持 focusColor 属性,用于在获得鼠标光标时添加额外混色,但因为不符合 Material 设计要求(该设计于 2020 年 2 月被移除①),因此该属性没有效果。

7) InputDecoration 的其他属性

除了上面详细讲解的这些属性外,InputDecoration 还有以下几个属性:contentPadding 用

---

① https://github.com/flutter/flutter/pull/33062

于设置边框与内容之间的留白；isDense 用于设置是否紧凑，紧凑的文本框会尽量节约垂直方向的空间；isCollapsed 用于设置是否折叠，折叠的文本框尺寸更小，且没有足够的空间显示 labelText 等内容。

此外，程序在运行时可随时通过 enabled 属性设置启用或禁用文本框。禁用时用户不可以选中该文本框，若禁用前已选中，则禁用时焦点会被强制移开，图标和边框等修饰物在默认情况下也会自动变成灰色，已经录入的内容会保留但不可再修改，直至再次启用。

2. TextField 样式

除了使用 InputDecoration 属性传入各式修饰之外，TextField 还有大量用于设置自身样式的属性，如文本样式、组件尺寸、允许的最大行数甚至光标颜色等都可以被自定义。

1）文本样式

TextField 组件中的文本样式主要通过 style 属性传入一个 TextStyle 类的值设置，这与 Text 组件中的同名属性用法相同，可自定义字体、字号、粗细、颜色、渲染特效等。同时 TextField 组件也与 Text 组件一样，还可用 textAlign 和 textDirection 参数设置文本对齐方式与阅读顺序。对此不熟悉的读者可以参考第 2 章"文字与图片"中关于 Text 组件的相关介绍和代码示例。

2）多行显示

较长的文本，如用于撰写邮件的正文部分或留言区评论等内容的输入框，一般需要 TextField 支持多行显示。这里可以通过 maxLines 属性开启多行显示并设置最大行数。该属性默认值不是 null，而是 1（最多为 1 行），此时 TextField 只会单行显示，且不允许用户换行。当传入其他值时，如设置 maxLines：5，允许最大 5 行，则表示 TextField 组件的尺寸（高度）最多可有 5 行文字那么高，但并不防止用户输入超过 5 行的内容。当内容较多时，单行显示的 TextField 支持水平（横向）滚动，而多行显示的则支持垂直（纵向）滚动。

界面设计时如有需要，还可以通过 minLines 设置最小行数，最终限制 TextField 的尺寸高度在最小行数与最大行数之间，随着内容长度的变化，限制在一定范围内变动。这里再次强调：maxLines 属性的默认值是 1，而不是 null。若无须限制最大行数，则可通过手动传入 maxLines：null 实现。

若需直接固定组件尺寸，则可选择传入 expands：true 将 TextField 强制拉伸至父级组件的尺寸，再通过在父级插入 Container 或 SizedBox 等组件设置尺寸约束，如 300×300 单位等。当启用 expands 时，minLines 和 maxLines 必须为 null。另外，当组件尺寸较大但文本内容较短时，也可通过 textAlignVertical 属性设置垂直对齐方式，如 TextAlignVertical.center 设置垂直居中等。

当文本内容超出多行显示的 TextField 的最大行数时，垂直滚动的具体行为可由 scrollController、scrollPadding 和 scrollPhysics 来定义。这与 ListView 等支持滚动的组件中的同名属性用法相似，不熟悉的读者可参考第 5 章"分页呈现"中关于 ListView 组件的介绍。

3）光标样式

TextField 在有焦点时会有闪烁的光标，如需隐藏光标，则可通过传入 showCursor：false 实现。

默认情况下光标为程序的主题色，如蓝色。若需设置光标的样式，则可以通过 cursorColor、cursorWidth 及 cursorRadius 这 3 个属性分别修改光标的颜色、粗细及圆角半径，代码如下：

```
TextField(
  cursorColor: Colors.black,
  cursorWidth: 8.0,
  cursorRadius: Radius.circular(4.0),
)
```

运行后可以得到一个较粗的黑色光标，且有圆角效果，如图 3-8 所示。实战中若光标设置得不够粗，则可能不易观察到圆角的效果。

custom cursor style ▐

图 3-8 自定义光标的效果

另外，TextField 组件还支持 mouseCursor 参数，用于在有鼠标的设备上定义鼠标指针悬浮在 TextField 时的鼠标光标，默认值为 SystemMouseCursors.text，即 I 字形鼠标光标。

4）密文

当需要用户输入密码时，开发者可通过 obscureText 属性决定是否将内容遮挡。在传入属性值 true 开启内容遮挡后，文本内容会被替换成 obscuringCharacter 属性中的字符，默认为"U+2022 BULLET"字符，即实心小圆圈。若需自定义遮挡字符，可在 obscuringCharacter 传入长度为 1 的字符串，如" ∗ "等。

5）最大长度

开发者可通过 maxLength 属性设置 TextField 可允许的最长字符数，例如传入 maxLength：80 表示用户最多应输入 80 个字符。在设置最大长度后，TextField 的右下角会自动出现一个计数器，用于显示当前已输入的字符数和最大长度，渲染出如"5/80"的效果。

若无须限制最大长度却又想保留自动计数器的功能，则可以通过传入 maxLength：−1（或者传入 maxLength：TextField.noMaxLength 常量，增加可读性，其值为−1）实现，运行时 TextField 只会渲染用户已输入的字符数，如"5"，而没有分母。

反之，若需要限制最大长度但又需隐藏计数器，或者自定义计数器的样式，则可以通过 buildCounter 属性覆盖默认的计数器 build 方法。这个回传函数会将用户当前已输入的字符数量和所允许的最大字符数量等信息作为参数传给开发者，并期待得到一个 Widget 类型的返回值以便用于最终渲染。默认情况下该 build 方法会返回一个 Text 组件，以达成默认时如"5/80"的效果，因此这里直接覆盖返回一个空的 Container 或 SizedBox 组件即可使计数器消失。

这里使用 Column 容器一并展示这 3 种计数器，代码如下：

```
//第 3 章/text_field_counter.dart

Column(
  children: [
    TextField(
      maxLength: 80,
    ),
    TextField(
      maxLength: TextField.noMaxLength,
    ),
    TextField(
      maxLength: 80,
      buildCounter: (
        BuildContext context, {
        required int currentLength,
        required int? maxLength,
        required bool isFocused,
      }) {
        return Text('${maxLength! - currentLength}');
      },
    ),
  ],
)
```

上述代码从上到下依次展示了 3 种计数器，分别为显示分子与分母的默认样式、不显示分母的无限长度样式，以及通过 buildCounter 自定义样式。自定义时，这里直接利用传入的 maxLength（最大长度）减去 currentLength（当前长度）实现"剩余多少个字符"的效果，如图 3-9 所示。

图 3-9　TextField 组件的计数器效果

有些读者也许记得前面介绍过的 decoration 属性的 InputDecoration 类中，也有 counter 和 counterText 参数可用于设置计数器。InputDecoration 中的计数器并不能自动计数，而这里的却可以。若两边都设置，InputDecoration 中的修饰属性则有优先权，覆盖这里的自动计数器。

最后，当用户输入的字符达到最大长度限制时，默认情况下就不可以再继续输入文字了。若需要允许用户超出长度后依然输入，则可通过传入 maxLengthEnforced：false，使 TextField 不强行停止用户输入。此时，默认的计数器会用红色显示一个假分数，如"81/80"，并将整个 TextField 设置为错误状态，即默认的红边框且加粗等。该错误状态的具体边框样式可由之前介绍过的 InputDecoration 中的 errorBorder 及 focusedErrorBorder 属性设置。

3．内容过滤

如需检查或清洗用户输入的内容，例如在填写电话号码的输入框中不应该出现字母或汉字，或需要过滤敏感词，则可以借助 inputFormatter 属性直接完成，从而避免亲自编写代码。该属性不但支持一个 TextInputFormatter 类的列表，用于自定义允许或禁止的字符串，而且还支持直接传入正规表达式（RegExp）作为筛选条件。

实战中，最常使用的是 BlacklistingTextInputFormatter 和 WhitelistingTextInputFormatter 这 2 个继承于 TextInputFormatter 的类，分别对应"黑名单"和"白名单"。在 2020 年 8 月更新的 Flutter 版本 v1.20.0 中，为响应"计算机术语应尽量避免不必要的种族歧视"的号召，将这 2 类更改合并为 FilteringTextInputFormatter 类，并提供了 2 个构造函数，分别是 allow（允许）和 deny（禁止）。这 2 个构造函数都可以接收一个字符串或正规表达式作为筛选条件，并支持可选的 replacementString 参数，用于将筛选出的词语替换为任意其他词。由于 inputFormatters 属性接收的是列表类型，因此这 2 类也可以混搭使用。

这里为了演示，假设不允许用户输入任何元音字母，并将所有用户输入的"zzz"字符串替换为"Zzz..."，可以使用 2 个禁止列表完成，代码如下：

```
import 'package:flutter/services.dart';

//...

TextField(
  inputFormatters: [
    FilteringTextInputFormatter.deny(
      "zzz",
      replacementString: "Zzz...",
    ),
    FilteringTextInputFormatter.deny(
      RegExp(r"[aeiou]"),
      replacementString: "*",
    ),
  ],
)
```

上述代码首先定义不允许用户输入连续 3 个字母 z，即"zzz"字符串，若触发则替换为
"Zzz…"文本，同时再通过正规表达式定义阻止条件为 aeiou 中的任意字符，并替换为一个
星号。过滤前与过滤后的文本对比效果如图 3-10 所示。

4. 选择与交互菜单

1）选择框的高度

通常在安卓和 iOS 系统中，用户可以通过手指触摸选择文本框中的内容，然而 2018 年
一位国外的开发者提出当 TextField 显示阿拉伯语时可能会出现不太完美的文本选择的视
觉效果。笔者测试后遗憾地发现中英文混搭时也会发生类似情况，具体表现为高亮部分的
高度不一致，如图 3-11 所示。

abc zz abcdefg zzz
*bc zz *bcd*fg Zzz…

图 3-10　用 inputFormatter 参数实现内容过滤　　　图 3-11　中英文混搭时选择框的高度不一致

Flutter 框架于 2020 年 2 月[①]新增了 2 个属性用于方便开发者修复这个视觉效果，分别
为 selectionHeightStyle 和 selectionWidthStyle。对于中英文混搭时选择框的高度不一致
的情况，可以通过传入 selectionHeightStyle：BoxHeightStyle. max 解决。

2）交互菜单

在移动设备上，用户通常可以通过触摸手势呼叫出交互菜单，从而进行复制粘贴等操
作。若需要禁止此类操作，则可以通过传入 enableInteractiveSelection：false 彻底关闭交互
菜单。

如需关闭部分功能，则可以通过 toolbarOptions 参数单独设定每项菜单是否开启。默
认情况下交互菜单共有 4 项，分别对应 ToolbarOptions 的 4 个参数：copy（复制）、cut（剪
切）、paste（粘贴）和 selectAll（全选）。这并不表示默认情况下系统一定会弹出这 4 个选项。
Flutter 会在程序运行时根据当前状态，智能弹出合理的菜单，例如剪切板为空时就不会出
现粘贴菜单，又如文本框为密文时（通过 obscureText 属性设置）则不会出现剪切和复制菜
单，以免用户将密码复制到别的明文框中查看内容。

以下代码展示 enableInteractiveSelection 和 toolbarOptions 属性的默认值，即全部
开启：

```
TextField(
    enableInteractiveSelection: true,
    toolbarOptions: ToolbarOptions(
```

① https://github.com/flutter/flutter/pull/48917

```
        copy: true,
        cut: true,
        paste: true,
        selectAll: true,
    ),
)
```

如需关闭其中的若干项,则只需将上述代码中对应的 true 改为 false。

5. 屏幕软键盘

1) 键盘类型与样式

当设备没有物理键盘且用户需要输入文字时,TextField 会自动将系统的屏幕软键盘显示出来。这里开发者可以通过 keyboardType 设置合适的键盘类型,需要传入的值为 TextInputType 类,可用的值包括 number 数字、decimal 小数、multiline 多行、datetime 日期、emailAddress 电子邮箱、url 网址、name 姓名、phone 电话、streetAddress 地址等。例如,当传入 TextInputType.number 时,弹出的软键盘为数字九宫格的样式。

针对 iOS 设备还可以通过 keyboardAppearance 属性设置是否使用夜间模式的深色键盘。安卓系统允许用户对软键盘深度自定义,因此系统会忽略这里的设置,继续尊重用户在系统设置里选择的样式或自行安装的第三方键盘软件。

另外,开发者还可通过 textInputAction 属性设置键盘右下角的"回车键"需要改成什么键,值为 TextInputAction 类,如 send 发送、search 搜索、join 加入、go 访问、previous 上一个、next 下一个、done 结束等,但要注意并不是每个系统都支持所有值,例如 iOS 暂不支持 previous,安卓暂不支持 join 等。开发的过程中需要注意测试所有目标系统,确保键盘类型可用。

例如可同时使用上述 3 项功能,将软键盘设置为暗色(只对 iOS 有效),类型为输入电子邮件,并将右下角改为"搜索"键,代码如下:

```
TextField(
    keyboardAppearance: Brightness.dark,
    keyboardType: TextInputType.emailAddress,
    textInputAction: TextInputAction.search,
)
```

上述代码运行在 iOS 时可观察到暗色键盘,空格键右边有@按键,并且右下角显示 search 字样,如图 3-12(a)所示。当运行在安卓系统时,可观察到空格键左侧添加了@按键,并且右下角显示搜索图标,如图 3-12(b)所示。

2) 自动纠错与补全

除了键盘样式外,TextField 组件还支持通过 autocorrect 属性设置是否启用自动纠错功能。当运行在安卓系统时,还额外支持 enableSuggestions 属性单独启用或禁用自动补全功能,但在 iOS 上自动补全只能随着自动纠错功能一并开启或者同时关闭。若开启自动补

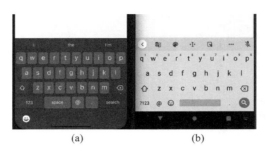

图 3-12　自定义键盘样式在 iOS 和安卓的效果对比

全,则安卓系统还可借助 autofillHints 传入一个任意数量的候选词列表。其他系统暂只支持一个候选词,因此 Flutter 会将候选列表的第一项转达给如 iOS 或网页浏览器。另外,在 iOS 11 及之后的版本上还有 smartQuotesType 和 smartDashesType 参数可供设置,分别决定是否自动将引号配对及是否将多个横行字符(---)转换为一条长长的横线。

3)自动大写字母

开发者可通过 textCapitalization 属性控制软键盘是否应自动处理大写字母。通常在使用拉丁字母的语言(如英语、法语、西班牙语等)中,每句话的开头及部分专有名词都需要使用大写字母。

默认情况下软键盘不会开启自动大写(但部分软键盘的自动纠错功能可能也会导致某些字母大写)。如需改变设置,则可以传入一个 TextCapitalization 类的值,例如设置 textCapitalization:TextCapitalization.words 可使每个单词的首字母均为大写。这里可供选择的值分别有 sentences(每句话开头)、words(每个单词开头)、characters(每个字母)及 none(无)。

最后值得一提的是,一般系统软键盘不会在弹出后突然改变样式或行为,所以这些属性值若发生变动,则通常需要等软键盘下次弹出时才会生效。

6. 事件

1)onSubmitted

当用户完成输入时,具体来讲是当用户单击屏幕软键盘上的"完成"等表示结束的按钮时,软键盘会被收起,同时 onSubmitted 事件会被触发,而用户输入的文字内容将作为该事件的参数传给开发者。

如需要在输入尚未完成的情况下实时监测文本框中内容的一举一动,则可使用 onChanged 事件。

2)onChanged

每当用户对 TextField 的内容做出改动,如添加或删除文字时,onChangd 事件都会被触发,并将最新的文本内容作为参数传入,但若用户没有直接修改 TextField,而是通过单击某个"清空"或"提交"按钮,从而导致文本内容发生变动的,则不会触发 onChanged 事件。这种情况下开发者应直接在相关按钮事件中处理业务逻辑,而不需要依赖 onChanged 事件。

如需监听更详细的用户行为,如光标位置的移动或选择区的变化等,则可以通过控制器的 TextEditingController. addListener 方法添加监听者实现(下文 7. 控制器中的选择区域会介绍具体用法)。

3)onEditingComplete

当用户完成输入时,onEditingComplete 事件会在 onSubmitted 事件之前触发。它的主要作用是处理与焦点相关的逻辑。

默认情况下,当用户单击软键盘上的 done、go、send、search 等表示结束的按键时(详见 textInputAction 属性),TextField 会自动放弃焦点并收起软键盘,但若软键盘的那个按键被修改成了 previous、next 或 join 等不表示结束的操作,TextField 则不会自动放弃焦点。开发者可通过设置 onEditingComplete 回传函数改变这一默认行为。

例如,在即时通信软件中,开发者通常会通过 textInputAction 属性将软键盘右下角修改为"发送"按键,但用户发送完一条短消息后很可能希望立即开始编辑下一条消息,因此不应该放弃焦点。此时可通过向 onEditingComplete 传入一个空函数来覆盖默认行为,代码如下:

```
TextField(
  onSubmitted: (value) => _send(value),
  onEditingComplete: () {},
  textInputAction: TextInputAction.send,
)
```

这样当用户单击软键盘上的"发送"按键后,TextField 依然会保持焦点。

4)onTap

每当用户单击一次 TextField 组件,它的 onTap 事件就会被触发一次,但双击操作的第 2 下单击不算是单独事件,因此不会触发,另外当 TextField 被禁用时(enabled 属性)该事件也不会触发。

由于 TextField 内部使用了 GestureDetector 监听用户手势(以便适时获取焦点、移动光标、弹出菜单等),因此它不适合再被嵌套 GestureDetector 组件,以免造成冲突,因此 TextField 在这里提供了 onTap 事件,方便有需要的开发者处理相关业务逻辑。对于 GestureDetector 组件不熟悉的读者可参考第 8 章"人机交互"中的相关内容。

7. 控制器

TextField 组件可以通过 controller 参数接收一个 TextEditingController 类的控制器。通过控制器,开发者可以更直接地控制 TextField 内的文本内容及选择区域的状态,例如设置文本初始值,或实现清空文本、移动光标、全选等功能。使用完毕后,需适时调用 dispose 方法释放资源。

1)初始化

控制器声明代码不建议放在 build 方法中,否则 Flutter 每次重绘都会重新初始化。实战中常见做法是在 State(组件状态类)中定义私有变量 _controller,并初始化为一个新的

TextEditingController 控制器,以及最终在 dispose 方法中释放资源,完整代码如下:

```
//第 3 章/text_field_controller.dart

import 'package:flutter/material.dart';

void main() {
  runApp(MyApp());
}

class MyApp extends StatelessWidget {
  @override
  Widget build(BuildContext context) {
    return MaterialApp(
      home: MyHomePage(),
    );
  }
}

class MyHomePage extends StatefulWidget {
  @override
  _MyHomePageState createState() => _MyHomePageState();
}

class _MyHomePageState extends State<MyHomePage> {
  TextEditingController _controller = TextEditingController();        //初始化

  @override
  void dispose() {
    _controller.dispose();                                           //释放资源
    super.dispose();
  }

  @override
  Widget build(BuildContext context) {
    return Scaffold(
      appBar: AppBar(title: Text("TextEditingController Demo")),
      body: TextField(
        controller: _controller,                                     //在 TextField 组件
里使用控制器
      ),
    );
  }
}
```

声明并初始化控制器后,直接将其通过 controller 属性传给 TextField 组件即可。

2) 文本内容

TextField 组件的内容可通过与之关联的控制器的 text 属性随时访问并修改。例如,

以下代码先将当前文本的内容输出，再替换成 hello 字样：

```
print(_controller.text);
_controller.text = "hello";
```

如需清空文本内容，则可直接调用控制器的 clear 方法。

如需设置文本的初始内容，使页面刚加载时 TextField 中内容不为空，除了可以通过 text 属性修改外，还可以直接将初始内容传给 TextEditingController 的构造函数，代码如下：

```
TextEditingController(text: "这是 TextField 的初始内容")
```

3）选择区域

开发者可通过控制器的 selection 属性随时获取和修改 TextField 的文本选择情况。例如，某文本框中有 hello 字样，且被用户全选时，执行 print(_controller. selection)就会得到以下输出：

```
TextSelection(baseOffset: 0, extentOffset: 5,
affinity: TextAffinity.downstream, isDirectional: false)
```

这里可以观察到，输出内容中 baseOffset 为选择区域的起始位置，extentOffset 为选择区域的结束位置，两者之差就是选择的字符数量。若起始位置与结束位置一致，则表示当前没有选中任何文字，且光标正在该位置闪烁。如需修改选择区域，则应同样传入这 2 个值，但需注意选择区域的起始和结束位置不应超过文本的总长度，否则会发生运行时错误。另外，若只想移动光标而不想选择任何文字，则可以使用 collapsed 语法糖，少传一次重复的值。例如，将光标移动到第 0 个字符前，即 TextField 最起始的位置，以下 2 种写法都可以实现：

```
//两行代码效果一样,只需选择一行使用
_controller.selection = TextSelection(baseOffset: 0, extentOffset: 0);
_controller.selection = TextSelection.collapsed(offset: 0);
```

若需检查选择区域或光标位置是否合法，则可以使用控制器的 isSelectionWithinTextBounds 方法。例如，这里先判断合法性，若可行（当文字长度足够时）则选择从第 20 位至第 25 位共 5 个字符，代码如下：

```
final selection = TextSelection(baseOffset: 20, extentOffset: 25);
if (_controller.isSelectionWithinTextBounds(selection)) {          //判断合法性
  _controller.selection = selection;
}
```

4）事件监听

TextEditingController 还支持 addListener 方法，允许开发者添加回传函数，并在

TextField 组件的文字内容或选择区域发生变化时调用,代码如下:

```
_controller.addListener(() {
  print("现在的值: ${_controller.value}");
});
```

这里的_controller. value 属性包括了文字内容和选择区域,若只需获得其中一部分信息,则可直接通过其 text 或 selection 属性读取。

8. 其他属性

TextField 组件除了上述的大量属性外,还有以下几个比较容易理解的属性,这里简单概括。

如需禁用文本框,则可通过将 enabled 属性设置为 false 实现。这与之前介绍的 InputDecoration 中的 enabled 属性效果一致,若两者发生冲突则优先采用这里的属性。

如需使文本框进入"只读"模式,则可通过 readOnly 传入 true 实现。只读模式下文本框的内容不可被修改,包括不可以被交互菜单或键盘快捷键剪切或粘贴,但文字内容仍可被选中。

默认情况下,文本框不会自动获取焦点,即用户必须先单击某个文本框后才会弹出屏幕软键盘。若通过 autofocus: true 将页面上的某个 TextField 设置为自动获取焦点,则每当该组件出现时,若没有其他组件正在占用焦点,该文本框将自动获取焦点,并弹出软键盘。合理使用该属性可为用户免去一次单击。如需要在程序运行时更精确地控制焦点,则可由 focusNode 属性传入一个 FocusNode 实现。

3.1.2 CupertinoTextField

虽然 TextField 组件功能强大,但其 Material 设计风格偶尔会显得与 iOS 系统界面有些格格不入。实际上,Flutter 也自带了相应的 CupertinoTextField 组件,专门按照 iOS 的 Cupertino 风格设计。除了显示风格外,它的大部分功能与属性都和 TextField 组件保持高度一致,因此本节的重点在于介绍二者的差异。若读者对 TextField 组件还不熟悉,建议先阅读 3.1.1 节介绍的 TextField 的内容。

1. 装饰

虽然 CupertinoTextField 组件也有 decoration 属性,但实际上这里需要传入的值为 BoxDecoration 类,而不是 TextField 组件同名属性所支持的 InputDecoration 类。相比之下,BoxDecoration 缺少大量属性。其中一部分,如负责渲染前缀的 prefix 属性等,将直接转移至 CupertinoTextField 组件自身的属性中,而另一部分缺少的属性所对应的功能则不再支持,这是 2 个组件的显著区别之一。

1) placeholder 属性

根据 iOS 设计风格,文本框只支持内容空白时显示一个占位符,一旦用户开始输入就会消失。这样就舍去了 Material 风格的 label(标签)、hint(暗示)和 helper(助手)这 3 种修饰方式。占位符可用 placeholder 及 placeholderStyle 属性定义,分别设置占位符的内容和样式,代码如下:

```
CupertinoTextField(
    placeholder: "Enter your name",
)
```

运行时,空白的文本框会显示 placeholder 内容,并在用户开始输入后消失,如图 3-13 所示。

2) 前缀、后缀与清除按钮

CupertinoTextField 组件支持通过 prefix 和 suffix 属性添加前缀与后缀。这与 TextField 组件的 InputDecoration 中的同名属性一致,可以接收任意组件,非常灵活。同时,前缀与后缀还分别有 prefixMode 和 suffixMode 属性,用于设置它们何时可见。默认情况为 OverlayVisibilityMode.always(永远可见),即只要前缀或后缀属性不为空,就会被渲染出来。此外,该属性还有 editing(仅编辑时可见)、notEditing(仅不编辑时可见)及 never(永不可见)这些值可供选择。

相对于 TextField 组件,这里的 CupertinoTextField 组件还额外添加了一个 clearButtonMode 属性,用于设置文本框末尾的"清除按钮"何时可见。默认情况是 OverlayVisibilityMode.never(永不可见),实战中可根据需要修改这个值,如改为 editing(仅在编辑时可见),则每当文本框的内容不为空且没有后缀时,末尾处就会出现一个用于清空内容的小按钮。清除按钮只可以在没有后缀时出现。

例如,这里定义了一个"https://"字样的 Text 组件,作为永远可见的前缀,又定义了一个五角星图标,作为后缀,仅不编辑时可见(文本框内容为空时才能看到),最后定义了清除按钮(仅在编辑时可见),代码如下:

```
CupertinoTextField(
    prefix: Text("https://"),
    prefixMode: OverlayVisibilityMode.always,
    suffix: Icon(Icons.star_border),
    suffixMode: OverlayVisibilityMode.notEditing,
    clearButtonMode: OverlayVisibilityMode.editing,
)
```

图 3-13 空白的文本框会显示 placeholder 内容

程序运行时首先可以观察到"https://"字样的前缀,接着若文本框内容为空则显示后缀五角星,否则显示清除按钮,如图 3-14 所示。

如果开发者认为前缀或后缀的组件与 CupertinoTextField 组件边框的留白不足,则可以直接通过插入 Padding 组件增加留白。对此不熟悉的读者可参考第 6 章有关 Padding 组件

图 3-14 前缀、后缀与清除按钮的显示效果

的内容。

3）padding 属性

3.1.1 节介绍的 TextField 组件的 InputDecoration 中有 contentPadding 属性，用于设置边框与内容之间的留白。这里的 padding 属性作用与之类似，但却会在有前缀与后缀时，将留白插入文字内容与前后缀之间，而不是前后缀与边框之间。

例如，这里分别将 TextField 组件和 CupertinoTextField 组件设置 16 单位的留白，并设置前后缀装饰，代码如下：

```
Column(
  children: [
    TextField(
      decoration: InputDecoration(
        contentPadding: EdgeInsets.all(16),
        prefix: Icon(Icons.person),
        suffix: Icon(Icons.star),
      ),
    ),
    CupertinoTextField(
      padding: EdgeInsets.all(16),
      prefix: Icon(Icons.person),
      suffix: Icon(Icons.star),
    ),
  ],
)
```

运行后可观察到 TextField 组件与 CupertinoTextField 组件中不同的留白效果，如图 3-15 所示。

4）decoration 属性

3.1.1 节介绍的 TextField 中的 decoration 属性支持设置前缀、后缀、提示信息、填充色、边框及错误状态下的文本及样式等众多功能，然而这些设计不完全符合 iOS 风格，因此大部分都被删减。这里的 decoration 属性只接受一个

图 3-15　TextField 组件与 CupertinoTextField
组件留白效果对比

普通的 BoxDecoration 类，主要用于自定义背景填充色、圆角边、阴影及渐变等。例如，可设置一个由黑到白再到黑的渐变色修饰，并添加圆角和阴影效果，代码如下：

```
CupertinoTextField(
  decoration: BoxDecoration(
    gradient: LinearGradient(
      colors: [Colors.black, Colors.white, Colors.black],
    ),
    borderRadius: BorderRadius.circular(24.0),
```

```
        boxShadow: [
          BoxShadow(offset: Offset(4, 4), blurRadius: 4),
        ]),
      padding: EdgeInsets.all(24),
)
```

虽然 BoxDecoration 提供了这些功能,但一定要注意不可滥用,否则运行效果会非常不符合 iOS 的风格,如图 3-16 所示。

图 3-16　修饰后的文本框

实际上这里用于接收 BoxDecoration 类型的 decoration 属性,本质与 Container 组件或 DecoratedBox 组件的同名属性无异。对此不熟悉的读者也可参考第 14 章"渲染与特效"中关于 DecoratedBox 的内容。

2. 其他属性

除了上述的区别外,CupertinoTextField 组件还有大量与 TextField 组件相同的属性,在此按照字母顺序列出:autoCorrect、autofillHints、autoFocus、controller、cursorColor、cursorRadius、cursorWidth、enabled、enableInteractiveSelection、enableSuggestions、expands、focusNode、inputFormatters、keyboardAppearance、keyboardType、maxLength、maxLengthEnforced、maxLines、minLines、obscureText、obscuringCharacter、onChanged、onEditingComplete、onSubmitted、onTap、readyOnly、scrollController、scrollPadding、scrollPhysics、selectionHeightStyle、selectionWidthStyle、showCursor、smartDashesType、smartQuotesType、style、textAlign、textAlignVertical、textCapitalization、textInputAction、toolbarOptions。

关于这些属性的具体用法及代码示范,可参考 3.1.1 节 TextField 中的相关内容。

3.2　按钮

在 Flutter 2.0 中,最常用的按钮主要有 ElevatedButton 和 TextButton 这 2 个组件,分别对应凸起的和扁平的 Material 风格按钮。另外本章也会介绍 CupertinoButton 组件,用于渲染符合 iOS 风格的按钮。除了这 3 个按钮组件外,Flutter 中还有众多支持用户选择与触碰的小组件,如 DropdownButton(下拉按钮)、IconButton(图标按钮)、CupertinoSlider(滑块)、Switcher(开关)等,将在第 11 章"风格组件"中简单介绍。

3.2.1　ElevatedButton

凸起按钮可为相对扁平的界面增添层次感,并让用户清晰地感受到这个按钮的存在,具有引导用户单击的功效,但若在已经凸起的平面上(如弹出的对话框或 Material 卡片等)再使用凸起按钮,则会使布局显得凌乱,因此一般在此类场景推荐使用扁平的按钮,将在 3.2.2 节讨论。

ElevatedButton 组件最早是于 2020 年 7 月的"按钮大重构"时提出的[①]新组件之一，主要用于替代旧的 RaisedButton 组件。该组件最先被命名为 ContainedButton，随后得到广大开发者的反馈后迅速更名[②]为 ElevatedButton，并于 2020 年 9 月 29 日随 Flutter 1.22.0 正式发布。与旧的 RaisedButton 组件相比，这个新的 ElevatedButton 组件更符合最新的 Material 界面设计要求，如默认用主题色填充等。

按钮组件可通过 child 属性接收一个用于渲染的子组件，以及通过可选的 onPressed 或 onLongPress 属性接收回传函数，分别在用户单击与长按时触发。若这 2 个回传函数都为 null，则按钮会自动变成"禁用"状态，即呈现出灰色的视觉效果且不接受用户单击。

简单地传入 Text 组件作为 child，就可以实现一个默认样式的凸起按钮，代码如下：

```
ElevatedButton(
  child: Text("Click me"),
  onPressed: () => print("用户单击了按钮"),
  onLongPress: () => print("用户长按了按钮"),
)
```

凸起按钮属于 Material 风格按钮，默认使用程序的主题色（如蓝色），正常状态下配有阴影，以呈现轻微凸起效果。当用户单击时，按钮会提高阴影强度，以增加凸起效果，并同时触发 Material 风格的水波纹效果，如图 3-17 所示。单击完毕后按钮会恢复原来的阴影，并根据用户单击的时长，触发 onPressed 单击事件或 onLongPress 长按事件。

图 3-17　默认样式的凸起按钮及水波纹效果

1. 图标按钮

除了普通的构造函数外，凸起按钮还提供 ElevatedButton.icon() 命名构造函数，用于在按钮上添加图标。该函数不再有 child 参数，取而代之的是 icon 和 label 这 2 个参数，可分别接收一个组件，用于渲染图标和标签内容，代码如下：

```
ElevatedButton.icon(
  icon: Icon(Icons.star),          //图标
  label: Text("Click me"),         //标签
  onPressed: () => print("用户单击了按钮"),
  onLongPress: () => print("用户长按了按钮"),
)
```

① https://github.com/flutter/flutter/pull/59702
② https://github.com/flutter/flutter/pull/61262

运行效果如图 3-18 所示。

值得一提的是,这里的 icon 和 label 属性并不一定要求传入相应的 Icon 组件和 Text 组件。实际上,ElevatedButton.icon 函数背后的工作原理也只是简单地将 icon 与 label 嵌入 Row 容器中,并在二者之间插入一个宽度为 8 单位的 SizedBox 组件以留白。其相关源代码如下:

图 3-18　默认样式的有图标的凸起按钮

```
Row(
    mainAxisSize: MainAxisSize.min,
    children: [icon, SizedBox(width: gap), label],
)
```

因此开发者也可以直接使用普通构造函数,通过向 child 属性传入任意组件,或嵌套 Row、Column、Stack 等布局容器,随心所欲地设置按钮内容。

2. ButtonStyle

ElevatedButton 组件的外观样式可通过向 style 参数传入 ButtonStyle 定制,而 ButtonStyle 类的构造函数支持大量参数,可设置不同状态下的字体、颜色、凸起高度甚至按钮形状等。

1)MaterialStateProperty

ButtonStyle 的大部分属性都很好理解,例如可通过 textStyle 设置文本样式、通过 backgroundColor 设置背景色、通过 foregroundColor 设置前景色、通过 overlayColor 设置当按钮被按下时的叠加色、通过 shadowColor 设置阴影的颜色、通过 elevation 设置凸起的高度、通过 padding 设置留白、通过 minimumSize 设置最小尺寸、通过 side 设置边框、通过 shape 设置形状及通过 mouseCursor 设置当鼠标指针滑过时的光标样式等。

但需要注意的是,设置上述这些属性时并不可以直接传入属性所对应的类型。例如,设置 textStyle 时不可以直接传入 TextStyle 类,设置 backgroundColor 时也不可以直接传入 Color 类。实际上,它们都需要接收一个名为 MaterialStateProperty 的类型,以便在不同的 MaterialState 下分别指定不同值。这里的 MaterialState 是指按钮的交互状态,如 pressed(被按下)、focused(有焦点)、dragged(被拖动)、disabled(禁用)等。ButtonStyle 属性接收了 MaterialStateProperty 类,就可以自动根据当前的交互状态采用对应的属性值。

实战中,推荐使用 MaterialStateProperty.resolveWith() 方法,判断传入的合集(Set 数据结构)中是否含有特定的交互状态,并依此返回相应的属性值。例如,可在按钮被单击时改变样式,代码如下:

```
//第3章/elevated_button_style_resolve.dart

ElevatedButton.icon(
    icon: Icon(Icons.star),
```

```
      label: Text("Click me"),
      onPressed: () => print("用户单击了按钮"),
      style: ButtonStyle(
        backgroundColor: MaterialStateProperty.resolveWith((states) {
          //若按钮处于被单击的状态,则返回红色,否则返回蓝色
          if (states.contains(MaterialState.pressed)) {
            return Colors.red;
          }
          return Colors.blue;
        }),
        textStyle: MaterialStateProperty.resolveWith((states) {
          //若按钮处于被单击的状态,则返回 40 号字,否则返回 20 号字
          if (states.contains(MaterialState.pressed)) {
            return TextStyle(fontSize: 40);
          }
          return TextStyle(fontSize: 20);
        }),
      ),
    )
```

若无须单独对各种交互状态设置不同的值,则可以通过 MaterialStateProperty.all()方法统一设置所有交互状态,代码如下:

```
ElevatedButton(
  child: Text("Click me"),
  onPressed: () => print("用户单击了按钮"),
  style: ButtonStyle(
    backgroundColor: MaterialStateProperty.all(Colors.red),
    textStyle: MaterialStateProperty.all(TextStyle(fontSize: 24)),
  ),
)
```

这样就可以将按钮的样式始终设置为红色背景 24 号字,一成不变。

2) 其他样式属性

ButtonStyle 中也有不受交互状态影响的属性,也就不需要传入 MaterialStateProperty 类。

开启反馈 enableFeedback 属性,用于设置当按钮被单击时是否需要产生相应的、除视觉效果之外的反馈。如在安卓系统上,长按按钮会触发设备轻微震动,或在有些设备上单击按钮时会发出哒哒声等。默认开启,这里直接传入属性值 false 即可关闭。

动画时长 animationDuration 属性,用于设置按钮的形状或凸起高度等视觉效果发生改变时的过渡动画的时长,例如传入 Duration(seconds：1),即可设置为 1s。

视觉密度 visualDensity 属性,可以设置按钮的总体留白情况,默认为 VisualDensity.standard(标准),即比较宽松。除此之外,VisualDensity 类还提供 comfortable 和 compact 值,依次更为紧凑。

触碰检测区 tapTargetSize 属性,用于设置按钮的最小触碰区。默认情况下为

MaterialTapTargetSize. padded,即当按钮的尺寸过小时,会自动保证用户可单击的区域不小于 48×48 逻辑像素。这是 Material 设计推荐的最小按钮,否则可能不方便用户单击。若需强制将按钮触碰检测区缩小至按钮本身尺寸,则可将该属性设置为 MaterialTapTargetSize. shrinkWrap。当按钮本身尺寸已经超过 48×48 逻辑像素的最小阈值时该属性不起作用。

3. styleFrom

若需自定义按钮样式,除了通过上面介绍的创建 ButtonStyle 类的方式外,ElevatedButton 还提供了 styleFrom 方法,方便开发者以凸起按钮的默认样式为起点,进行部分样式的修改。

例如可将按钮的阴影颜色设置为红色,代码如下:

```
ElevatedButton(
  child: Text("Click me"),
  onPressed: () => print("用户单击了按钮"),
  style: ElevatedButton.styleFrom(
    shadowColor: Colors.red,
  ),
)
```

这里可以看到,整段代码没有用到 MaterialStateProperty,而是向 shadowColor 属性直接传入了更加方便且可读性更高的 Color 类。

大部分 ButtonStyle 的属性都可以通过这种方式直接传入,而 styleFrom 方法的内部实际上还会调用 MaterialStateProperty. all,将传入的值应用于所有交互状态,但与 ButtonStyle 稍微不同的是,styleFrom 方式缺少 backgroundColor 和 foregroundColor 这 2 个直接设置背景色和前景色的属性,取而代之的是 primary、onPrimary 及 onSurface 这 3 个新属性。

正常交互状态下,primary 与 onPrimary 属性对应 backgroundColor 与 foregroundColor,分别定义按钮的填充底色与前景色(文字图标等内容的颜色)。

但在按钮被禁用时,onSurface 属性则负责同时定义按钮的前景和背景色。例如传入 onSurface:Colors. red 并将 onPressed 设置为 null 禁用按钮,即可观察到按钮呈现出红色前景文字与淡红色背景填充,无法单独设置。从这里可以看出,styleFrom 主要是为了简化常见的开发场景。若需深度定制,开发者应直接使用 ButtonStyle 配合 MaterialStateProperty,单独控制每个交互状态的样式。

3.2.2　TextButton

TextButton 组件是一个符合 Material 设计风格的扁平按钮,常用于工具栏或菜单中,避免由多个凸起按钮的边框与阴影所造成的视觉拥挤。同时一般建议在已经凸起的平面(如弹出的对话框等)使用扁平按钮,避免再次凸起,破坏布局的整体性。由于没有边框,设计时需要注意让用户能清晰辨认出这是一个可供单击的按钮,而不是普通文字。

1. 基础用法

使用 TextButton 组件时一般通过 child 属性传入一个 Text 组件,再通过 onPressed 或 onLongPress 回传函数监听按钮的单击或长按事件。在没有被单击时,扁平按钮在视觉上与 Text 组件除默认颜色外并无差异,但当用户按下按钮时则会出现填充色及水波纹效果,代码如下:

```
TextButton(
    child: Text("Click me"),
    onPressed: () => print("Hi"),
)
```

运行后会得到一个写有 Click me 字样的扁平按钮,默认为蓝色字样。与凸起按钮一样,扁平按钮也属于 Material 风格。用户单击时会由手指触碰的区域为起点,出现淡色水波纹效果并渐渐扩散直至填满整个按钮,如图 3-19 所示。用户单击完毕后水波纹会消失,并根据用户单击的时长,触发 onPressed 单击事件或 onLongPress 长按事件。

图 3-19　扁平按钮被单击时的水波纹效果

TextButton 组件较新,它与 3.2.1 节介绍的 ElevatedButton 同时出现于 2020 年 9 月 29 日正式发布的 Flutter 1.22.0 版本中,目标是分别取代旧的 FlatButton 和 RaisedButton 组件。这 2 个新按钮的用法高度一致,建议不熟悉的读者直接阅读 3.2.1 节介绍 ElevatedButton 组件的相关内容。

2. styleFrom

在 3.2.1 节介绍的 ElevatedButton.styleFrom 中,primary 是指按钮的背景色,即填充底色,而 onPrimary 才是前景的文字或图标的颜色,但扁平按钮默认为没有背景色,因此在这里的 TextButton.styleFrom 中,primary 则直接指按钮的前景色,即文字或图标等子组件的颜色,而 onPrimary 属性不存在。

类似地,之前介绍的凸起按钮中 onSurface 属性会同时定义禁用后按钮的前景与背景,但由于扁平按钮默认没有背景,因此这里的 onSurface 属性也只负责定义按钮被禁用时的前景色。

若需为扁平按钮添加背景填充,则可以使用 TextButton.styleFrom 中特有的 backgroundColor 属性统一设置所有交互状态。若需深度订制,则开发者可直接使用 ButtonStyle 配合 MaterialStateProperty,分别控制每个交互状态的样式。

3.2.3　CupertinoButton

CupertinoButton 是一个用于渲染符合 iOS 风格的按钮组件。它提供 CupertinoButton() 和

CupertinoButton. filled()这 2 种构造函数，分别对应无填充与有填充色的按钮，代码如下：

```
Column(
  children: [
    CupertinoButton(
      child: Text("Cupertino Default"),
      onPressed: () {},
    ),
    CupertinoButton.filled(
      child: Text("Cupertino Filled"),
      onPressed: () {},
    ),
  ],
)
```

无填充时文字为程序主题色（如蓝色），有填充色时则填充色为主题色，如图 3-20 所示。

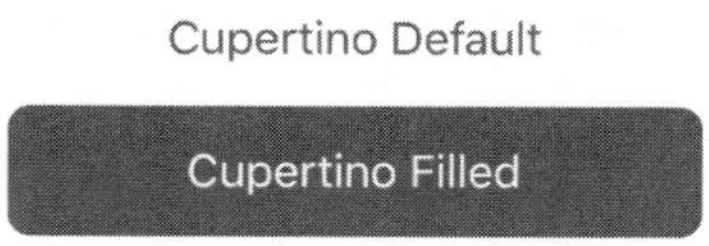

Cupertino 风格的按钮没有水波纹效果。当用户单击时按钮会呈现半透明状，并在单击结束时恢复。该按钮不支持长按，因此无论用户按下按钮后保持多久，松开后都会触发 onPressed 回传函数。

Cupertino Default

Cupertino Filled

图 3-20 无填充与有填充色的
按钮默认样式

除了 child 和 onPress 属性外，CupertinoButton 组件的其他属性都用于设置按钮样式，这里逐一介绍。

1）padding

CupertinoButton 按钮的内容与边框之间的留白可由 padding 属性设置。默认情况下，无填充的按钮四周都有 16 单位的留白，而有填充的按钮则在内容的左后分别有 64 单位的留白，上下有 14 单位的留白。这些默认留白数值是 Flutter 团队在 XCode 开发环境中通过测量 iOS 12 的原生按钮所得。在 CupertinoButton 中的相关源代码如下：

```
const EdgeInsets _kButtonPadding = EdgeInsets.all(16.0);
const EdgeInsets _kBackgroundButtonPadding = EdgeInsets.symmetric(
  vertical: 14.0,
  horizontal: 64.0,
);
```

当屏幕空间不足且按钮文字较长时，开发者可适当降低按钮的留白，否则可能最终渲染出的效果并不好，如图 3-21 所示。

2）borderRadius

默认情况下 CupertinoButton 组件有 8 逻辑像素的圆角，可以通过 borderRadius 属性修改。例如传入 borderRadius：BorderRadius. circular(16.0)可将圆角边增至 16 单位。

3）pressedOpacity

当用户单击按钮时，CupertinoButton 会出现半透明效果，默认不透明度值为 0.4，即 40％不透明，如图 3-22 所示。

图 3-21　文字较长时，默认留白效果不佳　　　图 3-22　Cupertino 按钮被单击的效果

如有必要，则这里可传入一个 0.0～1.0 的值修改按钮被按下时的不透明程度。

4）color

在使用默认构造函数时，color 属性可用于设置按钮的填充色，然而使用 CupertinoButton.filled()构造函数时，按钮已经自动填充了程序的主题色，因此没有该属性。换言之，使用 filled 构造函数就相当于将 color 属性设置为程序的主题色，如蓝色。

5）disabledColor

这是当按钮被禁用（onPressed 属性为 null）时的按钮颜色，默认为淡灰色。一般不需要改动，否则若颜色过于鲜艳可能视觉上没有"无法单击"的感觉，易对用户造成困扰，从而影响用户体验。

6）minSize

最小尺寸只当按钮内容较少而导致按钮尺寸不够大时生效，主要用于保证用户可以轻易地单击该按钮。根据苹果官方发布的界面设计指南，按钮尺寸至少为 44×44 单位[1]，即该属性的默认值，因此一般不建议修改该属性。

---

① 　https://developer.apple.com/design/human-interface-guidelines/ios/visual-design/adaptivity-and-layout

第 4 章 异 步 操 作

几乎每个应用程序或多或少需要用到异步操作，无论是从本地存储器内读取文件，还是从网络服务器或数据库中调取数据，甚至是加载广告等。本章重点讨论 Flutter 框架中与异步操作相关的组件。

4.1 进度条

程序在等待异步操作完成的过程中，一般非常有必要给予用户适当的反馈，否则容易被用户认为是程序卡顿甚至设备死机，严重影响用户体验。

4.1.1 CircularProgressIndicator

圆形进度条是 Flutter 中最常用的显示进度的组件。它的基础用法非常简单，没有必传参数，但通常界面设计中并不希望出现尺寸过大的进度条，因此实战中经常会在其父级插入 Center 组件，用于将进度条居中，代码如下：

```
Center(
  child: CircularProgressIndicator(),
)
```

这样没有指定进度值的进度条将按照 Material 风格不规则不匀速地旋转，如图 4-1 所示。

图 4-1　圆形进度条

1. 进度

如果程序有办法获知异步任务的准确进度，则可将进度通过 value 参数传给进度条组件。该参数的类型为 0～1 的小数,表示任务完成的百分比。若 value 值小于 0 或大于 1,该组件会自动纠正。作为示例,这里定义 5 个进度条,进度值分别为 0.2、0.5、0.875、1.0 及超出 1.0 的 4.8(运行时将被纠正为 1.0),代码如下:

```
Row(
  mainAxisAlignment: MainAxisAlignment.spaceEvenly,
  children: [
    CircularProgressIndicator(value: 0.2),
    CircularProgressIndicator(value: 0.5),
    CircularProgressIndicator(value: 0.875),
    CircularProgressIndicator(value: 1.0),
    CircularProgressIndicator(value: 4.8),
  ],
)
```

运行效果如图 4-2 所示。

图 4-2　不同进度值的圆形进度条

当 value 属性为空时,进度条则会按照 Material 设计风格的要求,不匀速地一直旋转。

2. 样式

1) strokeWidth

该参数可用于设置圆形进度条的粗细程度,默认值为 4.0。

2) valueColor

该参数用于设置进度值的填充色,例如当前进度为 75%,该属性定义的就是被填充的四分之三圆的颜色,默认为程序主题色,如蓝色。

修改该属性时需要传入的颜色值不是普通的 Color 类型,而是 Animation 类型,表示一个动画颜色。这是为了支持颜色渐变的动画效果,允许进度条持续改变颜色。如只需将默认的主题色换成另一种静态颜色,可以借助 AlwaysStoppedAnimation()构造函数,将普通的 Color 类型转化成一个永远静止的动画类型,即“不会动的动画”,代码如下:

```
valueColor: AlwaysStoppedAnimation(Colors.red)    //改为红色
```

3) backgroundColor

这里的“背景”颜色属性不是指整个 CircularProgressIndicator 组件的背景,而是指没有被进度条填充的那部分区域的颜色,默认为透明。例如当前进度为 75%,这里的属性定义的是空缺的四分之一圆的颜色。该属性不支持颜色渐变的动画效果,因此只需直接传入 Color 类。

以下示例结合了前面介绍的 3 种样式属性,代码如下:

```
CircularProgressIndicator(
    value: 0.75,                                    //进度值为75%
    valueColor: AlwaysStoppedAnimation(Colors.black), //进度为黑色
    backgroundColor: Colors.grey[400],              //"背景"为灰色
    strokeWidth: 8.0,                               //粗细为 8.0 单位
)
```

运行效果如图 4-3(右图)所示。

3. 尺寸与背景

CircularProgressIndicator 组件并没有提供用于设置尺寸或背景的属性。如需设置进度条的尺寸,则一般会通过在其父级插入 SizedBox 组件实现。当需要为进度条设置背景时,也可通过 DecoratedBox 或 Container 等组件实现。

图 4-3 默认样式与自定义样式对比

例如,可通过 Container 组件的 width 和 height 属性设置尺寸,再通过其 decoration 属性设置装饰,如圆形边框和背景颜色等,代码如下:

```
Container(
    width: 100,
    height: 100,
    padding: EdgeInsets.all(16),
    decoration: BoxDecoration(
        color: Colors.grey[400],
        borderRadius: BorderRadius.circular(50),
    ),
    child: CircularProgressIndicator(
        value: 0.75,
        valueColor: AlwaysStoppedAnimation(Colors.black),
    ),
)
```

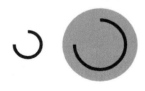

图 4-4 父级插入 Container
装饰后的效果

运行效果如图 4-4(右图)所示。

4. 颜色动画

上文提到,valueColor 属性需要接收的是 Animation 类型的值,而不是普通的 Color 类型。本书在此附上一个颜色动画的示例。该示例涉及一些"显式动画"方面的知识,对此不熟悉的读者可以先在第 12 章"进阶动画"中学习相关内容后再回顾这个例子,否则理解下面的代码会有一定难度。

这里定义了一个名为 ColorfulIndicator 的组件,其中包括一个动画控制器,要求动画播放时长为 1s,结束后倒放一遍,再循环播放。接着在 build 方法的 CircularProgressIndicator 组件中传入一个 ColorTween,实现红色到蓝色的补间动画。完整代码如下:

```
//第 4 章/circular_colorful_indicator.dart

class ColorfulIndicator extends StatefulWidget {
  @override
  _ColorfulIndicatorState createState() => _ColorfulIndicatorState();
}

class _ColorfulIndicatorState extends State<ColorfulIndicator>
    with SingleTickerProviderStateMixin {
  late AnimationController _controller;

  @override
  void initState() {
    _controller = AnimationController(
      vsync: this,
      duration: Duration(seconds: 1),
    )..repeat(reverse: true);
    super.initState();
  }

  @override
  void dispose() {
    _controller.dispose();
    super.dispose();
  }

  @override
  Widget build(BuildContext context) {
    return CircularProgressIndicator(
      valueColor: ColorTween(
        begin: Colors.red,
        end: Colors.blue,
      ).animate(_controller),
    );
  }
}
```

这样定义了一个新组件后,在需要时就可以直接调用 ColorfulIndicator 组件,取代 CircularProgressIndicator 组件,运行时可以观察到进度条由红色渐变到蓝色再渐变到红色并反复循环的动画效果。由于纸质媒体的限制,本书在此无法提供有意义的运行效果演示,有兴趣的读者不妨亲自动手试一试。

4.1.2 LinearProgressIndicator

长形进度条是另一种较为常见的进度条，一般用于显示文件传输的进度等。该组件的用法与 CircularProgressIndicator 非常相似，没有必传参数，但若程序有办法获知任务的准确进度，则应尽量将进度传给 value 参数，代码如下：

```
Center(
  child: LinearProgressIndicator(
    value: 0.42,                          //任务进度为 42%
  ),
)
```

运行效果如图 4-5 所示。

图 4-5 长形进度条

1. 样式

与之前介绍的 CircularProgressIndicator 组件相同，这里 LinearProgressIndicator 组件也有 valueColor 和 backgroundColor 属性用于自定义颜色，此处不再赘述。

不同的是，这里进度条的粗细不是通过 strokeWidth 属性调整的，而是通过 minHeight 属性调整的，用于设置最小高度的约束。当父级组件没有其他尺寸约束时，这里的最小高度会被采纳，默认为 4.0 单位，这样就不出现默认高度为 0 时无法被观察到的情况。如果需要设置高度或宽度，则这里仍然可以通过在其父级插入 SizedBox 组件实现。

2. 垂直显示

LinearProgressIndicator 组件本身并不支持垂直显示。若在实战中需要将长形进度条垂直显示（例如用于模拟温度计或显示警戒阈值等），则可借助 RotatedBox 组件将其旋转。使用时，只需要在其父级插入 RotatedBox 组件，并将 quarterTurns（转四分之一圈）属性设置为 1 或者 −1 便可以完成顺时针或者逆时针 90°旋转，代码如下：

```
//第 4 章/linear_progress_rotated.dart

Row(
  mainAxisAlignment: MainAxisAlignment.spaceEvenly,
  children: [
    RotatedBox(
      quarterTurns: −1,
```

```
      child: LinearProgressIndicator(value: 0.12),
    ),
    RotatedBox(
      quarterTurns: -1,
      child: LinearProgressIndicator(
        value: 0.42,
        valueColor: AlwaysStoppedAnimation(Colors.black),
        backgroundColor: Colors.transparent,
      ),
    ),
    RotatedBox(
      quarterTurns: -1,
      child: LinearProgressIndicator(
        minHeight: 20,
        value: 0.89,
        valueColor: AlwaysStoppedAnimation(Colors.black),
        backgroundColor: Colors.grey,
      ),
    ),
  ],
)
```

运行效果如图 4-6 所示。

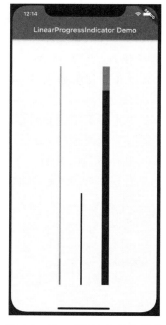

图 4-6　被 90°旋转后的进度条

通过这个例子也可以顺便观察到,长形进度条的默认"背景"颜色并不是透明的,而是稍淡的蓝色。如果需要透明,则可以通过将 backgroundColor 属性修改为 Colors. transparent(透明色)实现。

4.1.3 CupertinoActivityIndicator

这是一个按照 iOS 风格制作的"活动指示器",一般用于在 iOS 的界面上显示一个顺时针旋转的动画图标,主要作用仅为了告诉用户程序正在执行中。不同于进度条,活动指示器并不能显示进度。苹果官方的界面设计指导文档中推荐,若程序有办法获知任务的准确进度,则应该尽量使用进度条。

这个组件用法简单,同样没有任何必传参数,代码如下:

```
Center(
  child: CupertinoActivityIndicator(),
)
```

运行效果如图 4-7 所示。

一般不建议在 Material 风格的程序中使用该组件。如果需同时兼顾两种风格,则可以直接使用 CircularProgressIndicator. adaptive()构造函数,让 Flutter 在运行时根据当前操作系统自动适配风格。

图 4-7　Cupertino 风格的活动指示器

CupertinoActivityIndicator 完全按照 iOS 风格设计,因此只开放了 2 个属性供开发者修改,分别是 animating(是否开启动画)和 radius(尺寸半径)。动画默认为开启状态,当关闭时该组件没有任何动画效果,看起来就像是程序卡住了一样,因此不推荐关闭。尺寸半径则是按照 Cupertino 设计要求,默认为 10.0 单位,一般也不推荐修改。以下代码演示如何修改这 2 个属性:

```
CupertinoActivityIndicator(
  animating: false,        //关闭动画
  radius: 24,              //半径为 24 单位
)
```

图 4-8　活动指示器的默认尺寸与修改后的尺寸

运行效果如图 4-8(右图)所示,由于纸质媒体的限制,关闭动画的效果无法展示,有兴趣的读者不妨亲自动手试试。

由于 Flutter 框架的目标之一是美观且流畅地在多平台上运行,因此在安卓和 iOS 系统界面风格有大幅偏差的时候基本会提供 2 个组件,以适应目标系统的主流风格。这里的 CupertinoActivityIndicator 组件就是

iOS 系列组件的冰山一角。若想了解更多不同风格样式的组件，则读者可参考第 11 章"风格组件"的相关内容。

4.2　异步显示

实战中经常需要依赖某个异步操作来更新界面。例如某个文件正在加载时需要显示一个进度条，但当加载完毕后又需要停止显示进度条，并开始显示数据内容。又例如某程序，每当数据库中的数据发生变化时都需要实时更新界面，保持显示最新的数据。在 Flutter 框架中，借助 FutureBuilder 组件和 StreamBuilder 组件，开发者可以非常方便地完成此类任务。

4.2.1　FutureBuilder

（12min）

FutureBuilder 是一个可以自动追踪 Future 的状态并在其状态改变时自动重绘的组件。

（16min）

Dart Tips 语法小贴士

什么是 Future

很多现代的编程语言和框架对异步操作有不同程度的支持。它们或许会用稍微不同的名词，如 Future、Promise、Delay 或 Deferred 等，也很可能会用不同的关键字，如 async、await 或 suspend 等，但万变不离其宗，这些都是为了方便异步操作所做出的努力。Dart 语言选择使用 Future 类型并配合 async、await 关键字实现异步支持，其功能和语法均与其他类似编程语言大同小异。

Future 一词有"未来"或金融领域中的"期货"之意，表示一个现在不确定，但以后应该可以确定的值。使用 Future 可以封装任意其他数据类型，如 Future < String >表示一个"未来的字符串"，或者 Future < bool >表示一个"未来的布尔值"。这就好像是一盒没有拆封的糖果，我们并不知道盒子里面究竟装着哪种口味的糖果，但在未来的某一时间盒子会被打开，不出意外我们就可以得到一个确定的值，但也可能会稍微意外地得到一个错误（异常）。

总而言之 Future 有 3 种状态：首先是糖果盒未被打开的状态，被称作 uncompleted（未完成），之后盒子被打开，要么得到一个值（completed with data），要么得到一个错误（completed with error）。实战中，大部分异步操作（如网络请求）都会返回一个 Future，而程序的业务逻辑代码也基本围绕着 Future 的 3 种状态：Future 尚未完成时该怎么办（显示一个进度条？），Future 完成了并且得到数据了该怎么办（显示数据？进行下一步操作？），当 Future 完成了但却得到错误了该怎么办（显示错误信息？重试？）。

Dart 语言可以方便地创建 Future，例如可以直接使用 Future.delayed 构造函数，做一个延时获取数据的异步操作，在等候 2s 后完成，得到一个值为 Alice 的字符串，代码如下：

```
Future < String > mockGetName = Future.delayed(
    Duration(seconds: 2),
    () = > "Alice",
);
```

另一种创建 Future 的常见方法是直接使用 async 关键字将函数标为异步函数，这样函数的返回值就会自动被封装为异步，即把普通的返回值类型（如 int）包装为 Future 类型（如 Future < int >），代码如下：

```
Future < String > mockGetName() async {
    await Future.delayed(Duration(seconds: 2));
    return "Alice";
}
```

与不少其他编程语言一样，Dart 在使用 Future 时也可以借助 await 关键字，等待 Future 完成后再继续执行。本书举例时也尽量使用这种语法，以增强代码的可读性。

1. future

这里的 future 属性是 FutureBuilder 组件的必传参数。得到 future 后，FutureBuilder 组件便开始通过 future 的 then 等方法追踪它，并在其状态发生改变时自动调用 builder 函数重绘。

2. builder

每次绘制时，FutureBuilder 都会调用这里的 builder 回传函数，并提供 BuildContext（上下文）和 AsyncSnapshot < >（异步快照）。其中 AsyncSnapshot < >封装的类型就是 future 参数里的 Future < >所封装的类型，例如 Future < String >会对应 AsyncSnapshot < String > 类型。

AsyncSnapshot 描述了 Future 的最新状态及被封装的数据或异常。其中的 ConnectionState 属性描述了 Future 的状态，包括 4 种枚举：none（无）、waiting（等候中）、active（活跃）及 done（完成）。这里的 none 状态表示没有追踪 Future，在 future 属性为 null 时出现，而 waiting 状态表示 Future 还没有完成，active 状态不会在使用 future 时出现（只会在 Stream 中出现，本章稍后会讨论），最后的 done 状态表示 Future 已经完成，此时数据或异常信息必有且仅有一个已经准备就绪，可供随时查看。

当数据或者异常信息存在时，开发者可分别通过 AsyncSnapshot 的 data 和 error 属性查看；当不确定它们是否存在时，也可以通过 hasData 和 hasError 来查询。两者不可能同时存在。

根据这样的逻辑顺序，开发者可围绕着 Future 的 3 种状态，编写周全的 builder 回传函数代码。例如可根据 ConnectionState 判断当前 Future 的状态，渲染出不同的用户界面，代码如下：

```
//第 4 章/future_builder_demo.dart

FutureBuilder(
    future: loadData(),                              //读取网络数据,异步函数,返回一个 Future 类型
    builder: (BuildContext context, AsyncSnapshot < String > snapshot) {
        //检查 ConnectionState 是否为 done,以此判断 Future 是否结束
        if (snapshot.connectionState == ConnectionState.done) {
            //当 Future 结束时,data 和 error 必有一个不是空
            if (snapshot.hasError) {                  //判断是否有错误,有则显示错误
                return Text("ERROR: ${snapshot.error}");
            } else {                                  //没有错误,则显示数据
                return Text("DATA: ${snapshot.data}");
            }
        } else {
            //Future 还没结束,因此渲染一个圆形进度条
            return CircularProgressIndicator();
        }
    },
)
```

其中 loadData()可以是任何异步操作,包括网络操作或直接用延时做出的等待效果,示
例代码如下:

```
Future < String > loadData() async {
    await Future.delayed(Duration(seconds: 2));       //等待 2s
    //throw "404 data not found";                     //若需测试异常情况,则可把注释去掉
    return "Hi hi";                                    //正常返回数据
}
```

然而从上例中不难总结出 AsyncSnapshot 的一个规律: 在 Future 完成之前,它的数据
和异常信息均为空;当 Future 完成后,数据或异常信息二者之间有且只有一个为空,因此
实战中也可以选择不检查它的 ConnectionState 是否为 done,而直接通过 hasError 和
hasData 推测当前 Future 的状态。若此时既没有数据也没有异常,就可以推断当前 Future
尚未完成,应显示进度条。简化后的代码如下:

```
FutureBuilder(
    future: loadData(),                              //读取网络数据,异步函数,返回一个 Future 类型
    builder: (BuildContext context, AsyncSnapshot < String > snapshot) {
        if (snapshot.hasData) {                       //若有数据,则显示数据
            return Text("DATA: ${snapshot.data}");
        } else if (snapshot.hasError) {               //若有错误,则显示错误
            return Text("ERROR: ${snapshot.error}");
        } else {                                      //既没有数据,也没有错误,因此渲染一个圆形进度条
```

```
        return CircularProgressIndicator();
      }
    },
  )
```

程序运行时屏幕上会先出现一个圆形进度条,并等到 future 完成后根据其是否抛出异常,显示异常或正常的其中一种结果。

3．initialData

在 Future 尚未完成之前,initialData 属性可提供一个数据的"初始值"供 FutureBuilder 组件暂时使用。实战中这么做通常是为了跳过空白的等待页面或进度条。在有初始值的情况下,Future 完成前的 AsyncSnapshot 的 hasData 会返回值 true,并且 data 属性会存有 initialData 的值。当 Future 完成后,FutureBuilder 组件就会自动切换到使用 Future 的真实值并重新渲染。若 Future 以异常完成,则为了遵循"数据和异常信息二者有且只有一个为空"的原则,AsyncSnapshot 的 data 属性也会将先前的 initialData 清空为 null,只有 error 属性保存错误信息。

这里修改上例的代码,增添 initialData 参数以便设置数据的初始值,并通过 snapshot 的 hasError 属性判断 Future 是否出现异常,若没有异常则一定会有数据(在 Future 完成前有初始数据,完成后有真实数据),因此当使用 initialData 时不必渲染进度条,修改后的代码如下:

```
FutureBuilder(
  future: loadData(),
  initialData: "初始值",
  builder: (BuildContext context, AsyncSnapshot<String> snapshot) {
    if (snapshot.hasError) {                    //判断是否有异常
      return Text("ERROR: ${snapshot.error}");
    } else if (snapshot.hasData) {              //判断是否有数据,如果没有异常则一定有数据
      return Text("DATA: ${snapshot.data}");
    } else {
      throw "当使用 initialData 时,不会发生两者皆空的情况";
    }
  },
)
```

程序运行时会显示"初始值",等待 Future 的结果。若异步函数成功完成,则程序会显示其返回值;若异步函数抛出异常,则会显示其错误信息。

这里值得注意的是,即使通过 initialData 传入了初始值,在 Future 尚未完成之前,AsyncSnapshot 中的 ConnectionState 也依然会(正确地)显示 waiting 等候状态,而不是 done 完成状态。只有当真正的 Future 完成后它才会被切换到 done 状态,因此在使用 initialData 时,推荐如上例所示借助 hasData 或 hasError 来推测 Future 是否出现异常,而不是直接判断 ConnectionState 的值,否则难以观察到 initialData 的效果。

▶️(17min)

4.2.2　StreamBuilder

StreamBuilder 组件与 FutureBuilder 组件较为相似,不同点在于它是一个可以自动跟踪 Stream(数据流或事件流)的状态,并在 Stream 有变化时自动重绘的组件。Stream 不同于 Future,可能会在生命周期内释放出任意数量的数据值(正常)或错误信息(异常),通常被用于读取文件或下载网络资源等操作,有时也被用作状态管理。

 Dart Tips 语法小贴士

什么是 Stream

Stream 的字面意思是水流,一般常译作数据流(Data Stream)或事件流(Event Stream)。如果把 Future 比作期货,承诺一次跨越时间的交易,则 Stream 形如流水,一缕缕数据如同涓涓细流般注入程序里。换言之,Stream 不像 Future 那样只会在未来获得一个值(或异常),它可以异步获得 0 个或多个值(或异常)。如果说 Future 像是一个异步版本的 int 或 String,Stream 则更像是异步版本的列表,List < int >或 List < String >,列表里可能会有 0 个或者多个元素。

实战中,一般以使用现有的 Stream 为主,Stream 来源通常是一些网络或 IO 操作的 API 或库,但有时也可能会需要自己创建 Stream,例如可以直接使用 Stream.periodic 构造函数,并借助其 count 参数(该 Stream 已被调用的次数,从 0 开始递增),制作一个每秒加 1 的计数器数据流,代码如下:

```
Stream < int > counter() =>
    Stream.periodic(Duration(seconds: 1), (count) => count);
```

同理,除了 int 类型外,Stream 也可支持其他任意数据类型。例如可制作一个每秒释放一次 DateTime 的数据流,以便汇报当前时间,代码如下:

```
Stream < DateTime > timeTeller() =>
    Stream.periodic(Duration(seconds: 1), (_) {
        return DateTime.now();
});
```

普通数据流只可有一个监听者。若暂无监听者,数据流会自动缓存已释放的值,并在监听者接入的瞬间一并传达。如需支持多个监听者同时监听,则可通过控制器的 StreamController.broadcast 构造函数创建一个广播数据流。广播数据流不限制监听者的数量,但会导致数据流在无人监听时丢失自动缓存的能力。

1. 用法

与 FutureBuilder 相似,这里 StreamBuilder 组件需通过 stream 参数接收一个 Stream,

之后开发者可通过 builder 回传函数，围绕 Stream 的 4 种状态，编写出周全的业务逻辑。

实战中，通常首先会根据 ConnectionState 判断当前 Stream 的状态，若状态为 active 则表示 Stream 当前活跃，可随时释放若干个数据或异常。这时应通过 AsyncSnapshot 的 hasData 和 hasError 属性查询最近一次释放出的是数据还是异常并处理业务逻辑。若状态不活跃，也应分别渲染相应的用户界面，代码如下：

```dart
//第 4 章/stream_builder_demo.dart

StreamBuilder(
  stream: counter(),                          //传入 Stream
  builder: (BuildContext context, AsyncSnapshot < int > snapshot) {
    //观察 ConnectionState 的状态
    switch (snapshot.connectionState) {
      case ConnectionState.none:
        return Text("NONE: 没有数据流");
      case ConnectionState.waiting:
        return Text("WAITING: 等待数据流");
      case ConnectionState.active:
        if (snapshot.hasError) {
          return Text("ACTIVE: 数据流活跃,异常: ${snapshot.error}");
        } else if (snapshot.hasData) {
          return Text("ACTIVE: 数据流活跃,数据: ${snapshot.data}");
        }
        throw "当数据流活跃时,不会发生两者皆空的情况";
      case ConnectionState.done:
        return Text("DONE: 数据流关闭");
      default:
        throw "ConnectionState 没有别的状态";
    }
  },
)
```

这段代码中的注释、界面文字信息及抛出的异常等中文部分都可以帮助理解代码。其中 counter() 部分可以参考以下实现方法，利用 Random 随机数生成器，时而抛出异常，代码如下：

```dart
import 'dart:math';

//...

Stream < int > counter() => Stream.periodic(Duration(seconds: 1), (count) {
  if (Random().nextBool()) throw "oops";          //随机产生 50 % 的异常
  return count;
});
```

程序运行时会先显示"WAITING：等待数据流"字样，之后每秒若 Stream 没有抛出异常,则程序就会显示"ACTIVE：数据流活跃,数据：1"等字样。若有抛出异常,则会显示"ACTIVE：数据流活跃,异常：oops"字样。程序界面每秒自动刷新一次。

2. 实例

除了网络传输或文件读取等操作外,常见的 Stream 还包括用户操作等。例如,用户随时可能单击界面上的任意按钮若干次,或不断地敲打键盘,这些都可以被当作是 Stream 事件。

这里展示一个利用 Stream 检测用户操作的实例,完整源代码如下：

```dart
//第 4 章/stream_builder_example.dart

import 'package:flutter/material.dart';
import 'dart:async';                          //需要导入异步包


void main() {
  runApp(MyApp());
}


class MyApp extends StatelessWidget {
  @override
  Widget build(BuildContext context) {
    return MaterialApp(
      title: 'Flutter Demo',
      home: DemoPage(),
    );
  }
}


class DemoPage extends StatelessWidget {
  //定义一种类型为 int 的 Stream
  final _controller = StreamController< int >();

  @override
  Widget build(BuildContext context) {
    return Scaffold(
      appBar: AppBar(
        title: Text("Stream Demo"),
      ),
      body: Wrap(
        spacing: 20,
        children: [
          ElevatedButton(                      //单击按钮后 Stream 会释放出数字 1
            child: Text("Emit 1"),
            onPressed: () => _controller.add(1),
          ),
          ElevatedButton(                      //单击按钮后 Stream 会释放出数字 2
            child: Text("Emit 2"),
            onPressed: () => _controller.add(2),
          ),
```

```
            ElevatedButton(                              //单击按钮后 Stream 会释放出一个错误
              child: Text("Emit Error"),
              onPressed: () => _controller.addError("oops"),
            ),
            ElevatedButton(                              //单击按钮后 Stream 会关闭
              child: Text("Close"),
              onPressed: () => _controller.close(),
            ),
            StreamBuilder(
              stream: _controller.stream               //传入需要监听的 Stream
                  .map((event) => "获得数据： $ event")      //将 int 转换成 String
                  .distinct(),                         //去除重复的数据
              builder: (context, snapshot) {
                print("正在重新绘制 StreamBuilder 组件…");
                if (snapshot.connectionState == ConnectionState.done) {
                  return Text("数据流已关闭");
                }
                if (snapshot.hasError) return Text(" $ {snapshot.error}");
                if (snapshot.hasData) return Text(" $ {snapshot.data}");
                return CircularProgressIndicator();
              },
            )
          ],
        ),
      );
    }
  }
```

　　程序运行后会出现 4 个按钮,单击后分别对应释放 1、释放 2、释放错误及关闭 Stream 的功能,接着借助一个 StreamBuilder 组件监听 Stream 的情况,并渲染相应的用户界面。程序刚开始运行时,由于 Stream 还没有开始释放任何事件,StreamBuilder 会先渲染一个进度条表示等待,如图 4-9 所示。

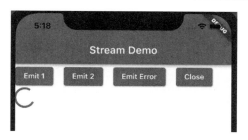

图 4-9　实例刚开始运行的效果

　　当用户单击第 1 个按钮后,程序会显示"获得数据:1",并向命令行输出"正在重新绘制 StreamBuilder 组件…"字样,这是由 Stream 的状态变化导致 StreamBuilder 组件调用了 builder 函数而产生的输出。类似地,当用户单击第 2 个按钮后,也可以观察到相同的输出,且程序会同时显示"获得数据:2"。

　　此时若用户再次单击第 2 个按钮,Stream 会再次释放整数类型 2,但是由于 StreamBuilder 监听的并不是这个 int 的 Stream 本身,而是一个被 map(转换)成 String 类型后又被 distinct(去除重复)的 Stream 的副本,因此这里不会触发重绘。合理使用 distinct 去重功能,可在源头 Stream 连续释放重复值时,减少不必要的 StreamBuilder 重绘,从而节

约性能开支,然而本例中的用法并不合理,下面会提到。

当用户单击第 3 个按钮时会触发错误,并且 StreamBuilder 将重绘。连续单击按钮就会连续触发重绘,这是因为异常不属于数据,因此不会参与 map 和 distinct 操作。当发生错误时,用户可观察到 StreamBuilder 渲染出的 oops 字样。

发生异常后用户可再次单击第 1 个或第 2 个按钮,程序应回到正常状态。Stream 在生命周期内可以释放出任意数量(包括 0 个或更多)的正常数据或异常,但需注意的是,假设抛出异常之前的最后一次正常数据为 2,则抛出异常后再单击第 2 个按钮并不会使界面更新,酿成 Bug。这是由于 distinct 去重功能认为最新的正常数据与上一次正常数据一致,无须重绘,因此使用 distinct 做"优化"时应考虑清楚,并且 Flutter 引擎的重绘效率也非常高,实战中一般不必"过早优化"。

最后,当用户单击第 4 个按钮时 Stream 将被关闭,程序显示"数据流已关闭"。此时再单击前 3 个按钮都会触发运行时错误,因为 Stream 一旦关闭就不可以再释放任何数据或异常。

第 5 章

分 页 呈 现

显示数据是大部分应用程序的主要功能。当业务数据量较大时如何高效地加载与渲染页面,以及当用户滑动屏幕翻页时怎样平滑且快速地加载新的数据是本章重点讨论的内容。

5.1 列表和网格

5.1.1 ListView

ListView 组件是 Flutter 框架中最常用的支持滚动的列表组件。它的基础用法非常简单,只需通过 children 参数传入一系列组件,ListView 就能将它们依次摆放,并支持用户滑动屏幕的手势,或在有鼠标的设备上支持鼠标滚轮,自动实现滚动功能,代码如下:

```
ListView(
    children: [
        Text("1"),
        Text("2"),
        Text("3"),
    ],
)
```

运行效果与使用 Column 组件类似,垂直方向依次摆放 3 个 Text 组件,但支持滚动。

1. 动态加载

在安卓原生开发中,RecyclerView 是一个可以高效地展示大量数据的列表控件。在 iOS 原生开发中,UITableView 控件也能起到同样的作用。它们的共同特点是在程序运行时不会立即加载列表中的全部数据,而是通过测量屏幕高度及需要显示的数据的高度,计算出满满一屏幕究竟可以显示几行数据,并只加载那部分数据。当用户向下滚动屏幕时,它会动态加载新的数据,并同时将移出屏幕的数据回收,以节约计算机资源。例如,某通讯录页面需要显示共 200 条通信记录,但测量后得出当前设备的屏幕高度最多只能显示 12 条,这些有动态加载机制的控件会选择只加载屏幕上必须显示的 12 条及若干额外条目作为缓冲(如额外加载 3 条),这样一共只需加载 15 条记录,其余的 185 条记录暂不作处理。随着用户向下滚动屏幕,最顶部的记录会逐渐移出屏幕的可见区域,这时用来显示它们的控件会被回收(recycle)。系统可将回收后的控件翻新,将旧内容改成即将出现的新内容,再从屏幕底部插入。这样程序运行时,用户可以自由滚动到列表的任意位置,但其背后始终只需大约 15个控件互相交替,回收及循环,动态实现全部资料的显示。安卓原生开发中的 RecyclerView 也因此得名,其中 recycler 就是回收者的意思。

在 Flutter 框架中,使用 ListView 组件的默认构造函数会使其立即初始化 children 列表,从而无法发挥动态加载的全部优势,因此,ListView 组件的默认构造函数只建议在children 数量较少时使用。

一般情况下,长列表推荐使用 ListView. builder()命名构造函数。此时,children 参数将不可使用,取而代之的是 itemBuilder 回传函数。该回传函数有上下文(context)和位置索引(index)参数,开发者需要根据这 2 个参数,尤其是位置索引,返回一个供 ListView 渲染的组件。

例如,可对列表中的每个位置生成一个 Text 组件,文本内容为位置索引,代码如下:

```
ListView.builder(
    itemBuilder: (context, index) {
        return Text("这是一个 Text 组件,索引: $ index");
    },
)
```

运行效果如图 5-1 所示。

1) 列表长度

默认情况下,动态创建的 ListView 列表的内容长度无限,即用户可以一直向下滑动屏幕,永远不会触碰到底边。例如当用户即将浏览到第 1000 个元素的时候,ListView 便会自动开始加载第 1001 个元素,即调用 itemBuilder 函数并将 1001 个元素传入index,再将该函数返回的那个组件作为第 1001 个元素渲染到列表的合适位置。

如需限制列表长度,则可在使用 ListView.builder()时通过 itemCount 参数传入一个不小于 0的整数。如传入 itemCount:20,则 ListView 只会渲染 20 个元素。它在调用 itemBuilder 回传函数时,传入的位置索引只可能是 0~19。

当用户已经浏览到列表末尾但依然向下滚动屏幕时,ListView 会自动产生触边反馈效果。在 iOS上呈现的是过度滚动后自动弹回的动画效果,在安卓上呈现的是波形色块的效果,这些都是相应平台中非常自然且常见的效果,用户应该不会感到陌生。

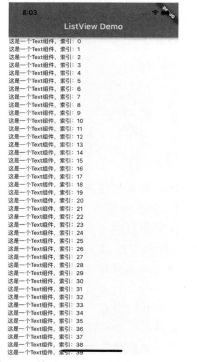

图 5-1　利用 ListView 动态生成子组件

2）分割线

ListView 列表中元素之间若需要分割线，则可以借助 ListView.separated()构造函数轻松实现。这个构造函数的用法与 ListView.builder()大同小异，主要区别有 2 点：首先是除了 itemBuilder 回传函数外还多加了一个 separatorBuilder 回传，用于在元素之间插入分割线，其次是 itemCount 不可为空，代码如下：

```
ListView.separated(
  itemCount: 3,
  separatorBuilder: (context, index) {
    return Center(
      child: Text(" --- 这是索引为 $ index 的分割线 --- "),
    );
  },
  itemBuilder: (context, index) {
    return Container(
      height: 50,
      color: Colors.grey,
      alignment: Alignment.center,
      child: Text("这是索引为 $ index 的元素"),
    );
  },
)
```

ListView 会首先根据 itemCount 属性确定该列表共 3 个元素，并在调用 itemBuilder 函数构建 3 个元素的基础上，额外调用 separatorBuilder 函数在元素之间插入 2 次分割线，如图 5-2 所示。

Flutter 框架中有一个名为 Divider 的组件，可用于渲染 Material 风格的分割线。若需使用，则可以直接在 separatorBuilder 方法中回传"return Divider();"完成分割线的建造。如需自定义样式，读者也可参考第 11 章"风格组件"中有关 Divider 的介绍。

图 5-2 在 ListView 元素之间插入分割线

2. 子组件尺寸

一般情况下 ListView 列表中的元素（子组件）的尺寸都是交给每个子组件自行决定的，因此不同元素之间尺寸也可相差甚远。例如，可构建一个长度为 10 的列表，其中每当索引为奇数时，返回一个灰色且较高的 Container 容器，其余索引则直接返回 Text 组件，代码如下：

```
ListView.builder(
  itemCount: 10,
  itemBuilder: (context, index) {
    if (index.is Odd) {
      return Container(
```

```
        height: 60,
        color: Colors.grey,
        alignment: Alignment.center,
        child: Text("索引: $ index"),
      );
    } else {
    return Text("这是索引为 $ index 的元素");
    }
  },
)
```

运行效果如图 5-3 所示。

这种不约束子组件尺寸的布局思路在大部分情况下是一种既灵活又方便的设计方案。实战中 Flutter 的性能也足以轻松应付用户滑动屏幕时连续地调用 itemBuilder 实时创建并渲染组件,但这么做也有缺点:例如 ListView 无法预知未加载的元素尺寸,继而无法确定所有元素的总尺寸,这样有时会导致右侧的滚动条(稍后介绍)无法准确显示滚动进度。又或当程序支持大幅跳转时,不固定每个元素的高度可能会导致性能问题。

在这些特殊情形下,选择牺牲元素尺寸的多样性可换来性能的提升。实战中可通过 ListView 的 itemExtent 属性强制固定每个元素的尺寸,如在上例中增加 itemExtent:80 即可保证列表中的每个元素在

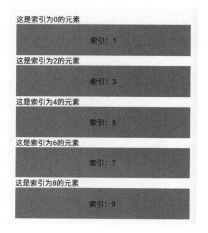

图 5-3　ListView 中子组件元素可以不等高

列表滚动的主轴方向必须占用 80 逻辑像素。换言之,如果 ListView 是竖着滚动的,则每个元素的高度必为 80 单位,如果 ListView 是横着滚动的,则每个元素的宽度均为 80 单位。

固定子组件的主轴尺寸可在大幅跳转时提升性能。例如某程序可通过滚动控制器(稍后介绍)实现一键跳转 10000 逻辑像素的功能。若 ListView 无法提前确定每个元素的高度,则跳转时它必须依次加载这些元素并完成布局测量,这样才可得知跳转 10000 逻辑像素后应该落在第几个元素上,然而,若每个元素的高度是固定的,如 80 逻辑像素,则只需简单计算便可得知一共需跳过 10000÷80＝125 个元素,跳转后应显示第 126 个元素,这样就不必逐个加载被跳过的元素了。

3. 空白页面

空白页面是当下非常流行的一种界面设计。例如,当通讯录列表为空时,程序可显示"暂时还没有联系人,单击此处添加",或者当垃圾邮件列表为空时,程序可显示"太棒了,没有垃圾邮件!"等特制图形或文案。这么做通常会比直接渲染一个空空的列表更友好些。

ListView 组件本身没有直接支持空白页的功能,但借助 Flutter 灵活的框架,只需要在

合适的时机将整个 ListView 组件替换成另一套显示空白页面的组件（如 Image 或者 Text 组件），就可以轻松实现这个需求了。

4. 内部状态保持

在 ListView 组件对元素的动态加载与资源回收机制的作用下，移出屏幕的元素会被摧毁。当用户往回翻页并再次浏览到该元素时，这个元素又会被重新加载。如果元素内部存有状态，并且在摧毁时没有注意保存，则重新加载时可能会丢失之前的状态。

这里通过一个实例来举例说明。首先定义一个含有 30 个元素的 ListView 列表，每个元素都是自定义的 Counter 组件，即一个简单的计数器，拥有内部状态。完整代码如下：

```
//第 5 章/list_view_state.dart

import 'package:flutter/material.dart';

void main() {
  runApp(MyApp());
}

class MyApp extends StatelessWidget {
  @override
  Widget build(BuildContext context) {
    return MaterialApp(
      home: Scaffold(
        appBar: AppBar(
          title: Text("ListView 演示"),
        ),
        body: ListView.builder(
          itemCount: 30,
          itemExtent: 80,
          itemBuilder: (context, index) {
            return Center(child: Counter(index));
          },
        ),
      ),
    );
  }
}

class Counter extends StatefulWidget {
  final int index;

  Counter(this.index);

  @override
  _CounterState createState() => _CounterState();
}
```

```
class _CounterState extends State<Counter> {
  int _count = 0;

  @override
  Widget build(BuildContext context) {
    return ElevatedButton(
      child: Text("第${widget.index + 1}个计数器: $_count"),
      onPressed: () => setState(() => _count++),
    );
  }
}
```

当用户单击按钮时,对应的计数器就会自增。例如程序运行后,第 1 个按钮被单击了 3 下,它就会显示数字 3,其余按钮保持显示 0 的状态,如图 5-4 所示。

由于一般手机屏幕并不能同时显示全部 30 个元素,用户此时可滑动屏幕查看更多内容。当第 1 个显示着数字 3 的计数器被移出屏幕时,对应的 Counter 组件会被摧毁,因此其内部状态(count 变量)也会丢失。具体表现为当用户先向下滚动屏幕,再向上滚动屏幕回来时,会意外发现第 1 个计数器已被重置,显示着数字 0 而不是之前的数字 3 了。

遇到类似情况时,就有必要对 ListView 内部元素进行状态保持。

1) 状态提升

当列表的子组件的内部状态会意外丢失时,最直接的解决办法是采纳前端网页 React 框架中著名的 Lift State Up (状态提升)思路,把列表中每个子组件的状态都提升到列表之上,这样当子组件被摧毁重制时状态就不会丢失了。

例如之前的计数器例子,可以把计数器的内部状态提取到外部,将 30 个计数器的数值一并保存为一个外部数组,这样 Counter 组件需要显示的数字由外部数组传入,就不会发生数值丢失的情况了。

图 5-4　ListView 元素拥有内部状态

2) KeepAlive

实战中并不是所有情况都适合采用状态提升的思路。当程序的设计架构导致确实有保留元素的内部状态的必要时,也可采用 KeepAlive(保持活跃)的方式使内部状态不丢失。

ListView 组件中的 addAutomaticKeepAlives 参数可自动为子组件添加 KeepAlive 功能,而且默认值已经是 true,因此不需要额外设置,但开发者应确保子组件本身必须同时支持该功能。上例中,计数器组件的状态类需要做一定改写。

比较简单的改写方法是先将 CounterState 类添加 AutomaticKeepAliveClientMixin 融

合类,接着在其 build 方法中调用父级方法,最后添加继承 wantKeepAlive(是否需要保持活跃)返回值为 true。修改后的代码如下:

```
class _CounterState extends State<Counter>
    with AutomaticKeepAliveClientMixin          //1. 添加融合类
{
  int _count = 0;

  @override
  Widget build(BuildContext context) {
    super.build(context);                        //2. 调用父级方法
    return ElevatedButton(
      child: Text("第 ${widget.index + 1}个计数器: $_count"),
      onPressed: () => setState(() => _count++),
    );
  }

  @override
  bool get wantKeepAlive => true;                //3. 声明需要保持状态
}
```

这样修改后的 Counter 组件就不会在移出屏幕时丢失内部数据了,即实现了保持内部状态的效果。如需进一步优化,则可在声明是否需要保持状态时,仅保持非 0 状态的计数器,代码如下:

```
@override
bool get wantKeepAlive => _count != 0;          //3. 仅当计数器不为 0 时需保持状态
```

这样若用户尚未开始使用某个计数器,则它显示的数字本来就是 0,也就没有必要保存了。

5. 滚动控制器

ListView 组件可以通过 controller 参数接收一个 ScrollController 类的滚动控制器。开发者可以通过它更直接地掌控当前列表的状态,以及控制列表滚动。例如当用户单击程序顶部的导航栏时,可以触发跳转至列表顶部的操作,或者在程序刚开始运行时,设置列表默认的起始位置等。使用完毕后,应在适宜的时机调用 ScrollController 的 dispose 方法释放资源。

1)初始化

滚动控制器的初始化代码不建议放在 build 方法中,否则 Flutter 每次重绘都会初始化一个新的控制器。实战中一般在 State(组件状态类)中定义私有变量_controller,并初始化为一个新的 ScrollController 控制器,之后再将其通过 controller 属性传给 ListView 组件,代码如下:

```
class _MyHomePageState extends State < MyHomePage > {
  ScrollController _controller = ScrollController();        //初始化

  @override
  void dispose() {
    super.dispose();
    _controller.dispose();                                  //回收资源
  }

  @override
  Widget build(BuildContext context) {
    return Scaffold(
      appBar: AppBar(),
      body: ListView.builder(
        controller: _controller,                            //在 ListView 组件中使用控制器
        itemBuilder: (_, index) => Text(" $ index"),
      ),
    );
  }
}
```

2）jumpTo

当滚动控制器通过 controller 参数传给 ListView 组件后，开发者就可以通过它直接操作列表的滚动状态。其中最简单的一种操作就是 jumpTo（跳转至）方法：传入一个小数类型的值，列表就会跳转到这个位置。例如可制作一个按钮，当用户单击按钮时，通过调用 jumpTo(0.0) 将列表跳转至 0.0 逻辑像素的位置，即回到列表顶部，代码如下：

```
ElevatedButton(
  child: Text("跳转至顶部"),
  onPressed: () => _controller.jumpTo(0.0),
)
```

值得一提的是，如果这里故意传入负数，如 −5.0 或者 −10.0 等，列表则会跳转至顶部后过量滚动，产生触顶动画并自动纠正至 0.0。这与用户平时用手指迅速滚动列表并触边时的视觉效果一致，在 iOS 上呈现的是过量滚动后自动弹回的动画效果，而在安卓上呈现的是波形色块的效果，因此实战中传入负数会使整个"快速跳转至顶部"的功能看上去更加自然，读者不妨一试。

3）animateTo

除了跳转外，滚动控制器还支持 animateTo（动画至）方法。这与跳转的最终效果类似，但不是瞬间完成，代码如下：

```
ElevatedButton(
  child: Text("回到顶部"),
  onPressed: () => _controller.animateTo(
```

```
    0.0,
    duration: Duration(milliseconds: 300),
    curve: Curves.easeOut,
  ),
)
```

以上代码定义了一个凸起按钮，单击之后 ListView 将开始动画滚动至 0.0 的位置，滚动速度逐渐缓慢，总耗时 300ms。其中 duration（时长）和 curve（动画曲线）都是 Flutter 框架中与动画相关的常见属性，对此不熟悉的读者可参考第 7 章"过渡动画"中的相关内容。

4）offset

开发者若需要得到当前列表的位置，则可以通过访问 controller.offset 属性获取。这里的返回值是逻辑像素，例如列表中每个元素的高度均为 100 单位，那么当 offset 返回值 50 时，则表示现在列表刚开始滚动，它的第 1 个元素有一半已经移出屏幕了。再例如，若 offset 返回值 2048，则表示列表的顶部显示的是第 21～22 个元素的位置。

除了 offset 外，控制器还支持 controller.position 属性，用来提供更详细的信息，如滚动物理等，有兴趣的读者可自行查阅相关文档。其实上文介绍的 controller.offset 属性就是 controller.position.pixels 的语法糖，用于方便大家查询最常用的列表位置信息。

5）事件监听

滚动控制器可以通过 addListener 方法添加一个或多个回传函数，并在滚动值发生变化时调用。例如可在列表发生滚动时，打印出当前位置，代码如下：

```
_controller.addListener(() {
  print("现在的位置: ${_controller.offset}");
});
```

这样每当列表滚动时就会源源不断地打印出当前 offset 的值，直到滚动完毕，整个列表缓缓停下，并最终彻底静止后才会停止打印。

6. 其他属性

1）scrollDirection

一般情况下 ListView 组件以垂直方向进行滚动，视觉效果类似于一个可支持滚动的 Column 组件。通过 scrollDirection 属性，ListView 也可以变成水平方向滚动，就如同 Row 组件一样。

若想改为水平方向滚动，则只需传入 scrollDirection：Axis.horizontal。对应的垂直方向值为 Axis.vertical，或者直接删掉该参数，即可采用默认的垂直方向。

2）reverse

ListView 组件可通过 reverse：true 开启"倒序"模式。在默认垂直方向滚动的列表中开启倒序模式会使最后一个元素显示在列表的最顶部，而第 1 个元素显示在最底部。当使用 jumpTo 等方法跳转至 0.0,即列表初始位置时,列表也会跳转至底部,因此仍然会跳转到第 1 个元素。若元素不够占满整个视窗的高度,倒序的列表则由下自上摆放完全部元素后,会在上方留白,这也与正序列表恰好相反。

若 ListView 组件被 scrollDirection 属性设置为水平方向滚动,则默认顺序是由设备的阅读顺序决定的。例如,在阿拉伯文的系统上,默认水平方向是由右到左滚动,这与汉语或英文的设备默认方向不同。无论默认方向如何,这里的"倒序"都会将其反转。

3) padding

列表外部的留白可以通过在 ListView 组件的父级添加 Padding 组件实现,而列表内部留白则可以用 padding 属性设置。两者的主要区别在于,当列表的元素比较多(超出视窗范围)时,外部留白会将屏幕上的 ListView 组件当作一个整体,始终保持它与其他组件(或与屏幕边框)的留白,但内部留白则是将 ListView 组件内的所有元素当作一个整体,始终保持元素与 ListView 的边框的距离。

为了演示,这里将一个 ListView 组件嵌入一个灰色 Container 中,以方便观察它的尺寸和位置。接着借助 Padding 组件将 ListView 的四周外部留白 48 单位,再同时使用 padding 属性将其四周内部留白 72 单位,代码如下:

```
Padding(
    padding: EdgeInsets.all(48),                //外部留白 48 单位
    child: Container(
        color: Colors.grey,                     //灰色背景
        child: ListView.builder(
            padding: EdgeInsets.all(72),         //四周内部留白 72 单位
            itemCount: 100,
            itemBuilder: (_, index) {
                return Text("这是列表的第 $ index 项");
            },
        ),
    ),
)
```

运行效果如图 5-5 所示。首先灰色的 ListView 与屏幕边的 48 单位留白是由父级 Padding 组件造成的。其次 ListView 与其内部元素之间的 72 单位留白则是由 padding 属性导致的,这里可以观察到左边、右边及上边的留白,却没有底部留白。这是由于 padding 属性设置的内部留白会将全部元素当作一个整体。这里由于屏幕高度的限制,共 100 项的 ListView 目前只显示了 31 项,因此底部没有出现留白。可想而知,当用户滚动到最后一个元素时便可观察到底部的留白了。

值得一提的是,ListView 组件的 padding 属性默认值不是 0,而是会根据设备的不同,自动避让当前设备屏幕上的缺陷区域(如某款苹果手机的"刘海儿"等位置)。若对此默认行为不满意,则可以通过手动传入 EdgeInsets.zero 直接将四周设置为固定的 0 留白。

这里还有一个小技巧:在实战中,若程序布局采用了 FloatingActionButton 设计,即右

下角出现一个悬浮的按钮,则很可能会导致列表的最后一个元素被悬浮按钮遮住。这时可利用 padding 属性为底部增加留白,这样列表中的最后一个元素会与 ListView 的底边保持距离,空出悬浮按钮的位置,方便用户浏览最后一个元素,运行效果如图 5-6 所示。

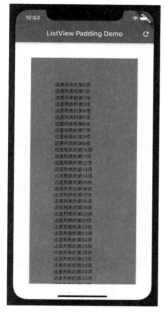

图 5-5　ListView 组件内部与外部留白的对比

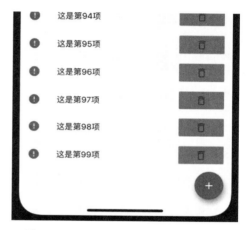

图 5-6　ListView 组件的内部底边留白

　　对渲染悬浮按钮不熟悉的读者可参考第 11 章"风格组件"中有关 FloatingActionButton 组件和 Scaffold 组件的简介。另外,对 Padding 组件不熟悉的读者也可以参考第 6 章"进阶布局"中关于 Padding 组件的详细介绍。

　　4) shrinkWrap

　　这里 shrinkWrap 在英文里是"真空包装"的意思,指的是用塑料薄膜将物体严实包裹后再把其中的空气抽掉,一般用于为物体运输途中减小体积或为食品保鲜。在 ListView 组件中,shrinkWrap 是指将列表主轴方向的尺寸压缩至全部子组件尺寸的总和,使其尽量少占空间。

　　默认情况下 ListView 组件不采用 shrinkWrap,因此在主轴方向会占满父级组件允许的最大尺寸,例如竖着滚动的列表如果没有其他约束,就会占满屏幕高度。若传入 true 启用真空包装,则 ListView 的高度会变为 children 高度之和,因此当元素较少时可被方便地嵌套在 Column 组件中,代码如下:

```
Column(
  children: [
    Text("列表之前"),
```

```
Container(
  color: Colors.grey[400],
  child: ListView(
    padding: EdgeInsets.all(8.0),
    shrinkWrap: true,
    children: [
      Text("＃1. 达拉崩吧斑得贝迪卜多比鲁翁"),
      Text("＃2. 昆图库塔卡提考特苏瓦西拉松"),
    ],
  ),
),
Text("列表之后"),
],
)
```

运行效果如图 5-7 所示。

启用 shrinkWrap 的 ListView 列表不得不放弃动态加载，即便使用了 ListView. builder 构造函数，它也会立刻将所有的元素全部加载，以计算尺寸总和，因此启用 shrinkWrap 是一项非常消耗计算资源的操作。若列表中的元素较多

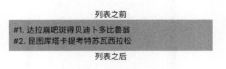

图 5-7　被 shrinkWrap 后的列表

（甚至无限多），则真空包装需要非常多的时间才能将列表中的每个元素加载并布局，这样会使程序出现卡顿甚至无响应。

实战中很少需要启用 shrinkWrap。如上例 ListView 中元素较少（只有 2 项），可考虑直接将它们并入 Column 组件的 children 中。若 ListView 元素较多，则更常见的办法是借助 Expanded 组件嵌入 Column 中。这样可保持 ListView 的动态加载和滚动，最终运行效果也与真空包装不同。关于 Column 等 Flex 组件中的 Expanded 的用法和原理，读者可以参考第 6 章"进阶布局"中的相关内容。

5）physics

滚动物理，可以设置列表滚动时的物理样式。例如，当用户将列表滚动至边界后继续滚动，在 iOS 上会出现过量滚动后自动弹回的动画效果，而在安卓上呈现的是波形色块的效果。这些行为属于 physics 的一部分。

由于 Flutter 引擎是通过直接在设备进行像素级别的绘制来渲染画面的，所以这些列表滚动及触边的动画效果等并不是调用系统的 API 完成的，因此均不受设备的原生操作系统局限。例如，传入 physics：BouncingScrollPhysics() 可使所有设备表现出 iOS 默认的触边回弹效果，而传入 ClampingScrollPhysics() 则可以使所有设备表现出安卓的效果。

另外，传入 NeverScrollableScrollPhysics() 可禁止列表的滚动，这样即便列表元素超过视窗范围，用户也不能滑动手指滚动屏幕，但开发者仍可使用 controller 读取和控制列表的位置，以及完成跳转等操作。与之相对的 AlwaysScrollableScrollPhysics() 则确保列表永远可以滚动。

如有必要,读者还可以继承 ScrollPhysics 类,创建符合项目需求的滚动物理。例如这里新建一个滚动物理,叫作 AutoScrollPhysics,其功能是自动使列表向下滚动,速度为固定的每秒 200 逻辑像素,且不受用户的手势影响,永不停止。完整代码如下:

```
//第 5 章/list_view_physics_auto.dart

import 'package:flutter/material.dart';

void main() {
  runApp(MyApp());
}

class MyApp extends StatelessWidget {
  @override
  Widget build(BuildContext context) {
    return MaterialApp(
      home: Scaffold(
        appBar: AppBar(
          title: Text("Auto Scroll Physics"),
        ),
        body: ListView.builder(
          physics: AutoScrollPhysics(),
          itemBuilder: (_, index) => Text("$ index"),
        ),
      ),
    );
  }
}

class AutoScrollPhysics extends ScrollPhysics {
  @override
  ScrollPhysics applyTo(ScrollPhysics? ancestor) => AutoScrollPhysics();

  @override
  bool shouldAcceptUserOffset(ScrollMetrics position) => false;

  @override
  Simulation createBallisticSimulation(position, velocity) =>
      AutoScrollSimulation();
}

class AutoScrollSimulation extends Simulation {
  static const velocity = 200.0;

  @override
  double x(double time) => velocity * time;

  @override
```

```
    double dx(double time) => velocity;

    @override
    bool isDone(double time) => false;
}
```

6）cacheExtent

在 ListView 动态加载与回收元素时，除了屏幕上可见的子组件外，ListView 还会在视窗范围外（如垂直滚动列表的上方和下方）额外加载几个元素作为缓冲。这里 cacheExtent 属性定义了缓冲区的长度。例如设置 cacheExtent：1000，则表示在当前屏幕可见的第 1 个元素之前，以及可见的最后一个元素之后，分别插入长度为 1000 逻辑像素的缓冲区。例如当前视窗高度为 800 逻辑像素，这样就一共产生了 1000＋800＋1000 共计 2800 逻辑像素的缓冲区，所有缓冲区内的组件都会被加载。这就意味着，若每个元素的高度为 100 单位，虽然手机屏幕一次只能显示 8～9 个元素，但始终都有近 30 个元素被加载到内存中，时刻准备着被渲染至屏幕上。

实战中很少需要手动设置这个属性，一般直接使用默认值 250 即可。

7）semanticChildCount

semanticChildCount 是语义标签属性，属于辅助功能的一部分，用来协助第三方软件为有障碍人士提供无障碍功能。例如盲人一般会通过某些软件将屏幕上的内容朗读出来，而这里的语义标签就可以帮助屏幕朗读软件，以提供更友好的用户体验。

当朗读软件遇到列表时可能会朗读"列表共 12 项内容"等语句，但列表中有些元素也许是装饰性的分割线或者标题等，不应该被认为是列表内容，因此可以用 semanticChildCount 提供实际有意义的元素的数量，如 semanticChildCount：8 表示列表里只有 8 项真正有意义的内容。使用该属性时需注意列表元素总量不能为无限，且 semanticChildCount 不能超过 itemCount 的数量。

7. 扩展到 Sliver

ListView 的本质是一个只有一个 SliverList 的 CustomScrollView，因此当 ListView 无法满足某些复杂的需求时，例如当需要列表与网格（稍后介绍）联合滚动，或当程序顶部的导航条也需要参与滚动时，可考虑直接使用 CustomScrollView。如有需求，读者可参考本书第 13 章"滚动布局"的内容。

5.1.2　ListWheelScrollView

转轮列表，ListWheelScrollView 是一个将子组件放在一个转轮上并可以呈现三维显示效果的列表组件。其基础用法与 ListView 组件相似，通过 children 参数接收一系列组件，将它们依次三维变换后摆放，并支持用户滑动屏幕手势。不同的是这个组件的 itemExtent 参数必传，因此所有列表中的元素在主轴方向必须是统一尺寸，不支持大小不一的子组件，代码如下：

```
ListWheelScrollView(
  itemExtent: 100,
  children: [
    for (int i = 0; i < 5; i++) Container(color: Colors.grey),
  ],
)
```

这里通过 for 循环，向 children 传入了 5 个灰色的 Container 组件，并通过 itemExtent 属性将列表内每个元素的高度都设置为 100 单位。程序运行时，默认显示第 1 个元素，且将其放大并居中，效果如图 5-8(左图)所示。当用户开始滚动列表，如滚动至第 3 个元素时，被"选中"的第 3 个元素将被放大且居中，效果如图 5-8(右图)所示。

图 5-8　ListWheelScrollView 的显示效果

 Dart Tips 语法小贴士

列表中的 if 和 for 循环

上例代码利用 for 循环，方便地向 ListWheelScrollView 组件的 children 属性传入了 5 个组件。这是 2019 年 5 月发布的 Dart 2.3 的新语法，允许列表中使用 if 和 for 关键字，代码如下：

```
Column(
  children: [
    if (showHeader)              //根据变量判断是否在列表中插入 Header 组件
      Header(),
```

```
    Item1(),                          //固定插入 Item1 组件
    Item2(),                          //固定插入 Item2 组件
    for(int i = 0; i < 10; i++)
      FlutterLogo(),                  //循环插入 10 遍 FlutterLogo 组件
    Item3(),                          //固定插入 Item3 组件
  ],
)
```

实战中除了在列表中直接使用 for 之外,也可以使用 List. generate 功能,代码如下:

```
ListWheelScrollView(
    itemExtent: 100,
    children: List.generate(5, (index) => FlutterLogo()),
)
```

上述代码使用 List. generate()传入 5,表示需要生成一个长度为 5 的列表,接着传入一个回传函数。运行时,Flutter 会根据所设置的长度,连续调用回传函数,并依次提供递增的索引(index)。本例中的回传函数会被调用 5 次,其中 index 变量将分别对应 0、1、2、3、4。每次返回的值会被最终合并到一个列表中,因此,上述代码最终会生成 5 个 FlutterLogo 组件。

此外,实战中也常常会根据业务逻辑,直接借助数据集的 map 等功能直接将数据转换为组件。很多其他编程语言都有类似的方法,5.1.3 节也会简单介绍。

1. 渲染三维效果

1) offAxisFraction

该属性用于控制转轮中的 children 远离中心轴的偏差值,默认为 0,即无左右偏离。当传入一个正数时,转轮会向观测者角度的右侧偏移,负数则向左侧偏移。数值的绝对值越大,偏离得越多。例如传入 offAxisFraction:—1.2,会产生如图 5-9 所示的偏移效果。

2) 放大中心元素

如有必要,则可以通过 useMagnifier(启用放大镜)属性传入 true 开启中心元素的放大功能。开启后,还需要通过 magnification 属性传入放大倍数,默认 1.0 倍无效果,例如传入 2.0 表示放大 2 倍,传入 0.5 表示缩小至原来一半的尺寸,代码如下:

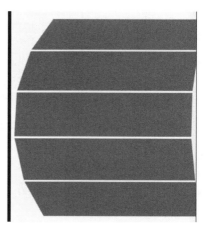

图 5-9　使用 offAxisFraction 设定
中心轴的偏差值

```
ListWheelScrollView(
    itemExtent: 80,
    useMagnifier: true,               //启用放大镜
```

```
      magnification: 1.5,                    //放大 1.5 倍
      children: List.generate(
        5,
        (index) = > Container(
          color: Colors.grey,
          alignment: Alignment.center,
          child: Text("这是第 $ index 项"),
        ),
      ),
    )
```

运行效果如图 5-10 所示。

3）overAndUnderCenterOpacity

除了可以放大中心元素外，ListWheelScrollView 组件还支持将不在中心位置的其他元素添加半透明的效果。这个名字比较长的属性 overAndUnderCenterOpacity（中心上面和下面不透明度），主要就是做这个用途的。它可以接收数值 0.0～1.0，默认为 1.0，即没有特殊的半透明效果。

例如，可以传入 overAndUnderCenterOpacity：0.5，呈现 50％透明的效果，如图 5-11 所示。

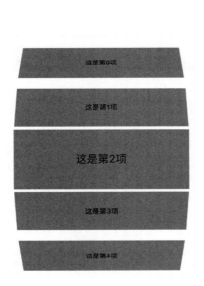

图 5-10　中心元素放大 1.5 倍的效果

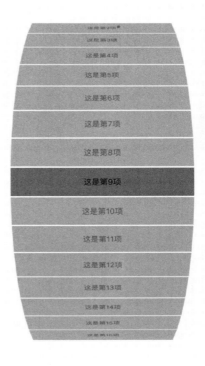

图 5-11　非中心元素半透明的效果

值得一提的是,当使用这个属性时,ListWheelScrollView 组件会自动打开 useMagnifier(启用放大镜)属性,不需要特意设置,因此若需要同时放大中心元素的尺寸,则可直接额外通过 magnification 属性传入放大倍数实现。

4) diameterRatio

转轮直径可以通过 diameterRatio 参数设置,默认为 2.0。该组件的开发者在源码注释中提到,默认选择 2.0 并无特殊含义,就是觉得渲染出的视觉效果看起来还不错。

图 5-12 从左到右依次展示了转轮直径 0.5(较小)、2.0(默认)和 3.0(较大)的效果,读者可自行体会。

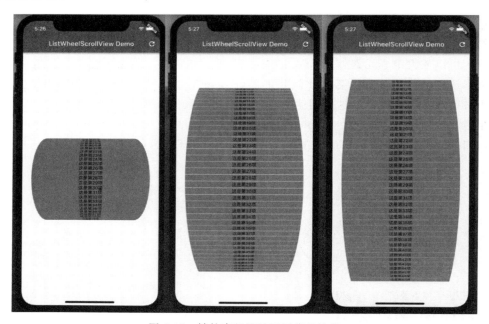

图 5-12 转轮直径设置不同值的效果

用于实现图 5-12 所示效果的代码如下,读者也可自行修改代码,尝试其他的值:

```
ListWheelScrollView(
  itemExtent: 20,
  diameterRatio: 2.0,                        //转轮直径,默认为 2.0
  children: List.generate(
    100,
    (index) => Container(
      color: Colors.grey,
      alignment: Alignment.center,
      child: Text("这是第 $ index 项"),
    ),
  ),
)
```

5）perspective

这个属性定义了将转轮的三维圆柱体投影到二维的屏幕时的视角。视角 0 表示从无限远的距离观察这个圆柱体，而视角 1 则表示从无限近的地方观测，但 0 和 1 这两个表示"无限"的值都不可被实际渲染，因此，该组件的开发者设置了允许的最大值为 0.01，并选择默认值 0.003，该默认值并无特殊含义，只是组件的开发者觉得渲染出的视觉效果看起来还不错。

图 5-13 从左到右依次展示了视角为 0.00001（较远）、0.003（默认）和 0.01（允许范围内最近）的效果，读者可自行体会。本例用到的代码与上例 diameterRatio（转轮直径）的代码类似，只是将 diameterRatio 属性改写为 perspective 属性，代码略。

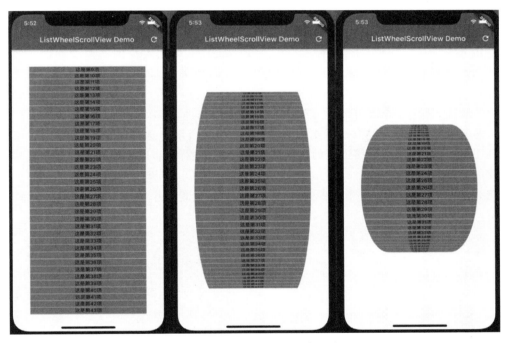

图 5-13　视角属性设置不同值的效果

6）squeeze

这个属性用于控制每个子组件在转盘上插入的位置，或密集程度，默认为 1。若传入 0.5，则转盘会将元素的密度减半，即原先每个可以插入 children 的位置，此时选择插一个空一个，做出一半留白的效果。相反，若传入 2，则转盘会在原先每个元素中间的位置再挤入一个新元素，使密度变成双倍，并可能导致每个元素下半部分被新增的元素所遮挡。

改变转盘的密度会导致屏幕可显示的元素的数量有所增减，因此也会影响程序在运行时需要同时构建的子组件的数量。例如当传入 squeeze：1.5 使密度变为原来的 1.5 倍时，原本一屏幕只能显示 20 个元素的列表，此时可以显示 30 个元素。

2. 精确选择

由于 ListWheelScrollView 组件的 itemExtent 属性不能为空,故其所有子组件的高度必须一致,因此列表中的每个元素所对应的子组件在没有加载完成时就已经可以预先确定尺寸了,所以这类列表可以做到对列表内容的精确定位。

1) physics

该组件的滚动物理 physics 属性与 ListView 组件的同名属性类似,对此属性不熟悉的读者可以先阅读 5.1.1 节 ListView 组件的相关内容。例如设置 BouncingScrollPhysics() 可使所有设备表现出 iOS 默认的触边回弹效果,而传入 ClampingScrollPhysics() 则可以使所有设备表现出安卓的色块效果。此外,还可以传入 NeverScrollableScrollPhysics() 禁止列表的滚动,以及设置 AlwaysScrollableScrollPhysics() 可使列表永远可以滚动。

除了上述这些普通的 physics 值之外,由于 ListWheelScrollView 支持精确选择,这里还可以传入一个特殊的值:FixedExtentScrollPhysics(),即固定范围的滚动物理。使用这个值可以保证列表滚动停止后最终会稳稳地停在一个元素上,而不是停在两个元素之间的任意位置。

2) onSelectedItemChanged

这是 ListWheelScrollView 所支持的回传函数,每当用户选择的值发生变化时该函数会被调用,并且会将用户当前选择的元素的索引作为参数传入,以方便开发者实现业务逻辑所需要的功能。

例如可用 ListWheelScrollView 组件及各项属性,实现一个三维滚动的日期选择器,代码如下:

```
//第 5 章/list_wheel_date_selector.dart

ListWheelScrollView(
  perspective: 0.005,                          //定义"视角"
  itemExtent: 48,                              //固定元素高度
  magnification: 1.2,                          //中心元素放大 1.2 倍
  overAndUnderCenterOpacity: 0.5,              //非中心元素半透明
  physics: FixedExtentScrollPhysics(),         //固定范围的滚动物理
  onSelectedItemChanged: (index) {             //选择值改变时的回传
    print("选择了 ${index + 1}日");
  },
  children: List.generate(                      //生成子组件列表
    31,                                        //共有 31 个元素
    (index) => Container(
      color: Colors.grey,                      //灰色
      alignment: Alignment.center,             //居中
      child: Text("${index + 1}日"),           //显示日期,如 28 日
    ),
  ),
)
```

运行效果如图 5-14 所示。

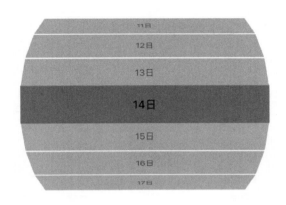

图 5-14　立体的日期选择器

3．控制器

与 ListView 组件类似，ListWheelScrollView 也可通过 controller 参数接收一个 ScrollController 类的控制器，但由于这个组件支持精确控制，实战中一般会选择传一个更具体的子类，FixedExtentScrollController，即固定范围的滚动控制器。这是一种专门为已经固定了子组件尺寸的列表（目前 Flutter 框架的内置组件中只有 ListWheelScrollView 组件符合这一要求）订制的、更方便好用的滚动控制器。它除了支持普通 ScrollController 所支持的全部功能，如 jumpTo（跳转至）或 offset（读取当前位置）等以逻辑像素为单位的操作外，FixedExtentScrollController 还支持从逻辑像素到"元素索引"的转换。

例如之前介绍过的 jumpTo(100) 可以跳转至列表第 100 逻辑像素的位置，但 jumpToItem(100) 就可以直接跳转到列表的第 100 个元素开始的位置。同样地，animateToItem() 和 animateTo() 用法类似，但数量单位从逻辑像素变为了元素索引。另外，FixedExtentScrollController 提供 selectedItem 属性，可以获得当前选中（中心位置）的元素索引，非常方便。

该组件的 controller 属性也可以接收一个普通的 ScrollController 控制器，但这样做就会失去精确选择的功能，包括失去这里基于元素索引的操作，以及本节之前提到的 FixedExtentScrollPhysics 和 onSelectedItemChanged 回传函数功能。当不传入任何控制器时，Flutter 会自动为 ListWheelScrollView 创建一个 FixedExtentScrollController 控制器，因此不会失去精确选择的功能。

对普通滚动控制器仍不熟悉的读者可参考本章 5.1.1 节 ListView 组件介绍中的相关内容。

5.1.3　ReorderableListView

ReorderableListView（可排序的列表）顾名思义，是一个支持用户拖动列表中的元素并任意改变它们的顺序的组件。该组件基本用法比较简单,可利用 builder 方法或直接通过 children 参数传入需要渲染的子组件,再通过 onReorder 参数设置一个回传函数,用来处理当列表组件的顺序发生改变时的业务逻辑。这里唯一需要注意的是,ReorderableListView 组件要求所有子组件的 key 属性不为空,否则在改变顺序时会出现混淆。实战中一般使用 ValueKey 作为标识,代码如下:

```
ReorderableListView(
  children: [
    Text("在汗水中奋斗之后终将绽放", key: ValueKey(1)),
    Text("梦想就如同花朵一样", key: ValueKey(2)),
    Text("努力地前往也永远不曾改变方向", key: ValueKey(3)),
  ],
  onReorder: (int oldIndex, int newIndex) {
    print("用户把位于 $ oldIndex 的元素移动到了 $ newIndex 的位置");
  },
)
```

运行时,列表会先顺位显示 3 个 Text 组件,并在用户长按其中任意组件后进入排序模式。排序时,被拖动的元素会有阴影边框,以增加立体感,如图 5-15 所示。当用户松开手指后即退出排序模式,此时 onReorder 函数会被调用,输出如"用户把位于 1 的元素移动到了 0 的位置"的字样。

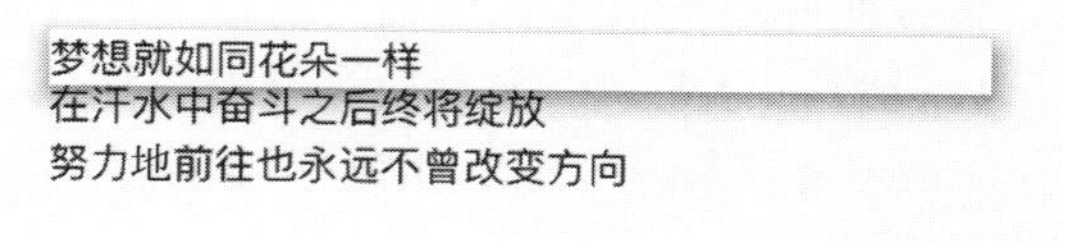

梦想就如同花朵一样
在汗水中奋斗之后终将绽放
努力地前往也永远不曾改变方向

图 5-15　原本列表中第 2 项内容正被拖至第 1 项

（11min）

Flutter 框架小知识

组件中常见的 key 属性是什么

在 Flutter 框架中,组件(Widget)本身是不可变(immutable)的,即组件一旦被创建后,就不可以再改变它的值了,因此当程序的界面需要发生改变时,例如一个 Text 组件中的文字从"张三"换成了"李四"时,Flutter 需要将旧的 Text 组件摧毁,再重新创建一个新的 Text 组件。

由于组件在程序运行的过程中经常会被摧毁重制,它们并不适合保存程序运行时的状态,否则每当组件被摧毁时程序的运行状态就会丢失。Flutter 的 StatefulWidget(有状态的组件)就是通过其附属的 State 类存储状态信息。当某个组件在某一帧被摧毁时,对应的 State 会被暂时保留,并试图在同一帧找到新创建的组件,重新建立对应关系,以达到保存状态的目的。具体寻找的办法就是在组件树(Widget Tree)的相同位置查找相同类型的组件。

于是,当树中某一级有不止一个同样类型的组件(如 ListView 的 children 一般都是同一类型的),且其中部分组件被添加、删除或调整了顺序,Flutter 在寻找 State 与 Widget 对应的过程中就会出现混淆,而 key(键)可以帮助避免混淆。设置了 key 以后,寻找对应关系时 Flutter 不但会检查组件在树中的位置和类型是否相同,还需要再检查 key 的值是否相等。只有在满足了这 3 个条件后,State 才会与新的 Widget 建立对应关系。

Flutter 中的局部键共有 3 种,分别是 UniqueKey、ValueKey 和 ObjectKey。其中,UniqueKey 可以直接使用,并且只与自身相等,其余 2 种在使用时需要传入一个捆绑的值,类型不限。ValueKey 是否相等取决于捆绑的值是否相等(调用具体类的 == 方法对比),而 ObjectKey 是否相等则是根据捆绑的值是否为同一个实例(指针指向相同内存区域)。

1. 属性

1) children

实战中若列表元素较少,可以直接使用 children 参数传入一个子组件列表。若元素较多,则推荐使用 builder 方法实现动态加载,这些都与 ListView 组件无异。唯一不同的是,这里的每个子组件都必须有 key,这样在用户拖动组件改变元素顺序时 Flutter 才能跟踪每个组件的新位置及组件与状态之间的对应关系。

2) onReorder

每当用户完成拖动操作,以及手指离开屏幕时,如果用户的操作确实有将任何元素改变位置,则回传函数就会被调用。如果用户的拖动操作最终并没有将任何元素改变位置,则这里的回传函数不会被调用。

回传函数被调用时会将 oldIndex(旧索引)与 newIndex(新索引)一并作为参数传入。开发者应在该回传函数中处理相关的业务逻辑,例如将列表背后真正的数据中的元素也调整顺序,并通过调用 setState 方法让 Flutter 重新渲染界面。

在用户拖动的过程中,ReorderableListView 会自动处理被拖动的组件的位置(跟随手指移动),以及列表中的其他组件的相应位置(自动避让,为正在移动的组件腾出空间),但当用户完成拖动后,这些自动处理的临时效果也会随即消失,因此,如果这里的回传函数没有及时处理业务逻辑,用户在完成拖动操作后,列表中的元素则依然会按照原来的顺序排列。

3) header

表头,即列表正式开始之前的额外组件。实战中一般可以用这个属性做一些标题之类的用途,若不需要也可以留为空值。这个 header 组件不能被拖动,也不会被改变顺序,永远都是列表的第一项,但它并不是"钉"在屏幕上的:当列表过长而发生滚动时,它也会随着滚动,渐渐移出屏幕可见范围。

4) 其他属性

除了上面介绍的这些属性外,ReorderableListView 还有不少与 ListView 组件相同或相似的属性,在此不逐一列举。值得一提的是,负责关联滚动控制器的属性在该组件中被称作 scrollController,但其用法仍和 ListView 的 controller 属性一致。

2．实例

这里提供一个利用 ReorderableListView 组件完成的色彩排序的小游戏实例，完整代码如下：

```
//第 5 章/reorderable_list_view_example.dart

import 'package:flutter/material.dart';

void main() {
  runApp(MyApp());
}

class MyApp extends StatelessWidget {
  @override
  Widget build(BuildContext context) {
    return MaterialApp(
      home: MyHomePage(),
    );
  }
}

class MyHomePage extends StatefulWidget {
  @override
  _MyHomePageState createState() => _MyHomePageState();
}

class _MyHomePageState extends State<MyHomePage> {
  final shades = [700, 200, 600, 500, 900, 800];

  @override
  Widget build(BuildContext context) {
    return Scaffold(
      appBar: AppBar(
        title: Text("ReorderableListView"),
      ),
      body: ReorderableListView(
        children: shades
          .map((shade) => Container(
                key: ValueKey(shade),
                height: 50,
                margin: EdgeInsets.all(4.0),
                color: Colors.grey[shade],
              ))
          .toList(),
        onReorder: (int oldIndex, int newIndex) {
          if (newIndex > oldIndex) newIndex-- ;
          setState(() {
            final shade = shades.removeAt(oldIndex);
```

```
                shades.insert(newIndex, shade);
            });
        },
      ),
    );
  }
}
```

　　程序最初的运行效果如图 5-16 所示。在运行的过程中,用户可以通过长按并拖动任意色块,从而改变它在列表中的位置。

　　该例比较简单,首先定义了 shades ＝ ［700，200，600，500，900，800］变量,用一个数组保存若干色彩深度的信息。接着在 ReorderableListView 中,传入 children 子组件。这里通过 map 方法将数组中的色彩深度信息转换为相应的 Container 组件,并设置了宽度、高度、留白及对应的颜色。接着设置 onReorder 回传函数,即当用户改变列表中的元素顺序时,将相应改动应用到之前定义的 shades 变量,并借助 setState 要求 Flutter 重绘整个组件。

　　这个例子中值得注意的是,onReorder 回传函数提供的旧索引变量(oldIndex)和新索引变量(newIndex)都以旧列表为参照系。这个设计不一定是最妥当的,但由于历史版本的兼容问题,这个小缺陷应该不会在未来版本中被修复。具体表现为,当用户由下至上拖动元素(如将第 3 个元素拖到第 2 个元素的位置)时,onReorder 回传函数可以正确汇报"将 3 移动至 2",但当用户由上至下拖动元素(如将第 2 个元素拖到第 3 个元素的位置)时,onReorder 回传函数则会汇报"将 2 移动至 4",这背后的逻辑如图 5-17 所示。

图 5-16　颜色排序游戏的运行效果

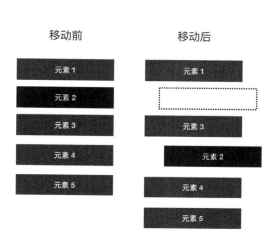

图 5-17　元素 2 与元素 3 调换位置的前后对比

但一般来讲,当元素 2 拖动到元素 3 的下方(同时元素 3 会自动避让,移动到元素 2 的位置,实则两者对调)时,开发者希望得到的数据是"将 2 移动至 3"而不是"将 2 移动至 4"。为了修正这个问题,使元素 2 与元素 3 调换位置时可以获得正确的新旧索引,上例使用了这句代码补丁:

```
if (newIndex > oldIndex) newIndex--;
```

使用了上述代码后,当用户由下至上拖动元素时新索引会减 1,这样可以得到正确的新索引,方便编写业务逻辑代码。

3. 扩展

默认情况下 ReorderableListView 组件要求用户长按后才可以触发拖动模式,然而在上述小游戏实例中,若允许用户直接轻触拖动,而不必长按,就可以显著提升游戏体验。

事实上,ReorderableListView 组件背后调用的是一个更基础的 ReorderableList 组件,开发者也可以直接使用后者。ReorderableList 组件不自动处理拖放手势,因此开发者可根据实际需求,通过向列表内的元素插入 ReorderableDragStartListener 或 ReorderableDelayedDragStartListener 组件之一,自行决定应在轻触后开始拖动,或在长按后开始拖动。

例如可将上例中的 ReorderableListView 组件替换为 ReorderableList 组件,代码如下:

```
//第 5 章/reorderable_list_demo.dart

ReorderableList(
  itemCount: shades.length,
  itemBuilder: (BuildContext context, int index) {
    return ReorderableDragStartListener(
      key: ValueKey(shades[index]),
      index: index,
      child: Container(
        height: 50,
        margin: EdgeInsets.all(4.0),
        color: Colors.grey[shades[index]],
      ),
    );
  },
  onReorder: (int oldIndex, int newIndex) {
    if (newIndex > oldIndex) newIndex--;
    setState(() {
      final shade = shades.removeAt(oldIndex);
      shades.insert(newIndex, shade);
    });
  },
  physics: NeverScrollableScrollPhysics(),
)
```

这里配合 ReorderableDragStartListener 组件,允许用户轻触后直接拖动。另外为了避免整个列表滚动,上述代码还传入了 NeverScrollableScrollPhysics 禁用列表滚动。修正这两个小问题后,用户体验得到显著提升,读者不妨亲自动手试一试。

5.1.4　GridView

GridView 组件是一个可将元素显示为二维网格状的列表组件，并支持主轴方向滚动。(10min)
网格与普通列表 ListView 组件十分相似，建议对 ListView 组件不熟悉的读者先阅读 5.1.1
节的内容。

网格列表最简单的用法是直接将不可滚动的交叉轴的元素数量固定，例如每行固定显
示 4 个元素，这样可滚动的主轴就会根据元素的总数量自动确定总行数，代码如下：

```
GridView.count(
  crossAxisCount: 4,
  children: List.generate(
    23,
    (index) => Container(
      color: Colors.grey[index % 6 * 100],
      child: Text(" $ index"),
    ),
  ),
)
```

这样可实现每行显示 4 个元素，一共包含 23 个元素
的网格列表。运行时每个元素的背景都为不同色度的灰
色，且显示编号 0～22 的索引，在某款苹果手机的竖屏状
态下，运行效果如图 5-18 所示。

1．构造函数

1）GridView.count()

这是 GridView 组件最易用的构造函数，只需通过
crossAxisCount 传入交叉轴方向的元素数量，并通过
children 传入全部元素，即可实现一个滚动的二维网格
状列表。例如，一个默认情况下主轴为垂直方向（竖着滚
动）的网格，传入 crossAxisCount：4 就可以使每行固定
显示 4 个元素，不因设备屏幕的尺寸而改变。在较窄的
屏幕上显示 4 个元素就会使每个元素较小，而在较宽的
屏幕上（如平板计算机或者横屏模式下的手机），则每个
元素会比较大。将上例中的同样代码，运行在横屏模式
下的某款苹果手机上的效果如图 5-19 所示。

2）GridView.extent()

除了固定交叉轴方向的元素数量（如每行 4 个）这种
方式外，开发者也可以选择固定每个元素在交叉轴方向
的最大尺寸（例如单个元素宽度不可超过 200 逻辑像
素）。这往往是种更好的思路，首先因为用户在较大的屏

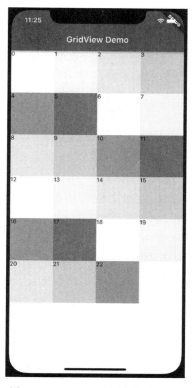

图 5-18　GridView 固定每行 4 个
元素的运行效果

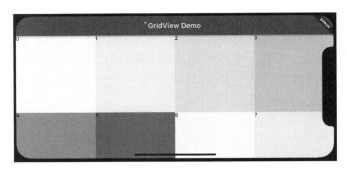

图 5-19　GridView 固定每行 4 个元素的横屏显示效果

幕上通常会期待看到较多的元素，而不只是少量元素的放大版，其次因为大部分情况下无论元素上用到的素材文件还是布局结构的设计，都可能会限制单个元素不宜太大，否则难免会遇到由放大而导致失真的素材图片，或在布局设计上出现大量空白。这里 GridView.extent() 构造函数的 maxCrossAxisExtent 参数可以设置每个元素交叉轴方向允许的最大尺寸，这样 GridView 就能根据屏幕的尺寸宽度自动选择合适的每行数量。

例如某款苹果手机屏幕的尺寸为 414×896 逻辑像素，如果竖屏显示，且 GridView 的主轴方向也是垂直方向，则传入 maxCrossAxisExtent：100 就会保证网格的每个元素的最大宽度不超过 100 单位。因为这款手机的屏幕宽度是 414 单位，若每行显示 4 个元素则一共会占用 400 单位，不足以填满屏幕的宽度，因此 Flutter 会自动选择每行显示 5 个元素，这样当每个元素宽度为 82.8 单位时刚好可以填满屏幕，且符合"每个元素的宽度都不超过100 单位"的要求。当该手机切换到横屏模式时，设备屏幕宽度变成了 896 逻辑像素，因此每行需要显示 9 个元素，才可保证填满屏幕时每个元素的宽度均不超过 100 单位。经计算可得，此时每个元素的宽度约为 99.5 单位。

3）GridView()

这个 GridView 组件的主构造函数没有命名。实际上 GridView.count() 和 GridView.extent() 这两个命名构造函数可以看作这个主构造函数的语法糖。不同于前 2 者，使用 GridView() 时需要传入 children 和 gridDelegate 属性，其中 gridDelegate（网格委托）属性需要传入一个 SliverGridDelegate 类，说明网格该如何构建。Flutter 框架已经提供了该委托的两种实现方式，分别是 SliverGridDelegateWithFixedCrossAxisCount（交叉轴方向固定数量的委托）及 SliverGridDelegateWithMaxCrossAxisExtent（交叉轴方向限制最大长度的委托），开发者可选择其中一种，直接传入。

当传入这两种委托之一时，实际效果等同于直接使用对应的命名参数。例如使用 SliverGridDelegateWithFixedCrossAxisCount 就与直接使用 GridView.count 等效，代码如下：

```
//使用主构造函数
GridView(
  gridDelegate:                    //传入委托
```

```
        SliverGridDelegateWithFixedCrossAxisCount(crossAxisCount: 4),
    children: children,
)

//直接使用命名参数
GridView.count(
    crossAxisCount: 4,
    children: children,
)
```

4）GridView. builder()

当网格列表中需要显示的元素数量较多（或甚至无限多）时，一般不适宜将全部数据同时加载。这时，使用 GridView. builder() 构造函数就可以实现元素的动态加载与回收，以便高效且流畅地展示大量数据。该构造函数背后的动态加载原理与 ListView. builder() 函数相同，对此不熟悉的读者可阅读 ListView 相关内容，本书在此不再赘述。

使用 builder 构造函数时 children 参数将不可使用，取而代之的是 itemBuilder 回传函数。该回传函数会提供上下文（context）和位置索引（index）参数，开发者需要根据这 2 个参数，尤其是位置索引，返回一个供 GridView 渲染的子组件。同时，另一个必传函数则是 gridDelegate（网格委托），这与主构造函数的同名属性一致，主要负责设置网格交叉轴方向的渲染方式，指明每行需有几个元素或每个元素的最大宽度。最后，若列表不是无限长，则在使用 builder 构造函数时还应通过 itemCount 参数传入元素的总量，代码如下：

```
GridView.builder(
    gridDelegate:                              //传入委托
        SliverGridDelegateWithMaxCrossAxisExtent(maxCrossAxisExtent: 100),
    itemCount: 5000000,                        //共 500 万个元素
    itemBuilder: (context, index) {
        return Container(
            color: Colors.grey[index % 4 * 100],
            alignment: Alignment.center,
            child: Text("${index + 1}"),
        );
    },
)
```

这里利用 itemBuilder 回传函数，动态加载共 500 万个元素，并借助委托要求每个元素对应的子组件的最大宽度为 100 单位。例如某款苹果手机的横屏模式下屏幕宽度为 896 单位，则每行需要显示 9 个元素，效果如图 5-20 所示。

这个例子中的 500 万个元素如果不使用动态加载，而是直接全部通过 List. generate() 等方法生成后再通过 children 参数传入，则在笔者的测试机上造成了近 3s 的卡顿。当使用上例示范的 builder 方法动态加载后，程序可在毫秒级完成。

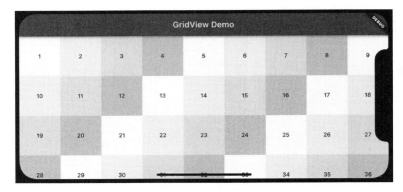

图 5-20　动态加载 500 万个元素也不会卡顿

2. 网格样式

除了上文介绍的交叉轴方向固定元素数量或最大宽度外,网格样式还有 3 个参数,分别是 mainAxisSpacing 属性、crossAxisSpacing 属性和 childAspectRatio 属性,用于设置元素间距和长宽比。当使用 GridView() 或 GridView. builder() 这 2 个构造函数时,这 3 个属性可在委托类中设置。若直接使用 GridView. count() 或 GridView. extent() 命名构造函数,因为不会用到委托,所以这 3 个属性应直接传给构造函数。

1) 元素间距

元素之间默认不会留白,若需要设置元素间距,则可以通过 mainAxisSpacing 和 crossAxisSpacing 分别设置主轴与交叉轴方向的元素间距,代码如下:

```
GridView.count(
    crossAxisCount: 4,                    //每行 4 个元素
    mainAxisSpacing: 16,                  //主轴间距:16 逻辑像素
    crossAxisSpacing: 4,                  //交叉轴间距:4 逻辑像素
    children: List.filled(50, Container(color: Colors.grey)),
)
```

由于 GridView 的默认滚动方向是垂直方向,因此这里的主轴间距 16 单位会被运用到垂直方向的元素之间,而交叉轴间距 4 单位则会被插入元素的水平方向之间。具体运行效果如图 5-21 所示。

这里同时可以观察到,元素间距不同于列表内的 padding 属性,只会在元素之间插入空白,而不会在网格列表与屏幕边缘之间插入留白。如有必要,实战中也可配合 padding 属性一同使用。

2) 元素比例

网格中的元素所对应的子组件默认为 1∶1 的正方形,且由于元素的宽度已被确定(无论是通过固定数量或限制最大宽度),元素的高度因此也只会有唯一的值,所以无论网格内的子组件怎样用 Container 或者 SizedBox 的 width 和 height 属性设置它们的尺寸,都不会有效果。

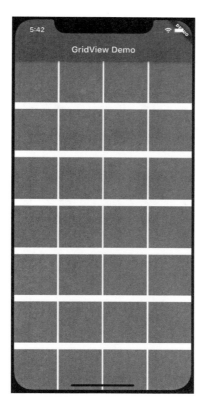

图 5-21　主轴与交叉轴方向的元素间距

如果需要修改网格的长宽比，则可以通过 childAspectRatio 属性传入一个小数，例如需要 3：2 的长宽比，可以通过传入 1.5 实现，再例如需设置 16：9 的长宽比，可传入 1.78（16÷9 的近似结果）。为了提高代码的可读性，这里鼓励直接传入"16/9"而不使用计算后的小数，代码如下：

```
GridView.builder(
    gridDelegate: SliverGridDelegateWithFixedCrossAxisCount(
        crossAxisCount: 3,                      //每行 3 个元素
        mainAxisSpacing: 4,                     //主轴间距：4
        crossAxisSpacing: 4,                    //交叉轴间距：4
        childAspectRatio: 16 / 9,               //长宽比例为 16：9
    ),
    itemCount: 20,
    itemBuilder: (_, index) => Container(color: Colors.grey),
)
```

这里使用了 builder 构造函数，以展示有委托时如何在委托类中设置元素间距与比例。程序运行效果如图 5-22 所示。

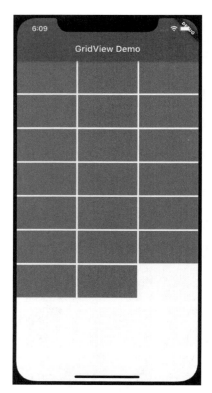

图 5-22　将元素长宽比设置为 16∶9

3. 其他属性

除了上面列举的这些属性外,GridView 还有一部分与 ListView 组件相似的属性,它们分别是 controller(滚动控制器)、scrollDirection(滚动方向)、reverse(倒序)、padding(内部留白)、shrinkWrap(真空包装)、physics(滚动物理)、cacheExtent(缓冲区的长度)及 semanticChildCount(语义元素数量),这些属性的名称和用法均与 ListView 组件的同名属性一致,不熟悉的读者可查阅本章 ListView 小节的内容。

4. 多种列表样式混搭

实战中利用 shrinkWrap(真空包装)和 NeverScrollableScrollPhysics(禁止列表滚动的物理),也可勉强实现 ListView 和 GridView 混搭的样式,代码如下:

```
//第 5 章/grid_view_shrink_wrap.dart

ListView(
  children: [
    Row(
      mainAxisAlignment: MainAxisAlignment.spaceEvenly,
      children: [
```

```
          Container(width: 100, height: 100, color: Colors.grey),
          Container(width: 100, height: 100, color: Colors.grey),
        ],
      ),
      GridView.extent(
        shrinkWrap: true,
        physics: NeverScrollableScrollPhysics(),
        maxCrossAxisExtent: 80,
        padding: EdgeInsets.all(32),
        mainAxisSpacing: 32,
        crossAxisSpacing: 32,
        children: List.generate(
          100,
          (index) => Container(color: Colors.grey),
        ),
      ),
    ],
  )
```

这里主要利用 shrinkWrap 固定了 GridView 主轴方向的长度，再通过禁用滚动，将用户的滚动手势传导至外层的 ListView 上，运行效果如图 5-23 所示。

这个例子中的第一排元素虽然使用了 Row 容器，但也可以根据需要改成 shrinkWrap 的 ListView 或其他任意组件。需要注意的是，利用 shrinkWrap 的思路实现的混搭样式在程序运行时并不高效，因此只适用于列表元素极少的情况。这是由于启用 shrinkWrap 会导致 ListView 或 GridView 等列表放弃动态加载，即便使用了 builder 构造函数，它也会立刻将所有元素加载，以计算尺寸总和。如需高效地混搭有大量元素的列表，或需使程序顶部的导航栏也参与联合滚动，则应考虑使用 Sliver 方式。

5. 扩展到 Sliver

正如 ListView 组件一样，GridView 组件的本质也是 CustomScrollView 组件的简单应用，因此当普通 ListView 或 GridView 无法满足某些复杂的功能时，例如当网格列表需要与普通列表联合滚动，或当程序顶部的导航条也需要参与滚动时，可考虑直接使用 CustomScrollView 组件。对此不熟悉的读者可参考第 13 章"滚动布局"的内容。

图 5-23　多种列表样式混搭

5.1.5　PageView

PageView 组件是一个可以实现整屏页面滚动效果的组件，用户滑动一次手指就可以直接翻动一整个屏幕的距离。页面滚动与普通列表 ListView 组件十分相似，建议对 ListView 组件不熟悉的读者先阅读本章 5.1.1 节的内容。

PageView 的基础用法简单易读，默认为水平方向翻页，代码如下：

```
PageView(
  children: [
    Container(
      color: Colors.grey,
      child: Center(
        child: Text("这是第一页"),
      ),
    ),
    Container(
      color: Colors.white,
      child: Text("第二页"),
    ),
  ],
)
```

从代码中可以看到，这里第 1 个页面是灰色背景，且有一个居中的 Text 组件，写有"这是第一页"字样。第 2 个页面是白色背景，并在默认的左上角的位置有一个 Text 组件，写有"第二页"字样。运行时，程序会先打开第一页。当用户将屏幕滑向第二页时会出现一个滑动的视觉效果，如图 5-24 所示。滑动结束时若用户的滑动力度足够，则程序会翻页且稳稳地停留在第 2 个页面，若用户滑动的力度不够，则会自动弹回第 1 个页面。

由于 PageView 组件主要用于在多个整屏页面之间切换，这里它的每个子组件的尺寸都会被约束为父级允许的最大尺寸，如全屏。

1. 页面固定

默认情况下，PageView 总是会在滚动结束后稳稳地停留在某个页面上，而不会停在 2 个页面之间。当页面为水平方向滚动时，相邻页面之间的滚动幅度为 PageView 的宽度，而当页面为垂直方向滚动时（可通过传入 scrollDirection：Axis.vertical 实现），每次滚动的幅度则为 PageView 的高度。

1) pageSnapping

如需允许用户停留在相邻页面之间的任意位置，

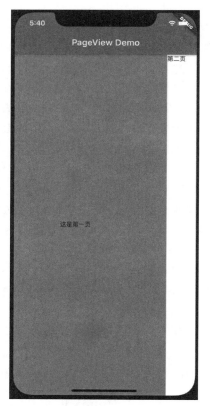

图 5-24　从第 1 个页面滑向第 2 个页面时的效果

则可传入 pageSnapping：false 实现。例如可先通过 scrollDirection 参数设置垂直滚动，再通过 pageSnapping 属性取消页面固定，代码如下：

```
PageView(
  scrollDirection: Axis.vertical,
  pageSnapping: false,
  children: [
    Container(
      color: Colors.grey,
      child: Center(
        child: Text("这是第一页"),
      ),
    ),
    Container(
      color: Colors.white,
      child: Text("第二页"),
    ),
  ],
)
```

当用户滑动屏幕由第 1 页翻至第 2 页的过程中突然停止，ListView 不会自动完成翻页操作，也不会跳转到第 1 页，而是直接停在两个页面之间，如图 5-25 所示。

2）onPageChanged

另外，PageView 组件还支持 onPageChanged（页码变化）属性，可以设置一个回传函数。每当发生翻页时 Flutter 会调用这个函数，并提供当前页面的索引，以方便开发者处理相应的业务逻辑。无论pageSnapping 是否开启，页码变化的回传函数都会在翻页过半时触发，而不是在动作完成后触发。若用户在两个页面之间反复翻动而不松开手指，这里的回传函数可触发多次。

2．页面控制器

PageView 组件与之前介绍过的 ListView 及一些其他的类似组件不同，这里 controller 属性需要传入的控制器类型为 PageController（页面控制器），继承于ScrollController（滚 动 控 制 器）。它 除 了 支 持 普 通ScrollController 所支持的全部功能，如 jumpTo（跳转至）或 offset（读取当前位置）等以逻辑像素为单位的操作外，还可以额外支持从逻辑像素到"页面索引"之间的转换。

图 5-25　禁用页面固定可使 ListView 在任意位置停留

例如,jumpTo(300)可以跳转300个逻辑像素,但jumpToPage(3)则可以直接跳转到第4个页面(因为第1个页面的索引是0)。假设某款手机的屏幕尺寸是896×414逻辑像素,若PageView是水平滚动,则一般情况下jumpToPage(3)相当于jumpTo(414.0 * 3),即3倍于屏幕宽度,但若PageView的页面为垂直方向滚动,则一般情况下还需要从屏幕高度中扣除常见的导航条等元素的高度,最终跳转的幅度为PageView组件的实际尺寸高度的3倍。

同样地,animateToPage()和animateTo()用法类似,但数量单位从逻辑像素变为了页面索引。例如可通过300ms的时间,将页面翻至第3页,代码如下:

```
_controller.animateToPage(
  2,                        //翻至第3个页面(因为第一页的索引是0)
  curve: Curves.linear,
  duration: Duration(milliseconds: 300),
);
```

页面控制器还支持previousPage(前一页)和nextPage(后一页)方法,使用方式与animateToPage()翻页方法类似,但不需要传入目标页码,直接实现由当前所在页面滚动至上一页或下一页的动画效果。

另外,开发者可通过PageController的page属性直接读取当前所在页面。例如屏幕正停留在从第4个页面翻到第5个页面一半的位置时,print(_controller.page)可以得到3.5的输出值。

3. 动态加载

除了通过children属性直接将全部子组件传入以外,PageView组件也支持PageView.builder()这个命名构造函数,通过builder方法动态加载页面列表中的元素。这与ListView组件的builder()用法相同,包含itemBuilder回传函数,并可用itemCount设置元素的总数量,代码如下:

```
PageView.builder(
  itemCount: 20,
  itemBuilder: (context, index) {
    return Center(
      child: Text("这是第${index + 1}页"),
    );
  },
)
```

这里定义了20个页面,每个页面的中心位置都由Text组件显示页码,运行效果略。

4. 其他属性

PageView组件还有几个与ListView组件相同的参数,它们分别是scrollDirection(滚动方向)、reverse(倒序)和physics(滚动物理),这些属性的名称和用法均与ListView组件的同名属性一致,读者可翻阅5.1.1节关于ListView的介绍。

5.2 滚动监听和控制

5.2.1 Scrollbar

Scrollbar 组件可以为大部分滚动列表添加滚动条。使用时只需要在滚动列表组件(例如 ListView、GridView、ListWheelScrollView 甚至 PageView)的父级插入 Scrollbar 组件，代码如下：

```
Scrollbar(
  child: ListView.builder(
    itemCount: 200,
    itemBuilder: (context, index) {
      return Center(child: Text("这是第${index + 1}个元素"));
    },
  ),
)
```

这样可为 ListView 组件添加一个滚动条，运行在安卓设备时会呈现 Material 风格的滚动条效果，如图 5-26(左图)所示，而在 iOS 或 macOS 设备上则会自动切换为 Cupertino 风格的滚动条，如图 5-26(右图)所示。事实上 Cupertino 风格的滚动条背后是由 CupertinoScrollbar 组件实现的，Flutter 默认会根据程序运行时的当前设备自动适配。若需要在任何设备上都显示 iOS 风格的滚动条，则可以直接使用 CupertinoScrollbar 组件。

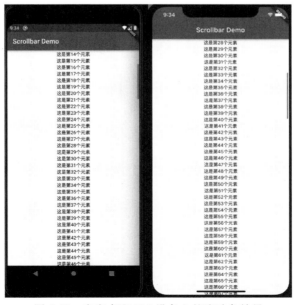

图 5-26 在安卓和 iOS 设备上的滚动条效果

滚动条会在用户开始滚动屏幕时出现,并在滚动完成不久后消失,因此,只有当列表的元素数量足够时才可能观察到滚动条效果。

1. 拖动跳转

自从 iOS 13 系统于 2019 年 9 月发布后,iOS 设备上的滚动条便开始支持用户手指直接拖动,以及跳转列表。在 Flutter 程序中,如果屏幕上只有一个 ListView 等支持滚动的组件,则默认情况下 CupertinoScrollbar 组件也会自动支持手指拖动跳转功能,无须编写任何代码。

如果程序的某个页面使用了多个可滚动的列表类组件,并且需要支持拖动滚动条跳转的功能,则需要借助 controller(控制器)来指定 Scrollbar 与列表的对应关系,代码如下:

```
//第 5 章/scroll_bar_controller.dart

import 'package:flutter/material.dart';

void main() {
  runApp(MyApp());
}

class MyApp extends StatelessWidget {
  @override
  Widget build(BuildContext context) {
    return MaterialApp(
      home: MyHomePage(),
    );
  }
}

class MyHomePage extends StatefulWidget {
  @override
  _MyHomePageState createState() => _MyHomePageState();
}

class _MyHomePageState extends State<MyHomePage> {
  //定义两个 ScrollController 滚动控制器
  ScrollController _controller1 = ScrollController();
  ScrollController _controller2 = ScrollController();

  @override
  Widget build(BuildContext context) {
    return Scaffold(
      appBar: AppBar(
        title: Text("Scrollbar Demo"),
      ),
```

```
        body: Column(
          mainAxisAlignment: MainAxisAlignment.spaceEvenly,
          children: [
            Container(
              height: 280,
              child: Scrollbar(                                //第1个滚动条
                controller: _controller1,                      //使用第1个控制器
                child: ListView.builder(                       //第1个列表(普通样式)
                  controller: _controller1,                    //也使用第1个控制器
                  itemCount: 2000,
                  itemBuilder: (context, index) =>
                      Center(child: Text("列表1的第${index + 1}个元素")),
                ),
              ),
            ),
            Container(
              height: 280,
              child: Scrollbar(                                //第2个滚动条
                controller: _controller2,                      //使用第2个控制器
                child: GridView.builder(                       //第2个列表(网格样式)
                  gridDelegate: SliverGridDelegateWithFixedCrossAxisCount(
                      crossAxisCount: 4),
                  controller: _controller2,                    //使用第2个控制器
                  itemCount: 2000,
                  itemBuilder: (context, index) =>
                      Center(child: Text("网格的\n第${index + 1}个元素")),
                ),
              ),
            ),
          ],
        ),
      );
    }
}
```

运行效果如图 5-27 所示。

同一个页面很少会出现多个滚动列表,即使出现了通常也不需要支持手指拖动滚动条时发生跳转,因此实战中很少需要使用这里的 controller 属性。

2. 保持可见

如需使滚动条在列表没有发生滚动时也保持可见,则可以使用 isAlwaysShown(永远显示)属性,并将此属性设置为 true 即可。唯一需要注意的是,当启用该特性时,controller(控制器)不能为空,否则运行时会出现错误。

图 5-27　用控制器支持两个滚动条的拖动跳转

5.2.2　RefreshIndicator

RefreshIndicator(刷新指示器)组件可为大部分滚动列表添加"下拉刷新"的功能,但它目前只支持垂直方向滚动的列表。使用时只需要在滚动列表(如 ListView)组件的父级插入 RefreshIndicator 组件,并通过 onRefresh 参数传入刷新时的业务逻辑,代码如下:

```
RefreshIndicator(
  onRefresh: () async {
    await Future.delayed(Duration(seconds: 2));
  },
  child: GridView.count(
    crossAxisCount: 4,
    children: List.filled(50, Text("列表的一格")),
  ),
)
```

上述代码为 GridView 组件添加了刷新指示器,在用户下拉时出现,效果如图 5-28 所示。

当用户成功完成下拉刷新的连贯手势后,Flutter 会调用 onRefresh 参数传入的回传函数进行刷新操作。在该刷新函数的执行过程中,刷新指示器的滚动进度条会保持可见,直到该异步函数执行完毕后刷新指示器才会消失。

这里值得注意的是,只有当列表确实可被滚动时才有可能出现下拉刷新的效果。如在实战中发现某列表无法滚动,

图 5-28 下拉刷新的效果

则可以考虑将该列表的 physics(滚动物理)属性设置为 AlwaysScrollableScrollPhysics(永远可以滚动),详情可参考 5.1.1 节所介绍的 ListView 组件的相关内容。

1. 自定义样式

RefreshIndicator 提供了 4 个用于自定义下拉刷新的指示器(滚动进度条)样式的属性。由于这部分内容相对比较简单,本书先依次介绍这些属性,最后一并举例。

1) color

颜色,指的是刷新进度条的前景颜色,默认为程序主题中的强调色,即 ThemeData. colorScheme. secondary 属性的颜色。若没有单独设置过,则 Flutter 程序默认为 ♯2196f3 淡蓝色。

例如,传入 color:Colors. red 可将刷新进度条改为红色。笔者测试时发现改变这里的 color 属性后,热更新(Hot Reload)无效,需要彻底重新启动 Flutter 程序才能观察到新赋的值。

2) backgroundColor

背景颜色,顾名思义,指的是刷新进度条的背景色,默认为程序主题中的画布背景色,即 ThemeData. colorScheme. secondary 属性的颜色。若没有单独设置过,则 Flutter 程序默认为 ♯fafafa 近白色。

3) displacement

位移,指的是刷新时进度条与列表顶部的位置关系,默认为 40.0 逻辑像素。这里需要注意的是,该属性定义的是用户松开手指触发刷新操作后,刷新的等待过程中的进度条的位置。在用户下拉的过程中实际产生的位移可超过这个数值。

4) strokeWidth

刷新图标的粗细,默认为 2.0 逻辑像素。例如可传入 strokeWidth:4.0 将其加粗。

下例通过上述 4 个属性,同时设置 RefreshIndicator 组件的颜色、背景色、位移和图标的粗细,代码及详细注释如下:

```
//第5章/refresh_indicator_styles.dart

RefreshIndicator(
  onRefresh: () async {
    await Future.delayed(Duration(seconds: 2));
  },
```

```
color: Colors.white,                              //颜色：白色
backgroundColor: Colors.black,                    //背景色：黑色
strokeWidth: 4.0,                                 //粗细：4 单位
displacement: 20,                                 //位移：20 单位
child: GridView.count(
    physics: AlwaysScrollableScrollPhysics(),
    crossAxisCount: 4,
    children: List.filled(10, Text("列表的一格")),
),
)
```

运行效果如图 5-29 所示。

图 5-29   自定义下拉刷新的样式

2. 实例

这里举一个利用 RefreshIndicator 组件实现为 ListView 列表添加内容的例子，完整代码如下：

```
//第 5 章/refresh_indicator_example.dart

import 'package:flutter/material.dart';

void main() {
    runApp(MyApp());
}

class MyApp extends StatelessWidget {
    @override
    Widget build(BuildContext context) {
        return MaterialApp(
            title: 'Flutter Demo',
            home: MyHomePage(),
        );
    }
}
```

```
class MyHomePage extends StatefulWidget {
  @override
  _MyHomePageState createState() => _MyHomePageState();
}

class _MyHomePageState extends State<MyHomePage> {
  //列表的初始内容
  List<String> items = ["第1项", "第2项", "第3项"];

  @override
  Widget build(BuildContext context) {
    return Scaffold(
      appBar: AppBar(
        title: Text("RefreshIndicator Demo"),
      ),
      body: RefreshIndicator(
        onRefresh: () async {
          //等待2s,模拟网络延时
          await Future.delayed(Duration(seconds: 2));
          //添加新内容,并附加时间戳
          setState(() {
            items.add("新增内容: ${DateTime.now()}");
          });
        },
        child: ListView(
          //通过滚动列表将 items 的全部内容显示出来
          children: items.map((item) => Text("$item")).toList(),
        ),
      ),
    );
  }
}
```

程序刚开始运行时,ListView 列表中只有"第 1 项""第 2 项""第 3 项"这 3 个初始内容。当用户下拉触发刷新时,onRefresh 属性中的函数会被调用。刷新过程为先等待 2s,模拟网络延时,此时刷新进度条可见。2s 结束后添加新内容,附上时间戳,并利用 setState 使 Flutter 重绘。当 onRefresh 异步函数执行完毕后,刷新进度条会被自动隐藏,且新增内容会被显示到列表中。

图 5-30 展示了本例运行时用户手动下拉刷新 6 次后,新增了 6 条带有时间戳的内容,并显示正在进行第 7 次刷新的效果。

图 5-30　RefreshIndicator 实例运行效果

(13min)

5.2.3　Dismissible

Dismissible 原意是"可被清除的"，因此这个 Flutter 组件主要用于帮助开发者实现看似复杂的"滑动清除"效果。例如，在电子邮箱管理软件中经常可以看到滑动即可删除某封电子邮件的功能。这个组件最常放在 ListView 之类的列表中，作为列表 children 的每个 Widget 的父级组件，为所有元素添加滑动清除功能，但 Dismissible 也可被用于其他任何接收 Widget 类型的场景。

使用时需要在可被清除的组件的父级插入 Dismissible，并传入一个 key（键）。如可在 ListView 组件的 itemBuilder 中返回 Dismissible 组件并利用 child 属性继续指定子组件，代码如下：

```
ListView.separated(
  itemCount: 20,
  separatorBuilder: (_, index) {
    return Divider();
  },
  itemBuilder: (_, index) {
    return Dismissible(              //添加滑动清除功能
      key: ValueKey(index),         //传入 key 作为标识
      child: Container(
        height: 50,
        color: Colors.grey,
        alignment: Alignment.center,
        child: Text("这是第 ${index + 1}项"),
      ),
    );
  },
)
```

程序运行时可以得到一个包含 20 个元素的列表，并且每个元素都支持滑动清除。图 5-31 展示了当用户已经把第 3 项和第 4 项滑走，并正在滑动第 5 项时的效果。

1. 滑动时的背景

Dimissible 组件提供 background（背景）和 secondaryBackground（第二背景）属性，可用于设置向 2 个不同方向滑动的过程中的背景。若没有设置 secondaryBackground 属性，则无论用户向哪个方向滑动，都会采用 background 属性中的背景。这些参数支持 Widget 类型，因此开发者不仅可以修改背景颜色，还可以传入图标或文字等任意组件当作背景。

例如一款手机通讯录软件，从左向右滑动某位联系人可以打电话，从右向左滑动可以发短信。这样利用 background 和 secondaryBackground 属性，配合 Icon 组件，可在滑动时提供相应的图标以提示用户，代码如下：

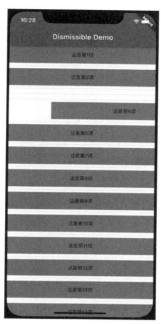

图 5-31 滑动清除的运行效果

```
//第 5 章/dismissible_example.dart

Dismissible(
  key: UniqueKey(),
  background: Container(
    padding: EdgeInsets.all(16),
    color: Colors.black,
    alignment: Alignment.centerLeft,
    child: Icon(
      Icons.phone,
      color: Colors.white,
    ),
  ),
  secondaryBackground: Container(
    padding: EdgeInsets.all(16),
    color: Colors.grey,
    alignment: Alignment.centerRight,
    child: Icon(Icons.sms),
  ),
  child: Container(
    height: 56,
    alignment: Alignment.center,
    child: Text("这是第 ${index + 1}项"),
  ),
)
```

当用户向左或向右滑动时可观察到不同的背景，如图 5-32 所示。

2. 滑动行为

1）direction

方向属性用于设置 Dismissible 支持的滑动方向，需接收一个 DismissDirection 枚举类，有 6 种值，分别是 horizontal（水平方向）、vertical（垂直方向）、startToEnd（从起始到末尾）、endToStart（从末尾到起始）、up（上）和 down（下）。其中，前 2 种值表示支持水平或垂直维度的任意方向，例如设置 vertical 就表示同时支持上滑和下滑。后 4 种值表示唯一方向，例

图 5-32　左划和右划时展示不同背景

如设置 startToEnd 即表示只支持顺着阅读方向（在汉语或英语设备上即从左到右）滑动。

2）dismissThresholds

清除阈值，用于定义当用户的滑动手势完成到什么程度时可以视为成功的清除操作，低于该程度的滑动不会触发清除效果。默认为 0.4，即用户至少滑动 40%的位置后松手，该组件会自动帮其完成剩下的滑动动画，并顺利清除该元素。若用户滑动不足 40%时提前松手，则视为取消操作。

实战中很少需要改动这里的默认 40%阈值。如需改动，则可以传入一个 Map 数据类型，说明每种支持的滑动方向对应的有效阈值，例如可将从左向右滑动的阈值改为 20%，而从右向左滑动的阈值改为 99%难以滑动，代码如下：

```
dismissThresholds: {
  DismissDirection.startToEnd: 0.20,
  DismissDirection.endToStart: 0.99,
},
```

当用户手指较快速地做出"甩出"动作时，这里会收到一个非常接近但不足 1.0 的数值，因此当设置阈值 99%时，几乎只有此类大幅甩出动作才可能超过阈值，而当阈值被设置为大于或等于 1.0 时，用户将无法通过手势完成滑动清除的操作。

3）crossAxisEndOffset

交叉轴位移，用于定义当组件在滑动时向另一个维度的位移情况，默认为 0，不会发生交叉轴位移。例如取值 2.5 即为位移 2.5 倍于组件尺寸的距离，而取值－1.0 时则向反方向位移 1.0 倍。由于作用轴为交叉轴，在水平滑动的 Dismissible 中具体表现为 child 向上或向下飘走，如图 5-33 所示。

4）movementDuration 和 resizeDuration

移动时长是指当用户滑动超过阈值后松开手指，Flutter 自动帮其完成操作（补滑）的动画时长，或当用户滑动不足阈值时提前松开手指，Flutter 撤销该滑动操作，并将元素缓缓放

回原位的时长。

实际运行时，Dismissible 内部的动画控制器会处理整个动画，因此这里的时长是指从 0%滑动到 100%的总时长，开发者不必担心用户具体是在什么阶段松手，child 补滑的速度是恒定的。

缩放时长则是指当用户成功触发滑动清除手势，并且 Dismissible 已经将其补滑到位后，原组件逐渐变小并最终消失的动画时长。例如设置 resizeDuration：Duration(seconds：10) 表示将时长改为 10s 的超慢速动画后，可以清晰地观察到元素逐渐消失的过程，如图 5-34 所示。

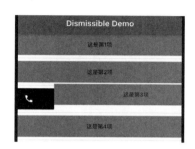

图 5-33 水平滑动时 child 向上方位移的效果

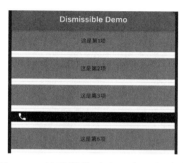

图 5-34 被清除的元素正在逐渐消失

3. 滑动事件

1) onResize 和 onDismissed

当用户完成滑动手势并成功触发清除操作，并且元素移动的动画播放完毕后，子组件将开始进行第二部分动画，逐渐缩小并最终消失。在尺寸缩小的动画进行过程中，Flutter 会反复多次调用 onResize 回传函数。

当移动和缩放动画均播放完毕后，Flutter 会调用一次 onDismissed 回传函数，并将滑动的方向提供给开发者，以便完成相应的业务逻辑。例如可将它们打印出来，代码如下：

```
onResize: () => print("resizing"),
onDismissed: (direction) => print(direction),
```

用户完成滑动操作的手势后，清除操作开始进行。此时终端会出现大量的 resizing 输出，并等到该组件最终完成缩放动画并消失后，终端会显示一行例如 DismissDirection. startToEnd 的字样。

2) confirmDismiss

当用户完成滑动手势后，在真正处理 onDismissed 事件之前，Flutter 还会调用 confirmDismiss 参数中的回传函数确认是否需要继续操作。如果函数的最终返回值为 true，则会继续清除操作。若函数返回值为 false，则会撤销操作，并开始逆向播放动画，将被清除的组件重新移动回原地。

这里用 AlertDialog 组件举例,弹出对话框后请用户确认是否删除,代码如下:

```
//第 5 章/dismissible_confirm.dart

import 'package:flutter/material.dart';

void main() {
  runApp(MyApp());
}

class MyApp extends StatelessWidget {
  @override
  Widget build(BuildContext context) {
    return MaterialApp(
      home: MyHomePage(),
    );
  }
}

class MyHomePage extends StatefulWidget {
  @override
  _MyHomePageState createState() => _MyHomePageState();
}

class _MyHomePageState extends State<MyHomePage> {
  @override
  Widget build(BuildContext context) {
    return Scaffold(
      appBar: AppBar(
        title: Text("Dismissible Demo"),
      ),
      body: ListView.separated(
        itemCount: 20,
        separatorBuilder: (_, __) => Divider(),
        itemBuilder: (_, index) {
          return Dismissible(
            key: UniqueKey(),
            confirmDismiss: (DismissDirection direction) async {
              return await showDialog(
                context: context,
                builder: (BuildContext context) {
                  return AlertDialog(
                    title: Text("确认"),
                    content: Text("确认要删除这一项吗?"),
                    actions: <Widget>[
                      TextButton(
```

```
                                  onPressed: () => Navigator.of(context).pop(false),
                                  child: Text("取消"),
                                ),
                                TextButton(
                                  onPressed: () => Navigator.of(context).pop(true),
                                  child: Text(
                                    "删除",
                                    style: TextStyle(color: Colors.red),
                                  )),
                              ],
                            );
                          },
                        );
                      },
                      background: Container(
                        padding: EdgeInsets.all(16),
                        color: Colors.black,
                        alignment: Alignment.centerLeft,
                        child: Icon(
                          Icons.delete_outline,
                          color: Colors.white,
                        ),
                      ),
                      child: Container(
                        height: 56,
                        alignment: Alignment.center,
                        child: Text("这是第 ${index + 1}项"),
                      ),
                    );
                  },
                ),
              );
            }
          }
```

运行效果如图 5-35 所示。

对 AlertDialog 组件不熟悉的读者可翻阅第 9 章"悬浮与弹窗"中的相关内容与介绍。

5.2.4　ScrollConfiguration

如果需要改变一部分或全部列表的默认样式，则可以使用 ScrollConfiguration 组件。这种思路与同时设置所有子 Text 组件的 DefaultTextStyle 组件，或同时设置所有子 Icon 组件的 IconTheme 组件类似，所有列表类组件的默认样式是由最近上级的 ScrollConfiguration 组件提供的，因此，若需要全局设置整个应用程序的所有列表默认样式，则可将 ScrollConfiguration 组件插入接近组件树根部的位置。若只需设置某个列表的

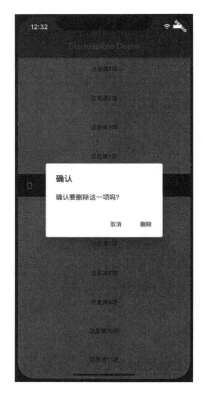

图 5-35　滑动清除之前先弹出用户确认对话框

默认样式,则应把 ScrollConfiguration 组件直接插入该列表组件的父级,从而避免干扰到其他的列表。

　　使用时开发者必须通过 behavior 参数传入一个 ScrollBehavior 类的值,例如可传入 ScrollBehavior(),使用默认样式,代码如下:

```
ScrollConfiguration(
  behavior: ScrollBehavior(),
  child: ListView(
    children: [
      Text("1"),
      Text("2"),
    ],
  ),
)
```

1. ScrollBehavior

一般实战中开发者会创建一个新的继承 ScrollBehavior 的类,以实现自定义样式。继承时，一般会重写 buildViewportChrome 和 getScrollPhysics 方法。

1）buildViewportChrome

这是用于在列表组件外部添加修饰的属性，若不想添加任何修饰，则可以直接回传 child 本身。默认情况下，Flutter 会为 Android 和 Fuchsia 这两个操作系统添加滚动过量时的波形色块效果，为其他系统（包括 iOS、Linux、Windows 和 macOS）不添加任何修饰。

2）getScrollPhysics

滚动物理，默认情况下在 iOS 和 macOS 这两个操作系统上呈现过量滚动后自动弹回的动画效果，而在其他操作系统（包括 Android、Fuchsia、Linux 和 Windows）则直接卡住，触碰到列表的边缘后不能过量滚动。

2．实例

这里举个例子，不判断当前操作系统，当任何设备的列表滚动至边缘时均不能过量滚动，并且出现类似安卓的波形色块效果，但颜色改为灰色。为了实现这个效果，这里使用 ScrollConfiguration 组件，传入自制的 MyScrollBehavior 类，继承自 ScrollBehavior，并重写上述两种方法。

在 buildViewportChrome 方法中，这里在列表外部添加修饰过量滚动时的色块修饰，并定义为灰色。在 getScrollPhysics 方法中，则直接将滚动物理设置为 ClampingScrollPhysics，完整代码如下：

```
//第 5 章/scroll_configuration_example.dart

import 'package:flutter/material.dart';

void main() {
  runApp(MyApp());
}

class MyApp extends StatelessWidget {
  @override
  Widget build(BuildContext context) {
    return MaterialApp(
      home: MyHomePage(),
    );
  }
}

class MyHomePage extends StatefulWidget {
  @override
  _MyHomePageState createState() => _MyHomePageState();
}

class _MyHomePageState extends State<MyHomePage> {
  @override
```

```
Widget build(BuildContext context) {
  return Scaffold(
    appBar: AppBar(
      title: Text("ScrollConfiguration Demo"),
    ),
    body: ScrollConfiguration(
      behavior: MyScrollBehavior(),
      child: ListView.separated(
        itemCount: 20,
        separatorBuilder: (_, _) => Divider(),
        itemBuilder: (_, index) {
          return Container(
            height: 56,
            alignment: Alignment.center,
            child: Text("这是第 ${index + 1}项"),
          );
        },
      ),
    ),
  );
}
}

class MyScrollBehavior extends ScrollBehavior {
  @override
  Widget buildViewportChrome(context, child, AxisDirection axisDirection) {
    return GlowingOverscrollIndicator(
      child: child,
      axisDirection: axisDirection,
      color: Colors.grey,
    );
  }

  @override
  ScrollPhysics getScrollPhysics(BuildContext context) {
    return ClampingScrollPhysics(parent: RangeMaintainingScrollPhysics());
  }
}
```

运行效果如图 5-36 所示。

5.2.5　NotificationListener

滚动类的列表组件如 ListView 或 GridView 等，在滚动的过程中会产生滚动通知事件。这类通知事件会沿着组件树向上冒泡（Bubble Up），直到被某个监听该通知事件的组件拦截为止。

本章之前介绍的滚动条 Scrollbar 组件和下拉刷新 RefreshIndicator 组件就是通过监听

图 5-36　使用 ScrollConfiguration 设置子列表组件的样式

滚动通知事件获知滚动列表当前状态,以达到正确显示滚动进度或在恰当的时机触发刷新操作等功能,因此当使用它们时,只需简单地将 Scrollbar 或 RefreshIndicator 插入滚动列表组件的上级,并不需要编写过多的额外代码,它们就能自动获取列表的状态,非常方便。

　　开发者也可以使用 NotificationListener 组件直接监听此类通知事件。当下级组件发出事件时,onNotification 回传函数会被调用,同时该函数的返回值(布尔类型)决定了是否拦截事件,被拦截后的事件将不再继续向上级冒泡,代码如下:

```
NotificationListener(
  onNotification: (Notification notification) {
    print(notification);              //输出通知内容
    return false;                     //不拦截(通知将继续冒泡)
  },
  child: ListView.builder(
    itemBuilder: (_, index) => Text("$index"),
  ),
)
```

　　在一个简单的 ListView 列表的父级插入 NotificationListener 组件后,一旦列表开始滚动,就可以在命令行观察到一系列事件。例如产生以下输出内容:

```
I/flutter (22142): ScrollStartNotification(depth: 0 (local), FixedScrollMetrics(669.6..
[657.5]..Infinity), DragStartDetails(Offset(165.8, 469.4)))
I/flutter (22142): UserScrollNotification(depth: 0 (local), FixedScrollMetrics(669.6..
[657.5]..Infinity), direction: ScrollDirection.reverse)
I/flutter (22142): ScrollUpdateNotification(depth: 0 (local), FixedScrollMetrics(670.8..[657.
5]..Infinity), scrollDelta: 1.1026278409090082, DragUpdateDetails(Offset(0.0, −1.1)))
I/flutter (22142): ScrollUpdateNotification(depth: 0 (local), FixedScrollMetrics(673.3..[657.
5]..Infinity), scrollDelta: 1.1026278409090082, DragUpdateDetails(Offset(0.0, −1.1)))
I/flutter (22142): ScrollUpdateNotification(depth: 0 (local), FixedScrollMetrics(691.8..[657.
5]..Infinity), scrollDelta: 1.1026278409090082, DragUpdateDetails(Offset(0.0, −1.1)))
I/flutter (22142): ScrollUpdateNotification(depth: 0 (local), FixedScrollMetrics(696.6..[657.
5]..Infinity), scrollDelta: 1.1026278409090082, DragUpdateDetails(Offset(0.0, −1.1)))
I/flutter (22142): ScrollEndNotification(depth: 0 (local), FixedScrollMetrics(696.6..[657.5]..
Infinity), DragEndDetails(Velocity(0.0, 0.0)))
I/flutter (22142): UserScrollNotification(depth: 0 (local), FixedScrollMetrics(696.6..[657.5]..
Infinity), direction: ScrollDirection.idle)
```

这里包括了 ScrollStartNotification（滚动开始通知）、UserScrollNotification（用户滚动通知，通常在用户改变滚动方向时触发）、ScrollUpdateNotification（滚动更新通知）、ScrollEndNotification（滚动终止通知）等。这些通知内含具体的事件细节，如滚动更新通知包括滚动了多少逻辑像素等信息。若安卓用户在列表触边后继续滚动，则还会触发 OverscrollNotification（过度滚动通知），表示列表已无法再继续滚动。在 iOS 系统上触边的列表会继续滚动，并在用户松开手指后弹回，因此不会触发这个通知。

1. 通知拦截

在 NotificationListener 的 onNotification 回传函数运行结束时，开发者可以选择回传一个布尔值，表明该通知事件是否有必要继续向上级冒泡。一般情况下，当需要处理的业务逻辑已经被处理完毕后可以选择回传 true 拦截该通知，阻止其继续通知上级的组件，以节约不必要的性能开支，但这么做时需注意确保父级没有依赖该通知的组件。

例如当 NotificationListener 组件选择拦截通知时，其父级的 Scrollbar 组件将无法获得滚动通知，因此无法显示列表的滚动进度。当 NotificationListener 不拦截通知时，Scrollbar 就可以收到通知，并利用通知内容，正确地显示滚动条，代码如下：

```
Scrollbar(
  child: NotificationListener(
    //拦截通知；改为 false 后滚动条恢复正常
    onNotification: (_) => true,
    child: ListView.builder(
      itemCount: 200,
      itemBuilder: (_, index) => Text("$ index"),
    ),
  ),
)
```

2. 自定义通知事件

在 Flutter 中,滚动列表在滚动时发出的通知事件只是众多通知事件之一。其他 Flutter 框架自带的通知事件还有 KeepAliveNotification、LayoutChangedNotification、OverscrollIndicatorNotification 等。除此之外开发者还可以通过继承 Notification 类,自定义通知事件。例如可定义 MyNotification 类,并支持在通知事件内部存储一个 dynamic 类型(支持任意数据类型)的细节信息,代码如下:

```
class MyNotification extends Notification {
  //自定义通知内部变量,用于存储通知细节信息
  final dynamic details;

  MyNotification(this.details);
}
```

当需要发送通知事件时,可通过调用 Notification 类的 dispatch 方法触发通知。例如当用户单击按钮时发出通知,并将 Colors.green 作为通知细节,传给该自定义通知的构造函数,代码如下:

```
ElevatedButton(
  child: Text("发送绿色通知"),
  onPressed: () => MyNotification(Colors.green).dispatch(context),
)
```

接着,若在组件树的上级插入 NotificationListener 组件,即可在 MyNotification 被用户触发时收到该通知。由于 NotificationListener 还可能会收到其他组件发出的其他通知,因此这里最好先判断通知类型是否为 MyNotification 类,以避免受到其他无关通知的干扰,代码如下:

```
NotificationListener(
  onNotification: (notification) {
    //判断通知是否为自定义的 MyNotification 类型
    if (notification is MyNotification) {
      //如果是,则打印出自定义通知中的细节内容
      print(notification.details);
      return true;              //拦截该通知,不再冒泡
    }
    return false;               //不拦截其他类型的通知
  },
  child: ...
)
```

本例的完整源代码如下:

```dart
//第 5 章/notification_listener.dart

import 'package:flutter/material.dart';

void main() {
  runApp(MyApp());
}

class MyApp extends StatelessWidget {
  @override
  Widget build(BuildContext context) {
    return MaterialApp(home: MyHomePage());
  }
}

class MyHomePage extends StatefulWidget {
  @override
  _MyHomePageState createState() => _MyHomePageState();
}

class _MyHomePageState extends State < MyHomePage > {
  @override
  Widget build(BuildContext context) {
    return Scaffold(
      appBar: AppBar(title: Text("Notification Demo")),
      body: NotificationListener(
        //监听通知
        onNotification: (notification) {
          //判断通知是否为自定义的 MyNotification 类型
          if (notification is MyNotification) {
            //打印出自定义通知中的细节内容
            print(notification.details);
            return true;              //拦截,不再冒泡
          }
          return false;               //不拦截其他类型的通知
        },
        child: Sender(),
      ),
    );
  }
}

class Sender extends StatelessWidget {
  @override
  Widget build(BuildContext context) {
return Wrap(
  spacing: 20,
      children: [
        ElevatedButton(
```

```
            child: Text("发送字符串通知"),
            onPressed: () => MyNotification("hello world").dispatch(context),
        ),
        ElevatedButton(
            child: Text("发送颜色通知"),
            onPressed: () => MyNotification(Colors.blue).dispatch(context),
        ),
      ],
    );
  }
}

class MyNotification extends Notification {
  //自定义通知内部变量,用于存储通知细节信息,类型为 dynamic,即支持任意类型
  final dynamic details;

  MyNotification(this.details);
}
```

程序运行效果如图 5-37 所示。

图 5-37 自定义通知的发送按钮运行效果

当用户依次单击 2 个按钮后,即可观察到程序输出的结果如下:

```
flutter: hello world
flutter: MaterialColor(primary value: Color(0xff2196f3))
```

这里需要注意的是,NotificationListener 只会监听子级(children)和其他下级(descendants)组件发出的通知事件,而无法监听父级(parents)和其他上级(ancestors)组件,也不会监听本身(或同级)发出的通知事件,因此在这个例子中,NotificationListener 的 child 属性传入的是自定义的 Sender 组件,而不是直接嵌套 Column 完成组件构造,以确保发送通知事件的是子组件而不是本身。

实战中除了可以将组件单独分离外,还可以通过 Builder 实现从属关系,直接在原地完成"匿名子组件"的构造,对此不熟悉的读者可参考本书第 9 章的 Flutter 框架小知识"什么时候需要使用 Builder 组件"。

5.2.6 SingleChildScrollView

本章在开头提到,数据显示通常是大部分应用程序界面的主要环节,之后本书也花费大量篇幅详细地介绍了 ListView、GridView 及其他支持动态加载元素的滚动列表类组件,但在实战

中,屏幕滚动的作用绝非仅限于高效地将成千上万条元素呈现给用户。例如有时只是担心较小屏幕的设备可能会显示不下某个用户界面而已。例如偏好设置页面,若选项较多时也应加上滚动效果,但可能选项也不会多到需要动态加载。这时也可以选用 SingleChildScrollView 组件,方便地为任何组件(尤其是 Column 组件)添加滚动功能,代码如下:

```
SingleChildScrollView(
  child: Column(
    mainAxisAlignment: MainAxisAlignment.spaceEvenly,
    children: [
        Container(height: 250, color: Colors.grey[200]),
        Container(height: 250, color: Colors.grey[400]),
        Container(height: 250, color: Colors.grey[600]),
        Container(height: 250, color: Colors.grey[800]),
    ],
  ),
)
```

这里利用 Column 组件垂直排列了 4 个高度为 250 单位的 Container 组件,总高度为 1000 单位。程序运行后,当可用高度不足 1000 逻辑像素时,Column 组件理应出现如图 5-38 (左图)所示的溢出,但由于其父级插入了 SingleChildScrollView 组件,这里不会溢出,如图 5-38(右图)所示,并会自动开始允许用户滚动屏幕。

图 5-38　界面溢出时和允许滚动时的对比

但若本例中的 Column 原本就不足 4 个 Container 组件,不足以导致溢出,则即使插入了 SingleChildScrollView 也完全不会允许滚动。这与 ListView 的效果不同,读者不妨亲自动手试试。

1. 滚动少量 UI 元素

开发者难免会担心当屏幕尺寸不足时可能会导致一部分界面无法显示的情况,而屏幕尺寸不足的原因是多种多样的,例如可能是程序运行时的设备屏幕本身太小,或是用户将手机设备横屏使用,或安卓用户可能同时打开了多个程序分屏显示等,甚至是网页版的用户将浏览器窗口调整得太小。

SingleChildScrollView 组件就是为了解决这种大部分情况下一屏可以显示,但遇到特殊情况偶尔显示不下的问题。使用 SingleChildScrollView 会放弃一切动态加载的行为,因此它只适用于元素较少的滚动场景。

这里通过一个简单的登录页面举例,代码如下:

```
SingleChildScrollView(
  child: Column(
    children: [
      FlutterLogo(size: 400),
      Text("欢迎来到 Flutter 登录页面"),
      TextField(decoration: InputDecoration(labelText: "用户名")),
      TextField(
        decoration: InputDecoration(labelText: "密码"),
        obscureText: true,
      ),
      SizedBox(height: 32),
      ElevatedButton(
        child: Text("登录"),
        onPressed: () {},
      )
    ],
  ),
)
```

该页面在大部分情况下可在一屏内显示完,不需要滚动,程序运行效果如图 5-39 所示。

但当用户将设备横屏显示时,若不添加 SingleChildScrollView 开启滚动,则只会显示该页面上半部分内容,也就是巨大的徽标图案,而重要的输入框和按钮会超出屏幕的边界。添加 SingleChildScrollView 组件后,用户可以自由将页面滚动至页面下半部分,效果如图 5-40 所示。

图 5-39　登录页面竖屏显示效果　　　　　　图 5-40　登录页面横屏后允许滚动的效果

　　这里值得一提的是,在 Column 的父级插入 SingleChildScrollView 会迫使 Column 进行真空包装(类似对 Column 传入了 mainAxisSize:MainAxisSize. min 参数),因此 Column 内的部分属性(如主轴尺寸和主轴方向的留白等)无法生效。如需要在主轴方向添加留白,则可考虑直接插入 SizedBox 组件固定留白,或考虑使用 LayoutBuild 或 MediaQuery 组件,根据屏幕尺寸动态计算留白尺寸。对这些组件不熟悉的读者可参考本书第 6 章"进阶布局"中关于尺寸与测量的相关内容。

2. 其他属性

　　SingleChildScrollView 还有一部分与 ListView 组件相同或相似的属性,它们分别是 controller(滚动控制器)、reverse(倒序)、padding(内部留白)、physics(滚动物理)及 scrollDirection(滚动方向)。其中滚动方向默认为垂直方向,使 SingleChildScrollView 适合在 Column 组件的父级位置插入,而修改为 Axis. horizontal 后则为水平方向滚动,适合作为 Row 组件的父级。其他属性的名称和用法均与 ListView 组件的同名属性一致,读者可查阅本章 ListView 小节的内容。

　　最后值得一提的是,当 SingleChildScrollView 确实有必要滚动时,也会发出滚动通知,因此 Scrollbar 等组件也可照常使用。

进 阶 篇

第6章

进 阶 布 局

大部分应用程序的界面是由许多个组件构成的。怎样合理且高效地安排好每个组件及如何处理组件之间的布局为本章重点讨论的内容。

6.1　边界

6.1.1　Padding

留白是平面设计的重要一环,否则大量的组件连续摆放很容易造成视觉上的拥挤。在 Flutter 中,除了部分组件自带 padding 属性外,直接在组件的父级插入 Padding 组件是最常用的添加留白的方法之一。例如可在 FlutterLogo 组件的四周添加 16 逻辑像素的留白,代码如下:

```
Padding(
  padding: const EdgeInsets.all(16.0),
  child: FlutterLogo(),
)
```

运行时,可观察到 FlutterLogo 组件的四周出现 16 单位的留白(图略)。

1. EdgeInsetsGeometry

Padding 组件的 padding 属性可接收的类型为 EdgeInsetsGeometry 抽象类,主要有 EdgeInsets 与 EdgeInsetsDirectional 这 2 个继承,实战中一般传入 EdgeInsets 类。

Padding 组件的工作原理是向其 child 传递一个更小的尺寸约束。例如某区域实际可用空间为 100×100 单位,当要求四周留白 16 单位时,Padding 组件会用 100 单位的边长减去两边共 32 单位的留白,最终将剩余的 68×68 单位作为布局约束传递给子组件。当 child 布局完毕后,Padding 自己会占用 100×100 单位的空间,再将 child 居中放置,以实现四周留白效果。

1) EdgeInsets.fromLTRB

EdgeInsets 类提供了 fromLTRB 构造函数,其中 LTRB 是英文的 Left、Top、Right、

Bottom 的首字母,分别用于设置左边、顶边、右边、底边这 4 个方向的留白,某个方向传入 0 则表示相应方向无须留白。

例如,传入 padding:EdgeInsets.fromLTRB(12,0,16,0)即可设置左边留白 12 单位,右边留白 16 单位,上下两边无留白。

2) EdgeInsets.only

与 fromLTRB 类似,only 构造函数也可以单独设置任意方向的留白,稍不同的是这里使用命名参数,因此不必设置所有方向。没有设置的方向默认为 0,例如 EdgeInsets.only (left:12)表示只有左边留白 12 单位,其余 3 边无留白。

虽然这个构造函数的名字叫 only,但实际上它也支持设置多个方向的留白,如 EdgeInsets.only(top:20,right:40,bottom:20,left:12)同时设置 4 个方向。由于是命名参数,这里传入参数的位置顺序也无关紧要。不过一般为了增强代码的可读性,通常还是建议用 only 设置少量的方向。

3) EdgeInsets.symmetric

这里 symmetric 构造函数可设置"对称"的留白。与 only 类似,该函数使用命名参数,vertical 和 horizontal 分别用于设置垂直方向(顶边与底边)和水平方向(左右两边)的留白,不传入的参数则表示 0。如传入 EdgeInsets.symmetric(vertical:12,horizontal:24)则表示上下留白 12 单位,左右留白 24 单位。

4) EdgeInsets.all

若四周留白一致,则可直接使用 all 构造函数同时设置 4 个方向,如传入 EdgeInsets.all (24.0)同时设置上下左右留白均为 24 单位。

5) EdgeInsetsDirectional

若有必要分辨阅读方向(如阿拉伯语或希伯来语是从右向左阅读的),则可以使用 EdgeInsetsDirectional 类设置各方向的留白。与 EdgeInsets.fromLTRB 类似,它支持 EdgeInsetsDirectional.fromSTEB 构造函数,其中 STEB 是英文 Start、Top、End、Bottom 的首字母,而 Start 和 End 是指当前系统语言的默认阅读方向的起始位置与终止位置。

此外,EdgeInsetsDirectional.only 构造函数也支持单独设置任意方向的留白,它与 EdgeInsets.only 的不同点在于后者的 left 和 right 属性被这里的 start 和 end 替代。

2. 对比 Container 的 padding 属性

在第 1 章介绍 Container 组件时就提到 Container 的 padding 属性,可用于在子组件周围插入空白,与这里的 Padding 组件效果一致。实际上,Container 组件本身就是通过调用 Padding 组件实现留白的,因此这两者是完全等价的。

Container 组件本质是一个集合多个组件类似语法糖效果的便利型组件。当其 padding 属性不为空时,它会自动在其 child 的父级插入一个 Padding 组件,以实现内部留白。当其 margin 属性不为空时,它还会在最外面再插入一个 Padding 组件,以实现外部留白。

通常在实战中,若只需简单留白、设置尺寸或添加装饰等,则一般推荐直接使用相应的 Padding、SizedBox 或 DecoratedBox 组件,以增强代码的可读性,但若需同时用到多个组件的功能,则一般推荐直接使用 Container 组件,并将各种功能以属性的方式传给 Container,以减轻因大量组件的连续嵌套而造成的代码过量缩进。

6.1.2 SafeArea

目前手机屏幕很少是一块正规的矩形了。如今一般安卓或苹果设备的屏幕都有一些圆角边或留给前置摄像头的切口,例如某款苹果手机的屏幕上方就有一块不小的"刘海儿"区域,无法正常显示内容。这种不规则的屏幕对手机 App 的界面布局提出了更高的要求。在 Flutter 框架中,SafeArea 组件可方便地帮助开发者避开屏幕缺陷区域。

使用时只需简单插入 SafeArea 组件便可以保证子组件不会被渲染到屏幕缺陷位置内,效果类似于 Padding 组件的留白,但留白的程度却因设备而异。这样可避免出现部分界面元素被屏幕缺陷区域所遮挡的情况。图 6-1(左图)演示了一个 ListView 列表在 iPhone 11 屏幕上,没有任何留白时的运行效果,注意顶部的"刘海儿"(摄像头位置)、底部的长条(返回功能)、左上角及左下角的屏幕圆边都影响了列表内容的显示。图 6-1(右图)则是同样的 ListView 在父级插入 SafeArea 组件后的效果。

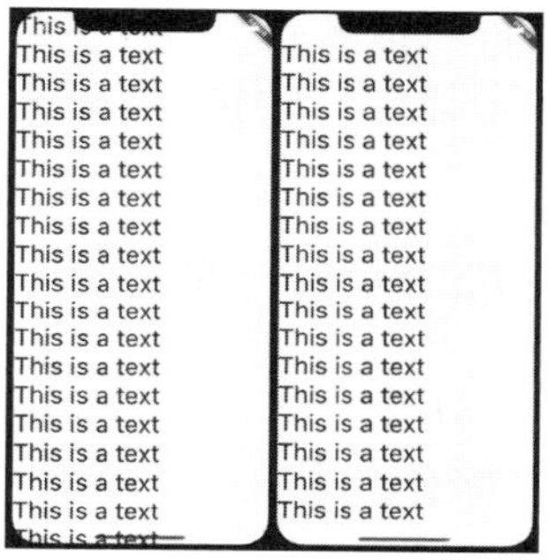

图 6-1 SafeArea 使用前后对比

上例的核心部分代码如下:

```
//第6章/safe_area_demo.dart

SafeArea(
  child: ListView.builder(
    padding: EdgeInsets.zero,
    itemBuilder: (_, _) => Text(
      "This is a text",
      style: TextStyle(fontSize: 40),
    ),
  ),
)
```

通常为了界面的美观,一般在界面设计时只需注意避免重要信息被屏幕缺陷遮挡,而背景等修饰则推荐占满全屏,否则就会出现难看的黑边或白边,从而破坏界面的整体性,因此,SafeArea 组件一般不宜被插在组件树中太高的位置,至少不应插入负责背景修饰的组件之上。

1. minimum

由于 SafeArea 的具体留白程度是因设备而异的,当程序运行在中规中矩的矩形屏幕上时则不会有任何留白。如有必要,则可通过 minimum 参数传入一个最小留白值,这样当屏幕无缺陷,或缺陷的尺寸小于最小留白尺寸时就会被采用。

例如,传入 minimum：EdgeInsets.all(8)设置四周均至少留白 8 单位,当程序运行在 iPhone 11 时,由于该设备的屏幕顶边与底边都已有大于 8 单位的缺陷,SafeArea 仍会合理避开这些位置,但屏幕左右两边并无缺陷,因此 SafeArea 会采用这里的最小留白值。最终效果为屏幕上下两边保持原有的留白,而左右两边插入 8 单位的留白。

实战中可以借助 minimum 属性统一设计程序与屏幕边的留白,这样无论最终运行的设备的屏幕是否规则或有缺陷,都可保证 App 内容和屏幕边缘保持一定的留白,使界面看起来更加舒适自然。

2. left、top、right、bottom

默认情况下,SafeArea 会确保子组件避让屏幕上下左右每个方向的缺陷。若无须避让某些方向,则可以通过向 left、top、right、bottom 这 4 个属性传入 false 实现。例如,传入 top：false 表示无须避让屏幕顶部的缺陷。

如同时设置 minimum 保证最小留白且指定某些方向不必避让,则 SafeArea 仍然会采用相应方向的 minimum 值。例如将最小留白设置为底部和左边各 8 单位,又设置 bottom：false 不避让底部缺陷,则程序在任何设备运行时底部都会有 8 单位的留白,而左边则根据屏幕左侧是否有缺陷,保留不小于 8 单位的留白。

6.1.3　FittedBox

当父级组件与子组件的尺寸或比例不符合时,FittedBox 可以将子组件缩放并对齐。使用时,只需要在父级与子级组件之间插入 FittedBox 组件,代码如下：

```
Container(
  width: 300,
  height: 50,
  color: Colors.grey[300],
  child: FittedBox(            //插入 FittedBox 自动缩放子组件
    child: Text("Hello FittedBox!"),
  ),
)
```

运行时,根据父级组件的尺寸约束,FittedBox 会自动将其 child 缩放,以尽量填满父级组件的全部可用空间。FittedBox 对子组件没有特殊要求,例如在实战中,FittedBox 经常被用于在复杂的布局场景中轻松实现自动字号调节,如图 6-2 所示。

1. fit 属性

FittedBox 组件的 fit 属性可以接收一个 BoxFit 类型的值,用于设置适配模式。这里 fit 的概念与大部分主流框架一致(如 CSS 中的 object-fit 参数等),共有以下 7 种值。

1) BoxFit.contain

这是 fit 属性的默认值,在使用 FittedBox 组件时若不设置 fit 属性,它就会直接采用

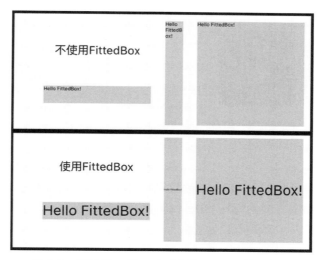

图 6-2 使用 FittedBox 自动调节 Text 组件的字号

contain 模式。该模式确保子组件完全可以显示，比例不会被破坏，内容不会被裁剪，但可能会导致父级组件部分留白，如图 6-3 所示。

2）BoxFit. cover

与 contain 模式相反，这里 cover 模式则是指"完全覆盖"，确保父级组件不会留白，子组件的比例不会被破坏，但子组件可能被裁剪而导致内容缺失，如图 6-4 所示。

图 6-3 BoxFit. contain 的效果　　　　　　图 6-4 BoxFit. cover 的效果

3）BoxFit. fill

这里 fill 模式表示"拉伸"，即不必维持子组件的长宽比，直接将子组件拉伸至父级组件的尺寸，确保父级组件不会留白，子组件也不会被裁剪，但比例可能会被破坏，如图 6-5 所示。

4）BoxFit. fitHeight

fitHeight（适配高度），顾名思义，该模式只会确保子组件与父级的高度一致，而不适配宽度。在维持子组件比例的前提下，水平方向既可以裁剪子级也可以留白父级，如图 6-6 所示。

图 6-5　BoxFit. fill 的效果

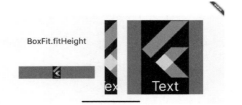

图 6-6　BoxFit. fitHeight 的效果

5）BoxFit. fitWidth

与适配高度相反,这里 fitWidth 只负责适配宽度。该模式同样会维持子组件的比例,水平方向完美适配,垂直方向则一切随缘,如图 6-7 所示。

6）BoxFit. none

无适配模式,表示不对子组件进行任何缩放操作。若其尺寸偏大或偏小,则会出现父级组件留白或子组件被裁剪。若其比例不适合,则甚至可能同时出现留白和裁剪,如图 6-8 所示。

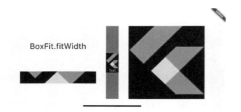

图 6-7　BoxFit. fitWidth 的效果

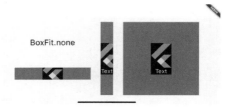

图 6-8　BoxFit. none 的效果

7）BoxFit. scaleDown

scaleDown(缩小)模式只会对子组件按需缩小,但不会将其放大。当子组件偏大时,FittedBox 会将其按比例缩小至可填满其中一个维度,与 contain 模式效果一致,但当子组件尺寸不够大时,FittedBox 不会将其放大,只会将父级组件留白,效果与 none 一致,具体效果如图 6-9 所示。

图 6-9　BoxFit. scaleDown 的效果

2. alignment 属性

在部分适配模式下,FittedBox 的子组件经缩放后可能仍然无法与父级尺寸紧密贴合,例如父组件四周容易产生留白,而子组件的部分内容会被裁剪。当出现这些情况时,子组件相对于父组件的具体对齐方式就由 alignment 属性控制。这里的 alignment 用法与 Container 组件同名属性一致,对此不熟悉的读者可以查阅第 1 章介绍 Container 的相关内容。

例如,可将子组件对齐方式设置为 centerLeft(居左),并将适配模式设置为 scaleDown (缩小),代码如下:

```
FittedBox(
  alignment: Alignment.centerLeft,
  fit: BoxFit.scaleDown,
  child: MyChildWidget(),
)
```

这里值得指出的是,alignment 属性不仅在父级组件的四周出现空白时才有意义,它在子组件需要被裁剪时也间接决定哪些部位应被显示,默认为居中。图 6-10 演示了这 2 种情况下设置不同对齐方式的效果。其中,前 3 个例子为 child 较小的情况,alignment 决定了它们在父级组件中的位置。后 3 个例子为 child 较大的情况,alignment 决定了它们沿什么位置裁剪。

图 6-10　FittedBox 对齐属性的作用

用于实现图 6-10 所示效果的完整代码如下:

```
//第 6 章/fitted_box_example.dart

import 'package:flutter/material.dart';

void main() {
  runApp(MyApp());
}

class MyApp extends StatelessWidget {
  @override
  Widget build(BuildContext context) {
    return MaterialApp(
      home: MyHomePage(),
    );
  }
}
```

```
class MyHomePage extends StatelessWidget {
  @override
  Widget build(BuildContext context) {
    return Scaffold(
      appBar: AppBar(
        title: Text("FittedBox Demo"),
      ),
      body: Row(
        mainAxisAlignment: MainAxisAlignment.spaceAround,
        children: [
          _buildDemo(Alignment.center, BoxFit.contain),
          _buildDemo(Alignment.topCenter, BoxFit.contain),
          _buildDemo(Alignment.bottomCenter, BoxFit.contain),
          _buildDemo(Alignment.center, BoxFit.cover),
          _buildDemo(Alignment.centerLeft, BoxFit.cover),
          _buildDemo(Alignment.centerRight, BoxFit.cover),
        ],
      ),
    );
  }

  _buildDemo(alignment, fit) {
    return Container(
      width: 50,
      height: 200,
      color: Colors.grey,
      child: FittedBox(
        clipBehavior: Clip.hardEdge,
        alignment: alignment,
        fit: fit,
        child: Container(
          color: Colors.black,
          child: Column(
            children: [
              FlutterLogo(size: 48),
              Text("Text", style: TextStyle(color: Colors.white)),
            ],
          ),
        ),
      ),
    );
  }
}
```

　　实际上，FittedBox 的原理是根据情况自动将子组件进行了变形处理，以达到拉伸、平移、缩放等效果。如果开发者需要更精确地掌控变形的参数，则可以考虑直接使用 Transform 组件。对此不熟悉的读者可参考第 14 章"渲染与特效"中的相关介绍和示例。

6.1.4 MediaQuery

MediaQuery 是一个帮助开发者获取设备信息的继承式组件（InheritedWidget），通过它可查询设备的屏幕尺寸或当前是否为横屏状态，以及用户是否在系统偏好里设置了较大的字号，是否关闭了动画，是否开启了夜间模式等。

实战中访问 MediaQuery 非常容易，只需调用 MediaQuery.of 静态方法，并将当前的 BuildContext 传给它。例如可通过 MediaQuery 查询当前设备尺寸，代码如下：

```
@override
Widget build(BuildContext context) {
  final size = MediaQuery.of(context).size;        //获取设备尺寸
  print(size);                                     //打印输出
  return const SizedBox();
}
```

在某款苹果手机上运行后得到输出值：Size(414，896)，表示该设备的屏幕宽度为 414 逻辑像素，高度为 896 逻辑像素。

Flutter 框架小知识

什么是继承式组件（InheritedWidget）

在 Flutter 框架中，除了常见的 StatelessWidget（无状态的组件）和 StatefulWidget（有状态的组件）外，也有一些其他的组件类型，如 InheritedWidget（继承式组件），其主要作用是将任意信息方便且高效地传递给组件树中的所有下级组件。

一般情况下，若将某些数据传给子组件，开发者需通过在子组件的构造函数中直接添加参数实现。例如 Text 组件就是通过接收一个字符串获取需要渲染的数据，但当组件嵌套多层，而数据又需要被深层的下级组件访问时，若通过上述办法，层层传递参数则可能会使代码显得凌乱，使用继承式组件就可以很好地解决这个问题。

例如，可自定义一个继承式组件 MyColor，用于保存一种颜色的信息，方便下级组件访问，代码如下：

```
class MyColor extends InheritedWidget {
  final Color color;

  MyColor({this.color, Widget child}) : super(child: child);

  @override
  bool updateShouldNotify(MyColor oldWidget) => oldWidget.color != color;

  static MyColor of(BuildContext context) =>
      context.dependOnInheritedWidgetOfExactType<MyColor>();
}
```

使用时可先将 MyColor 组件嵌套在组件树较高的位置,并设置 color 属性,代码如下:

```
MaterialApp(
  home: MyColor(                          //嵌入继承式组件
    color: Colors.red,                    //为 color 属性赋值红色
    child: MyHomePage(),                  //继续传入子组件
  ),
)
```

之后在组件树其他位置,只要上级存在 MyColor,就可以随时通过 BuildContext 的 dependOnInheritedWidgetOfExactType 查找到。同时为了调用时的代码简洁,之前的 MyColor 类也已按照 Flutter 惯例增设了 of 函数,因此也可以直接使用 of 方法查找到这个组件,代码如下:

```
Center(
  child: Container(
    width: 200,
    height: 200,
    color: MyColor.of(context).color,
  ),
)
```

这样就可以跨越层层嵌套,直接在 Container 中获取 MyColor 组件中存储的 color 属性,从而绘出红色了。

1. 获取设备信息

当前设备信息及用户在系统层面的偏好设置可以通过 MediaQuery.of(context)的方式获取。这里大致介绍 MediaQuery 可以获得哪些信息。

1) 设备硬件信息

屏幕的宽度和高度可以通过 size 属性获取,如某款手机运行时报告 414×896 单位等。若同款手机在横屏模式时就会报告 896×414 单位。其中如需单独获得长度或宽度,则可以分别使用 size.width 或 size.height 得到,另外也可以直接使用 size.shortestSide 得到短边,或使用 size.longestSide 得到长边,以及通过 size.aspectRatio 得到长宽比,即 width ÷ height 的值。

当前设备的横屏或竖屏状态可使用 orientation 查询,例如运行 MediaQuery.of(context).orientation,即可得到 Orientation.portrait(竖屏)或 Orientation.landscape(横屏)的输出。

屏幕的像素密度可通过 devicePixelRatio 属性查询,即该设备用多少物理像素表达一个逻辑像素,返回值不一定是整数。如某款安卓手机运行后得到 3.5 的返回值,就表示在 Flutter 中将某组件的宽度设置为 100 逻辑像素,实际该设备会使用 350 个物理像素显示它。

屏幕的缺陷或应留白的区域可用 viewPadding、viewInsets 和 padding 这 3 个属性访问。其中，viewPadding 指屏幕的物理缺陷（如"刘海儿"）造成的部分遮挡及系统级别的部分遮挡（如系统栏）等，viewInsets 指系统级别的完全遮挡（如弹出的屏幕键盘），而 padding 属性则是由 viewPadding 和 viewInsets 属性综合计算而来。

系统级的触摸事件遮挡区域可从 systemGestureInsets 属性获得。例如安卓系统自 2019 年 9 月以来，屏幕左右两侧可被系统保留作为"后退"操作的手势，因此用户在这些区域内的部分触摸操作会被系统直接拦截。其他操作系统目前没有类似功能，因此当程序运行在其他设备上时该属性会返回 EdgeInsets. zero 的空值。

设备的交互方式可由 navigationMode 属性获取，一般手机或平板计算机会返回 NavigationMode. traditional（传统式）值，表示用户主要会以触摸屏作为交互方式。部分设备不支持触摸屏（如电视），如果主要为键盘、游戏手柄、操作杆、遥控器等交互方式所设计，则会返回 NavigationMode. directional（方向式）。

2）用户偏好设置

用户是否开启夜间模式可用 platformBrightness 查询。若开启夜间模式就会返回 Brightness. dark，此时程序界面应该尽量以深色或黑色背景为主。若没有开启夜间模式或系统不支持夜间模式，则会得到 Brightness. light 的返回值。

用户是否采用 24h 制可用 alwaysUse24HourFormat 查询。若开启，则返回值为 true，此时程序应尽量用 24h 制显示时间，如 7:30 PM 应显示为 19:30，尊重用户偏好。

用户是否已关闭动画可用 disableAnimations 查询。若已禁用动画，则返回值为 true，此时程序应尽量减少或跳过动画。

用户是否调整了默认字体大小可用 textScaleFactor 查询，这里返回 1.0 表示默认的 1 倍，如返回 1.5，则表示放大至默认的 150% 等。例如视力不佳或中老年用户常会在手机系统中设置稍大的字号以方便阅读。部分设备的出厂默认设置也可能稍微放大或缩小字体，例如平板计算机或电视等设备通常会默认对字体放大。在 textScaleFactor 为 2.0 的情况下，Text 或 TextField 等渲染文本组件的字号会被放大为原来的 2 倍，即 14 号字相当于别的设备的 28 号字的大小。关于这部分内容，读者也可以参考第 2 章介绍 Text 组件时有关 textScaleFactor 属性的详细讲解。

3）辅助功能选项

辅助工具是否启用，如用户是否在使用屏幕朗读软件可用 accessibleNavigation 查询，返回布尔值。若检测到用户开启了辅助工具，则应特别注意用户体验的设计，因为这些用户可能无法迅速做出反应。例如限时操作应适当放宽时间或取消时间限制。

是否需要加粗字体可用 boldText 查询，返回布尔值。若需加粗，则 Flutter 默认会将 Text 等组件的文本粗细强制设为 FontWeight. bold 粗体，即 w700，此时任何手动修改的更粗（如 w900）或更细（如 w400）都不会生效。

用户是否开启了"高对比度"模式可用 highContrast 查询，是否开启"反色模式"可以用 invertColors 查询。二者均返回布尔值。目前只有 iOS 系统支持用户开启高对比度和反色模式。若开启,则程序界面设计应有所考量,如增强背景色与前景色的对比度,或相应调换前景色和背景色等,以增强界面的可辨识性,帮助弱视人群更好地使用程序。

2. 向下传递信息

除了获取当前设备信息及用户在系统层面的偏好设置外,MediaQuery 还可以修改这些信息并向下传递。实际上,通过 MediaQuery.of(context) 的方式获取的是组件树中距离当前 context 最近的上级 MediaQuery,因此开发者可随时向组件树中插入 MediaQuery,以控制下级组件获取的值。

插入 MediaQuery 组件时,可通过 child 传入子组件,并通过 data 参数传入新的信息。实战中可通过 MediaQuery.of(context).copyWith() 的方法复制上级的信息,再只修改其中一部分。例如可将 textScaleFactor 设置为 1.0,再将 boldText 取消,代码如下:

```
MediaQuery(
  data: MediaQuery.of(context).copyWith(
    textScaleFactor: 1.0,
    boldText: false,
  ),
  child: Column(
    children: [
      Text("Text"),
      TextField(),
    ],
  ),
)
```

程序运行时,这里 MediaQuery 的下级组件(Text 和 TextField)就不会受到用户在系统层面设置的全局文字缩放和加粗的影响,坚持认为 textScaleFactor 为 1.0 且 boldText 没有开启。这样虽然可以统一不同设备和用户设置下的显示效果,但显然同时也会牺牲部分视力不佳及使用超大屏设备(如电视)的用户体验。

6.2 弹性布局

6.2.1 Flex

绝大部分 Flutter 程序的布局离不开 Row 和 Column 组件。在第 1 章"基础布局"中也详细介绍了 Row 和 Column 组件的用法,包括主轴的尺寸及主轴和交叉轴的对齐等。实际上,Row 和 Column 组件都继承于 Flex 组件,主要用于增强代码的可读性,类似于语法糖的作用。

实战中也可以直接使用 Flex 组件,用法与 Row 或 Column 几乎一致,但需要额外传入 direction(方向)参数,以便指定 Flex 的主轴方向。例如设置 direction:Axis.horizontal 表示认定水平方向为主轴,此时 Flex 的效果会与 Row 组件相同,而设置 direction:Axis.vertical

则表示主轴方向应为垂直方向,效果与 Column 组件相同,代码如下:

```
Flex(
  direction: Axis.vertical,          //主轴为垂直方向
  children: [
    FlutterLogo(),
    FlutterLogo(),
    FlutterLogo(),
  ],
)
```

程序运行后可以观察到 3 个 FlutterLogo 组件垂直排列,效果与 Column 组件一致。

除了 direction 属性之外,Flex 组件的其他属性与用法都与 Row 或 Column 一致。实战中,若可以提前确定主轴方向且不会变动,则应该直接使用 Row 或者 Column 组件,以增强代码的可读性,但若程序在运行时可随意改变主轴方向,则应该使用 Flex 组件修改 direction 属性。

6.2.2　Expanded

当使用 Flex 组件布局时(包括 Row 和 Column 组件),通过给子组件嵌套 Expanded 组件,可以"扩张"那些子组件,使它们占满 Flex 的剩余全部可用空间。

例如某 Row 容器里有 3 个子组件,其中 2 个组件有固定尺寸,另 1 个为 Expanded 组件,代码如下:

```
Row(
  children: [
    FlutterLogo(),
    Expanded(
      child: Container(
        height: 24,
        color: Colors.grey[400],
        alignment: Alignment.center,
        child: Text("这部分是 Expanded 区域"),
      ),
    ),
    FlutterLogo(),
  ],
)
```

运行时,Flex(这里的 Row 组件)会首先将固定尺寸的普通组件摆放到位,再计算剩余空间,并分配给不固定尺寸的"弹性"组件(这里的 Expanded 组件),效果如图 6-11 所示。

图 6-11　使用 Expanded 扩张组件

Expanded 组件的 flex 属性可以接收一个整数,用于表示该组件相对于其他弹性组件的"弹性权重",默认为 1。若将 flex 设置为 0 或者 null,则表示该组件没有弹性,应被当作普通的固定尺寸的子组件处理。其余情况下,它会被当作有弹性的组件,将按照 flex 属性的权重,参与 Flex 剩余空间的分配。

例如,假设一个 Column 容器的高度为 800 单位,里面有 2 个固定高度为 150 单位的子组件,还有 2 个弹性组件。布局时,Column 先安排固定尺寸的组件,这里 2 个共 300 单位,这样总高度为 800 单位的容器还剩 500 单位的空间,需要分配给 2 个弹性组件。若它们的 flex 值都为 1(默认值),则表示它们权重相等,此时 500 单位会被平均分配,即每个组件获得 250 单位。若它们的 flex 值不同,例如一个为 4 而另一个为 1,则此时表示其中一个组件的尺寸希望是另一个的 4 倍,因此 Flex 会将剩余的 500 单位按照 400 和 100 单位分配。

再例如某个 Row 组件里包含 3 个 Expanded 组件,flex 值分别为 4、2、1。因为没有固定尺寸的子组件,此时 Row 的全部宽度将按照 4∶2∶1 的比例分配给 3 个弹性组件,如图 6-12 所示。

图 6-12　Row 容器按比例分配剩余空间

6.2.3　Flexible

通过 Flexible 的字面意思"有弹性的"不难猜出,这也是一个嵌入 Flex 布局中的弹性尺寸组件。事实上,Flexible 是 Expanded 组件的父类,主要作用也是用于"扩张"Flex 中的部分组件,使它们占满全部空间。

Flexible 组件同样有 flex 属性,用于表示该组件相对于其他弹性组件(如 Expanded 或 Flexible 组件)的"弹性权重"。与 Expanded 组件不同的是,Flexible 还可以通过 fit 属性设置其 child 是否必须占满 Flexible 为其扩张出的空间,而 Expanded 组件的 child 就没有这个选择的权利,必须占满。

fit 属性可以接收 FlexFit. tight 或 FlexFit. loose 这两个值。若设置为 tight(紧约束),则该 Flexible 组件与 Expanded 组件效果完全一致,强制约束子组件的尺寸必须为 Flexible 分配的尺寸,不可以更大或更小,而传入 loose(宽松)则允许子组件的尺寸小于或等于所分配的尺寸。此时,若某些子组件真的选择渲染更小的尺寸,则它们节约出的多余空间也不会再被分配给其他组件。

由于这里设置 tight 的效果与采用 Expanded 组件的效果一致,因此 Flexible 组件的 fit 属性的默认值被设计为 loose,以便将其默认行为与 Expanded 区分。换言之,fit 属性几乎从不需要手动设置:若需要 tight 就直接用 Expanded 组件,若需要 loose 就使用 Flexible 组件。

例如在 Row 容器内使用弹性组件,并设置 3 个子组件的尺寸比例为 2∶1∶1 时,若其中第一个子组件使用 Expanded 强制约束尺寸,它就一定会占满 Row 的总宽度的一半,如图 6-13(上图)所示,而当第一个子组件使用 Flexible 放松约束,且它自身尺寸设置了更小的宽度时,Row 容器就不一定会被填满,如图 6-13(下图)所示,虚线格子部分是 Row 容器的背景。

图 6-13 Expanded 与 Flexible 的区别

用于实现图 6-13 中 Flexible 部分的代码如下:

```dart
//第 6 章/flexible_example.dart

Container(
  decoration: BoxDecoration(          //制作背景的纹理
    gradient: LinearGradient(
      begin: Alignment.topLeft,
      end: Alignment.bottomRight,
      colors: List.generate(150,
          (index) => index % 2 == 0 ? Colors.grey : Colors.white)),
  ),
  child: Row(
    children: [
      Flexible(                       //第 1 个子组件
        flex: 2,
        child: Container(height: 24, width: 24, color: Colors.grey[600]),
      ),
      Expanded(                       //第 2 个子组件
        flex: 1,
        child: Container(height: 24, color: Colors.grey[400]),
      ),
      Expanded(                       //第 3 个子组件
        flex: 1,
        child: Container(height: 24, color: Colors.grey[800]),
      ),
    ],
  ),
)
```

由上例中的代码可见,Flexible 组件与 Expanded 组件可以随意混搭使用。

6.2.4 Spacer

英文 Space 是空白的意思,因此 Spacer 是一个用于在 Flex 中弹性留白的组件。它没有 child 参数,但有 flex 参数,用于表示该组件相对于其他弹性组件的"弹性权重"。

例如,将 6.2.3 节的例子中 Row 容器内第一个 Expanded 或 Flexible 替换成 Spacer 组件,并保持 flex 权重为 2 不变,就可以在比例为 2∶1∶1 的 3 个子组件中分得 Row 总尺寸的一半并留白，使容器露出条纹状背景，如图 6-14 所示。

有些读者看到这里可能会有疑问：似乎用 Expanded 组件嵌套一个空白的 Container 或者 SizedBox 也可以得到类似效果，那这么做与 Spacer 的区别是什么呢？实际上并没有区别。Flutter 框架自带的 Spacer 组件实际上就是一个便利的语法糖，就如同 Column 和 Row 只是 Flex，还有 Center 组件只是 Align 一样。实战中，如果某段代码的最终目的是留白，则推荐使用 Spacer 组件，这样除了方便开发者，也同时可以帮助提高代码的可读性。

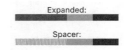

图 6-14　Spacer 可用于在 Flex 中弹性留白

从 Flutter 框架源码中 Spacer 组件的实现方法可以看到，它本质上是由 Expanded 配合 SizedBox 实现的，其核心代码如下：

```
@override
Widget build(BuildContext context) {
  return Expanded(
    flex: flex,
    child: const SizedBox.shrink(),
  );
}
```

6.3　约束

（10min）

尺寸约束是 Flutter 布局的核心概念。建议读者先扫码观看视频讲解。

6.3.1　ConstrainedBox

ConstrainedBox 是一个用于布局时为其子组件增加额外的尺寸约束的组件。例如可使用 ConstrainedBox 组件约束 FlutterLogo 组件，规定其最大宽度不能超过 180 单位，最大高度不能超过 120 单位，代码如下：

```
ConstrainedBox(
  constraints: BoxConstraints(maxWidth: 180, maxHeight: 120),
  child: FlutterLogo(size: 9001),
)
```

运行时，即使 FlutterLogo 组件已经通过 size 属性设置了极大的尺寸（9001×9001 单位），但最终渲染出的图案也不会超过父级组件 ConstrainedBox 所设置的 180×120 单位。运行效果图略。

Flutter 框架小知识

什么是尺寸约束

尺寸约束是 Flutter 布局的重要概念。在 Flutter 中，每个组件的最终尺寸是由 Flutter

框架在运行时通过遍历整个组件树（Widget Tree）确定的。Flutter 引擎完成布局只需以"深度优先"的顺序遍历一次组件树。在遍历的过程中，向下传递约束，向上传递尺寸。具体来讲，在布局时 Flutter 先由树根（root）的组件开始，一层层向下遍历全部组件，并向每个路过的子组件传入父级组件的"尺寸约束"。到达组件树的末梢时，再回头向上遍历，并在返回的路程中将每个子组件最终确定的尺寸依次传达给它们的父级组件，父级组件此时根据子组件汇报的实际尺寸，决定如何摆放子组件（如居中或左上对齐等）。

其实抛开 Flutter 不谈，尺寸约束也同样无处不在。例如一般情况下操作系统会对每个正在运行的程序的窗口有一定的约束：作为 iOS App，在运行时一般需要占满全屏幕。即使安卓系统允许用户使用分屏功能同时运行 2 个 App，或启用窗口功能同时运行多个 App，那每个 App 的尺寸也是由用户或操作系统决定的。又如网页版程序的可用尺寸会与用户设置的浏览器窗口大小有关。当 iOS 或安卓系统需要全屏运行某个 App 时，若屏幕的尺寸为 414×896 单位，则该 App 一定要填满这整块区域（即使渲染纯黑色或纯白色也可以），否则无法满足操作系统和用户的期望。

因此 Flutter 程序最根本的"尺寸约束"就是由操作系统决定的 App 的窗口大小，例如 414×896 单位等。Flutter 程序（及非 Flutter 的程序）不可以在程序窗口范围外渲染任何内容，也不可以渲染一个小于系统要求的窗口。换句话说，在一个屏幕宽度为 414 单位的设备上，全屏 App 的最小宽度必须为 414 单位，不可以更小。同时，它的最大宽度也必须是 414 单位，不可以更大。像这种最小约束与最大约束相等、没有任何活动空间、毫无弹性可言的约束，在 Flutter 框架中被称为"紧约束"（Tight Constraint）。

除了紧约束外，在 Flutter 组件布局中也经常会遇到比较宽松的情况，也就是在一定范围内有弹性空间的约束。例如某组件的高度约束可能是 0～800，只要满足这个条件，组件就可以自由决定自己的高度，如设置为 350 单位，或在不需要显示内容的时候把自己的高度设置为 0 单位。

如果某个约束范围的最小值为 0，则它就被称为"松约束"（Loose Constraint）。注意，这与"紧约束"不是对立的概念。这里的"松约束"不是指相对宽松、允许活动、有弹性的约束，而是专指该约束的最小值为 0。若某一个约束最小值为 0 且最大值也为 0，则该约束既是"紧约束"（最小值与最大值相等）同时也是"松约束"（最小值为 0）。

当某个约束范围的最大值为正无穷时，它被称为"无边界"（unbounded）的，反之被称为"有边界"（bounded）的。

任意维度的尺寸约束必须满足以下条件：$0.0 \leqslant$ 最小约束值 $\leqslant$ 最大约束值 $\leqslant$ 正无穷，而每个组件的最终尺寸必须满足父级组件的约束，即最小约束值 $\leqslant$ 实际尺寸 $\leqslant$ 最大约束值。

例如某程序的组件树中有 Container、ConstrainedBox 和 FlutterLogo 这 3 个组件，完整代码如下：

```
import 'package:flutter/material.dart';

void main() {
```

```
runApp(
  Container(
    width: 0.01,
    alignment: Alignment.center,
    child: ConstrainedBox(
      constraints: BoxConstraints(maxWidth: 180, maxHeight: 120),
      child: FlutterLogo(size: 9001),
    ),
  ),
);
}
```

如图 6-15 所示，布局时 Flutter 会从组件树的根部开始遍历，依次经过 Container 和 ConstrainedBox 并最终抵达 FlutterLogo 组件。在此过程中，树根首先会对整个 App 传递一个紧约束，严格要求 App 必须占满全屏，不可以更大或更小。下一级的 Container 组件则不同：由于它的 alignment 属性被设置为 Alignment.center，建议子组件居中，这就使它可以支持任何更小尺寸的子组件，因此 Container 向下级传递的约束为松约束，允许其子组件设置宽度为 0～414，高度为 0～896 的任意数值。接着下一级的 ConstrainedBox 组件，为子组件额外添加了约束，要求其宽度不能超过 180，高度不能超过 120，因此最终底层 FlutterLogo 可以自由在 0～180 选择宽度，以及在 0～120 自由选择高度。

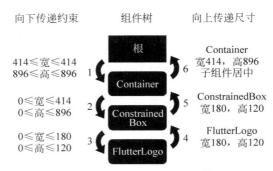

图 6-15   Flutter 布局时遍历组件树的过程

Flutter 布局引擎遍历到组件树的末梢后开始返回。此时它会先要求 FlutterLogo 组件汇报它最终决定的尺寸。由于代码将 FlutterLogo 尺寸设置为 9001，超过了父级组件约束的最大范围，这里它会被自动纠正至允许范围内的最大值，因此最终向上汇报的宽度为 180 单位、高度为 120 单位。ConstrainedBox 也类似，汇报自身尺寸为 180×120 单位。接着到达 Container 组件，这里代码将其宽度设置为 0.01 单位，但可惜 Container 的父级（树根）严格约束了 Container 的宽度必须为屏幕宽度，即 414 单位，因此这里它也只能遵守父级的紧约束而忽略自身的 width 属性，最终将自身尺寸设置为 414×896 单位，完美覆盖运行设备的整块屏幕。

由此可见，尺寸约束是 Flutter 布局时最重要的限制条件。它的优先级甚至高于 width 或 height 等属性。开发者在手动设置宽度与高度时必须尊重约束，在合理的范围内进行设置，否则无法被完全采纳。这也是很多初学者容易感到困惑的地方。

ConstrainedBox 组件最重要的是它的 constraints 属性,用于接收一个 BoxConstraints 类型的值,为其 child 设置额外尺寸约束。这里用"额外"一词是因为 ConstrainedBox 本身及其子组件依然必须遵守父级已有的约束。例如父级约束最大宽度为 200 单位,这里 ConstrainedBox 就只可以在不违反已有约束的情况下,为 child 增添新的约束,如额外约束最大宽度为 150 单位,或最小宽度为 50 单位等。如果额外约束为最大宽度 350 单位,但由于父级已经约束了最大宽度 200 单位,则这里额外约束的 350 单位不会起作用。

实战中一般直接在 BoxConstraints 的构造函数中设置最小宽度、最大宽度、最小高度、最大高度这 4 个属性。例如可设置额外约束宽度为 30～180 单位,高度为 0～120 单位,代码如下:

```
ConstrainedBox(
  constraints: BoxConstraints(
    minWidth: 30,
    maxWidth: 180,
    minHeight: 0,
    maxHeight: 120,
  ),
  child: Text(),
)
```

在这 4 项参数中,最小宽度与最小高度默认值均为 0,即允许子组件尺寸为 0,因此上例代码中的 minHeight 属性也被省略。最大宽度与最大高度的默认值为正无穷,在 Dart 语言中用 double.infinity 常量表示。这里再次强调,ConstrainedBox 只能在不违反现有的父级约束的前提下添加额外约束,子组件仍然需要遵守一切上级的约束,因此,在实战中设置宽度为正无穷通常只会使组件填满它的父级的全部可用空间(最多也不会超过屏幕的尺寸),并不会真的使其占满"整个银河系"。

6.3.2　LimitedBox

在父级约束无边界的情况下,使用 LimitedBox 可为子组件设置一个尺寸上限。例如在一个 Column 或竖着滚动的 ListView 容器里,垂直方向的约束是无边界的(最大尺寸约束为正无穷),此时可用 LimitedBox 的 maxHeight 属性为子组件设置高度,代码如下:

```
Column(
  children: [
    LimitedBox(
      maxHeight: 100,
      child: Container(color: Colors.red),
    ),
  ],
)
```

运行后可观察到一个高度为 100 单位的红色 Container。若没有使用 LimitedBox,则 Container 会因为垂直方向的无边界约束,将高度设置为 0。

这里值得注意的是,maxHeight 属性(及水平方向的 maxWidth 属性)并不是"最大高度"的意思,而是特指遇到父级约束无边界时,子组件应采用的高度。若父级约束有边界,如通过插入一个 ConstrainedBox 要求高度范围在 0~240 单位等,则这里的 LimitedBox 完全不会有效果,也并不会妨碍其 child 选择一个高于 LimitedBox 的 maxHeight,但不违反父级约束的值,如 180 单位等。

6.3.3 LayoutBuilder

(9min)

很多应用程序都会根据运行设备尺寸的不同而采取不同的布局,例如原本在竖屏手机上只会显示 1 个列表的软件,在横屏的手机或平板计算机上可能会并列显示 2 个列表。在 Flutter 中,利用 LayoutBuilder 组件就可以轻易获取父级的尺寸约束信息,并根据需要,决定如何渲染子组件。

LayoutBuilder 没有 child 属性,而是使用 builder 回传的方式构造子组件,代码如下:

```
LayoutBuilder(
  builder: (BuildContext context, BoxConstraints constraints) {
    print("当前尺寸约束为: $ constraints");
    return FlutterLogo();
  },
)
```

运行时,LayoutBuilder 组件会将当前尺寸约束输出到终端。例如当运行在某款苹果手机上时可观察到以下输出:"当前尺寸约束为:BoxConstraints($0.0 \leq w \leq 414.0$, $0.0 \leq h \leq 796.0$)"。这表示当前组件受到父级约束,宽度应在 0~414 单位,高度应在 0~796 单位。此时开发者可以根据获得的约束情况做出判断,并返回合适的组件。为了保持演示代码的简洁,上例并没有任何判断,而是一律返回了 FlutterLogo 组件。程序最终渲染一个 Flutter 徽标图案。

这里举一个利用 LayoutBuilder 组件实现根据可用空间的宽度决定显示 1 个列表还是 2 个列表的例子。具体做法为,在 LayoutBuilder 的 builder 方法中判断传入的 constraints 的最大宽度是否超过 500 单位。若小于 500 单位,即 if(constraints.maxWidth<500),则直接返回一个普通的 ListView 列表。否则返回一个 Row 容器,并排显示一个 ListView 列表与一个 GridView 二维网格。完整代码如下:

```
//第 6 章/layout_builder_example.dart

import 'package:flutter/material.dart';

void main() {
```

```
    runApp(MyApp());
}

class MyApp extends StatelessWidget {
    @override
    Widget build(BuildContext context) {
        return MaterialApp(
            title: 'Flutter Example',
            home: MyHomePage(),
        );
    }
}

class MyHomePage extends StatefulWidget {
    @override
    _MyHomePageState createState() => _MyHomePageState();
}

class _MyHomePageState extends State<MyHomePage> {
    @override
    Widget build(BuildContext context) {
        return Scaffold(
            appBar: AppBar(
                title: Text("LayoutBuilder Demo"),
            ),
            body: LayoutBuilder(
                builder: (BuildContext context, BoxConstraints constraints) {
                    if (constraints.maxWidth < 500) {
                        return ListView.builder(
                            itemBuilder: (_, index) => Container(
                                height: 100,
                                color: Colors.grey[index % 9 * 100],
                            ),
                        );
                    }
                    return Row(
                        children: [
                            Expanded(
                                child: ListView.builder(
                                    itemBuilder: (_, index) => Container(
                                        height: 100,
                                        color: Colors.grey[index % 9 * 100],
                                    ),
                                ),
                            ),
                            Expanded(
                                child: GridView.builder(
                                    gridDelegate: SliverGridDelegateWithFixedCrossAxisCount(
                                        crossAxisCount: 5,
```

```
    ),
    itemBuilder: (_, index) => Container(
      height: 100,
      color: Colors.grey[index % 9 * 100],
    ),
  ),
),
    ],
  );
  },
  ),
  );
}
}
```

在大部分手机的竖屏模式下，由于屏幕宽度不足 500 单位，该程序运行时会显示 1 个列表，如图 6-16 所示，但同样的程序运行在平板计算机等设备上，或当用户将手机横屏后，则会显示 2 个列表，效果如图 6-17 所示。

图 6-16　实例运行在竖屏手机上的效果

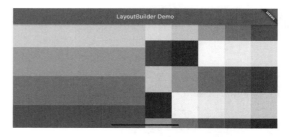

图 6-17　实例运行在横屏手机上的效果

实战中若只需判断当前可用空间是偏长还是偏宽，则可直接使用 OrientationBuilder 组件。其实它的背后也调用了 LayoutBuilder 并通过分析获得了尺寸的长宽比，给出 portrait 或者 landscape 值。

最后值得一提的是，LayoutBuilder 给出的是其所在位置的父级约束，因此它或

OrientationBuilder 的输出值都与当前设备的屏幕硬件无直接关联。例如它们的父级组件可以是一个 100×100 单位的 SizedBox,这样 LayoutBuilder 就一定会输出 100×100 单位的值。若需查询整个设备的屏幕总尺寸或状态,则应使用本章之前介绍的 MediaQuery 组件。

6.3.4　FractionallySizedBox

这是一个可将父级约束乘以一个倍数后再传递给子级的组件。布局时,除了经常会使用"绝对尺寸"(如 300 单位或 500 单位等)外,实战中时常也会遇到需要使用"相对尺寸"的情况,例如某组件的高度应为屏幕的四分之一,或某个按钮的宽度应占父级的一半等。虽然通过前面介绍的 LayoutBuilder 配合 SizedBox 就足以应付此类布局(例如测量后可得知父级宽度共 100 单位,则其一半应为 50 单位),但直接使用 FractionallySizedBox 组件确实更加方便。

使用时,只需要在被设置尺寸的组件的父级插入 FractionallySizedBox,并通过向 widthFactor 和 heightFactor 属性传入小数,即可设置 child 组件应占父级可用空间的倍数。例如设置 0.5 就表示应占一半的可用空间,代码如下:

```
FractionallySizedBox(
    heightFactor: 0.5,
    widthFactor: 0.5,
    child: Container(color: Colors.red),
)
```

运行时,若该 FractionallySizedBox 组件的父级约束为减去导航条之外的剩余屏幕尺寸,则可观察到灰色的子组件的宽度和高度均为总尺寸的一半,如图 6-18所示。

1. 打破约束

通过 widthFactor 和 heightFactor 属性可以设置 FractionallySizedBox 相对于父级全部可用空间的尺寸,例如 0.75 表示 0.75 倍,即 75% 等,然而这些参数也可以支持超过 1.0 的值,例如可传入 1.25 表示 125%,传入 4.0 表示 400% 等。

一旦传入相对尺寸倍数,FractionallySizedBox 就会立即对子组件传递一个紧约束,例如当可用空间的宽度为 480 单位时,传入 widthFactor:0.25 会使子组件的宽度约束为最小 120 且最大也为 120 单位。若不传这些属性或者传入 null,则 FractionallySizedBox 会将相应维度的父级约束直接转达至子级。

因此,若 widthFactor 或 heightFactor 的属性值超过 1.0,实际上该组件就会向其 child 传递一个超过父级约束

图 6-18　通过 FractionallySizedBox
　　　　设置相对尺寸

的紧约束。例如某父级 Container 将高度和宽度均设置为 100 单位,若 FractionallySizedBox 将尺寸倍数设置为 2 倍,此时它的 child 会受到 2 倍于其父级尺寸的紧约束,要求它的高度和宽度都必须为 200 单位,代码如下:

```
Container(
  width: 100,
  height: 100,
  color: Colors.grey,
  child: FractionallySizedBox(
    heightFactor: 2.0,
    widthFactor: 2.0,
    child: FlutterLogo(),
  ),
)
```

运行后,可观察到一个 100×100 单位的灰色 Container,以及其"内部"的一个 200×200 单位的 FlutterLogo 组件,如图 6-19 所示。

由此可见,FractionallySizedBox 是可以打破父级约束的组件之一。在 Flutter 框架中还有其他可以用于打破父级约束的组件,有兴趣的读者可参考第 15 章"深入布局"中相关内容。

另外值得一提的是,上例中虽然 FlutterLogo 打破了父级约束,但灰色 Container 本身仍然是 100×100 单位的尺寸,然而,Container 却可以正常地将其子组件 FlutterLogo 完整绘制到屏幕上。这是由于 Flutter 的布局和绘制是相对独立的 2 个步骤,而尺寸和约束一般是指布局时的概念。Flutter 组件通常可以在屏幕的任意位置绘制任意内容。若不需要某组件绘制超出其布局尺寸的内容,则可借助 ClipRect 将超出部分裁剪,具体用法可参考第 14 章有关 ClipRect 组件的介绍。

2. 对齐

开发者可通过 alignment 属性设置该组件中 child 的对齐方式。例如父级组件为 100×100 单位的灰色 Container,分别使用 FractionallySizedBox 将尺寸倍数设置为 0.5 倍和 1.5 倍,再通过 alignment 属性设置右下角对齐,可观察到该组件对于遵守和打破父级约束时的不同对齐效果,如图 6-20 所示。

图 6-19　通过 FractionallySizedBox 打破父级约束

图 6-20　遵守和打破父级约束时的右下角对齐效果

用于实现图 6-20 所示效果的代码如下：

```
//第6章/fractionally_sized_alignment.dart

Row(
  mainAxisAlignment: MainAxisAlignment.spaceEvenly,
  children: [0.5, 1.5]
      .map((factor) => Container(
            width: 100,
            height: 100,
            color: Colors.grey,
            child: FractionallySizedBox(
              heightFactor: factor,
              widthFactor: factor,
              alignment: Alignment.bottomRight,
              child: FlutterLogo(),
            ),
          ))
      .toList(),
)
```

实战中若 FractionallySizedBox 组件本身受到的父级约束为松约束且 child 较小，它就会将自身尺寸匹配至 child 的尺寸，这样通过 alignment 参数调整内部对齐时并不能观察出实际效果。此时可通过插入 Align 组件或 Container 组件直接设置整个 FractionallySizedBox 组件在其父级内的对齐方式，对此不熟悉的读者可翻阅第 1 章"基础布局"中的相关内容。

第 7 章

过 渡 动 画

7.1 渐变效果

如今人们对应用程序界面的要求越来越高,而为 App 添加合适的动画效果除了能让程序看起来更舒适美观外,也可使用户界面更加友好易用。Flutter 框架中许多组件(尤其是 Material 风格的组件)已经自带了动画效果,例如第 1 章里介绍的 FlutterLogo 组件,就会在自身尺寸发生变化时平滑过渡。本章将为读者介绍几个简单易用的动画组件,以帮助读者为程序快速地添加过渡效果。

(11min)

7.1.1 AnimatedContainer

AnimatedContainer 组件是常用的 Container 组件的动画版本。它与普通 Container 的主要区别在于,每当它的外观属性发生变化时,它会自动实现从旧的属性值到新的属性值的渐变切换。开发者唯一要做的就是通过 duration 参数设置渐变动画的总时长,非常方便。

换句话说,在实战中开发者只需将任意一个 Container 组件前面加上 Animated 单词,再传入一个 duration 参数用于设置动画时长(如 500ms 等),即可拥有一个有动画的 AnimatedContainer,每当其属性值(如 height 或 color 等)有变动,Flutter 就会自动产生相应的动画效果,代码如下:

```
//第 7 章/animated_container_demo.dart

AnimatedContainer(
  duration: Duration(milliseconds: 500),//动画时长 500ms
  width: 200,                          //程序运行时,手动将这里修改为 300,热重启观察效果
  height: 200,
  color: Colors.blue,
)
```

程序运行后,读者可试着将代码中的 height:200 改为 height:300,观察 AnimatedContainer 的高度由 200 单位慢慢变成 300 单位的动画效果,或将 color 属性替换成别的颜色,如红色,

热更新（Hot Reload）后即可观察到 AnimatedContainer 渐渐由蓝色变为红色的过渡效果。

1. 动画时长

AnimatedContainer 等全自动的动画组件一般必传的参数就是渐变动画的总时长：duration 属性，类型为 Duration 类，例如传入 Duration（seconds：2）表示渐变动画应耗时 2s。

 Flutter 框架小知识

Duration 类型该如何使用

作为表达时间流逝的类型，开发者在 Flutter 代码中随处可见 Duration 的身影。其中最常用到 Duration 的情况主要是异步操作（async）和动画（animation）。

Duration 的构造函数共有 6 个命名参数。它们看似复杂，实际上只代表 6 种不同的时间单位，分别为 days（天）、hours（小时）、minutes（分钟）、seconds（秒）、milliseconds（毫秒）及 microseconds（微秒）。其中 $1000\mu s$（微秒）等于 1ms，而 1000ms 为 1s。

这 6 个命名参数均可以省略，被省略的参数会采用默认值 0，不省略的参数则可接收任意整数。Duration 的最终时长为 6 个参数的总和。例如传入 Duration（milliseconds：300）表示最终时长为 300ms，又例如传入 Duration（seconds：30，minutes：2）表示最终时长为 2m 30s，这与直接传入 150s 的效果相同。同时，它们也支持负数，例如传入 Duration（seconds：1，milliseconds：-800）表示 1s 减去 800ms，这与直接传入 200ms 效果相同，但因这些参数不支持小数，故若想表达 0.5s，则只能选择传入 500ms 或 500 000μs 等更小的单位。当所有参数都省略时，即 Duration（），则表示 0（零秒），在渐变动画效果上的体现形式就是瞬间完成。

理论上 AnimatedContainer 等动画组件可支持任意时长的渐变效果，但根据 Material 设计指南，一般实战中建议将过渡动画时长控制在 200～300ms。

2. 动画曲线

除了动画时长外，AnimatedContainer 这类全自动的动画组件还支持自定义动画曲线。所谓动画曲线是指在规定的动画时长内，动画值具体应如何从起始值渐变到目标值。

动画组件的默认曲线为 Curves.linear，即线性变化。也就是说，在规定时间范围内，起始值到目标值的渐变过程是平稳的线性过程。例如假设动画时长为 1s，AnimatedContainer 需要将其 height 属性从 0 渐变至 100，那么在动画进行到一半（0.5s）的时候它的 height 属性也应正好是 0～100 一半的位置，也就是 50 单位。当动画即将完成时，如 0.99s 时，它的 height 也应该按比例为 99 单位。

将时间 t 作为横坐标，并将正在动画的属性值 x 作为纵坐标，则默认的动画曲线 Curves.linear 中属性值与时间的关系可用线性函数表示，如图 7-1 所示。

除了默认的线性曲线外，开发者还可以指定任意其他曲线，以达到不同的动画效果。例如可以传入 curve：Curves.

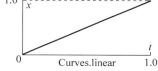

图 7-1 动画曲线 Curves.linear
线性函数

slowMiddle,使用 slowMiddle(中间缓慢)曲线,使渐变效果不呈线性,如图 7-2 所示。运用该曲线的过渡动画会在刚开始和即将结束时属性值变化较快,而在中间时变化较慢。

再例如,可使用 Curves.bounceOut 曲线,如图 7-3 所示,使属性值到达终点后回弹几下,为动画增添几分活泼感。这其中 bounce 是弹跳的意思,而 out 是指动画快结束时的操作,连起来 bounceOut 就是"动画快结束的时候弹跳几下"。

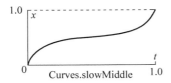

图 7-2　动画曲线 Curves. slowMiddle 函数

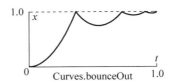

图 7-3　动画曲线 Curves. bounceOut 函数

与之相对的是 bounceIn,这里 in 是指动画刚开始时的操作,因此 bounceIn 就是属性值需要在起始处弹跳几次才会开始正式渐变,如图 7-4 所示。

若需要在动画刚开始和即将结束时都弹跳,则可使用 bounceInOut 函数,如图 7-5 所示。

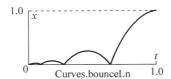

图 7-4　动画曲线 Curves. bounceIn 函数

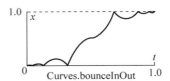

图 7-5　动画曲线 Curves. bounceInOut 函数

同理,Curves 还自带了 elasticIn、elasticOut 及 elasticInOut 这 3 种"皮筋"效果的曲线。它们与 bounce"弹跳"类似,但可以超过起始和目标值,如图 7-6 所示。例如,当 height 属性从 100 渐变至 200 时,使用 elastic 类的"皮筋"效果会使该属性值在部分时间段低于 100 单位或高于 200 单位,这样运行时看起来更像是牛皮筋回弹的感觉,而不是像前面介绍的 bounce 类曲线那种"撞墙"的感觉。

若需要过渡动画在刚开始和即将结束时变化较慢,而在中间时变化较快,则可以从 Curves 自带的一系列 ease 类的曲线中选择。例如 easeInOutQuad(图 7-7)、easeInOutCubic、easeInOutQuart、easeInOutQuint 及 easeInOutExpo 等曲线分别采用不同的多项式控制速率的变化,而 easeInOutSine 则依据正弦函数控制速率。

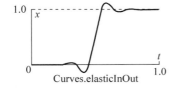

图 7-6　动画曲线 Curves. elasticInOut 函数

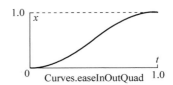

图 7-7　动画曲线 Curves. easeInOutQuad 函数

Flutter 框架自带的 Curves 类中已经包含了 40 余种常见的曲线,按字母顺序排列分别为 bounceIn、bounceInOut、bounceOut、decelerate、ease、easeIn、easeInBack、easeInCirc、easeInCubic、easeInExpo、easeInOut、easeInOutBack、easeInOutCirc、easeInOutCubic、easeInOutExpo、easeInOutQuad、easeInOutQuart、easeInOutQuint、easeInOutSine、easeInQuad、easeInQuart、easeInQuint、easeInSine、easeInToLinear、easeOut、easeOutBack、easeOutCirc、easeOutCubic、easeOutExpo、easeOutQuad、easeOutQuart、easeOutQuint、easeOutSine、elasticIn、elasticInOut、elasticOut、fastLinearToSlowEaseIn、fastOutSlowIn、linear、linearToEaseOut、slowMiddle。结合之前介绍的 ease、in、out 等关键词,读者不难猜出这些曲线的效果,本书在此就不逐一介绍了。

若这些曲线仍不足以满足项目需求,开发者则可以选择自己创建新的曲线。创建曲线时需继承 Curve 类,并重写 transformInternal 函数。该函数应接收时间 t,并返回对应的 x 值。

例如自定义 MyCurve 类,功能是在 $0.333 \sim 0.667$ 区间返回常量 0.5,其余期间与线性函数一样直接返回 t,代码如下:

```
class MyCurve extends Curve {
  @override
  double transformInternal(double t) {
    if (t > 0.333 && t < 0.667) {
      return 0.5;
    }
    return t;
  }
}
```

使用该 Curve 时只需直接传入 curve：MyCurve()。该函数的效果在动画刚开始和即将结束时与默认的 Curves.linear 一致,但在动画中间有短暂的跳跃与停滞,如图 7-8 所示。

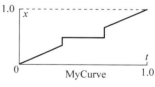

由此可见,自定义 Curve 对函数没有连续性要求,唯一要求是 $t=0$ 时 x 为 0,且 $t=1$ 时 x 为 1。

图 7-8 自定义动画曲线 MyCurve 函数

3. 动画结束的回传

AnimatedContainer 等动画组件会在属性值发生改变时自动产生动画效果,并在动画效果结束后调用 onEnd 参数中的回传函数,以便开发者完成相应的业务逻辑或开始触发另一段动画。例如可在动画完成时将提示信息输出至命令行,代码如下:

```
AnimatedContainer(
  duration: Duration(seconds: 5),
  onEnd: () => print("动画已完成"),
  width: 200,
  height: 300,
  color: Colors.blue,
)
```

这里值得注意的是,虽然上例中 AnimatedContainer 通过 duration 属性将动画时长设置为 5s,但这不一定表示每次属性值(如 width)发生变化后,onEnd 函数一定会在 5s 后被调用。若当动画仍在进行时,同样的属性值或其他属性值又发生了变化,则 AnimatedContainer 就会重新开始一段由当前状态至新目标状态的渐变动画,最终 onEnd 回传函数只会当动画彻底完成后被调用一次。

例如,先触发 width 从 200～300 单位渐变,将时长设置为 5s,并使用默认的 Curves. linear 线性函数。在动画进行到一半时(2.5s 后),该组件的 width 应为 250 单位。若此刻又修改它的 color 属性改变颜色,则 AnimatedContainer 就会重新计时,开始一段新的时长为 5s 的动画。在这段新动画中,width 属性将继续由当前的 250 单位向目标 300 单位渐变(因此速率比之前慢),同时 color 属性开始渐变。等这段动画结束后,并且在 AnimatedContainer 完全停下时(距一开始已经过去了 7.5s)onEnd 回传函数才会被调用。

4. 其他属性

AnimatedContainer 组件除了上述 3 项关于动画的属性外,还完全具备普通 Container 组件的全部功能,包括 alignment、constraints、decoration、foregroundDecoration、margin、padding 及 transform 属性。每当这些属性值发生变化时,AnimatedContainer 都会进行全自动渐变动画。对这些属性不熟悉的读者可参考第 1 章关于 Container 的内容。

例如,通过改变 AnimatedContainer 的 width 属性,再利用 decoration 属性中的 borderRadius 和 boxShadow 参数,可以做出一个通过按钮单击控制一个长方形的 Container 渐变成圆形且带阴影的效果,如图 7-9 所示。

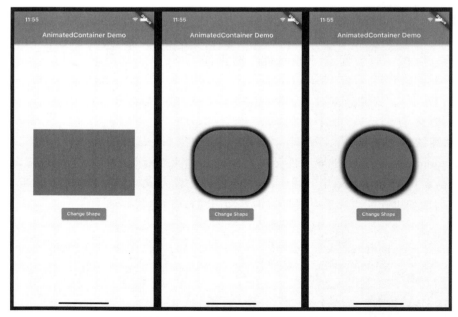

图 7-9　AnimatedContainer 渐变的过程

用于实现图 7-9 所示效果的完整代码如下：

```dart
//第 7 章/animated_container_example.dart

import 'package:flutter/material.dart';

void main() {
  runApp(MyApp());
}

class MyApp extends StatelessWidget {
  @override
  Widget build(BuildContext context) {
    return MaterialApp(
      home: MyHomePage(),
    );
  }
}

class MyHomePage extends StatefulWidget {
  @override
  _MyHomePageState createState() => _MyHomePageState();
}

class _MyHomePageState extends State < MyHomePage > {
  bool _round = false;

  @override
  Widget build(BuildContext context) {
    return Scaffold(
      appBar: AppBar(
        title: Text("AnimatedContainer Demo"),
      ),
      body: Center(
        child: Column(
          mainAxisAlignment: MainAxisAlignment.center,
          children: [
            AnimatedContainer(
              duration: Duration(seconds: 1),
              width: _round ? 200 : 300,
              height: 200,
              decoration: BoxDecoration(
                color: Colors.grey,
                borderRadius: BorderRadius.circular(_round ? 100 : 0),
                boxShadow:
                    _round ? [BoxShadow(spreadRadius: 8, blurRadius: 8)] : null,
              ),
            ),
            const SizedBox(height: 32),
```

```
                    ElevatedButton(
                      child: const Text("Change Shape"),
                      onPressed: () {
                        setState(() {
                          _round = !_round;
                        });
                      },
                    ),
                  ],
                ),
              ),
            );
          }
        }
```

5. 子组件切换

最后需要说明的是,虽然 AnimatedContainer 能在各类外观属性值发生变化时自动触发渐变效果,但当它的 child 属性发生改变时则不会有淡入淡出等过渡效果。这是由于 child 属性接收的子组件并不属于 AnimatedContainer 的一部分。它对其子组件一无所知,也自然无法擅自添加任何效果。

实战中如需要在组件切换的过程中添加过渡效果,则可使用 AnimatedSwitcher 或 AnimatedCrossFade 等组件,本章会在后半部分进行介绍。

7.1.2 AnimatedPadding

正如 AnimatedContainer 是 Container 组件的动画版本,AnimatedPadding 是 Padding 组件的动画版本。它与第 6 章介绍的普通 Padding 组件的区别在于,每当留白的值 (padding 属性)发生变化时,AnimatedPadding 会自动实现从旧的留白值到新的留白值的渐变切换。

实战中,开发者只需将任意一个 Padding 组件前面加上 Animated 单词,再传入一个 duration 参数用于设置动画时长(如 200ms 等),便可以拥有一个有动画效果的 AnimatedPadding,代码如下:

```
AnimatedPadding(
    duration: Duration(milliseconds: 200),
    padding: EdgeInsets.only(left: _shrink ? 0.0 : 32.0),
    child: FlutterLogo(),
)
```

上述代码在运行时会根据 _shrink 变量是否为 true 而判断左侧留白应为 0.0 单位还是 32.0 单位。当留白的值发生改动而需要渐变时,用户可观察到 FlutterLogo 组件平稳移动。

此类全自动的动画组件都有必传的 duration 参数,用于控制渐变过程的总时长。此外,动画过程中的行为函数可由 curve 属性设置,默认为线性。最后开发者还可以在动画完成时要求它调用 onEnd 回传函数,方便处理相关的业务逻辑或开始触发下一段动画。这 3 个属性在 7.1.1 节均有详细介绍,在此不再赘述。

7.1.3 AnimatedPositioned

AnimatedPositioned 是 Positioned 组件的动画版本。与第 1 章介绍的 Positioned 组件一样,它必须在 Stack 中使用。每当表示位置和尺寸的 top、bottom、left、right 或 width 和 height 属性发生改变时,AnimatedPositioned 就会自动触发从旧的属性值到新的属性值的渐变动画效果。

本书在介绍 Positioned 组件时提到过,同一维度的 3 个属性(横轴 left、right、width 属性,以及纵轴 top、bottom、height 属性)最多只可以传入 2 个。例如传入 left：100 和 right：100 后,子组件的宽度就必须为左右两边留白 100 单位后剩余的全部宽度,而传入 left：100 和 width：50 则表示左边留白 100 单位且固定子组件宽度为 50 单位,那么它的右边就必须留白剩余的全部空间。此处需注意,同时传入同一维度的 3 个属性会导致运行时错误。

利用这一原理,AnimatedPositioned 组件不仅可实现子组件在 Stack 容器中位置的渐变,还可同时支持它们的尺寸渐变,如图 7-10 所示。

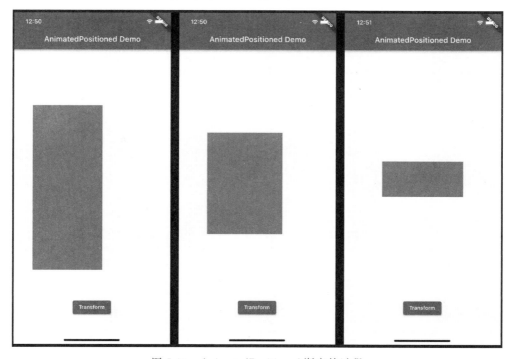

图 7-10　AnimatedPositioned 渐变的过程

用于实现图 7-10 所示效果的完整代码如下：

```
//第 7 章/animated_positioned_example.dart

import 'package:flutter/material.dart';

void main() {
  runApp(MyApp());
}

class MyApp extends StatelessWidget {
  @override
  Widget build(BuildContext context) {
    return MaterialApp(
      home: MyHomePage(),
    );
  }
}

class MyHomePage extends StatefulWidget {
  @override
  _MyHomePageState createState() => _MyHomePageState();
}

class _MyHomePageState extends State<MyHomePage> {
  bool _shrink = false;

  @override
  Widget build(BuildContext context) {
    return Scaffold(
      appBar: AppBar(
        title: Text("AnimatedPositioned Demo"),
      ),
      body: Stack(
        children: [
          AnimatedPositioned(
            duration: Duration(seconds: 1),
            top: _shrink ? 300 : 150,
            bottom: _shrink ? 400 : 200,
            left: _shrink ? 100 : 50,
            right: _shrink ? 100 : 180,
            child: Container(color: Colors.grey),
          ),
          Align(
            alignment: Alignment(0, 0.8),
            child: ElevatedButton(
              child: Text("Transform"),
              onPressed: () {
                setState(() => _shrink = !_shrink);
```

```
          },
        ),
      ),
    ],
  ),
);
}
}
```

由于 AnimatedPositioned 在渐变的过程中,子组件的尺寸和位置都有可能会发生改变,因此它在计算每帧动画时除了要重新布局(re-layout)外,还需要通知子组件重新绘制(re-paint)。若子组件的尺寸并不需要变动,开发者则可以考虑直接使用 AnimatedPadding 或其他不会导致子组件重绘的动画组件,以节省计算量,从而增强性能。

另外,此类全自动的动画组件都有必传的 duration 参数用于控制渐变过程的总时长,以及控制动画行为函数的 curve 属性,最后开发者还可以在动画完成时要求它调用 onEnd 回传函数,以便处理业务逻辑等。这 3 个属性在 AnimatedContainer 小节均有详细介绍,在此不再赘述。

7.1.4　AnimatedOpacity

AnimatedOpacity 是 Opacity 组件的动画版本,后者主要负责通过 opacity(不透明度)属性,修改子组件的不透明度。例如当它的 opacity 值为 0.5 时,其 child 会被渲染为半透明。对此不熟悉的读者可翻阅第 14 章"渲染与特效"中的相关介绍。

这里的 AnimatedOpacity 组件则可在 opacity 值发生变化时自动触发渐变效果。例如,可通过该组件实现对某些界面内容的渐变显示与隐藏,代码如下:

```
AnimatedOpacity(
  duration: Duration(seconds: 1),
  opacity: _show ? 1.0 : 0.0,                    //设置不透明度
  child: FlutterLogo(style: FlutterLogoStyle.stacked),
)
```

上述代码在运行时会根据 _show 变量是否为 true 而判断当前不透明度(opacity)应为 1.0 还是 0.0。当不透明度为 0.0 时,其 child 将完全不可见,即实现了隐藏页面元素的效果。由于 AnimatedOpacity 会自动插入渐变效果,因此当 _show 变量由 true 改为 false 时,用户可观察到子组件逐渐变得透明及最终完全消失的过程,如图 7-11 所示,反之亦然。

图 7-11　AnimatedOpacity 渐变的过程

AnimatedOpacity 也有必传的 duration 属性用于控制渐变过程的总时长和用于控制动画行为函数的 curve 属性,以及在动画完成时可要求它调用的 onEnd 回传函数。这 3 个属性在 AnimatedContainer 小节均有详细介绍,在此不再赘述。

最后值得指出的是,用于修改不透明度的 Opacity 组件对设备性能要求较高,因为它需要先将子组件渲染至缓冲区(Intermediate Buffer),再对其修改不透明度,最后才能完成渲染。读者可以粗略地理解为它需要先将 child 渲染至一个独立的图层,对该图层进行半透明处理,再与其他组件及背景混色,最后才能呈现出效果。可想而知,由于 AnimatedOpacity 组件在其动画的过程中需要连续修改不透明度,因此它也属于性能较差的组件。笔者在测试中发现,2021 年某款主流中端手机上若同时渲染约 100 个 AnimatedOpacity 组件,且当它们都在进行渐变动画时,可开始轻微感受到卡顿和掉帧的情况。

7.1.5　AnimatedDefaultTextStyle

AnimatedDefaultTextStyle 是 DefaultTextStyle 组件的动画版本,而普通的 DefaultTextStyle 组件是负责为组件树下级的 Text 组件提供默认样式的一个继承式组件,主要用于统一修改多个 Text 组件的文本样式,如字体、字号、粗细、颜色、渲染特效等。对 DefaultTextStyle 组件不熟悉的读者应先阅读第 2 章的相关内容。

当开发者使用 AnimatedDefaultTextStyle 时,除了需要传入用于设置文本样式的 style 参数外,还需要设置必传的 duration 属性,以控制当文本样式发生改变时触发的渐变动画的总时长。动画过程中的行为函数可由 curve 属性设置,默认为线性。此外,开发者还可以在动画完成时要求它调用 onEnd 回传函数,以便处理相关的业务逻辑或开始进行下一段动画。这 3 个属性与其他类似的动画组件(如 AnimatedContainer 组件)一致,在此不再赘述。

例如,可先定义 _big 变量决定是否渲染较大的文字,当值为 true 时 AnimatedDefaultTextStyle 将使用较大的字号、更深的颜色、加粗并且增加字母之间的间隙,代码如下:

```
AnimatedDefaultTextStyle(
  duration: Duration(seconds: 1),
  style: TextStyle(
    fontSize: _big ? 28 : 20,
    color: _big ? Colors.black : Colors.grey,
    fontWeight: _big ? FontWeight.bold : null,
    letterSpacing: _big ? 8.0 : 0.0,
  ),
  child: Text("lorem ipsum"),
)
```

程序运行时会根据当前 _big 变量的值,在两种文本样式之间平滑过渡,如图 7-12 所示。

最后需要指出的是,并不是所有 DefaultTextStyle 支持的属性都会被自动添加渐变效

图 7-12　AnimatedDefaultTextStyle 渐变的过程

果。其中当 textAlign(对齐方式)、softWrap(自动换行)、overflow(溢出)或 maxLines(最大行数)等属性值发生变化时,AnimatedDefaultTextStyle 会立即采用新的值,而没有渐变效果。

7.2　组件切换

本章介绍 AnimatedContainer 时提到过,虽然它能在各类属性值发生变化时自动触发渐变效果,但当其 child 发生改变时,子组件的切换并不会有过渡动画。实战中如需要在组件切换的过程中添加过渡,则可使用 AnimatedSwitcher 或 AnimatedCrossFade 等组件。

7.2.1　AnimatedSwitcher

📹(8min)

AnimatedSwitcher 可在子组件被替换时,在旧的组件与新的组件之间插入过渡动画,默认为交叉淡入淡出效果。例如,当加载完成时从显示一个进度条渐变为显示 FlutterLogo 组件,代码如下:

```
AnimatedSwitcher(
  duration: Duration(milliseconds: 200),
  child: _loading ? CircularProgressIndicator() : FlutterLogo(size: 48),
)
```

上述代码运行时,每当 _loading 变量值发生改变时,就可以观察到 CircularProgressIndicator 组件与 FlutterLogo 组件之间的过渡切换动画效果。

1. 动画时长

使用 AnimatedSwitcher 时除了需要传入子组件 child 参数外,还必须设置 duration 属性,用于控制当 child 发生改变时触发的渐变动画的总时长。这与本章之前介绍的 AnimatedContainer 组件的同名属性一致,在此不再赘述。

除了常见的必传参数 duration 外,AnimatedSwitcher 组件还额外有 reverseDuration (逆向时长)作为可选参数。在子组件切换的动画过程中,新的组件淡入的时长受 duration

控制,而旧的组件淡出的时长则可被 reverseDuration 属性单独设置。例如使用 duration：Duration(milliseconds：200)设置新组件淡入动画应耗时 200ms 后,可再用 reverseDuration：Duration(seconds：3)设置旧组件淡出应耗时 3s。若没有单独设置 reverseDuration 属性,则它会自动采取与 duration 属性同样的值,即默认情况下子组件的新旧交替动画耗时相等。

2. 动画曲线

除了动画时长外,AnimatedSwitcher 还支持自定义 2 条动画曲线,分别是 switchInCurve(切入曲线)和 switchOutCurve(切出曲线),依次分别设置新组件渐变切入时的曲线和旧组件渐变切出时的曲线,默认值都为 Curves. linear 线性函数,因此这二者都为可选参数。对动画曲线不熟悉的读者可翻阅本章 AnimatedContainer 小节中"动画曲线"部分的内容。

3. 键(key)

AnimationSwitcher 的主要作用是在子组件发生改变时,为新旧组件交替的过程插入动画,然而若新旧组件的类型相同,例如从 Text("Hi")切换到 Text("Hello")都属于 Text 组件,则会出现 Flutter 无法正确区分该组件是否被替换的情况,因此 AnimationSwitcher 不会自动插入动画效果。如需对相同类型的组件增添渐变切换的效果,则可借助如 ValueKey 等方式帮助 Flutter 区分相同类型的组件。对 key 不熟悉的读者可参考本书第 5 章中的"Flutter 框架小知识：组件里的 key 属性是什么"知识点。若新旧组件类型不同,例如从 Text 组件切换到 Image 组件,就不需要使用 key 帮助区分了。

4. transitionBuilder

AnimatedSwitcher 的默认动画效果为淡入淡出,而该默认行为可由 transitionBuilder 参数配合 FadeTranstion、ScaleTranstion、RotationTranstion 等显式动画组件轻易修改。对显式动画不熟悉的读者可先跳过这部分内容,等阅读完第 12 章"进阶动画"后再来学习本节的剩余内容。

在默认的淡入淡出动画效果的背后,AnimatedSwitcher 实际上调用了 FadeTranstion 这个显式动画组件,Flutter 框架中的相关源代码如下：

```
static Widget defaultTransitionBuilder(child, animation) {
  return FadeTransition(
    opacity: animation,
    child: child,
  );
}
```

若需要改变默认的 FadeTranstion 效果,开发者则可以向 transitionBuilder 属性传入自己喜欢的任意效果。调用时,Flutter 会将 child 和 animation 作为参数传给开发者,其中 child 为正在被切换的子组件,animation 则是 0～1 的动画控制器(AnimationController)。当新 child 被切入时,animation 值会由 0～1 正向播放,而当旧 child 被切出时,animation 会由 1～0 逆向播放。例如可借助 RotationTransition 这个显式动画组件,将切换动画修改为

旋转效果,代码如下:

```
AnimatedSwitcher(
  duration: Duration(milliseconds: 200),
  reverseDuration: Duration(seconds: 5),
  child: _loading ? Text("Hi") : FlutterLogo(size: 48),
  transitionBuilder: (child, animation) {
    return RotationTransition(
      turns: animation,
      child: child,
    );
  },
)
```

运行时,旧的组件会通过 reverseDuration 属性设置的 5s 时长,逆时针旋转 360° 后消失。同时新的组件会先出现,并在 duration 属性设置的 200ms 时间内完成顺时针旋转 360° 后停下。读者不妨动手试一试。

开发者还可以通过嵌套多个显式动画组件实现多种效果的叠加显示。例如在上例的代码中,由于使用 RotationTranstion 替换掉了默认的 FadeTransition,所以组件切换时就只有旋转效果而丢失了默认的淡入淡出效果。若将 2 个显式动画组件配合使用,即可同时达到淡入淡出且旋转的效果,代码如下:

```
transitionBuilder: (child, animation) {
  return FadeTransition(
    opacity: animation,
    child: RotationTransition(
      turns: animation,
      child: child,
    ),
  );
},
```

利用同样的思路,开发者可以任意搭配各种显式动画组件以实现不同的切换效果,第 12 章“进阶动画”中也有对此类显式动画组件及动画控制器的介绍。

5. layoutBuilder

在组件切换的过程中,多个组件会被同时渲染到屏幕上。例如新旧组件交替时,新组件和旧组件就会同时出现。默认情况下 AnimatedSwitcher 借助一个 Stack 将多个组件叠放,在 Flutter 框架中的相关源代码如下:

```
static Widget defaultLayoutBuilder(
  Widget currentChild, List < Widget > previousChildren) {
    return Stack(
      children: < Widget >[
```

```
        ...previousChildren,
        if (currentChild != null) currentChild,
      ],
      alignment: Alignment.center,
    );
  }
```

通过修改 layoutBuilder 回传函数,开发者也可以指定任意其他渐变动画时的布局方式。其中,layoutBuilder 传入的 currentChild 参数为当前正在切入的新组件,而 previousChildren 列表则是当前正在切出的若干个旧组件。每当 AnimatedSwitcher 的 child 属性改变时,它就会为最新的 child 组件开始一段渐变动画,而旧的组件此时不一定已经完成了之前的淡出效果,因此若 child 切换得足够频繁,就很有可能出现数个旧组件同时存在的情况。

 ## Dart Tips 语法小贴士

列表中的展开运算符(Spread Operator)与条件判断(if)

在上面的框架源代码中,传入 Stack 组件的 children 属性为以下列表:

```
[
    ...previousChildren,
    if (currentChild != null) currentChild,
]
```

这里使用了 2 个 Dart 语言关于列表的特殊语法。首先,与 ES6(ES2015)版本的 JavaScript 相似,Dart 也可使用 3 个点(...)作为列表的"展开运算符"。它的作用是将一个列表变量中的内容抽出,并作为当前列表的元素插入。在这个例子中,就是将 previousChildren 这个列表展开,并把其中的全部元素添加到当前位置。

另外,从这个例子的第 3 行代码可以看出,Dart 列表支持 if 条件判断,以便选择性添加元素。这里若 currentChild 不为 null,则添加该元素,否则不添加。这个 Dart 语法在 Flutter 框架中尤为实用,开发者可通过条件判断是否需要渲染 Column 或 Stack 等容器中的部分 children。例如,若当前用户没有开通 VIP 功能,则需要在 Stack 容器最顶层添加一个水印的图层等,此时就可以通过在列表中内嵌 if 完成,轻松简单,且代码可读性很高。

基于演示的目的,这里修改 layoutBuilder 使其不再使用 Stack 容器将所有旧组件和新组件重叠在一起,而是使用 Row 组件将它们并列显示,代码如下:

```
layoutBuilder: (currentChild, previousChildren) {
  return Row(
    mainAxisAlignment: MainAxisAlignment.spaceEvenly,
    children: [
      if (currentChild != null) currentChild,
```

```
      ...previousChildren,
    ],
  );
}
```

这样每当组件切换时就会将新的组件渲染为 Row 的第 1 个元素，并将旧组件依次排列。例如可以制作一个计数器软件，每当用户按下"＋1"按钮时使用 AnimatedSwitcher 切换至新的数字，切换的过程中可以观察例如数字 3 作为最新的元素出现在 Row 的最左边，而正在旋转消失的数字 1 和数字 2 依次排列在右边，如图 7-13 所示。

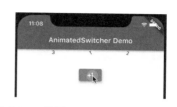

图 7-13 使用 layoutBuilder 改变组件切换时的布局

用于实现图 7-13 所示效果的完整代码如下：

```
//第 7 章/animated_switcher_layout.dart

import 'package:flutter/material.dart';

void main() {
  runApp(MyApp());
}

class MyApp extends StatelessWidget {
  @override
  Widget build(BuildContext context) {
    return MaterialApp(
      home: MyHomePage(),
    );
  }
}

class MyHomePage extends StatefulWidget {
  @override
  _MyHomePageState createState() => _MyHomePageState();
}

class _MyHomePageState extends State < MyHomePage > {
  int _count = 1;

  @override
  Widget build(BuildContext context) {
    return Scaffold(
      appBar: AppBar(
        title: Text("AnimatedSwitcher Demo"),
```

```
      ),
      body: Center(
        child: Column(
          children: [
            AnimatedSwitcher(
              duration: Duration(seconds: 3),
              child: Text(
                " $ _count",
                key: ValueKey(_count),
              ),
              transitionBuilder: (child, animation) {
                return RotationTransition(
                  turns: animation,
                  child: child,
                );
              },
              layoutBuilder: (currentChild, previousChildren) {
                return Row(
                  mainAxisAlignment: MainAxisAlignment.spaceEvenly,
                  children: [
                    if (currentChild != null) currentChild,
                    ...previousChildren,
                  ],
                );
              },
            ),
            const SizedBox(height: 32),
            ElevatedButton(
              child: Icon(Icons.plus_one),
              onPressed: () => setState(() => _count++),
            ),
          ],
        ),
      ),
    );
  }
}
```

另外值得一提的是,由于上例 AnimatedSwitcher 每次是将 Text 组件替换为另一个不同文本内容的 Text 组件,类型相同,因此还使用了 ValueKey 以帮助 Flutter 区分这些组件。

7.2.2 AnimatedCrossFade

当程序界面只需要在 2 个组件之间来回切换时,除了 7.2.1 节介绍的 AnimatedSwitcher 外,也可以考虑使用专门为切换 2 个子组件而设计的 AnimatedCrossFade 动画组件。

使用时,需要把 2 个组件分别传给 firstChild 和 secondChild 参数,之后除了通过 duration 设置动画时长外,还需要用 crossFadeState 参数指定当前应该显示第 1 个还是第 2

个组件,代码如下:

```
AnimatedCrossFade(
    duration: Duration(seconds: 1),
    firstChild: Text("第 1 个组件"),
    secondChild: Text("第 2 个组件"),
    crossFadeState: _showFirst
        ? CrossFadeState.showFirst
        : CrossFadeState.showSecond,
)
```

1. 与 AnimatedSwitcher 的对比

与 7.2.1 节介绍的 AnimatedSwitcher 相比,这里的 AnimatedCrossFade 主要有以下 3 点不同之处。

首先,因为 AnimatedCrossFade 通过 firstChild 和 secondChild 这 2 个参数指定子组件,所以不会出现相同类型组件混淆的情况,因此即使在诸如 2 个 Text 组件之间切换也不需要使用 key。当组件需要切换时,可直接通过判断布尔值变量(如 _showFirst)决定应该显示第 1 个(CrossFadeState.showFirst)还是应该显示第 2 个(CrossFadeState.showSecond)子组件。

其次,当被切换的 2 个子组件的尺寸不同时,AnimatedCrossFade 可以做出更平滑的尺寸渐变动画效果。例如通过在较高和较低的 2 个 Container 之间切换,可观察到 AnimatedCrossFade 组件本身的尺寸变化,如图 7-14 所示。

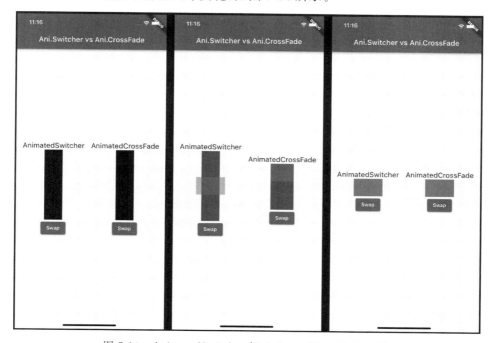

图 7-14 AnimatedSwitcher 与 AnimatedCrossFade 对比

从图 7-14 可以观察到，在动画进行的过程中，随着子组件的高度逐渐缩小，AnimatedCrossFade 整个组件的尺寸也随之变化，从而使底部的 Swap 按钮也平滑地移动位置，而之前介绍的 AnimatedSwitcher 则在整个切换动画完成的瞬间才会突然改变自身的尺寸。用于实现图 7-14 所示效果的完整代码如下，读者不妨亲自动手试一试：

```
//第 7 章/animated_switcher_vs_crossfade.dart

import 'package:flutter/material.dart';

void main() {
  runApp(MyApp());
}

class MyApp extends StatelessWidget {
  @override
  Widget build(BuildContext context) {
    return MaterialApp(
      home: MyHomePage(),
    );
  }
}

class MyHomePage extends StatefulWidget {
  @override
  _MyHomePageState createState() => _MyHomePageState();
}

class _MyHomePageState extends State<MyHomePage> {
  bool _showFirst = true;

  @override
  Widget build(BuildContext context) {
    final box1 = Container(
      key: UniqueKey(),
      width: 50,
      height: 200,
      color: Colors.black,
    );
    final box2 = Container(
      width: 80,
      height: 50,
      color: Colors.grey,
    );

    return Scaffold(
      appBar: AppBar(
        title: Text("Ani.Switcher vs Ani.CrossFade"),
```

```
      ),
      body: Row(
        mainAxisAlignment: MainAxisAlignment.spaceEvenly,
        children: [
          Column(
            mainAxisAlignment: MainAxisAlignment.center,
            children: [
              Text("AnimatedSwitcher", style: TextStyle(fontSize: 20)),
              AnimatedSwitcher(
                duration: Duration(seconds: 5),
                child: _showFirst ? box1 : box2,
              ),
              Flexible(
                child: ElevatedButton(
                  child: Text("Swap"),
                  onPressed: () => setState(() => _showFirst = !_showFirst),
                ),
              ),
            ],
          ),
          Column(
            mainAxisAlignment: MainAxisAlignment.center,
            children: [
              Text("AnimatedCrossFade", style: TextStyle(fontSize: 20)),
              AnimatedCrossFade(
                duration: Duration(seconds: 5),
                firstChild: box1,
                secondChild: box2,
                crossFadeState: _showFirst
                    ? CrossFadeState.showFirst
                    : CrossFadeState.showSecond,
              ),
              Flexible(
                child: ElevatedButton(
                  child: Text("Swap"),
                  onPressed: () => setState(() => _showFirst = !_showFirst),
                ),
              ),
            ],
          )
        ],
      ),
    );
  }
}
```

最后，由于 AnimatedCrossFade 只支持 2 个组件的切换，因此即使属性值在切换动画的过程中再次改变，它也不会像 AnimatedSwitcher 那样同时出现多个旧组件。

2．layoutBuilder

AnimatedCrossFade 组件也有 layoutBuilder 参数，可用于改写动画过程中的布局行为。上文提到，当被切换的子组件尺寸不同时，使用 AnimatedCrossFade 会比 AnimatedSwitcher 的过渡更平滑些，这背后的原理就在于它们的默认 layoutBuilder 方法不同。AnimatedCrossFade 的相关源代码如下：

```
static Widget defaultLayoutBuilder(
  Widget topChild, Key topChildKey, Widget bottomChild, Key bottomChildKey) {
    return Stack(
      clipBehavior: Clip.none,
      children: < Widget >[
        Positioned(
          key: bottomChildKey,
          left: 0.0,
          top: 0.0,
          right: 0.0,
          child: bottomChild,
        ),
        Positioned(
          key: topChildKey,
          child: topChild,
        ),
      ],
    );
}
```

对比 7.2.1 节介绍的 AnimatedSwitcher 只是简单地使用 Stack 容器将新旧元素全部叠加，这里 AnimatedCrossFade 的布局方式就复杂许多。若开发者对此布局仍不满意，则可通过修改 layoutBuilder 达到自己需要的效果。

3．其他属性

除了必传的 duration、firstChild、secondChild、crossFadeState 这 4 个参数，以及 layoutBuilder 用于自定义动画时的布局样式外，AnimatedCrossFade 还有以下几个可选参数：reverseDuration 可用于设置逆向动画的时长，firstCurve 和 secondCurve 分别用于设置切换到 firstChild 和 secondChild 的曲线，以及 sizeCurve 用于指定当 2 个 child 组件大小不一时，尺寸切换的曲线。这些参数的具体用法与本章介绍的其他动画组件类似，在此不再赘述。

第 8 章　人机交互

虽然第 3 章介绍的 ElevatedButton 等按钮组件可以实现最基本的人机交互需求,但如今各式各样的 App 界面越来越华丽,用户和产品经理都很难满足于中规中矩的按钮了。本章将介绍稍微复杂的人机交互,包括双击、长按、平移、捏拉缩放、立体触控及拖放等手势和功能。

8.1　触摸检测

8.1.1　GestureDetector

手势检测器 GestureDetector,是一个十分常用的触摸检测组件。它可以为屏幕上任意组件添加触摸支持,例如单击、双击、长按、滑动等。一般情况下,它自身的尺寸会自动匹配于 child 参数中的子组件。若子组件为空,GestureDetector 就会占满父级组件的全部可用空间。利用这个特性,通常实战中只需要在想要添加触摸支持的组件的父级插入一个 GestureDetector 并传入需要监听的手势事件回传函数。例如可为 FlutterLogo 添加单击事件和长按事件,代码如下:

```
GestureDetector(
    onTap: () => print("检测到单击事件"),
    onLongPress: () => print("检测到长按事件"),
    child: FlutterLogo(),
)
```

程序运行时会渲染出一个普通的 FlutterLogo 组件,但当用户单击时可以在终端观察到"检测到单击事件"的输出,长按时则可以得到输出"检测到长按事件"。

1. 单击事件

GestureDetector 组件用于监听单击事件的有 onTap、onTapDown、onTapUp、onTapCancel 这 4 个回传函数。一个正常的单击行为会依次触发 onTapDown(按下)、onTapUp(松开)、onTap(单击)这 3 个事件。一个不完整的单击行为(例如用户先将鼠标或指尖按下,并保持按下的状态不松开,再缓缓将鼠标或指尖移开可触碰的区域)会依次触发 onTapDown(按下)和 onTapCancel(取消)这 2 个事件。

若 GestureDetector 同时支持长按(onLongPress 等事件),则当用户的手指按下时间过长时,也会取消单击手势,即依次触发 onTapDown(按下)、onTapCancel(取消)及长按事件。

若同时支持双击(onDoubleTap 等事件),则当用户开始第 1 次单击行为时,并不会立即触发 onTapDown(按下)等事件,直到等待超过一定时间,确定用户没有单击第 2 下,因此不构成双击操作时,才会一并触发 onTapDown(按下)、onTapUp(松开)、onTap(单击)这 3 个事件。若用户快速双击,则只会触发 onDoubleTap 双击事件。若用户第 1 下按下后没有立即松开,但最终也完成了双击操作,GestureDetector 也可能会触发 onTapDown(按下)、onTapCancel(取消)及双击事件。

另外,onTapDown 和 onTapUp 这 2 个事件的回传函数分别会提供 TapDownDetails(按下细节)和 TapUpDetails(松开细节)参数,以便开发者查询更多事件细节。这 2 个参数大同小异,均有 kind(种类)、localPosition(局部位置)和 globalPosition(全局位置)这 3 项属性可供使用。其中 kind 属性为 PointerDeviceKind 枚举类,包括 touch(触摸屏)、mouse(鼠标)、stylus(手写笔)、invertedStylus(反向手写笔)和 unknown(未知)这些值。局部位置为触摸点的坐标与 GestureDetector 组件的左上角的相对位置,而全局位置为触摸点的坐标相对于整个程序的左上角的位置。

以下代码可打印出上述 4 种与单击相关的事件,读者不妨亲自动手体验:

```
//第 8 章/gesture_detector_demo.dart

GestureDetector(
  onTap: () => print("onTap"),
  onTapDown: (TapDownDetails details) =>
      print("onTapDown with ${details.kind}"),
  onTapUp: (TapUpDetails details) =>
      print("onTapUp at ${details.globalPosition}"),
  onTapCancel: () => print("onTapCancel"),
  child: FlutterLogo(),
)
```

2. 双击事件

GestureDetector 中与双击操作相关的事件有 onDoubleTapDown(双击按下)、onDoubleTap(有效双击)、onDoubleTapCancel(无效双击)这 3 个事件。其中 onDoubleTapDown 事件是在用户第 2 次按下鼠标时触发,并会传入 TapDownDetails 细节信息,而有效双击和无效双击的主要区别在于用户第 2 次按下鼠标后,是否成功松开(而不是离开了可触碰的区域后才松开),或是在同时监听长按操作时,是否在有效时间内松开(而不是被识别为长按手势)。

3. 长按事件

长按事件共有 5 种。其中 onLongPress(长按)和 onLongPressStart(长按开始)会在用户按下鼠标超过一定时间后同时触发,前者无参数,后者会传入 LongPressStartDetails 事件细节,开发者可根据情况选用二者之一。当长按结束时,onLongPressUp(长按松开)和 onLongPressEnd(长按结束)也会同时触发,前者无参数,后者会传入 LongPressEndDetails 事件细节,开发者同样可根据需要选用二者之一。最后,若用户保持长按的情况下移动鼠标,会连续触发 onLongPressMoveUpdate(长按移动更新)事件,并得到 LongPressMoveUpdateDetails 参数,可查询当前的位置及移动的距离等。

4. 平移事件

平移(pan)手势只是用户按下手指或鼠标后,保持按下的状态并开始四处移动。该操作通常可用于滑出侧边菜单,关闭底部弹窗卡片,或作为查看大图片或浏览地图的方式等。

GestureDetector 提供 onPanDown(平移按下)、onPanStart(平移开始)、onPanCancel(平移取消)、onPanUpdate(平移更新)、onPanEnd(平移结束)共 5 种用于支持普通平移事件的回传函数,用法与之前介绍的单击和长按事件大同小异。当用户首次按下鼠标或手指时会触发 onPanDown 和 onPanStart 事件。若用户没有成功平移,就会触发 onPanCancel 事件。若用户成功平移,则会在平移的过程中不断触发 onPanUpdate 事件及最终松开时的 onPanEnd 事件。

值得一提的是,onPanUpdate(平移更新)事件的 DragUpdateDetails 参数不仅包含 globalPosition 等表示当前位置信息的属性,更是贴心地包括了 delta 属性,直接汇报此次更新与上次更新的位移差。利用这一属性,开发者不再需要手动记录 onPanDown 时的起始位置并自己计算位移。例如,只需监听 onPanUpdate 这 1 个事件就可以完成基本的拖动操作,完整代码如下:

```dart
//第 8 章/gesture_detector_pan_example.dart

import 'package:flutter/material.dart';

void main() {
  runApp(MyApp());
}

class MyApp extends StatelessWidget {
  @override
  Widget build(BuildContext context) {
    return MaterialApp(
      home: MyHomePage(),
    );
  }
}

class MyHomePage extends StatefulWidget {
  @override
  _MyHomePageState createState() => _MyHomePageState();
}
```

```
class _MyHomePageState extends State < MyHomePage > {
  double _left = 20.0;
  double _top = 20.0;

  @override
  Widget build(BuildContext context) {
    return Scaffold(
      appBar: AppBar(
        title: Text("Gesture Detector Demo"),
      ),
      body: GestureDetector(
        onPanUpdate: (DragUpdateDetails details) {
          setState(() {
            _left += details.delta.dx;
            _top += details.delta.dy;
            if (_left < 0) _left = 0;
            if (_top < 0) _top = 0;
          });
        },
        child: Padding(
          padding: EdgeInsets.only(left: _left, top: _top),
          child: Container(
            width: 100,
            height: 100,
            color: Colors.blue,
          ),
        ),
      ),
    );
  }
}
```

运行时，用户可用手指或鼠标随意拖动蓝色 Container 的位置，如图 8-1 所示。

另外值得一提的是，用户完成平移操作时触发的 onPanEnd 事件中的 dragEndDetails 参数包含 velocity（速度）属性，用于表示当用户的手指离开屏幕时的瞬间移动速度。例如，若用户缓缓地将手指先停下，再轻轻抬起，则离开时的速度就是 0。反之，若用户手指离开前仿佛正在迅速地将屏幕上的某个物体"掷"向某个方向，则离开时的速度就会较大。例如 Velocity(−1543.1, 39.4) 表示用户手指离开屏幕前

图 8-1　GestureDetector 的 onPanUpdate 事件演示

正在将该元素向左(−1543.1)下(39.4)方甩出。假设用户在试图关闭一个侧边栏，这样大力甩出的动作通常意味着 App 应该继续延伸用户的操作，利用"惯性"将侧边栏彻底关闭，

而不是尴尬地在屏幕上残留一小部分侧边栏。

5．拖拉事件

拖拉(drag)事件其实就是平移事件的扩展。在上文介绍的 onPanUpdate 等平移事件中，用户无论怎样移动都可以被认为是有效的平移，例如用户可以从左到右平移，沿着对角线斜着平移，甚至画圈圈等，而 GestureDetector 的拖拉事件则明确地定义了 Horizontal(水平方向)和 Vertical(垂直方向)这 2 类手势，包括水平方向的 onHorizontalDragDown、onHorizontalDragStart、onHorizontalDragCancel、onHorizontalDragUpdate、onHorizontalDragEnd 及垂直方向的 onVerticalDragDown、onVerticalDragStart、onVerticalDragCancel、onVerticalDragUpdate、onVerticalDragEnd 共 10 个事件。它们的命名方式与平移(pan)事件一致，用法也类似，在此不再赘述。

当开发者只监听这里水平方向或垂直方向拖拉事件之一时，无论用户的手势是否具有正确方向性，都会触发唯一被监听的拖拉事件。但若同时监听水平和垂直方向，则每次只会有一个事件被触发。例如当用户做出较为偏向垂直的手势时，只有垂直方向的事件会被触发，水平方向的事件会被取消。其中 onVerticalDragUpdate 的 delta 参数只包含垂直方向的位移数据，即使用户手势不那么标准，这里的水平方向位移也是 0。

例如，当只传入 onHorizontalDragUpdate 监听水平方向的拖拉时，即使用户做出明显垂直的手势，如从上到下滑动，onHorizontalDragUpdate 仍然会被触发，且其中的 DragUpdateDetails 的 delta 参数只会包含水平方向的细小位移(dx)，以及垂直方向位移(dy)为 0。

当已经监听了普通的平移(pan)事件，又继续监听这里的水平拖拉或垂直拖拉事件之一时，若用户的平移手势有被监听方向的倾向，则这里的拖拉事件就会占据上风，取代普通的平移事件，否则就会触发平移事件。例如同时监听 pan 和水平拖拉，当用户手势倾向于水平拖拉时则会触发水平拖拉事件，但当用户手势倾向垂直拖拉时，由于没有监听垂直拖拉事件，pan 事件会被触发。

试图同时监听普通平移、水平拖拉和垂直拖拉这 3 类事件会导致运行时错误，错误提示大意为"普通平移永远无法被触发"，因为水平和垂直拖拉 2 类事件已经可以覆盖全部的拖拉手势。

6．捏拉缩放

GestureDetector 组件可监听捏拉缩放(pinch to zoom)手势并触发 onScaleStart(缩放开始)、onScaleUpdate(缩放更新)及 onScaleEnd(缩放终止)这 3 种事件，它们监听的用户手势为两只手指同时放在触摸屏上并捏拉。这里 onScaleUpdate 事件的 ScaleUpdateDetails 参数包含 scale(缩放倍数)和 rotation(旋转角度)，因此利用这个事件可以同时支持捏拉缩放和旋转，如图 8-2 所示。

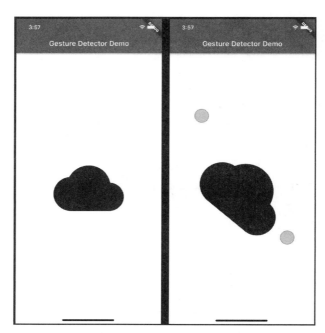

图 8-2　GestureDetector 的捏拉缩放和旋转的演示

用于实现图 8-2 所示效果的完整代码如下：

```
//第8章/gesture_detector_pinch_example.dart

import 'package:flutter/material.dart';

void main() {
  runApp(MyApp());
}

class MyApp extends StatelessWidget {
  @override
  Widget build(BuildContext context) {
    return MaterialApp(
      home: MyHomePage(),
    );
  }
}

class MyHomePage extends StatefulWidget {
  @override
  _MyHomePageState createState() => _MyHomePageState();
}
```

```
class _MyHomePageState extends State < MyHomePage > {
  double _initialSize = 200.0;
  double _size = 200.0;
  double _initialAngle = 0.0;
  double _angle = 0.0;

  @override
  Widget build(BuildContext context) {
    return Scaffold(
      appBar: AppBar(
        title: Text("Gesture Detector Demo"),
      ),
      body: GestureDetector(
        onScaleStart: (_) {
          _initialSize = _size;
          _initialAngle = _angle;
        },
        onScaleUpdate: (ScaleUpdateDetails details) {
          print("scale: $ {details.scale}, rotation: $ {details.rotation}");
          setState(() {
            _size = _initialSize * details.scale;
            _angle = _initialAngle + details.rotation;
          });
        },
        child: Container(
          color: Colors.white,
          alignment: Alignment.center,
          child: Transform.rotate(
            angle: _angle,
            child: Icon(Icons.cloud, size: _size),
          ),
        ),
      ),
    );
  }
}
```

这段代码使用 onScaleStart（缩放开始）事件记录当前的缩放倍数和旋转角度，并在每次捏拉更新事件中重新计算当前尺寸和角度，最后通过 Transform 变形组件渲染旋转效果，以及通过直接修改 Icon 组件的尺寸属性实现缩放效果。对 Transform 组件不熟悉的读者可参考第 14 章"渲染与特效"中的相关内容。

7. 立体触控

立体触控（3D touch）是某些型号的苹果手机的功能，大意是通过检测触摸屏上不同力度的手指按压，实现不同功能。例如轻触某链接可预览网页，而用力地按压屏幕则会立即在浏览器中打开该网页等。GestureDetector 针对立体触控提供了 onForcePressStart（按压开始）、onForcePressUpdate（按压更新）、onForcePressPeak（达到峰值）、onForcePressEnd（按压结束)共 4 个事件,其中"按压开始"事件在按压力度超过 40％时触发,而"达到峰值"事件在按压力度超过 85％时触发。

若设备不支持立体触控,则这些事件不会触发。这里尤其需要注意的是,长按操作也并不能替代及触发立体触控事件。只有用户在支持的设备上用力按压才可以触发这些事件。

8. 其他按钮

当用户使用鼠标或手写笔等设备时,可能会存在第 2 按钮或第 3 按钮。GestureDetector 针对第 2 按钮(如鼠标右击)有以下支持长按和单击的事件:onSecondaryLongPress(长按)、onSecondaryLongPressEnd(长按结束)、onSecondaryLongPressMoveUpdate(长按移动)、onSecondaryLongPressStart(长按开始)、onSecondaryLongPressUp(长按松开)、onSecondaryTap(单击)、onSecondaryTapCancel(单击取消)、onSecondaryTapDown(单击按下)、onSecondaryTapUp(单击松开)。此外,它针对第 3 按钮(如鼠标的中键)也有最基本的单击支持,包括 onTertiaryTapDown(单击按下)、onTertiaryTapUp(单击松开)及 onTertiaryTapCancel(单击取消)事件。

9. 触碰行为

当触碰检测区域在屏幕上发生重叠时,例如将多个 GestureDetector 叠放于 Stack 容器的不同层,可以使用 behavior 属性设置重叠区域的触碰行为,共有 translucent(半透明)、opaque(不透明)和 deferToChild(随子组件)这 3 种枚举值。

当选择 translucent 时,用户的触碰手势可以穿透当前"半透明"的 GestureDetctor 并继续传递到下一层,最终同时触发多层组件的手势监听事件。若选择 opaque,则当前"不透明"的 GestureDector 会遮挡它身后的组件,最终只能触发当前组件的监听事件,而 deferToChild 则是将行为决策权转交给子组件,同时也是当 GestureDetector 的 child 属性不为空时的默认值。当 GestureDetetor 没有子组件时,behavior 属性的默认值为 translucent,既能自己监听手势,也不遮挡其他组件的监听。

一般情况下透明的组件不参与触碰行为的检测,因此若 GestureDetector 的子组件是没有颜色的 Container 或 SizedBox 等透明组件,则需手动将 behavior 设置为 translucent 或 opaque 才能开始监听。

这里借助 Stack 容器叠放 2 个 Container 组件举例,其中底层 Container 设置为 200×200 单位并涂上蓝色,顶层 Container 同样设置 200×200 单位但不设置颜色,再使用 GestureDetector 分别监听这 2 个 Container 的 onTapDown 和 onLongPressStart 事件,代码如下:

```
//第8章/gesture_detector_behavior.dart

Stack(
  children: <Widget>[
    GestureDetector(
      onTapDown: (_) => print('底层 Container 按下事件'),
      child: Container(width: 200, height: 200, color: Colors.blue),
```

```
        ),
        GestureDetector(
          /* 这里改变 behavior 属性的值,可观察到 3 种不同的行为:
           * translucent: 手势可穿透,2 个 Container 都会接收到事件;
           * opaque: 此顶层 Container 遮挡了另一个,只有此层的事件会触发;
           * deferToChild:因为子组件透明,无法接收事件,因此只有底层的事件会触发。 */
          behavior: HitTestBehavior.translucent,
          onLongPressStart: (_) => print('顶层 Container 长按事件'),
          child: Container(width: 200, height: 200),
        ),
      ],
    )
```

这里需要特别指出的是,虽然使用 translucent 可使手势穿透,但最终 2 个 GestureDetector 并不可能同时成功触发同一种事件,因此上例代码的顶层 Container 监听了长按事件。反之,如若二者同时监听 onTap 事件,则只有顶层 Container 长按事件最终可以获胜(因为它离用户更近些),而底层组件的 onTap 事件并不会触发。实际上这么做时底层 Container 会触发 onTapDown 和 onTapCancel 事件,在顶层成功触发 onTap 的时候取消掉自己的 onTap 行为。

另外,部分组件(如有颜色的 Container 组件)会覆盖这里的 behavior 属性,强制将自身设置为不透明的 opaque 触碰行为,因此上例中,若顶层的 Container 有颜色,则不会观察到 behavior 属性不同值的效果,都会被强制覆盖为 opaque 行为。

8.1.2 Listener

Listener 是一个较为底层的组件,用于监听最原始的触碰事件。之前介绍的 GestureDetector 组件监听的所谓“手势”实际上就是由这些底层事件连起来组成的有意义的行为。

Listener 可以监听的底层事件有 onPointerDown、onPointerMove、onPointerUp、onPointerCancel、onPointerSignal 等,用法与 GestureDetector 大同小异。这里选用 down、up 和 move 这 3 种事件演示 Listener 的基本用法,监听按下和抬起的操作,以及汇报指针的坐标。运行效果如图 8-3 所示。

图 8-3　Listener 事件的演示

用于实现图 8-3 所示效果的完整代码如下:

```
//第 8 章/listener_example.dart

import 'package:flutter/material.dart';

void main() => runApp(MyApp());

class MyApp extends StatelessWidget {
```

```dart
  @override
  Widget build(BuildContext context) {
    return MaterialApp(
      home: Scaffold(
        appBar: AppBar(
          title: Text('Listener Demo'),
        ),
        body: MyHomePage(),
      ),
    );
  }
}

class MyHomePage extends StatefulWidget {
  @override
  _MyHomePageState createState() => _MyHomePageState();
}

class _MyHomePageState extends State < MyHomePage > {
  double x = 0.0, y = 0.0;
  int _upCount = 0;
  int _downCount = 0;

  @override
  Widget build(BuildContext context) {
    return Listener(
      child: Container(
        color: Colors.grey[200],
        child: Center(
          child: Column(
            mainAxisAlignment: MainAxisAlignment.center,
            children: < Widget >[
              Text(
                '按下 $ _downCount 次\n抬起 $ _upCount 次',
                style: TextStyle(fontSize: 24),
              ),
              Text('坐标: ( $ x, $ y)'),
            ],
          ),
        ),
      ),
      onPointerDown: (PointerEvent details) {
        setState(() => _downCount++);
      },
      onPointerMove: (PointerEvent details) {
        setState(() {
          x = details.position.dx;
          y = details.position.dy;
        });
```

```
    },
    onPointerUp: (_) => setState(() => _upCount++),
  );
}
}
```

实战中,通常只有在需要实时跟踪当前光标位置时才会使用 Listener 组件,如支持拖动时(本章也将在稍后介绍 Draggable 组件时配合这里的 Listener 组件,一并附上实例),否则绝大部分情况下直接使用 GestureDetector 组件会方便很多。

8.1.3　MouseRegion

鼠标区域组件可用于监听与鼠标相关的事件,用法与 Listener 相似,代码如下:

```
MouseRegion(
  onEnter: (_) => print("鼠标进入区域"),
  onHover: (event) => print("悬浮滑动 ${event.localPosition}"),
  onExit: (_) => print("鼠标离开区域"),
  child: Container(width: 200, height: 200, color: Colors.blue),    //蓝色区域
)
```

当用户的鼠标进入和离开蓝色的 Container 区域时,以及在蓝色监听区域内悬浮滑动时,均可观察到终端输出,内容如下:

```
鼠标进入区域
悬浮滑动 Offset(198.6, 170.5)
悬浮滑动 Offset(195.5, 170.5)
悬浮滑动 Offset(190.4, 174.5)
悬浮滑动 Offset(188.3, 183.7)
悬浮滑动 Offset(185.3, 195.3)
鼠标离开区域
```

这些事件必须由鼠标动作触发。若用户没有使用鼠标,则只用手指轻触屏幕或滑动等操作并不会触发这里的事件。

8.1.4　IgnorePointer

当需要选择性禁用某些页面元素时,可以使用 IgnorePointer 组件忽略指针。用法非常简单,只需将其插入在需要忽略用户交互事件的组件父级,代码如下:

```
IgnorePointer(
  child: ElevatedButton(
    child: Text("无法单击的按钮"),
    onPressed: () => print("这个事件不会被触发"),
  ),
)
```

依照此办法,若将 IgnorePointer 插入在组件树较高的位置,就可以同时禁用很多子组件甚至整个页面,非常方便。但是值得注意的是,IgnorePointer 不会对界面元素产生视觉改变,因此使用这种方式阻止用户单击并不是最友好的办法。例如在第 3 章介绍按钮时提到过,将 onPress 事件设置为 null 即可禁用按钮。图 8-4 展示了直接禁用的按钮与 IgnorePointer 忽略指针的视觉效果对比。

因本书印刷限制,图 8-4 可能无法清晰地展示两者的差别。一般而言,禁用的按钮会自动呈现为灰色且无阴影,而被 IgnorePointer 所影响的组件则会保持原本的视觉效果,如蓝色按钮等。

图 8-4　IgnorePointer 忽略对按钮的单击事件

最后,IgnorePointer 组件也有可选的 ignoring 属性(默认值为 true)可供开发者通过条件判断设置是否需要忽略指针。

8.1.5　AbsorbPointer

与 8.1.4 节介绍的 IgnorePointer 类似,AbsorbPointer 也可被用于禁用某些元素。不同之处在于,IgnorePointer 组件用于忽略触摸事件,而 AbsorbPointer 则用于"吸收"或"吞掉"这些事件,确保其他组件(如在 Stack 的底层的其他组件)也不会接收到这些被"吞掉"的事件。

例如当 Stack 的底层存在一个 GestureDetector 正在监听,并在其之上还有一个按钮时,若使用 AbsorbPointer 吸收事件,可确保按钮无法单击,且单击事件不会再传给底层的 GestureDetector 组件,而若使用 IgnorePointer,则当按钮不可单击时,单击事件可"穿透"至底层,代码如下:

```
Stack(
  children: [
    GestureDetector(
      onTap: () => print("tapped"),
    ),
    Center(
      child: AbsorbPointer(
        child: ElevatedButton(
          child: Text("Button"),
          onPressed: () => print("button press"),
        ),
      ),
    ),
  ],
)
```

此外,AbsorbPointer 组件也有可选的 absorbing 属性(默认值为 true)以便开发者通过条件判断设置是否需要吸收指针。

8.2 拖放

如今很多 App 支持拖放手势,例如将联系人从电子邮件的收件人栏拖放到抄送栏,或者将某个文件从一个文件夹拖放到另一个文件夹等。在 Flutter 框架中,Draggable 组件可为任意组件增添拖动支持,再配合 DragTarget(拖放目标)组件,轻松实现拖放功能。

8.2.1 Draggable

当需要为某个组件添加拖动支持时,可在该组件的父级插入 Draggable 组件,并提供必传参数。除了 child 属性外,Draggable 组件还有必传的 feedback 属性,即当子组件被拖动时需渲染在指尖或光标下的"反馈"组件。

例如可用一个深灰色的 Container 组件作为 Draggable 的 child 属性,再用一个稍浅灰色的 Container 组件作为其 feedback 属性,代码如下:

```
Draggable(
  child: Container(
    width: 50,
    height: 50,
    color: Colors.grey[800],
  ),
  feedback: Container(
    width: 50,
    height: 50,
    color: Colors.grey[500],
  ),
)
```

此时 Container 已经可以支持拖动。拖动时,原先的深色 Container 会保持在原地,同时另一个稍浅灰色的 Container 会出现并跟随指尖或光标移动,如图 8-5 所示。

1. 余留组件

当 Draggable 正在被拖动时,feedback 属性中的组件会出现,但默认情况下 child 组件依然会被渲染在原地。事实上除了 child 和 feedback 属性外,Draggable 还有 childWhenDragging 属性,用于设置一个当 Draggable 正在被拖动的过程中代替 child 组件留在原地的组件。

图 8-5 正在被拖动的 Container 组件

例如可在上例中添加 childWhenDragging:FlutterLogo(size:50)代码,用一个 FlutterLogo 作为 childWhenDragging 组件,这样当 Container 被拖动时就会开始渲染 Flutter 徽标作为余留组件,具体效果如图 8-6 所示。

2. 同时拖动的次数

如今大部分手机的触摸屏支持多点触控。在默认情况下，Draggable 不限制可被同时拖动的次数。例如用户可先用食指拖动一个 Draggable 组件，并在保持食指不松开的情况下，再使用其他手指拖动同一个组件，甚至再动用第 3 个手指，如图 8-7 所示，图中圆圈为手指位置。

 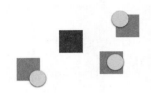

图 8-6　用 FlutterLogo 作为余留的组件　　　　图 8-7　用户可同时拖动数次 Draggable 组件

若有必要限制某组件可被同时拖动的次数，开发者则可通过修改 maxSimultaneousDrags 属性实现，如设置为 1 就表示该 Draggable 同时只能被拖动 1 次，而设置为 0 则表示完全不可被拖动。该属性默认值为 null，表示无最大数量限制。

当设置 maxSimultaneousDrags 为 1 时，通常建议同时将余留组件设置为空白，以更好地向用户传递该元素是独一无二的视觉效果。例如可通过将 childWhenDragging 设置为一个没有颜色，但尺寸与 child 一致的 Container 实现这样的效果，完整代码如下：

```dart
//第 8 章/draggable_example.dart

import 'package:flutter/material.dart';

void main() => runApp(MyApp());

class MyApp extends StatelessWidget {
  @override
  Widget build(BuildContext context) {
    return MaterialApp(
      home: Scaffold(
        appBar: AppBar(
          title: Text('Draggable Demo'),
        ),
        body: Center(
          child: Row(
            mainAxisAlignment: MainAxisAlignment.spaceEvenly,
            children: [
              for (int i = 400; i < 900; i += 100)
                Draggable(
                  child: Container(
                    width: 50,
```

```
                    height: 50,
                    color: Colors.grey[i],
                ),
                feedback: Container(
                    width: 50,
                    height: 50,
                    color: Colors.grey[i],
                ),
                childWhenDragging: Container(
                    width: 50,
                    height: 50,
                ),
            ),
        ],
        ),
      ),
    ),
  );
  }
}
```

运行效果如图 8-8 所示。

3. 锚点

默认情况下，被拖动的 feedback 组件的锚点就是留在原地的 child 组件。通俗地说，即使用户的手指抓住 Draggable 的某个角落位置开始拖动，它也会从原先 child 的位置开始移动；若 feedback 与 child 尺寸相同，则它们的起始位置是重叠的。这一行为可被 dragAnchorStrategy 控制，若设置为 childDragAnchorStrategy，则在拖动开始的瞬间，feedback 会立即将其左上角与用户手指或鼠标光标的位置对齐，如图 8-9 所示。

图 8-8 用无色的 Container 作为余留组件

图 8-9 修改锚点为光标位置

实战中通常并不需要使 feedback 的左上角与光标对齐，但有时会希望无论用户从 Draggable 的哪个角落开始拖动，都可以将 feedback 显示在光标的正中央。如需实现此效果，则可先修改 dragAnchorStrategy，再通过 Transform 组件将 feedback 组件向左上角位移半个组件的高度和宽度，其核心部分代码如下：

```
Draggable(
  dragAnchorStrategy:childDragAnchorStrategy,
  feedback: Transform.translate(
```

```
      offset: Offset(-25, -25),
      child: Container(
        width: 50,
        height: 50,
        color: Colors.grey,
      ),
    ),
    feedbackOffset: Offset(-25, -25),
  //...
```

这里值得一提的是，Transform 组件的位移效果只会改变组件渲染时的视觉位置，而不会将组件的触碰区域一并位移，因此当使用上述方法位移 feedback 时，应同时修改 Draggable 的 feedbackOffset 属性，如上例额外设置了 feedbackOffset：Offset(-25, -25)，以确保用户在进行拖放操作时，Draggable 可以顺利找到对应的 DragTarget 区域。

4. 拖动方向

默认情况下，Draggable 允许用户向任意方向自由拖动。若需要限制方向，则可以通过向 axis 参数传入一个方向轴。如设置 axis：Axis. horizontal 可只允许横向拖动该 Draggable，而传入 Axis. vertical 则表示只支持垂直拖动。实际拖动时，表现为不支持的方向的位移始终为零。

另外，Draggable 还有 affinity（亲和力）属性，用于设置它在某个方向的拖动事件的竞争力，默认值为 null，即 2 个方向（水平和垂直方向）都参与竞争。实战中，例如某个竖着滚动的 ListView 列表中有若干个 Draggable 组件，默认情况下若用户按住其中一个 Draggable 后无论进行横向或纵向拖动行为，该手势都会被理解为拖动该 Draggable，因为该手势距离 Draggable 组件更近。此时，若设置 affinity：Axis. horizontal 则可表示该 Draggable 更倾向于被横向拖动，因此纵向拖动行为的竞争力会被降低，具体表现为用户纵向滑动的手势此时可被理解为 ListView 滚动翻页，而横向滑动的手势才会被理解为针对 Draggable 组件的拖动。修改 affinity 参数与直接使用 axis 参数的限制方向不同，若没有其他组件参与手势竞争，则不会有效果。另外，改变这些参数后可能需要重启程序才会生效。

5. 事件

Draggable 组件支持 onDragStarted（拖动开始）、onDragEnd（拖动结束）、onDragCompleted（拖动完成）、onDraggableCanceled（拖动取消）这 4 种事件。其中，"拖动开始"与"拖动结束"会在每次用户拖动开始（按下）与结束（松开）时触发。当结束时，若用户成功地将 Draggable 拖到某个 DragTarget（目标位置）组件中，则会额外触发"拖动完成"事件，反之触发"拖动取消"事件。

换言之，无论用户是否将 Draggable 拖动到目标位置，每次完整的操作都一定会触发 onDragStarted 和 onDragEnd 这 2 个事件，再根据拖放是否成功，额外触发 onDragCompleted 或 onDraggableCanceled 之一。其中，开发者可从 onDragEnd 与 onDraggableCanceled 事件中获得松开时的速度和位移等信息，其余 2 个事件的回传函数没有额外参数。

6. 数据

每个 Draggable 组件都可持有一组数据,用于协助完成与拖放相关的业务逻辑。例如在电子邮件软件中,当用户将某个联系人从收件人列表拖放到抄送列表时,该 Draggable 的数据可能就是联系人的信息。这些与业务相关的数据可以是任意类型,需存放于 Draggable 的 data 属性中,如 data:123 等。

拖放目标(DragTarget 组件)可用于读取和接收这些信息,将在 8.2.2 节介绍。

7. 实例

这里使用 Draggable 组件支持拖动,并配合本章之前介绍的 Listener 组件监听移动手势,实现一个拖动色块排序的小游戏,完整代码如下:

```
//第8章/draggable_listener_example.dart

import 'package:flutter/material.dart';
import 'dart:math';

void main() {
  runApp(MyApp());
}

class MyApp extends StatelessWidget {
  @override
  Widget build(BuildContext context) {
    return MaterialApp(
      home: MyHomePage(),
    );
  }
}

class MyHomePage extends StatefulWidget {
  @override
  _MyHomePageState createState() => _MyHomePageState();
}

class _MyHomePageState extends State<MyHomePage> {
  late MaterialColor _color;
  late List<Color> _list;

  @override
  void initState() {
    _generatePuzzle();
    super.initState();
  }

  _generatePuzzle() {
    setState(() {
      final _rnd = Random();
```

```
      const allowedColors = Colors.primaries;
      _color = allowedColors[_rnd.nextInt(allowedColors.length)];
      final l1 = [100, 200]..shuffle(_rnd);
      final l2 = [300, 400, 600, 800]..shuffle(_rnd);
      _list = [...l1, ...l2].map((i) => _color[i]!).toList();
  });
}

@override
Widget build(BuildContext context) {
  return Scaffold(
    appBar: AppBar(
      title: Text("Draggable Game Example"),
    ),
    body: Center(
      child: Column(
        mainAxisAlignment: MainAxisAlignment.center,
        children: <Widget>[
          Text(
            "Drag and drop to rearrange",
            style: TextStyle(fontSize: 20),
          ),
          const SizedBox(height: 16),
          IconButton(
            onPressed: _generatePuzzle,
            icon: Icon(Icons.shuffle),
          ),
          const SizedBox(height: 16),
          Padding(
            padding: EdgeInsets.all(1.0),
            child: Container(
              width: ColorBox.boxWidth - ColorBox.boxPadding * 2,
              height: ColorBox.boxHeight - ColorBox.boxPadding * 2,
              decoration: BoxDecoration(
                color: _color[900],
                borderRadius: BorderRadius.circular(8),
              ),
              child: Icon(
                Icons.lock_outline,
                color: Colors.white,
              ),
            ),
          ),
          ReorderColors(
            color: _color,
            colorList: _list,
            onSuccess: () => print("Victory!"),
          ),
        ],
```

```
        ),
      ),
    );
  }
}

class ReorderColors extends StatefulWidget {
  final MaterialColor color;
  final List < Color > colorList;
  final Function() onSuccess;

  ReorderColors({
    required this.color,
    required this.colorList,
    required this.onSuccess,
  }) : super(key: UniqueKey());

  @override
  _ReorderColorsState createState() => _ReorderColorsState();
}

class _ReorderColorsState extends State < ReorderColors > {
  int _emptySlot = 1;
  double _tapOffset = 0.0;

  @override
  Widget build(BuildContext context) {
    final _list = widget.colorList;
    final h = ColorBox.boxHeight;
    return Container(
      width: ColorBox.boxWidth,
      height: _list.length * h,
      child: Listener(
        onPointerDown: (event) {
          final obj = context.findRenderObject() as RenderBox;
          _tapOffset = obj.globalToLocal(Offset.zero).dy;
        },
        onPointerMove: (event) {
          final y = event.position.dy + _tapOffset;
          if (y > (_emptySlot + 1) * h) {
            if (_emptySlot == _list.length - 1) return;
            Color temp = _list[_emptySlot];
            _list[_emptySlot] = _list[_emptySlot + 1];
            _list[_emptySlot + 1] = temp;
            setState(() => _emptySlot++);
          } else if (y < (_emptySlot) * h - (h / 2)) {
            if (_emptySlot == 0) return;
            Color temp = _list[_emptySlot];
            _list[_emptySlot] = _list[_emptySlot - 1];
```

```
                  _list[_emptySlot - 1] = temp;
                  setState(() => _emptySlot -- );
                }
            },
          child: Stack(
            children: List.generate(
              _list.length,
              (i) => ColorBox(
                x: 0,
                y: i * h,
                color: _list[i],
                onDrag: (c) => _emptySlot = _list.indexOf(c),
                onDrop: () {
                  final it = _list.map((c) => c.computeLuminance()).iterator
                    ..moveNext();
                  var prev = it.current;
                  var sorted = true;
                  while (it.moveNext()) {
                    if (it.current < prev) {
                      sorted = false;
                      break;
                    }
                    prev = it.current;
                  }
                  if (sorted) widget.onSuccess();
                },
              ),
            ),
          ),
        ),
      );
    }
}

class ColorBox extends StatelessWidget {
  static const boxHeight = 40.0;
  static const boxWidth = 180.0;
  static const boxPadding = 1.0;

  final double x, y;//box position
  final Color color;
  final Function(Color c) onDrag;
  final Function() onDrop;

  ColorBox({
    required this.x,
    required this.y,
    required this.color,
    required this.onDrag,
```

```
      required this.onDrop,
    }) : super(key: ValueKey(color));

    @override
    Widget build(BuildContext context) {
      final box = Padding(
        padding: EdgeInsets.all(boxPadding),
        child: Container(
          width: boxWidth - boxPadding * 2,
          height: boxHeight - boxPadding * 2,
          decoration: BoxDecoration(
            color: color,
            borderRadius: BorderRadius.circular(boxHeight / 5),
          ),
        ),
      );

      return AnimatedPositioned(
        duration: const Duration(milliseconds: 100),
        left: x,
        top: y,
        child: Draggable(
          onDragStarted: () => onDrag(color),
          onDragEnd: (_) => onDrop(),
          feedback: box,
          child: box,
          childWhenDragging: SizedBox(width: boxWidth, height: boxHeight),
        ),
      );
    }
  }
}
```

运行效果如图 8-10 所示。

8.2.2　DragTarget

拖放目标是一个可用于接收 Draggable 的组件。当一个 Draggable 被用户拖动到 DragTarget 的区域内时,Flutter 会先调用 DragTarget 的 onWillAccept 函数,询问该目标是否愿意接收。若目标组件愿意接收,且用户确实将 Draggable 丢放于此(抬起手指或松开鼠标按钮),则目标 DragTarget 组件的 onAccept 函数会被调用,使其接收 Draggable 的数据。

1. 类型匹配

DragTarget 只可能接收同类型的 Draggable,因此在使用 DragTarget 之前,应先为 Draggable 添加 data 属性和通用类型(Generic,也译作泛型)参数。例如可将其设置为 String 类型,代码如下:

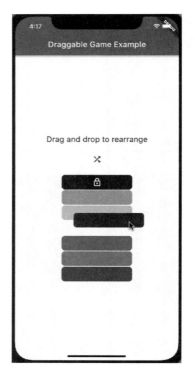

图 8-10　使用 Draggable 实现色块排序的小游戏

```
Draggable<String>(         //使用尖括号指定 String 通用类型
  data: "alice",          //使用 data 属性传入类型为 String 的数据
  child: ...
  feedback: ...
)
```

使用 DragTarget 时也需指定同样的通用类型,如 DragTarget＜String＞等。不同通用类型的 Draggable 和 DragTarget 无法匹配,因此不会产生互动。例如 Draggable＜MyType＞与 DragTarget＜int＞由于通用类型不同,无论用户怎么拖动,都不会触发相应的 onWillAccept 等事件。

然而实战中,也有可能出现某 Draggable 组件匹配了正确的通用类型,但其 data 属性却是 null 的情况,例如开发者可能忘记设置 Draggable 的数据了,因此 DragTarget 收到的类型是可空的。

2. 事件

DragTarget 主要有 onWillAccept 和 onAccept 这 2 个事件。当 Draggable 被拖动进入 DragTarget 范围内的瞬间(不要求用户松开手指),onWillAccept 会被触发,并将 Draggable 的 data 属性作为参数传入。开发者需要根据情况返回值为 true 或者 false,表明是否愿意接收这个数据。愿意接收并不表示一定会收到该数据,因为用户可能只是路过该目标,并不一定真的会松开手指。

例如可简单判断参数值是否为 null,表明愿意接收一切非空的字符串,代码如下:

```
DragTarget < String >(
  onWillAccept: (String? value) {
    return value != null;
  },
  //...
```

当用户将 Draggable 丢放至愿意接收的 DragTarget 内时,后者的 onAccept 事件会被触发。此时 Draggable 中的数据会作为参数被再次传入,以方便开发者实现相应的业务逻辑,例如为变量赋值等,代码如下:

```
DragTarget < String >(
  onAccept: (String value) {
    _value = value;
  },
  //...
```

除此之外,DragTarget 还有 3 种不太常用事件:首先是 onAcceptWithDetails,与 onAccept 相似,但回传函数中增添了一些拖放细节,如具体丢放的坐标等。其次是 onLeave 与 onMove 事件,依次在 Draggable 离开 DragTarget 区域时,以及在区域内移动时触发。这里虽然看似缺少了"进入区域"的事件,但 onWillAccept 实际上会在每次 Draggable 进入区域时触发。

3. builder 方法

DragTarget 组件没有 child 属性,取而代之的是 builder 方法,用于在情况发生改变时重新渲染子组件。其 builder 函数被调用时会传入 BuildContext(上下文)、candidateData(候选数据列表)、rejectedData(已拒数据列表)这 3 个参数。后两者为列表类型,这是因为用户有可能在支持多点触控的设备上使用多根手指同时拖动多个 Draggable 组件。其中"候选数据列表"包含全部正在该 DragTarget 区域上空漂浮的且通过 onWillAccept 测试的 Draggable 组件的数据,而"已拒数据列表"则是正在漂浮的且没有通过测试的数据。

例如可制作一个整数类型的 DragTarget,但只接收偶数。当用户将含有偶数数据的 Draggable 拖动到 DragTarget 区域内时,目标会变为一个打钩的圆,但当数据为奇数时,目标则会变成一个打叉的圆。若当前 DragTarget 区域内没有任何 Draggable,则会显示一个灰色的实心圆,代码如下:

```
DragTarget < int >(
  builder: (context, List candidateData, List rejectedData) {
    if (candidateData.isNotEmpty) {              //若候选数据不为空
      return Icon(Icons.check_circle);           //渲染"打钩"的图标
    }
```

```
        if (rejectedData.isNotEmpty) {          //若已拒数据不为空
          return Icon(Icons.error);             //渲染"打叉"的图标
        }
        return Icon(Icons.circle, color: Colors.grey);   //没有 Draggable,渲染实心圆
      },
      onWillAccept: (int? value) => value?.isEven ?? false,   //只接收偶数且不接收 null
    )
```

运行时 DragTarget 一般呈灰色,但当用户分别将数字 1 和数字 4 拖动至其区域内时可观察到不同的显示效果,如图 8-11 所示。当用户将数字移开后 DragTarget 立即恢复灰色实心圆。

由此可见,合理使用 builder 方法可轻松实现动态的 DragTarget 渲染效果,并不需要依赖 onMove 或 onLeave 等事件手动跟踪 Draggable 的状态。

图 8-11　DragTarget 根据 Draggable 改变外观

4. 实例

这里展示一个用 DragTarget 组件做成的调色盘实例。程序运行时可观察到一个较大的灰色 Container 作为调色盘,以及 18 个较小的 Container 作为颜料,如图 8-12 所示。用户可将任意颜料拖动至调色盘以添加颜色。例如可先将红色拖放至调色盘中,即可观察到调色盘变为红色。此时再将黄色拖放至调色盘中,即可与先前添加的红色一并混出橙色。

图 8-12　用 DragTarget 实现调色盘小程序

该实例的完整代码如下：

```dart
//第 8 章/drag_target_example.dart

import 'package:flutter/material.dart';

void main() => runApp(MyApp());

class MyApp extends StatelessWidget {
  @override
  Widget build(BuildContext context) {
    return MaterialApp(
      home: Scaffold(
        appBar: AppBar(
          title: Text('DragTarget Demo'),
        ),
        body: MyHomePage(),
      ),
    );
  }
}

class MyHomePage extends StatefulWidget {
  @override
  _MyHomePageState createState() => _MyHomePageState();
}

class _MyHomePageState extends State<MyHomePage> {
  List<Color> _currentColors = [];

  @override
  Widget build(BuildContext context) {
    return Column(
      mainAxisAlignment: MainAxisAlignment.center,
      children: [
        DragTarget<Color>(
          builder: (context, List<dynamic> candidateData,
              List<dynamic> rejectedData) {
            return Container(
              width: 100,
              height: 100,
              color: candidateData.isNotEmpty
                  ? candidateData.first!.withOpacity(0.5)
                  : getMixedColor(),
            );
          },
          onWillAccept: (Color? value) => value != null,
          onAccept: (Color value) {
            _currentColors.add(value);
```

```
          },
        ),
        const SizedBox(height: 24),
        Wrap(
          children: [
            for (int i = 0; i < 18; i++)
              Padding(
                padding: EdgeInsets.all(8.0),
                child: Draggable<Color>(
                  data: Colors.primaries[i],
                  child: Container(
                    width: 50,
                    height: 50,
                    color: Colors.primaries[i],
                  ),
                  feedback: Container(
                    width: 50,
                    height: 50,
                    color: Colors.primaries[i],
                  ),
                ),
              ),
          ],
        ),
      ],
    );
}

Color getMixedColor() {
  if (_currentColors.isEmpty) return Colors.grey;
  int r = 0, g = 0, b = 0;
  _currentColors.forEach((color) {
    r += color.red;
    g += color.green;
    b += color.blue;
  });
  final count = _currentColors.length;
  return Color.fromARGB(255, r ~/ count, g ~/ count, b ~/ count);
}
}
```

8.2.3　LongPressDraggable

LongPressDraggable(长按拖放)组件,顾名思义,是普通的 Draggable 组件的"长按"版本。使用该组件可使被拖动的组件只有在用户长按后才进入拖动状态。这种行为常见于列表中,例如第 5 章介绍的 ReorderableListView 默认情况下就是在用户长按列表元素后才允许拖放排序的。

　　实战中 LongPressDraggable 组件用法与普通 Draggable 完全一致。例如 8.2.2 节的调色盘实例中，若把代码中的 Draggable 直接修改为 LongPressDraggable，其余代码保持不变，则可实现长按后才可以拖动的效果。

　　此外 LongPressDraggable 组件还增设了一个属性 hapticFeedbackOnStart，用于设置是否在拖动开始时产生触觉反馈，默认开启，可以传入 false 关闭该功能。当开启时，Flutter 会在用户开始拖动时调用 HapticFeedback.selectionClick() 方法使设备发出轻微振动。

第 9 章

悬浮与弹窗

9.1 悬浮

在 Flutter 框架中,悬浮功能一般由 Overlay 组件提供。在程序运行时,Overlay 可随时将任意组件插入其内部 Stack 的最顶层,使之悬浮于所有其他组件之上。实战中很少需要自己创建 Overlay 组件,因为通常组件树根的 WidgetsApp 或 MaterialApp 等组件会自动在背后创建一个 Overlay 组件。

9.1.1 OverlayEntry

OverlayEntry 是可被安插在 Overlay 中作为悬浮内容的组件。悬浮的内容永远出现在 App 的最顶层,且高于任何页面,因此不会受程序页面跳转所影响。当有多个悬浮内容同时出现时,最迟插入的 OverlayEntry 会出现在最顶层。

1. 插入与撤除

当需要在程序运行的过程中插入一个悬浮内容时,可调用 Overlay 组件的 insert 方法。例如可先用 ElevatedButton 制作一个按钮,当用户单击时,创建一个 OverlayEntry 组件,再通过 Overlay 的 of 方法查找组件树中当前位置的上级 Overlay 组件,并调用 insert 方法插入这个新创建的 OverlayEntry 组件,而悬浮的内容是一个蓝色的 Container 组件,代码如下:

```
ElevatedButton(
  child: Text("Overlay Test"),
  onPressed: () {
    final entry = OverlayEntry(
      builder: (context) => Container(
        color: Colors.blue,
      ),
    );
    Overlay.of(context)?.insert(entry);
  },
)
```

实战中推荐将新创建的 OverlayEntry 实例存为变量,例如上述代码就将其赋值于 entry 变量,以便后续操作。如当需要撤除该悬浮内容时,就可调用 OverlayEntry 实例的 remove 方法,代码如下:

```
entry.remove()
```

Overlay 组件通常不需要开发者手动创建,因为一般 Flutter 程序常见的组件树根 MaterialApp 或 WidgetsApp 等都会创建一个导航器(Navigator),而导航器的内部又会创建 Overlay 组件。Overlay 的主要作用就是通过内部的 Stack 来管理和叠放各个组件层,包括需置顶的悬浮内容及各种不同页面之间的切换等。实战中基本可以确定当前 context 的组件树的上级已经存在一个 Overlay 组件,因此只需调用其 of 方法就可以查询到。

2. 位置

默认情况下 OverlayEntry 组件需遵从父级组件的尺寸约束,通常占满全屏幕。若不需要悬浮内容占满全屏,就应该在其父级插入可放松约束的组件,如使用 Center 居中,或使用 Align 等组件设置更具体的对齐方式。

同时,由于 Overlay 组件的内部使用了 Stack 来叠放不同层的 OverlayEntry,因此每个悬浮内容都可直接使用 Postioned 或 AnimatedPostioned 来帮助协调它们的位置。

3. 刷新

OverlayEntry 的内容一般是由其他组件构建的,但细心观察上例的代码后不难发现,其子组件并不是由 child 属性设置的,而是通过 builder 方法构造的,因此若在程序运行时 builder 函数中使用的外部变量发生变化,就可调用 OverlayEntry 的 markNeedsBuild()方法使其在下一帧重绘。

例如某个由 Positioned 组件控制位置的 OverlayEntry,可在程序运行时允许用户单击按钮,将悬浮内容的位置向右移动 10 个单位,其核心代码如下:

```
ElevatedButton(
  child: Text("移动"),
  onPressed: () {
    _left += 10;
    _entry.markNeedsBuild();
  },
)
```

每当用户单击该按钮时,程序首先会将 _left 属性加 10(该变量应同时在 OverlayEntry 的 builder 方法中被 Positioned 的 left 属性使用)。其次调用 markNeedsBuild()方法通知 OverlayEntry 需重新调用 builder 函数,以达到更新其位置的效果,完整示例代码如下:

```
//第 9 章/overlay_entry_example.dart

import 'package:flutter/material.dart';
```

```dart
void main() {
  runApp(MyApp());
}

class MyApp extends StatelessWidget {
  @override
  Widget build(BuildContext context) {
    return MaterialApp(
      home: MyHomePage(),
    );
  }
}

class MyHomePage extends StatefulWidget {
  @override
  _MyHomePageState createState() => _MyHomePageState();
}

class _MyHomePageState extends State<MyHomePage> {
  OverlayEntry? _entry;
  double _left = 50;

  @override
  Widget build(BuildContext context) {
    return Scaffold(
      appBar: AppBar(
        title: Text("OverlayEntry Demo"),
      ),
      body: Center(
        child: Column(
          mainAxisSize: MainAxisSize.min,
          children: [
            ElevatedButton(
              child: Text("添加"),
              onPressed: () {
                _entry = OverlayEntry(
                  builder: (context) {
                    print("build");
                    return Positioned(
                      left: _left,
                      top: 200,
                      child: Container(
                        width: 150,
                        height: 150,
                        color: Colors.grey,
                      ),
                    );
                  },
                );
```

```
                  Overlay.of(context)?.insert(_entry!);
                },
              ),
              ElevatedButton(
                child: Text("移动"),
                onPressed: () {
                  _left += 10;
                  _entry?.markNeedsBuild();
                },
              ),
              ElevatedButton(
                child: Text("删除"),
                onPressed: () => _entry?.remove(),
              ),
            ],
          ),
        ),
      );
    }
}
```

运行效果如图 9-1 所示。用户需首先单击"添加"按钮插入一个 OverlayEntry，内容即 Positioned 嵌套一个灰色的 Container 组件。每当用户单击"移动"按钮时，该灰色 Container 组件会向右移动，而当用户单击"删除"按钮时，程序将调用 remove() 方法撤除悬浮内容。

实际上，本书第 8 章介绍的 Draggable 组件就是在用户开始拖放操作时在 Overlay 中插入了一个 OverlayEntry，内容为 Positioned 组件和 Draggable 的 feedback 属性所指定的"反馈"组件。在用户拖动的过程中，Draggable 通过连续调用 markNeedsBuild() 方法不断更新这个 OverlayEntry 中的 Positioned 组件的 top 和 left 属性，以实现 feedback 组件自动跟随光标移动的效果。当拖放操作结束时，Draggable 会将该 OverlayEntry 撤除。

4. 悬浮 Text 组件的字体

若在 OverlayEntry 中直接使用 Text 组件，则可能会发现 Text 组件的默认样式有些奇怪，如图 9-2 所示。这是由于 OverlayEntry 被插入 Overlay 后，其组件树的上级缺少一个 DefaultTextStyle 组件。

然而普通布局中的 Text 组件则很少会有这样的困扰。这是因为一般 Flutter 程序的 Text 组件上级经常有

图 9-1　用 markNeedsBuild 使 OverlayEntry 重绘

OverlayEntry
Text

图 9-2　OverlayEntry 中的 Text 缺少默认样式

Scaffold 组件帮助提供默认样式。查阅 Scaffold 组件的源代码后不难发现,它是以内部嵌套 Material 组件的方式为其下级组件提供默认字体样式的,而 Material 组件本身的 build 方法中则嵌套了 AnimatedDefaultTextStyle 组件,并将默认样式设置为 Theme. of (context). textTheme. bodyText2,其相关部分的源代码如下:

```
//...
Widget contents = widget.child;
if (contents != null) {
  contents = AnimatedDefaultTextStyle(
    style: widget.textStyle ?? Theme.of(context).textTheme.bodyText2,
    duration: widget.animationDuration,
    child: contents,
  );
}
//...
```

因此在 OverlayEntry 中使用 Text 组件时,可在父级添加 Material 组件,代码如下:

```
Material(child: Text("OverlayEntry Text"))
```

开发者也可直接通过设置 Text 组件的 textStyle 属性实现相同效果,代码如下:

```
Text(
  "OverlayEntry Text",
  style: Theme.of(context).textTheme.bodyText2,
)
```

5. 优化

从程序优化的角度来讲,若某个悬浮的内容或页面完全占满整个屏幕且不透明,则它"身后"那些被它遮住的组件层就没有被渲染的必要了。例如当用户从主页跳转到某详情介绍页面时,若新页面可将主页完全遮挡,则主页可暂时省略渲染等步骤,直到详情介绍页被关闭为止。

1) opaque 属性

OverlayEntry 的 opaque(不透明)属性用于设置该悬浮内容是否能完全遮挡住整个屏幕。如果可以完全遮挡,则 Flutter 只需渲染该层及它上面层的组件,而不需要渲染它下面层的组件。

例如,将上例代码中的 OverlayEntry 增设 opaque:
true 属性,当用户单击按钮添加完 OverlayEntry 后,
Flutter 将不再继续渲染它下层的内容。没有渲染的地方
显示为黑屏,如图 9-3 所示。

由此可见,Flutter 并不会检查该 OverlayEntry 是否
确实有能力完全遮挡下层的内容,它只会单纯地按照开发
者设置的 opaque 属性决定是否进行优化。

另外,程序运行时可随时修改 OverlayEntry 的 opaque
属性(如设置 _entry. opaque = false 等),而且此改动可立
即生效,无须调用 markNeedsBuild()方法。

2) maintainState 属性

当多层 OverlayEntry 叠放时,若其中某一层完全不透
明(opaque 为 true),则该层以下的全部 OverlayEntry 都
会停止渲染,它们的子组件的 build 方法不会被调用。例
如某程序由底至顶共有 A、B、C、D 这 4 层 OverlayEntry,
若只有 C 层被设置为不透明,Flutter 则只会渲染 C 层及
漂浮于它上方的 D 层,而不会渲染底部的 A 层和 B 层。
此外,若不透明的 C 层在运行时被撤除(或 opaque 被修改
为 false),则之后 Flutter 会正常渲染全部组件。此时 A 层
和 B 层会被初始化。若这 2 层包含 StatefulWidget,则其
组件状态可能会被重置。

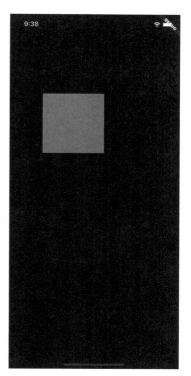

图 9-3　OverlayEntry 将 opaque
设置为 true

若需要在 OverlayEntry 被完全遮挡时仍然保留状态并要求继续调用其组件的 build 方
法,则可将 maintainState 属性设置为 true,但这么做就等于放弃了 Flutter 对这层的优化,
用前应慎重考虑。

9.1.2　CompositedTransformTarget

这是一个用于设置"被追踪的目标"的组件。当该 CompositedTransformTarget(目标)
组件出现在屏幕上时,开发者可用配套的 CompositedTransformFollower(追随者)组件追
踪它的位置。

使用时必须向 CompositedTransformTarget 传入 link 属性,类型为 LayerLink。当追
随者和目标使用同一个 LayerLink 时,追随者会被位移至目标处。此外还可以向目标传入
child 组件用于渲染,若不需要目标可见,则可以直接不设置 child 属性。

例如,可先使用 Stack 容器堆放 2 个 Text 组件分别当作"目标"和"追随者",并借助
Align 组件将目标随意摆放,接着为目标和追随者分别添加 CompositedTransformTarget
和 CompositedTransformFollower 组件,并为它们的 link 属性传入同一个 LayerLink,代码

如下：

```
Widget build(BuildContext context) {
  final link = LayerLink();

  return Stack(
    children: [
      Align(
        alignment: Alignment(0.5, -0.7),
        child: CompositedTransformTarget(
          link: link,
          child: Text("目标"),
        ),
      ),
      CompositedTransformFollower(
        link: link,
        child: Text("追随者"),
      ),
    ],
  );
}
```

运行时，写有"追随者"字样的 Text 组件会精确地出现在
目标的位置并重叠，即使它自身并没有使用 Align 组件调整
位置，如图 9-4 所示。

这里需要注意的是，"目标"必须在"追随者"之前绘制，否
则会导致运行时错误。在上例中，若将 Stack 中的 2 个元素
的代码位置互换，就会导致"追随者"比"目标"先绘制，错误提
示如下：

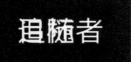

图 9-4　"追随者"精确地出现在
目标的位置

```
Exception caught by scheduler library:
LeaderLayer anchor must come before FollowerLayer in paint order, but the reverse was true.
```

实战中追随者常配合 OverlayEntry 使用，将悬浮内容固定于某些元素附近，因此通常
不会遇到此类渲染顺序的问题。读者可在 9.1.3 节 CompositedTransformFollower 中找到
相关示例。

9.1.3　CompositedTransformFollower

这是一个用于设置"追随者"的组件。程序运行时，它会找到屏幕上与自己 LayerLink
相同的那个 CompositedTransformTarget（目标）组件，并将自己位移至与目标重合。
Flutter 支持多个追随者追踪同一个目标，但要求目标必须比任何追随者都更早完成绘制。
对这部分内容不熟悉的读者应先阅读 9.1.2 节 CompositedTransformTarget 内容。

1. 属性

CompositedTransformFollower 组件共有 4 个属性,其中 child 和 link 属性的用法与 9.1.2 节介绍的 CompositedTransformTarget 完全一致,在此不再赘述。

当目标在屏幕上消失后,showWhenUnlinked 属性决定是否应继续显示该追随者。默认值为 true,即追随者仍然可见,但不会再有位移。若修改为 false,则当目标不可见时,追随者也会随之被暂时隐藏,直到目标再次出现。

最后,CompositedTransformFollower 组件的 offset 属性可用于为追随者组件增加额外的位移,例如设置 Offset(200,200) 即表示追随者(在找到目标后)需再向目标位置的右下方各偏移 200 单位。若追随者没有找到目标且没有隐藏(showWhenUnlinked 属性),则 offset 属性不会生效。

2. 实例

追随者可用于将 OverlayEntry 悬浮内容固定在某个元素附近,这样即使目标组件位置发生了改动,追随者也会自动更新,与目标位置保持重合。

本例构建了一个 ListView 列表,内含大量元素,且每个元素的右边都有一个按钮。当用户单击按钮时,悬浮内容将出现在该元素附近,并随着 ListView 的滚动而不断更新自身的位置,保持与该元素相对静止。这里可假设列表中的元素为商品名,而单击按钮后弹出的是该商品的详细介绍,因此需随着商品在列表中滚动。例如当用户按第 8 个元素的按钮后,悬浮窗口就会出现在第 8 个元素附近,如图 9-5 所示。

图 9-5　悬浮内容可追随 ListView 元素并同时滚动

当用户继续翻动 ListView 列表,并最终将第 8 个元素移出屏幕时,这里的 showWhenUnlinked:false 属性可使悬浮内容同时消失。本例的完整代码如下:

```
//第 9 章/follower_overlay_list.dart

import 'package:flutter/material.dart';

void main() {
  runApp(MyApp());
}

class MyApp extends StatelessWidget {
  @override
```

```
  Widget build(BuildContext context) {
    return MaterialApp(
      home: MyHomePage(),
    );
  }
}

class MyHomePage extends StatefulWidget {
  @override
  _MyHomePageState createState() => _MyHomePageState();
}

final _links = {};                                    //用于储存 link 的 Map 数据类型

class _MyHomePageState extends State < MyHomePage > {
  @override
  Widget build(BuildContext context) {
    return Scaffold(
      appBar: AppBar(
        title: Text("Flutter Demo"),
      ),
      body: ListView.builder(
        itemExtent: 50,
        itemBuilder: (_, index) {
          var link;
          //查找该元素之前保存过的 link,否则创建新的 link 并保存
          if (_links.containsKey(index)) {
            link = _links[index];
          } else {
            link = LayerLink();
            _links[index] = link;
          }
          return Container(
            color: Colors.primaries[index % 18][200],
            child: Row(
              mainAxisAlignment: MainAxisAlignment.spaceAround,
              children: [
                CompositedTransformTarget(               //目标
                  link: link,
                  child: Text("This is item $ index"),
                ),
                ElevatedButton(
                  child: Icon(Icons.more_horiz),
                  onPressed: () {
                    final entry = OverlayEntry(builder: (_) {
                      return CompositedTransformFollower( //追随者
                        offset: Offset(20, 20),           //位移
                        showWhenUnlinked: false,          //当目标消失时自动隐藏
```

```
                                        link: link,
                                        child: Align(
                                          alignment: Alignment.topLeft,
                                          child: Container(
                                            width: 200,
                                            height: 200,
                                            color: Colors.white.withOpacity(0.8),
                                          ),
                                        ),
                                      );
                                    });
                                    Overlay.of(context)?.insert(entry);
                                  },
                                ),
                              ],
                            ),
                          );
                        },
                      ),
                    );
                  }
                }
```

9.2　弹窗

　　虽然使用本章前面部分所介绍的 OverlayEntry 可以实现弹出对话框的效果,但毕竟过程比较烦琐,而且没有自动支持对话框的常见功能,如动画效果、自动插入"屏障"使周围变暗,以及单击对话框以外的屏障即可立即消除该对话框等,如图 9-6 所示。

　　在 Flutter 中,直接调用 showDialog()方法即可快速地实现弹窗功能,包括插入屏障,以及屏障进场和出场时的渐变效果,甚至处理弹窗的返回值等。

　　使用 showDialog 时需要传入 BuildContext 参数和 builder 函数。其中前者负责为弹窗提供导航器和主题风格等上下文,一般只需将当前 context 传入,而后者可以接收一个组件,用于渲染弹窗的内容。例如图 9-6 就简单地将一个白色 Container 放置于 Center 组件中作为弹窗内容,代码如下:

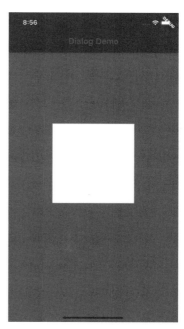

图 9-6　常见的对话框会自动将周围变暗

```
showDialog(
  context: context,
  builder: (context) {
    return Center(
      child: Container(
        width: 200,
        height: 200,
        color: Colors.white,
      ),
    );
  },
);
```

实际上 showDialog() 方法是 package：flutter/material. dart 包中的全局函数，因此弹出的窗口是安卓的 Material 设计风格。如需使用与之对应的 iOS 风格的弹窗，则可调用 package：flutter/cupertino. dart 包中的 showCupertinoDialog()方法。这 2 个函数的用法基本一致，例如可直接将上例代码中第 1 行的 showDialog 改为 showCupertinoDialog，运行效果如图 9-7 所示。

图 9-7　Cupertino 风格的弹出对话框效果

对比 Material 风格(图 9-6)与 Cupertino 风格(图 9-7)的弹窗后不难发现,后者屏障的灰色填充效果稍微淡一些。此外 Cupertino 风格的弹窗在默认情况下并不会因用户单击屏障而自动消除,如需改变这一行为,则可通过传入 barrierDismissible: true 实现,代码如下:

```
showCupertinoDialog(
  context: context,
  barrierDismissible: true,              //单击屏障时应自动消除
  builder: (context) => Center(child: FlutterLogo()),
);
```

反之,在 Material 风格的对话框中也可以通过传入 barrierDismissible: false 来取消这一默认行为,但用户仍可通过安卓手机上的返回按钮退出。由此可见,安卓和 iOS 对用户单击屏障区域是否应该自动消除的默认态度不同,但开发者都可轻易进行修改。

此外,Material 风格的 showDialog() 还支持 barrierColor 属性,用于修改屏障的颜色,默认为 Colors.black54,即 54% 不透明度的黑色。例如修改为 Colors.red 即可改为完全不透明的红色,或改为 Colors.blue.withOpacity(0.5) 即为半透明的蓝色等,而 showCupertinoDialog() 为了尊重 iOS 的设计风格,不支持修改屏障颜色,固定为普通模式下 20% 黑,夜间模式下48% 黑。

9.2.1 AlertDialog

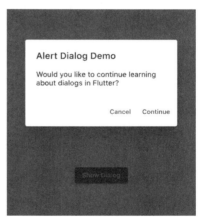

图 9-8 一个常见的对话框

AlertDialog 组件可帮助开发者迅速构造一个最常见的对话框,如图 9-8 所示。

AlertDialog 组件常用的参数有 3 个,均可省略。其中 title 和 content 代表标题和内容,分别用于设置对话框的标题和正文部分,一般传入 Text 组件显示一段文本,但也支持其他组件显示任意内容。另外 actions 参数可以接收一个组件列表,一般传入一些 TextButton 文字按钮。当这些参数为空时,对应的元素就会消失。用于实现图 9-8 所示对话框的代码如下:

```
AlertDialog(
  title: Text("Alert Dialog Demo"),
  content: Text(
      "Would you like to continue learning about dialogs in Flutter?"),
  actions: [
    TextButton(
      onPressed: () {},
      child: Text("Cancel"),
    ),
```

```
    TextButton(
      onPressed: () {},
      child: Text("Continue"),
    )
  ],
)
```

本书在第 3 章介绍按钮时提到过，从布局角度出发，通常建议在已经凸起的平面（如弹出的对话框等）使用扁平按钮，避免再次凸起，破坏界面的整体性，因此通常建议向对话框的 actions 属性传入 TextButton 这类扁平的按钮，而不使用 ElevatedButton 等凸起的按钮。

另外根据 Material 设计规范，通常建议对话框的按钮文案尽量使用动词。例如确认删除文件的对话框中，推荐 2 个按钮文案应采用"取消"与"删除"，而不采用"是"与"否"。前者可更清晰地表达单击按钮后即将发生什么，而且也可以在用户不仔细阅读对话框内容的情况下尽量概括大意，减少误操作的可能性，从而提升用户体验。

1. 返回值

本章之前提到过，弹出对话框可使用 showDialog() 或 showCupertinoDialog() 函数。实际上这些函数本身还支持返回值，用于在对话框关闭时传递用户的选择或其他信息。

在弹出的对话框中，开发者可随时通过调用 Navigator.of(context).pop() 关闭当前对话框。其中 Navigator 是导航器，负责多个页面之间的跳转与切换，本书在第 10 章"界面导航"有详细介绍。这里的 pop 是指移除"栈（stack 数据结构）"的第一项，因此这段代码的大意就是"将最顶部的那层页面移除"，即关闭对话框。关闭时，pop() 函数支持接收一个任意类型的值，而这个值就会作为 showDialog() 或 showCupertinoDialog() 方法的异步返回结果。

例如可弹出对话框确认是否删除文件，并配备 2 个按钮。当用户按下"删除"按钮后，程序执行代码 Navigator.of(context).pop(true) 关闭对话框，其返回值为 true。当用户"取消"时，程序关闭对话框，但 pop() 方法不传值，最终效果为返回 null 值，代码如下：

```
//第9章/alert_dialog_result.dart

ElevatedButton(
  child: Text("弹出对话框"),
  onPressed: () async {                          //用 async 关键字标注异步方法
    final result = await showDialog(             //用 await 关键字等待异步结果
      context: context,
      builder: (context) {
        return AlertDialog(
          title: Text("删除文件"),
          content: Text("确定要删除 DCIM_0001.jpg 文件吗?"),
          actions: [
            TextButton(
              onPressed: () {
```

```
                  Navigator.of(context).pop();              //关闭,无返回值
                },
                child: Text("取消"),
              ),
              TextButton(
                onPressed: () {
                  Navigator.of(context).pop(true);          //关闭,返回值为 true
                },
                child: Text(
                  "删除",
                  style: TextStyle(color: Colors.red),       //删除按钮使用红色
                ),
              )
            ],
          );
        },
      );
      print(result);                                         //打印返回值
    },
)
```

程序运行效果如图 9-9 所示。

由于这是采用 showDialog( )方式打开的对话框,因此默认情况下用户可单击对话框以外的"屏障"区直接关闭。这么做时 showDialog( )异步得到的返回值为 null,与手动 pop( )不传值时无异。

2. 更新状态

初学者可能会在首次尝试弹窗组件时惊讶地发现,热更新(Hot Reload)功能失效了。每当 AlertDialog 的内容稍有变动,例如修改对话框的标题,再使用 Flutter 的热更新后并不能直接在调试设备或模拟器中观察到效果,只有把当前对话框关闭后,再弹出的新对话框才有效

图 9-9 弹出对话框并得到返回值

果。若开发者在对话框中再添加稍复杂的功能,则可能还会发现 setState 也没有效果。通常有以下两种解决方法:

1)封装为自定义组件

热更新时 Flutter 会依次调用各个组件的 build 方法重绘,但通常弹出对话框的并不是 build 方法,而是例如单击某按钮时,按钮的 onPressed 事件触发的 showDialog( )行为。虽然对话框本身可能是一个 AlertDialog 组件,但即使该组件被重绘,它也还会按照用户上次单击按钮时产生的闭包中的 title 和 content 等属性值重新渲染出旧的对话框,从而造成热更新失效的现象。

为了解决这一问题,开发者可选择自定义 StatelessWidget 组件将 AlertDialog 封装,这

样可把定义外观的代码都放在 build 方法中,这样当采用热更新机制调用 build 方法时可观察到改变。为了对比效果,这里举例创建 MyDialog 类,即无状态组件 StatelessWidget,并要求调用者传入 title 作为对话框的标题,但 content 正文部分直接写在 build 方法中,核心代码如下:

```
Widget build(BuildContext context) {
  return AlertDialog(
    title: Text(title),
    content: Text("内容直接写在 build 方法中,支持热更新。"),
  );
}
```

这样读者在开发调试的过程中可随意修改 content 的文本内容,热更新有效,如图 9-10 所示。

图 9-10　封装后的组件可支持热更新

用于实现图 9-10 所示效果的完整代码如下:

```
//第 9 章/alert_dialog_stateless.dart

import 'package:flutter/material.dart';

void main() {
  runApp(MyApp());
}

class MyApp extends StatelessWidget {
  @override
  Widget build(BuildContext context) {
    return MaterialApp(
      home: MyHomePage(),
    );
  }
}

class MyHomePage extends StatefulWidget {
  @override
  _MyHomePageState createState() => _MyHomePageState();
}
```

```
class _MyHomePageState extends State < MyHomePage > {
  @override
  Widget build(BuildContext context) {
    return Scaffold(
      appBar: AppBar(title: Text("AlertDialog Demo")),
      body: Align(
        alignment: Alignment(0, 0.5),
        child: ElevatedButton(
          child: Text("弹出对话框"),
          onPressed: () {
            showDialog(
              context: context,
              builder: (context) {
                return MyDialog("标题作为参数传入");
              },
            );
          },
        ),
      ),
    );
  }
}

class MyDialog extends StatelessWidget {
  final String title;

  const MyDialog(this.title);

  @override
  Widget build(BuildContext context) {
    return AlertDialog(
      title: Text(title),
      content: Text("内容直接写在 build 方法中,支持热更新。"),
    );
  }
}
```

同时,将对话框封装为自定义的组件后还可以更好地支持状态更新。例如对话框中如果需要用到状态,则可直接将这里的 StatelessWidget 改为 StatefulWidget,即可照常调用 setState 更新界面。例如可用 Slider 制作一个控制音量的对话框,命名为 VolumeControlDialog 组件,代码如下:

```
//第 9 章/alert_dialog_stateful.dart

class VolumeControlDialog extends StatefulWidget {
  final String title;
```

```
    const VolumeControlDialog(this.title);

    @override
    _VolumeControlDialogState createState() => _VolumeControlDialogState();
}

class _VolumeControlDialogState extends State<VolumeControlDialog> {
    double _value = 0.5;

    @override
    Widget build(BuildContext context) {
      return AlertDialog(
        title: Text(widget.title),
        content: IntrinsicHeight(
          child: Slider(
            value: _value,
            onChanged: (v) {
              setState(() => _value = v);
            },
          ),
        ),
        actions: [
          TextButton(
            child: Text("OK"),
            onPressed: () => Navigator.of(context).pop(_value),
          )
        ],
      );
    }
}
```

运行效果如图 9-11 所示。

这里使用的 Slider 组件(滑块)属于 Material 风格的用户输入组件,本书在第 11 章有更多介绍。另外这里还用到了 IntrinsicHeight 组件,用于避免整个 AlertDialog 组件尺寸过大,对此不熟悉的读者可参考第 15 章"深入布局"中的相关内容。

2) 匿名组件

实战中若不担心热重启失效(毕竟只是在开发的过程中稍微麻烦一点,并不影响程序的实际运行效果),但需要用到 StatefulWidget,也可以直接使用 StatefulBuilder 组件创建一个匿名组件。

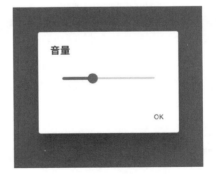

图 9-11　封装为 Stateful 的
对话框组件

Flutter 框架小知识

（13min）

什么时候需要使用 Builder 组件

正如同匿名函数（lambda）一样，实战中并不是每个组件都值得被独立封装并为之取名。有时候组件的内容微不足道，但不封装成独立组件时，又无法满足特殊的需求。针对这种情况，Flutter 提供 2 种创建"匿名组件"的方法，分别是 Builder 组件和 StatefulBuilder 组件，用于创建匿名的 StatelessWidget 和 StatefulWidget。

例如继承式组件（InheritedWidget）通常提供 of 方法（如 MediaQuery 组件），以便下级组件可以轻松地查找并使用该继承式组件的内容，然而当"下级"组件并没有被独立封装，而是直接使用组件构造（Widget Composition）的方式与继承式组件出现在同一个 build 方法里时就会出错，完整错误示范代码如下：

```
import 'package:flutter/material.dart';

void main() {
  runApp(MyApp());
}

class MyApp extends StatelessWidget {
  @override
  Widget build(BuildContext context) {
    return MaterialApp(
      home: ElevatedButton(
        child: Text("Get Screen Size"),
        onPressed: () {
          print(MediaQuery.of(context).size);
        },
      ),
    );
  }
}
```

这里按钮应打印出当前屏幕尺寸，然而运行后却提示找不到 MediaQuery 组件。阅读代码后不难看出，这里 MyApp 这个组件的 build 方法中同时构造了 MaterialApp、ElevatedButton、Text 这一系列组件，因此这 3 个组件实际上都属于 MyApp 组件，并不独立存在于组件树中，因此 MaterialApp 并不是 ElevatedButton 的"上级"，而 Text 组件也不是 ElevatedButton 的"下级"。其中 MaterialApp 组件会自动提供 MediaQuery 组件（详见本书第 10 章 MaterialApp 组件的介绍），因此 MediaQuery 实际上也和 ElevatedButton"同级"。单击按钮后，onPressed 方法调用 MediaQuery.of(context)方法，而这里的 context 指的是 MyApp（而不是 ElevatedButton），因此 of 方法查找上级组件后发现 MyApp 的上级并不存在 MediaQuery，所以报错。

解决此类问题的办法之一就是将 build 方法拆分成多个组件,例如将 ElevatedButton 封装为自定义的组件并传给 MaterialApp 的子组件(home 属性),使 MaterialApp 及它背后自动生成的 MediaQuery 确实成为 ElevatedButton 的父级组件,然而如此简单的组件确实不值得被独立封装并取名,不仅麻烦,而且这么做还会使代码臃肿。更方便的解决办法是使用 Builder 组件创建一个匿名组件,代码如下:

```
Widget build(BuildContext context) {
  return MaterialApp(
    home: Builder(
      builder: (BuildContext context) => ElevatedButton(
        child: Text("Get Screen Size"),
        onPressed: () {
          print(MediaQuery.of(context).size);
        },
      ),
    ),
  );
}
```

由此可见,Builder 组件的主要作用就是调用 builder 函数创建一个组件,但在此过程中会将 BuildContext 作为参数传入,而这里的 context 指的就是 Builder 组件即将创建的这个新的组件的 context,而不再是 MyApp 的 context,因此在按钮内调用 MediaQuery.of (context)时,确实可以在其上级找到一个 MediaQuery,因此该代码可以正常运行。

类似地,StatefulBuilder 也可以匿名创建一个组件,并在创建的过程中将 StateSetter 作为参数传入。开发者调用该 StateSetter 时,就可以更新当前匿名组件的内部状态,使其重绘。

上例"音量滑块"对话框使用 StatefulBuilder 改写后的完整代码如下:

```
//第 9 章/alert_dialog_stateful_builder.dart

import 'package:flutter/material.dart';

void main() {
  runApp(MaterialApp(home: MyApp()));
}

class MyApp extends StatelessWidget {
  @override
  Widget build(BuildContext context) {
    return Scaffold(
      appBar: AppBar(title: Text("AlertDialog Demo")),
      body: Align(
        alignment: Alignment(0, 0.5),
        child: ElevatedButton(
```

```
            child: Text("弹出对话框"),
            onPressed: () async {
              final result = await showDialog(
                context: context,
                builder: (context) {
                  double _value = 0.5;                        //定义变量
                  return AlertDialog(
                    title: Text("音量"),
                    content: IntrinsicHeight(
                      child: StatefulBuilder(                  //创建匿名 Stateful 组件
                        builder: (_, StateSetter setState) {   //传入 setState 参数
                          return Slider(
                            value: _value,
                            onChanged: (v) {
                              setState(() => _value = v);      //调用 setState 更新状态
                            },
                          );
                        },
                      ),
                    ),
                    actions: [
                      TextButton(
                        child: Text("OK"),
                        onPressed: () => Navigator.of(context).pop(_value),
                      )
                    ],
                  );
                },
              );
              print(result);
            },
          ),
        ),
      ),
    );
  }
}
```

这里可以看到,虽然 MyApp 是一个 StatelessWidget 组件,但由于 StatefulBuilder 传入了参数 StateSetter setState 作为其 builder 函数的第 2 个参数,因此在 Slider 的 onChanged 函数中可以调用 setState 更新 Slider 的状态。这里的 setState 实际上就是 builder 函数的第 2 个参数名,也可以改成任意其他名字。

无论使用匿名的 StatefulBuilder 还是像前例一样直接选择独立封装,运行效果完全一致。读者可根据组件的复杂程度及代码复用率,综合决定是否值得将某组件独立封装。

3. 其他属性

除了较为常用的 title、content 和 actions 这 3 个属性外,AlertDialog 还有一些其他不太常用的属性,这里进行简单介绍。

首先 titlePadding 和 contentPadding 及 titleTextStyle 和 contentTextStyle 可分别为 title 和 content 设置留白和默认字体样式。其次 insetPadding 可设置对话框与屏幕边框需保持的最少留白,默认为垂直 24 单位及水平 40 单位——即使对话框的内容再多,也至少要保持与屏幕左右边框各 40 单位的留白。另外,elevation 属性可设置对话框的 z 轴的高度(海拔),实际表现为投影。海拔越高,阴影效果就越明显,默认为 24 单位,采用默认值时有较明显的投影效果,使对话框看起来像在悬浮。最后 shape 属性可用于设置对话框的边框圆角边等。

为了演示的目的,这里明显修改上述属性,代码如下:

```
AlertDialog(
  title: Text("对话框标题"),
  content: Text("对话框内容" * 10),
  actions: [TextButton(child: Text("关闭"), onPressed: () {})],
  titlePadding: EdgeInsets.only(left: 80),
  titleTextStyle: TextStyle(fontSize: 24),
  contentPadding: EdgeInsets.zero,
  contentTextStyle: TextStyle(fontSize: 20),
  insetPadding: EdgeInsets.zero,
  elevation: 0,
  shape: RoundedRectangleBorder(
    borderRadius: BorderRadius.circular(48),
  ),
  backgroundColor: Colors.black,
)
```

运行效果如图 9-12 所示。

图 9-12　自定义对话框的样式

9.2.2　CupertinoAlertDialog

这是一个更贴近 iOS 的 Cupertino 设计风格的对话框组件。它的用法与 9.2.1 节介绍的 Material 风格的 AlertDialog 相似,常用属性仍然是 title、content 和 actions,分别对应标题、内容和按钮。为了保持 iOS 的风格统一,这里 actions 传入的按钮列表更推荐使用 CupertinoDialogAction 组件而不是 Material 风格的 TextButton 组件,代码如下:

```
CupertinoAlertDialog(
  title: Text("CupertinoAlertDialog"),
  content: Text("This is not material style. " * 2),
  actions: [
    CupertinoDialogAction(
      child: Text("按钮 1"),
      onPressed: () {},
    ),
    CupertinoDialogAction(
      child: Text("按钮 2"),
      onPressed: () {},
    ),
  ],
)
```

运行效果如图 9-13 所示。

当按钮的数量超过两个时,CupertinoAlertDialog 会将它们竖着摆放,运行效果如图 9-14(a)所示,而 Material 风格的 AlertDialog 则可以多放几个按钮,如图 9-14(b)所示,但最终当数量实在过多时也会竖着摆放。

图 9-13　CupertinoAlertDialog 演示

图 9-14　Cupertino 与 Material 风格的对比

最后值得一提的是,CupertinoDialogAction 按钮有 isDefaultAction 属性,用于将该按钮标注为“默认选项”,实际效果为字体加粗。另外它还有 isDestructiveAction 属性,用于将该按钮标注为“毁灭性的”,实际效果为使用红色字体,代码如下:

```
CupertinoAlertDialog(
  title: Text("删除文件"),
  content: Text("确定要删除文件 DCIM_0001 吗?"),
  actions: [
```

```
        CupertinoDialogAction(
          isDefaultAction: true,
          child: Text("取消"),
          onPressed: () => Navigator.of(context).pop(false),
        ),
        CupertinoDialogAction(
          isDestructiveAction: true,
          child: Text("删除"),
          onPressed: () => Navigator.of(context).pop(true),
        ),
      ],
)
```

运行效果如图 9-15 所示。

图 9-15   默认按钮与毁灭性按钮的效果

由于本书印刷的限制,读者可能无法辨认按钮文字的颜色。图 9-15 对话框中"删除"字
样为红色,而"取消"字样为默认的蓝色且加粗。

9.2.3   SimpleDialog

这是一个 Material 风格的简易对话框,常用于提供多个选项并让用户选择其中一项。
该对话框支持可选的 title 属性,用于显示一个标题,以及 children 属性,用于提供多个选
项。为保持 Material 风格统一,这里推荐向每个选项都传入 SimpleDialogOption 组件,代
码如下:

```
SimpleDialog(
  title: Text("选择语言"),
  children: [
    SimpleDialogOption(
      child: Text("中文"),
      onPressed: () => Navigator.of(context).pop("用户选择了中文"),
    ),
    SimpleDialogOption(
      child: Text("English"),
      onPressed: () => Navigator.of(context).pop("用户选择了英语"),
    ),
```

```
      SimpleDialogOption(
        child: Text("Français"),
        onPressed: () => Navigator.of(context).pop("用户选择了法语"),
      ),
    ],
  )
```

运行效果如图 9-16 所示。

与其他对话框一样，SimpleDialog 也可以由
showDialog()或者 showCupertinoDialog()弹出，但为了
更贴近 Material 风格，这里还是推荐使用 Material 风格
的 showDialog()方法。在 iOS 设备中，通常类似的功能
是由底部弹窗实现的（本章将在稍后讨论），因此
SimpleDialog 没有对应的 Cupertino 版本。

图 9-16　SimpleDialog 对话框效果

9.2.4　CupertinoPopupSurface

这是 Cupertino 风格对话框的背景板，Flutter 也将其作为一个组件，方便大家在此基础
上继续开发。它所呈现的视觉效果是 iOS 系统中常见的圆角边白底模糊背景，可含一个
child 组件。使用时也可以通过 isSurfacePainted：false 将白色背景关闭，只保留模糊效果，
代码如下：

```
CupertinoPopupSurface(
  isSurfacePainted: false,                      //关闭白色背景
  child: Padding(
    padding: EdgeInsets.all(24),
    child: FlutterLogo(size: 80),
  ),
)
```

这个组件的默认渲染行为有白色背景，如图 9-17（左图）所示，而上例代码关闭了白色
背景，因此实际运行效果如图 9-17（右图）所示。

图 9-17　CupertinoPopupSurface 的效果

当作为弹窗使用时,由于没有宽松的布局约束,CupertinoPopupSurface 很可能会占满全屏幕。如果需要缩小它的尺寸,则可考虑插入 Align 或 Center 等组件,完整代码如下:

```dart
//第 9 章/cupertino_popup_surface.dart

import 'package:flutter/cupertino.dart';
import 'package:flutter/material.dart';

void main() {
  runApp(MaterialApp(home: MyApp()));
}

class MyApp extends StatelessWidget {
  @override
  Widget build(BuildContext context) {
    return Scaffold(
      appBar: AppBar(title: Text("CupertinoPopupSurface Demo")),
      body: Align(
        alignment: Alignment(0, 0.5),
        child: ElevatedButton(
          child: Text("弹出对话框"),
          onPressed: () {
            showCupertinoDialog(
              context: context,
              builder: (_) => Center(
                child: CupertinoPopupSurface(
                  child: FlutterLogo(size: 200),
                ),
              ),
            );
          },
        ),
      ),
    );
  }
}
```

除了作为弹窗的背景外,这个组件也可以直接嵌入 ListView 等列表或容器中,作为修饰性的背景卡片使用,类似 Material 风格中的 Card 组件。对后者不熟悉的读者可参考第 11 章对 Card 组件的相关介绍。

9.2.5　ModalBarrier

弹出的对话框与主程序之间通常有一层屏障,这就是 ModalBarrier 组件。它主要有 color 和 dismissible 这 2 个参数,分别用于定义颜色和是否应在轻触后自动消除。由于本章之前介绍的 showDialog()方法已经自带了 barrierColor 和 barrierDismissible 参数,可用于直接定义其自带的屏障的相应行为,因此很少需要直接使用 ModalBarrier 组件。

然而 ModalBarrier 组件还有一个对应的动画版本:AnimatedModalBarrier 组件。虽然这个组件也是以 Animated 前缀命名的，但它并不是一个隐式动画组件，而是一个显式动画。它可供动画的属性为 color，需要传入一系列动画颜色（Animation＜Color＞类型），因此在使用时最好通过动画控制器配合 ColorTween 来完成。对显式动画及动画控制器不熟悉的读者应先阅读第 12 章"进阶动画"的相关内容。

这里举例使用动画控制器将时长设置为 1s 的循环动画，并用 ColorTween 构造红色到黄色的渐变效果，与控制器串联后作为 color 属性传给 AnimatedModalBarrier 组件，核心代码如下：

```
AnimatedModalBarrier(
  dismissible: false,
  color: ColorTween(
    begin: Colors.red,
    end: Colors.yellow,
  ).animate(_controller),
)
```

运行时可观察到对话框的屏障区域的色彩渐变效果。同时，由于 AnimatedModalBarrier 组件没有提供 child 属性，这里需借助 Stack 组件继续叠加一层 AlertDialog 组件，效果如图 9-18 所示。

图 9-18　AnimatedModalBarrier 的效果

用于实现图 9-18 所示效果的完整代码如下：

```
//第 9 章/animated_modal_barrier.dart

import 'package:flutter/material.dart';

void main() {
  runApp(MaterialApp(home: MyApp()));
}

class MyApp extends StatelessWidget {
  @override
  Widget build(BuildContext context) {
    return Scaffold(
      appBar: AppBar(title: Text("AnimatedModalBarrier Demo")),
      body: Align(
        alignment: Alignment(0, 0.5),
        child: ElevatedButton(
          child: Text("弹出对话框"),
          onPressed: () async {
            final result = await showDialog(
              barrierColor: Colors.transparent,
              useSafeArea: false,
              context: context,
              builder: (_) => MyBarrier(),
            );
            print(result);
          },
        ),
      ),
    );
  }
}

class MyBarrier extends StatefulWidget {
  @override
  _MyBarrierState createState() => _MyBarrierState();
}

class _MyBarrierState extends State<MyBarrier>
    with SingleTickerProviderStateMixin {
  late AnimationController _controller;

  @override
  void initState() {
    _controller = AnimationController(
      duration: Duration(seconds: 1),
      vsync: this,
    )..repeat(reverse: true);
    super.initState();
  }
```

```
@override
void dispose() {
  _controller.dispose();
  super.dispose();
}

@override
Widget build(BuildContext context) {
  return Stack(
    children: [
      AnimatedModalBarrier(
        dismissible: false,
        color: ColorTween(
          begin: Colors.red,
          end: Colors.yellow,
        ).animate(_controller),
      ),
      GestureDetector(
        behavior: HitTestBehavior.opaque,
        onTap: () => Navigator.of(context).pop("单击了屏障"),
      ),
      AlertDialog(
        title: Text("对话框"),
        content: Text("这个对话框的屏障的颜色一直在变!"),
        actions: [
          TextButton(
            child: Text("关闭"),
            onPressed: () => Navigator.of(context).pop("单击了关闭"),
          )
        ],
      )
    ],
  );
}
}
```

值得一提的是,这里的 Stack 中还嵌套了一层 GestureDetector 组件,用于监听用户对屏障区域的单击事件,并同时通过 dismissible：false 关闭了 AnimatedModalBarrier 默认的自动关闭的行为。这样的设计是为了演示如何在用户单击屏障时,向 showDialog()函数返回除了 null 以外的值,如这里会返回内容为“单击了屏障”的字符串。

9.3 底部弹窗

9.3.1 BottomSheet

底部弹窗可由 package：flutter/material.dart 包中的全局函数 showModalBottomSheet()触发。与 showDialog 触发的对话框类似,底部弹窗也支持等候异步返回结果,代码如下：

```
final result = await showModalBottomSheet(
  context: context,
  builder: (_) => Center(
    child: TextButton(
      child: Text("关闭"),
      onPressed: () => Navigator.of(context).pop("用户单击关闭"),
    ),
  ),
);
```

　　上述代码运行时可在程序底部弹窗,如图 9-19 所示,并伴随滑动入场的动画效果。当用户单击弹窗内容中的"关闭"按钮后,showModalBottomSheet() 函数会返回内容为"用户单击关闭"的字符串,并赋值于 result 变量,但若用户单击其他区域,或将底部弹窗向下滑动移开,则返回值为 null。

图 9-19　底部弹窗的效果

事实上通过 showModalBottomSheet() 函数打开底部弹窗时，Flutter 会将 BottomSheet 组件作为最外层组件自动插入。上例中弹窗的 builder 函数构造了 Center 和 TextButton 组件，因此实际上底部弹窗的组件结构为 BottomSheet 嵌套 Center 再嵌套 TextButton 组件。由此可见，实战中通常并不需要直接使用 BottomSheet 组件。

9.3.2　DraggableScrollableSheet

这是一个可支持滚动且可被用户拖动以便改变高度的组件。它的高度在初始状态下默认为父级组件高度的 50%，并可以随着用户向上和向下拖动的手势将自身的高度改为父级的 25%～100%。它的内容部分通常会被渲染为一个 ListView 列表，如图 9-20 所示。

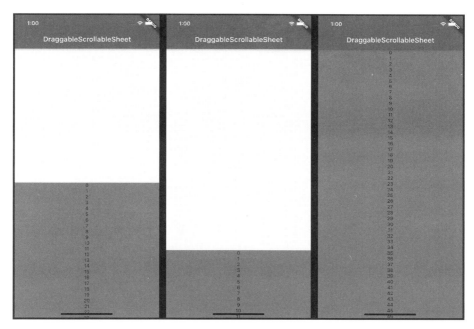

图 9-20　DraggableScrollableSheet 的效果

当用户已经将该窗口拖动到最大时，仍可继续向上滑动以对 ListView 进行滚动，读者不妨亲手体验一下这个组件的效果。本例完整代码如下：

```dart
//第 9 章/draggable_sheet_demo.dart

import 'package:flutter/material.dart';

void main() {
  runApp(MaterialApp(home: MyHome()));
}

class MyHome extends StatelessWidget {
```

```
@override
Widget build(BuildContext context) {
  return Scaffold(
    appBar: AppBar(
      title: Text("DraggableScrollableSheet"),
    ),
    body: DraggableScrollableSheet(
      builder: (context, ScrollController controller) {
        return Container(
          color: Colors.grey,
          child: ListView.builder(
            controller: controller,                    //传入滚动控制器
            itemBuilder: (_, index) => Center(child: Text("$ index")),
          ),
        );
      },
    ),
  );
}
}
```

分析上述代码后不难发现,将 DraggableScrollableSheet 的 builder 函数中传入的 ScrollController 与 ListView 的 controller 属性串联起来,是实现内外同步滚动的重要步骤。

1. 其他属性

除了 builder 函数外,DraggableScrollableSheet 还有 3 个与尺寸相关的属性,其中 initialChildSize 可设置初始高度,默认为 0.5,即父级组件高度的 50%,而 minChildSize 和 maxChildSize 可用于设置最小高度和最大高度,默认值分别为 0.25 和 1.0,代码如下:

```
DraggableScrollableSheet(
  initialChildSize: 0.5,              //初始高度
  minChildSize: 0.25,                 //最小高度
  maxChildSize: 1.0,                  //最大高度
  //... 无关代码省略
```

此外它还有 expand 属性,用于设置该组件是否应该占满父级组件的全部空间,默认开启。其实只有占满了父级空间,它才可以自由地决定怎样布局子组件,即显示在底部。若不允许它占满全部空间,则整个 DraggableScrollableSheet 在屏幕中的位置就会由它的父级组件指定。例如将它的父级插入 Center 后,整个 DraggableScrollableSheet 组件就不得不出现在中间的位置。Flutter 框架中的相关部分源代码如下:

```
@override
Widget build(BuildContext context) {
  return LayoutBuilder(
```

```
    builder: (BuildContext context, BoxConstraints constraints) {
      _extent.availablePixels = widget.maxChildSize * constraints.biggest.height;
      final Widget sheet = FractionallySizedBox(
        heightFactor: _extent.currentExtent,
        child: widget.builder(context, _scrollController),
        alignment: Alignment.bottomCenter,          //底部对齐
      );
      //若允许 expand,就插入 SizedBox.expand 组件,以便占满全部空间
      return widget.expand ? SizedBox.expand(child: sheet) : sheet;
    },
  );
}
```

2．作为底部弹窗

DraggableScrollableSheet 组件也可以配合 showModalBottomSheet()方法使用,作为底部弹窗的内容。这么做时需先在 showModalBottomSheet()方法中传入 isScrollControlled：true 参数,启用滚动行为,再将 DraggableScrollableSheet 的 expand 关闭。因为底部弹窗方法会自动将 BottomSheet 插入内容组件的父级,所以它已经可以沿底部对齐,而不需要 expand 属性,运行效果如图 9-21 所示。

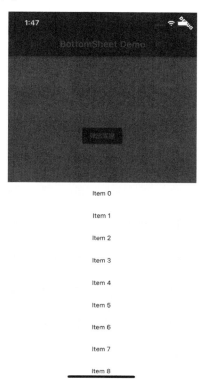

图 9-21　用 DraggableScrollableSheet 作为底部弹窗

用于实现图 9-21 所示效果的完整代码如下：

```
//第 9 章/draggable_sheet_modal.dart

import 'package:flutter/material.dart';

void main() {
  runApp(MaterialApp(home: MyHome()));
}

class MyHome extends StatelessWidget {
  @override
  Widget build(BuildContext context) {
    return Scaffold(
      appBar: AppBar(title: Text("BottomSheet Demo")),
      body: Align(
        alignment: Alignment(0, -0.5),
        child: ElevatedButton(
          child: Text("弹出底窗"),
          onPressed: () async {
            final result = await showModalBottomSheet(
              context: context,
              isScrollControlled: true,
              builder: (_) => DraggableScrollableSheet(
                expand: false,
                builder: (context, ScrollController controller) {
                  return ListView.builder(
                    controller: controller,
                    itemCount: 100,
                    itemExtent: 50,
                    itemBuilder: (context, index) {
                      return Center(child: Text('Item $ index'));
                    },
                  );
                },
              ),
            );
            print(result);
          },
        ),
      ),
    );
  }
}
```

9.3.3　CupertinoActionSheet

这个组件负责渲染 iOS 风格的底部选项卡。其内容通常为数个 CupertinoActionSheetAction

组件所组成的选项列表,由 actions 参数传入,最终整个选项卡再通过 showCupertinoModalPopup( )
方法从屏幕下方弹出,如图 9-22 所示。

图 9-22　CupertinoActionSheet 的效果

用于实现图 9-22 所示效果的完整代码如下:

```
//第 9 章/cupertino_action_sheet_demo.dart

import 'package:flutter/cupertino.dart';
import 'package:flutter/material.dart';

void main() {
  runApp(MaterialApp(home: MyHome()));
}

class MyHome extends StatelessWidget {
  @override
  Widget build(BuildContext context) {
    return Scaffold(
```

```
        appBar: AppBar(title: Text("CupertinoActionSheet Demo")),
        body: Center(
          child: ElevatedButton(
            child: Text("弹出 Cupertino 选项卡"),
            onPressed: () async {
              final result = await showCupertinoModalPopup(
                context: context,
                builder: (_) => CupertinoActionSheet(
                  actions: [
                    CupertinoActionSheetAction(
                      child: Text("正常模式"),
                      onPressed: () => Navigator.of(context).pop("light"),
                    ),
                    CupertinoActionSheetAction(
                      child: Text("夜间模式"),
                      onPressed: () => Navigator.of(context).pop("dark"),
                    ),
                  ],
                ),
              );
              print(result);
            },
          ),
        ),
      );
    }
  }
```

1. CupertinoActionSheetAction

CupertinoActionSheet 选项卡组件的各个选项通常是 CupertinoActionSheetAction 组件。这与本章之前介绍的 CupertinoAlertDialog 对话框的各个按钮是 CupertinoDialogAction 组件非常类似。为了符合 iOS 的界面风格，实战中一般选用这些配套的组件。

CupertinoActionSheetAction 选项组件和 CupertinoDialogAction 按钮组件一样，也有 isDefaultAction 属性，用于将该操作标注为"默认选项"，实际效果为字体加粗，以及 isDestructiveAction 属性，用于将该操作标注为"毁灭性的"，实际效果为使用红色字体。这些选项列表应通过 actions 参数传给选项卡。

此外，选项卡组件还有 cancelButton 参数，用于设置末尾的取消按钮。实战中通常也会传入一个 CupertinoActionSheetAction 选项组件，只是将文本内容设为"取消"字样。

例如这里将第一个选项设置为 isDefaultAction: true，并利用 cancelButton 设置最后的取消按钮，运行效果如图 9-23 所示。

图 9-23　默认选项和取消选项的效果

2. 标题

CupertinoActionSheet 选项卡组件有 title 和 message 这 2 个用于设置标题的属性，均可传入一个组件，通常选择 Text 组件。选项卡会自动设置这些标题的默认文本样式。

这里结合上文介绍的默认选项、毁灭性选项及取消按钮，一并举例，代码如下：

```
CupertinoActionSheet(
  title: Text("确认删除"),
  message: Text("你确定要删除这份记录吗?"),
  actions: [
    CupertinoActionSheetAction(
      isDestructiveAction: true,
      child: Text("删除"),
      onPressed: () => Navigator.of(context).pop(true),
    ),
  ],
  cancelButton: CupertinoActionSheetAction(
    isDefaultAction: true,
    child: Text("取消"),
    onPressed: () => Navigator.of(context).pop(),
  ),
)
```

运行效果如图 9-24 所示。

图 9-24 确认删除的 Cupertino 风格选项卡

并不是所有苹果官方发布的 App 都会显示 2 行标题。当前版本的 iOS 系统中部分自带 App 的选项卡只显示 1 行标题或完全省略标题。开发者应根据实际情况或与界面设计团队综合讨论后再决定是否需要为选项卡添加标题。

第 10 章

界 面 导 航

10.1 导航

大部分应用程序由不止一个全屏的"页面"构成,例如在某电商类的 App 主页单击某件商品可跳转至详情介绍页,之后可单击"返回"按钮回到主页等。在 Flutter 中这些不同的页面由导航器(Navigator)组件负责管理。

10.1.1 Navigator

导航器通过维护内部的一个栈(stack,数据结构,不是 Stack 组件)来管理各个页面组件,并通过调用 Overlay 悬浮的方式,将多个页面叠加,以保证最新的页面显示在最顶层。同时 Overlay 也可以协助页面切换的过程,例如可在新页面切入的过程中不断更改新页面的位置,以实现滑入的动画效果等。对 Overlay 不熟悉的读者可参考本书第 9 章中关于 OverlayEntry 组件的介绍部分。

实战中很少需要自己创建 Navigator 组件。本章后面也会介绍,因为一般 Flutter 程序的根组件(如 MaterialApp)会自动创建一个导航器,因此实战中只需使用 Navigator. of(context)方法查找组件树中的父级 Navigator。

1. 添加页面

由于大部分 App 的界面结构符合"后进先出"的原则,Navigator 在管理这些页面时就自然地选择了"栈"的机制。在栈结构中,push(有时译作"压入")操作可用于将一个元素添加至栈顶,因此导航器添加新页面也使用 push 方法。

例如可制作一个按钮,单击后调用 Navigator. of(context). push()方法,将 MaterialPageRoute 压入栈顶,作为最顶部的页面。其内容为一个蓝色的 Container 组件,代码如下:

```
ElevatedButton(
  child: Text("Open"),
  onPressed: () {
```

```
    Navigator.of(context).push(
      MaterialPageRoute(
        builder: (context) {
          return Container(color: Colors.blue);
        },
      ),
    );
  },
)
```

运行时当用户单击按钮后，可观察到程序打开了一个新的蓝色全屏页面，并有页面的进场动画效果，在安卓上由屏幕底部半透明滑入，而在 iOS 上则从屏幕侧边滑入。

1) MaterialPageRoute

导航器 push 的对象一般为 MaterialPageRoute，虽然它名字里含有 Material 字样，但它的实际行为不仅包含 Material 风格，而且会在 iOS 设备上自动切换到 Cupertino 风格，所以一般实战中只需使用 MaterialPageRoute 便可以兼顾各种平台，尽量实现原生的效果。

使用 MaterialPageRoute 时必须传入 builder 参数，构造一个新的页面。如果新页面相对复杂，则一般推荐直接新建一份 dart 文件用于存放新页面的代码，并最后封装于一个自定义组件，再将该自定义组件传入 builder 函数。

例如大部分页面的主要布局是由 Material 风格的 Scaffold 构成，因此可封装新页面代码如下：

```
import 'package:flutter/material.dart';

class MyPage2 extends StatelessWidget {
  @override
  Widget build(BuildContext context) {
    return Scaffold(
      appBar: AppBar(
        title: Text("My Page 2"),
      ),
      body: Center(
        child: Text("这是新页面"),
      ),
    );
  }
}
```

之后只需要在跳转页面时，导入上述名为 MyPage2 的组件，代码如下：

```
Navigator.of(context).push(
  MaterialPageRoute(builder: (context) => MyPage2()),
);
```

新页面的导航条（AppBar 组件）会自动生成"返回"按钮,功能与部分安卓设备上的硬件"返回"按键相同,单击后可返回首页,运行效果如图 10-1 所示。

图 10-1　用导航器打开新页面

此外,MaterialPageRoute 还有 fullscreenDialog 属性,用于设置新页面是否为"全屏对话框"。当设置 fullscreenDialog：true 时,在 iOS 设备上运行时新页面进场动画会由侧边滑入改为底部滑入,模拟 Cupertino 风格的弹窗行为。

2）CupertinoPageRoute

上文提到 MaterialPageRoute 实际上会根据当前操作系统,自动在安卓上使用 Material 风格,并在 iOS 设备上使用 Cupertino 风格。若开发者需要在所有设备上统一使用 Cupertino 风格,则可以直接使用 CupertinoPageRoute,参数与用法都和 MaterialPageRoute 一致,并额外多 1 个可选的 title 属性,用于设置新页面的默认标题值。

这里为了演示的目的,使用 CupertinoPageScaffold（脚手架）配合 CupertinoNavigationBar（导航条）和 CupertinoTimerPicker（时间选择器）,制作一个完全符合 iOS 风格的页面,代码如下：

```
import 'package:flutter/cupertino.dart';

class MyPage2 extends StatelessWidget {
```

```
@override
Widget build(BuildContext context) {
  return CupertinoPageScaffold(
    navigationBar: CupertinoNavigationBar(),
    child: Center(
      child: CupertinoTimerPicker(
        onTimerDurationChanged: (Duration value) {},
      ),
    ),
  );
}
}
```

需要打开新页面时可用 CupertinoPageRoute 压入，并传入 title 属性，代码如下：

```
Navigator.of(context).push(
  CupertinoPageRoute(
    title: "Hello",
    builder: (context) => MyPage2(),
  ),
)
```

由于新页面的导航条组件并没有通过 middle 属性设置中间位置的标题，因此 CupertinoPageRoute 中的 title 属性所设置的 Hello 字样会被采用，运行效果如图 10-2 所示。

图 10-2　打开一个 Cupertino 风格的页面

由于 Flutter 是由绘图引擎直接在运行设备上进行像素级别的绘制,因此无论最终运行的操作系统是安卓、iOS、Windows、Linux 及 Web 浏览器等,都可以完美绘制出任意组件,例如这里的 iOS 风格的页面。本例也展示了如何在同一个 App 中从 Material 风格的页面直接打开一个 iOS 风格的页面,因此开发者完全不需要担心如 Windows 设备可能没有 iOS 风格的"时间选择器"等。

本例使用的 Cupertino 风格的页面布局组件在本书第 11 章"风格组件"中均有介绍,对此不熟悉的读者可参考相关内容。

2. 移除页面

既然 Navigator 在管理页面时选用了"栈"数据结构,这里不难推测出移除页面应使用 pop 方法(有时译作"弹出")。它是指从栈顶移除第 1 个元素的操作,因此可移除导航器顶部的页面。

例如可在用户单击按钮后直接调用 Navigator. of(context). pop()移除页面,也可同时在 pop 方法中传入任意类型的值,代码如下:

```
Navigator.of(context).pop("任意类型的返回值")
```

当页面被移除时,pop 方法的值会最终作为 push 方法的异步返回值,若没有填写则是 null。例如可使用 async 与 await 关键字,异步等候新页面的返回结果并打印,代码如下:

```
ElevatedButton(
  child: Text("选择日期"),
  onPressed: () async {                             //这里标记异步方法
    final result = await Navigator.of(context).push(  //打开新页面并等候结果
      MaterialPageRoute(
        builder: (context) => MyDatePickerPage(),
      ),
    );
    print(result);                                  //输出结果
  },
)
```

实际上这部分内容与本书第 9 章"悬浮与弹窗"中介绍的 showDialog 等方式大同小异,对此不熟悉的读者可翻阅弹窗部分的介绍和示例。

3. 命名路由

当程序的页面数量较多时,应考虑使用命名路由,这样可以更方便地切换到某一页面或连续跳转多页。根据传统习惯,命名路由的归纳方式与文件夹路径或网站的网址类似,例如/a/b/c 等,其中首页默认为根目录符号"/"。

1) 路由表

由于大部分 Flutter 程序会直接使用根组件(如 MaterialApp)自动创建的导航器,开发者很少会手动创建 Navigator 组件,因此 MaterialApp 或 CupertinoApp 等根组件也都提供了 routes 参数,以便迅速地为整个程序创建路由表。

例如以下代码,配置了一份含有不同命名路径的路由表:

```
void main() {
  runApp(MaterialApp(
    home: MyHomePage(),                   //根目录,即"/"路径
    routes: < String, WidgetBuilder >{
      '/a': (BuildContext context) = > MyPage(title: 'Page A'),
      '/b': (BuildContext context) = > MyPage(title: 'Page B'),
      '/c': (BuildContext context) = > MyOtherPage(),
    },
  ));
}
```

需要打开页面时可调用导航器的 pushNamed 方法,代码如下:

```
Navigator.of(context).pushNamed("/b");
```

Navigator 会根据路由表,查询到"/b"路径所对应的是 MyPage 这个组件(与路径"/a"相同,提高了代码的复用性),且应向其 title 参数传入"Page B"。同理,若调用 pushNamed("/c")则会打开 MyOtherPage 组件。

2)生成路由

路由表可应付常见的简单路由,实战中对于更复杂的路由情况可使用 onGenerateRoute 方法,并根据传入的 RouteSettings 类,动态生成路由。

RouteSettings 类型共有 name 和 argument 这 2 个属性,分别对应路由名称和附加参数。其中后者对应的是导航器的 pushNamed 方法所支持的可选 arguments 参数。

例如当用户单击按钮时,可调用 pushNamed 方法传入路径"/user"及附加参数 User("Alice",24)自定义数据,则 onGenerateRoute 方法中应首先判断路径是否为"/user",再提取传入的 arguments 参数,代码如下:

```
onGenerateRoute: (RouteSettings settings) {
  if (settings.name == "/user") {              //判断路径
    final args = settings.arguments as User;    //提取参数
    return MaterialPageRoute(builder: (_) => MyUserPage(user: args));
  }
  return null;                                  //暂不支持其他路径,返回 null
}
```

按钮部分可参考以下代码:

```
ElevatedButton(
  child: Text("Goto Alice"),
```

```
    onPressed: () => Navigator.of(context)
        .pushNamed("/user", arguments: User("Alice", 24)),
)
```

若不需要使用 onGenerateRoute 生成路由(不在乎路由名称),则上述按钮部分代码其实也可直接使用最简单的 push() 方式实现,代码如下:

```
ElevatedButton(
    child: Text("Goto Bob"),
    onPressed: () => Navigator.of(context).push(
        MaterialPageRoute(
            builder: (_) => MyUserPage(user: User("Alice", 24)),
        ),
    ),
)
```

由此可见,onGenerateRoute 方式主要目的是配合 arguments 附加参数,解决普通路由表不易向新页面传附加参数的问题。

3)未知路由

开发者可通过 onUnknownRoute 参数,设置当程序出现不存在的路径时的处理方式,有些类似网站的 404 页面,代码如下:

```
MaterialApp(
    home:...
    routes:...
    onGenerateRoute:...
    onUnknownRoute: (RouteSettings settings) {
        return MaterialPageRoute(builder: (_) => Text("404"));
    },
)
```

程序运行时,导航器查找路径会按照以下 4 个步骤依次进行:

(1)首先对于"/"根路径,检查 home 属性,若不为空,则可直接打开首页。

(2)若上一步失败,则查找该路径是否在 routes 属性所设置的路由表中。

(3)若上一步失败,则调用 onGenerateRoute 函数,使用其返回的路由。

(4)若上一步返回 null,则调用 onUnknownRoute 函数,打开"未知页面"。

这里值得指出的是,onUnknownRoute 方法也同样会收到 RouteSettings 参数,因此开发者也可以得到路径甚至参数信息,用于记录日志或显示更详细的未知页面。

4)示例

这里举一个完整的例子,展示 home、routes、onGenerateRoute、onUnknownRoute 及 push 与 pushNamed 的用法,代码如下:

```dart
//第 10 章/navigator_example.dart

import 'package:flutter/material.dart';

void main() {
  runApp(MaterialApp(
    home: MyHomePage(),                    //根目录,即"/"路径
    routes: <String, WidgetBuilder>{
      '/a': (BuildContext context) => MyPage(title: 'Page A'),
      '/b': (BuildContext context) => MyPage(title: 'Page B'),
      '/page/c': (BuildContext context) => MyOtherPage(),
    },
    onGenerateRoute: (RouteSettings settings) {
      if (settings.name == "/user") {
        final args = settings.arguments as User;
        return MaterialPageRoute(builder: (_) => MyUserPage(user: args));
      }
      return null;
    },
    onUnknownRoute: (RouteSettings settings) {
      return MaterialPageRoute(builder: (_) => Text("404"));
    },
  ));
}

class MyHomePage extends StatelessWidget {
  @override
  Widget build(BuildContext context) {
    return Scaffold(
      appBar: AppBar(
        title: Text("Navigator Demo"),
      ),
      body: Center(
        child: Column(
          mainAxisAlignment: MainAxisAlignment.spaceEvenly,
          children: [
            ElevatedButton(
              child: Text("命名打开 Page A"),
              onPressed: () => Navigator.of(context).pushNamed("/a"),
            ),
            ElevatedButton(
              child: Text("命名打开 Page B"),
              onPressed: () => Navigator.of(context).pushNamed("/b"),
            ),
            ElevatedButton(
              child: Text("命名打开 Page C"),
              onPressed: () => Navigator.of(context).pushNamed("/page/c"),
            ),
```

```
                    ElevatedButton(
                      child: Text("直接打开 Page C"),
                      onPressed: () => Navigator.of(context).push(
                        MaterialPageRoute(builder: (_) => MyOtherPage()),
                      ),
                    ),
                    ElevatedButton(
                      child: Text("命名打开 Alice"),
                      onPressed: () => Navigator.of(context)
                          .pushNamed("/user", arguments: User("Alice", 24)),
                    ),
                    ElevatedButton(
                      child: Text("直接打开 Bob"),
                      onPressed: () => Navigator.of(context).push(
                        MaterialPageRoute(
                          builder: (_) => MyUserPage(user: User("Bob", 26)),
                        ),
                      ),
                    ),
                    ElevatedButton(
                      child: Text("打开错误路径"),
                      onPressed: () => Navigator.of(context)
                          .pushNamed("/this/page/is/not/found", arguments: 123),
                    ),
                  ],
                ),
              ),
            ),
          );
        }
      }

      class MyPage extends StatelessWidget {
        final String title;

        MyPage({required this.title});

        @override
        Widget build(BuildContext context) {
          return Text(title);
        }
      }

      class MyOtherPage extends StatelessWidget {
        @override
        Widget build(BuildContext context) => Text("Different Page C");
      }

      class MyUserPage extends StatelessWidget {
        final User user;
```

```
    const MyUserPage({required this.user});

    @override
    Widget build(BuildContext context) =>
        Text("User: name = ${user.name}, age = ${user.age}");
}

class User {
    final String name;
    final int age;

    User(this.name, this.age);
}
```

程序运行后会首先显示主页，即 MyHomePage 的内容，如图 10-3 所示。

之后用户可单击每个按钮，用命名打开（pushNamed）或直接打开（push）的方式跳转至各种不同的界面。其中最后 3 个按钮展示了如何向新的页面传值，以及错误路径的效果。

4. 弹窗、屏障与优化

若新页面无须占满全屏，则可直接调用 showDialog、showCupertinoDialog、showModalBottomSheet 及 showCupertinoModalPopup 等方法弹窗。它们背后也是由 Navigator 实现的，因此这些不占满全屏的弹窗也支持使用 Navigator.of(context).pop() 的方式撤除并异步返回任意类型的值。对此不熟悉的读者可参考本书第 9 章有关弹窗的内容。

在程序弹窗时可以直观地观察到 Navigator 将 2 个 OverlayEntry 压入 Overlay 中：首先它会压入 barrier 屏障层，然后才会压入弹窗的真正内容，这就是对话框周围常有灰色区域的根本原因，而 showDialog() 等方法也向开发者提供了诸如 barrierColor 和 barrierDismissible 等用于控制屏障层的外观与行为属性。

本书在第 9 章介绍 OverlayEntry 时还提到 opaque（不透明）参数，即声明该悬浮内容是否能完全遮挡住整

图 10-3　Navigator 示例程序的首页

个屏幕：若某图层可以遮挡住整个屏幕，则 Flutter 会自动优化被遮挡的组件层，使它们不再重绘。如需保持重绘，则可设置 maintainState：true 属性，使它们不参与这项优化。若悬浮内容不能完全遮挡全屏幕，则它下面的图层仍可见（或部分可见），因此不会被优化。

实际上占满全屏的"普通页面"也同样存在屏障层,由上文介绍的 MaterialPageRoute 和 CupertinoPageRoute 的共同父类 ModalRoute 自动创建,在 Flutter 框架中的核心源码如下:

```
Iterable < OverlayEntry > createOverlayEntries() sync * {
    yield _modalBarrier = OverlayEntry(builder: _buildModalBarrier);
    yield _modalScope = OverlayEntry(builder: _buildModalScope,
      maintainState: maintainState);
}
```

其中 _buildModalBarrier 方法负责创建屏障层,而 _buildModalScope 负责创建真正的内容层。仔细观察后不难发现,后者还提供了 maintainState 参数。正是由于这些全屏的 PageRoute 的 opaque 的参数值总是 true,即 MaterialPageRoute 和 CupertinoPageRoute 都会声明自己是全屏且遮挡其他窗口,因此当程序出现多层页面时,被遮住的页面会停止渲染。若开发者有必要使某个页面保持渲染,则应在创建 MaterialPageRoute 或 CupertinoPageRoute 时传入 maintainState:true,选择不参与优化。

5. 自定义

实战中如有需要,可使用 PageRouteBuilder 自定义路由的构建方法,例如修改新旧页面切换时的动画效果等。使用时主要需要设置 pageBuilder 和 transitionsBuilder 这 2 个回传函数,前者用于构建新页面,后者用于构建页面切换的动画。此外,还可以通过 transitionDuration 和 reverseTransitionDuration 设置页面切换时入场和出场的动画时长。若新页面不占满全屏幕,则除了应将 opaque 设置为 false 外,还可以使用 barrierColor 和 barrierDismissible 属性设置屏障的颜色与单击屏障时是否应该自动消除。

例如可在单击按钮后,以旋转的方式弹出新的页面,完整代码如下:

```
//第 10 章/navigator_route_builder.dart

import 'package:flutter/material.dart';

void main() {
  runApp(MyApp());
}

class MyApp extends StatelessWidget {
  @override
  Widget build(BuildContext context) {
    return MaterialApp(
      home: MyHomePage(),
    );
  }
}

class MyHomePage extends StatelessWidget {
```

```
@override
Widget build(BuildContext context) {
  final myPageRoute = PageRouteBuilder(
    transitionDuration: Duration(seconds: 2),
    reverseTransitionDuration: Duration(milliseconds: 500),
    pageBuilder: (
      BuildContext context,
      Animation<double> animation,
      Animation<double> secondaryAnimation,
    ) {
      return Scaffold(
        appBar: AppBar(),
        body: Container(color: Colors.grey),
      );
    },
    transitionsBuilder: (
      BuildContext context,
      Animation<double> animation,
      Animation<double> secondaryAnimation,
      Widget child,
    ) {
      return ScaleTransition(
        scale: animation,
        child: RotationTransition(
          turns: animation,
          child: child,
        ),
      );
    },
  );

  return Scaffold(
    appBar: AppBar(title: Text("Navigator Demo")),
    body: Center(
      child: ElevatedButton(
        child: Text("旋转打开新页面"),
        onPressed: () {
          Navigator.of(context).push(myPageRoute);
        },
      ),
    ),
  );
}
}
```

运行效果如图 10-4 所示。

本例主要的作用为示范 PageRouteBuilder 的用法，故效果较为极端，并不是一个友好的用户界面。实战中可利用类似方法实现例如从顶部滑入等较为友好的动画效果。

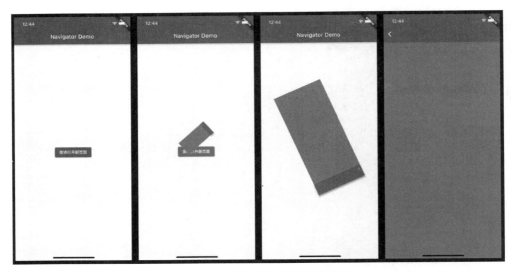

图 10-4　以旋转的方式弹出新页面

10.1.2　WillPopScope

这是一个可在当前页面即将被关闭之前否决关闭指令的组件。使用时需异步返回一个布尔值,表示是否同意关闭窗口。例如返回值为 false 即可阻止当前窗口被关闭,代码如下:

```
WillPopScope(
  onWillPop: () async {            //异步返回结果
    return false;                  //否决关闭当前窗口
  },
  child: Container(),
)
```

当需要关闭当前窗口时,只要 WillPopScope 组件存在于当前页面的任意位置,其 onWillPop 函数就会被调用。若异步返回值为 true,则程序可继续正常关闭窗口,否则就会取消关闭窗口的行为。

1. 一票否决权

若存在多个 WillPopScope 同时可见,则 Flutter 会依次询问。这些 WillPopScope 组件均有“一票否决权”,即只有它们全部都同意关闭时,当前窗口才会被关闭。

例如可在一个 ListView 列表中为每个元素添加 WillPopScope 组件,并设置序号为 5 的元素不同意关闭窗口,其他元素均同意关闭,代码如下:

```
ListView.builder(
  itemExtent: 100,
  itemBuilder: (_, index) {
```

```
    return WillPopScope(
      onWillPop: () async {
        print("will pop scope $ index");
        return index != 5;
      },
      child: Container(
        color: Colors.primaries[index % 18],
      ),
    );
  },
)
```

假设当前页面停留在列表顶端的位置,若试图调用 Navigator.of(context).pop()方法关闭当前页面,则会在终端中观察到以下输出:

```
flutter: will pop scope 0
flutter: will pop scope 1
flutter: will pop scope 2
flutter: will pop scope 3
flutter: will pop scope 4
flutter: will pop scope 5
```

由此可见,Flutter 依次询问了序号为 0～5 的元素,其中前几位元素均允许关闭,但序号为 5 的元素"一票否决"了,因此当前窗口无法关闭,且 Flutter 没有必要继续询问下面序号为 6 的元素。

若用户将列表下翻若干条目,再试图关闭窗口时,则可观察到 Flutter 依次询问例如 22～35 号元素,并最终顺利关闭当前窗口,回到首页。

2. 确认对话框

由于这里的 onWillPop 函数允许异步操作,而恰巧 showDialog()方法弹出的对话框也支持异步返回值,因此可以很方便地构建一个确认对话框,代码如下:

```
//第 10 章/will_pop_scope.dart

WillPopScope(
  onWillPop: () async {
    final result = await showDialog(
      context: context,
      builder: (_) => AlertDialog(
        title: Text("确认要退出吗?"),
        actions: [
          TextButton(
            onPressed: () => Navigator.of(context).pop(false),
            child: Text("取消"),
          ),
```

```
        TextButton(
          onPressed: () => Navigator.of(context).pop(true),
          child: Text("退出"),
        ),
      ],
    ),
  );
  return result ?? false;
},
child: Container(),
)
```

运行效果如图 10-5 所示。

这里唯一值得注意的是,除了单击"退出"或"取消"按钮外,用户还可能直接单击对话框之外的屏障区域导致该对话框返回 null 值。上例通过"result ?? false"语法,将 null 当作 false 处理。

图 10-5　确认退出的对话框

3. 其他用途

除弹出确认对话框外,实战中 WillPopScope 组件还有不少其他用途。例如某页面若支持侧边导航栏,则应在安卓用户首次单击设备上的"返回"键时先收起导航栏,再在第 2 次单击"返回"时关闭窗口。若将 WillPopScope 组件插入侧边导航栏组件中,就可以自然地在 onWillPop 事件中拦截窗口关闭的请求并直接隐藏侧边栏。当没有侧边栏时,WillPopScope 组件也就不存在了,因此不会再拦截第 2 次关闭请求,此时用户可以顺利关闭窗口。

利用类似的原理,开发者还可以在某些页面的"编辑模式"或"搜索模式"等同一窗口的不同模式下利用 WillPopScope,使用户先退出这些特殊模式,再在第 2 次单击"退出"按钮时关闭当前窗口或应用。

10.1.3　Hero

在平面设计或网页设计领域中,Hero 一词是指放在首页醒目位置的一个较大的横幅图片。在 Flutter 中,Hero 组件可用于实现页面切换时,保留醒目元素始终可见,并加入渐变动画的效果。

例如某程序在 2 个不同页面中使用了相同的文字或图片,借助 Hero 组件可为这些相同元素建立联系。具体做法是在 2 个页面的元素的父级都插入 Hero 组件,并传入相同的 tag 属性,代码如下:

```
Hero(
  tag: "这里支持任意类型的数据",
  child: Icon(Icons.camera, size: 200),
)
```

运行时,相同 tag 的 Hero 子组件会通过平移和缩放的形式,在新旧页面切换的时候存在于页面之外。例如单击直升机图片后,打开它的详情介绍页面,过渡过程如图 10-6 所示。

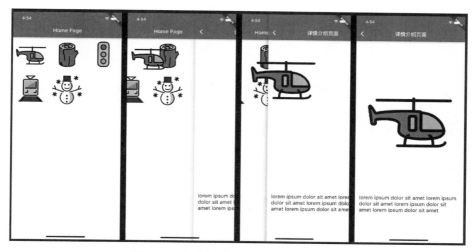

图 10-6　打开新页面时的 Hero 动画效果

用于实现图 10-6 所示效果的完整代码如下:

```dart
//第 10 章/hero_example.dart

import 'package:flutter/material.dart';

void main() {
  runApp(MyApp());
}

class MyApp extends StatelessWidget {
  @override
  Widget build(BuildContext context) {
    return MaterialApp(
      home: MyHomePage(),
    );
  }
}

class MyHomePage extends StatelessWidget {
  @override
  Widget build(BuildContext context) {
    return Scaffold(
      appBar: AppBar(title: Text("Home Page")),
      body: GridView.count(
        crossAxisCount: 3,
        children: ["1F681", "1FAB5", "1F6A6", "1F68A", "2603"].map((data) {
```

```
                final URL = "https://openmoji.org/php/download_from_github.php"
                    "?emoji_hexcode = $ data&emoji_variant = color";
                return GestureDetector(
                  onTap: () = > Navigator.of(context).push(
                    MaterialPageRoute(
                      builder: (_) = > MyDetailsPage(URL),
                    ),
                  ),
                  child: Hero(
                    tag: URL,
                    child: Image.network(URL, fit: BoxFit.cover),
                  ),
                );
              }).toList(),
          ),
        );
      }
    }


    class MyDetailsPage extends StatelessWidget {
      final String URL;

      const MyDetailsPage(this.URL);

      @override
      Widget build(BuildContext context) {
        return Scaffold(
          appBar: AppBar(title: Text("详情介绍页面")),
          body: Padding(
            padding: const EdgeInsets.all(16.0),
            child: Column(
              mainAxisAlignment: MainAxisAlignment.spaceEvenly,
              children: [
                Hero(
                  tag: URL,
                  child: Image.network(URL, fit: BoxFit.cover),
                ),
                Text(
                  "lorem ipsum dolor sit amet " * 4,
                  style: TextStyle(fontSize: 20),
                ),
              ],
            ),
          ),
        );
      }
    }
```

本例使用了 OpenMoji 的开源图标库,若未来这些图片的 URL 失效,读者则可替换成任意其他图片的 URL,或直接使用 Image.asset 等方式加载本地图片继续浏览本例。

10.2 程序结构

绝大部分情况下 Flutter 程序的根组件是一个 MaterialApp 或 CupertinoApp 组件,可它们究竟是什么,又在程序中起什么作用呢?

10.2.1 WidgetsApp

Dart 语言的入口是 main()函数,而 Flutter 程序的初始化过程主要就是在 main()函数中调用 runApp()方法,将一个组件推向组件树作为树根,程序实际运行时页面的种种复杂与华丽的布局则是以根组件的子组件形式存在的。

一个基本的 Flutter 程序,只需要在 main 函数中调用 runApp()方法并传入一个组件即可实现。例如可传入 FlutterLogo 组件显示一个 Flutter 徽标,整个程序的完整代码如下:

```
import 'package:flutter/material.dart';

void main() {
  runApp(FlutterLogo());
}
```

运行时,由于程序根部组件 FlutterLogo 必须满足操作系统对 App 的布局约束(全屏显示),Flutter 徽标组件会占满整个屏幕,如图 10-7 所示,屏幕的其他区域则显示默认的黑色。对布局约束不熟悉的读者可参考第 6 章的相关内容。

然而现实总比理论复杂些。在上例简短的程序代码中,若把 FlutterLogo 改为一个 Text 组件,例如当改为 runApp(Text("Hello"))并试图渲染文字时,就会意外地发现程序出错了,如图 10-8 所示。

这段错误提示的大意为,Text 组件的父级没有找到一个 Directionality 组件。此组件是一个用于配置文字的默认方向的组件,例如英文应该从左到右阅读,而阿拉伯文应该从右向左阅读。

按照错误提示,可为 Text 组件的父级插入 Directionality 组件,代码如下:

```
import 'package:flutter/material.dart';

void main() {
  runApp(
    Directionality(
      textDirection: TextDirection.ltr,
      child: Text("Hello"),
    ),
  );
}
```

图 10-7　很简短的 Flutter 程序

图 10-8　无法很简短地渲染文字

　　此时再运行，可在屏幕的左上角渲染出 Hello 字样，如图 10-9 所示，勉强算成功。

图 10-9　勉强在屏幕左上角渲染出文字

　　显然大部分情况下 App 的布局远比上例复杂得多，而若要求每位开发者深刻理解 App 运行时的全部细节，包括上例中的文字阅读方向，无疑既烦琐又抬高了 Flutter 的使用门槛，因此在实战中 Flutter 程序的根组件通常是具有安卓风格的 MaterialApp 或具有苹果风格的 CupertinoApp 组件。实际上，它们都继承于 WidgetsApp 组件，而 WidgetsApp 并不特殊，它只是一个集成了 App 常用功能的便利组件，例如它就包括了上例中的 Directionality 组件。

　　按照同样的思路，WidgetsApp 还集成了 DefaultTextStyle（默认字体样式）、MediaQuery（设备信息）、Localizations（本地化）、Title（程序名）、Navigator（导航器）、Overlay（覆盖层）甚至 CheckedModeBanner（用于在 Debug 模式的程序角落渲染一顶 Debug 旗帜）等一系列绝大多数 App 都需要的功能，从而大量减少开发人员的工作量及对知识储备的要求。

实战中很少直接使用 WidgetsApp 组件,因为它的 2 个继承组件 MaterialApp 和 CupertinoApp 更胜一筹,它们继承并定义了更多符合 Material 和 Cupertino 风格的行为,如滚动列表的触边效果等。更重要的是,它们提供了更友好的路由方式,以及提供了新旧页面切换时的默认动画效果等。

为了演示的目的,这里附一个使用 WidgetsApp 的最小示例,完整代码如下:

```
//第 10 章/widgets_app.dart

import 'package:flutter/widgets.dart';

void main() {
  runApp(
    WidgetsApp(
      color: Color(0xffffffff),
      onGenerateRoute: (RouteSettings settings) {
        return PageRouteBuilder(
          pageBuilder: (context, animation, _) {
            return Center(child: Text("Hello World"));
          },
        );
      },
    ),
  );
}
```

程序运行时在屏幕正中间显示 Hello World 字样,并在右上角显示 Debug 旗帜。

10.2.2　MaterialApp

MaterialApp 组件通常用于作为 Flutter 程序的根组件。它来自 package:flutter/material.dart 包,继承于 10.2.1 节介绍的 WidgetsApp 组件,并添加了更多符合 Material 设计风格的必要组件和方便开发者的行为,例如为 WidgetsApp 提供的 Localizations 增添了 MaterialLocalizations 等。这其中比较容易观察到的例子是它将 DefaultTextStyle 修改为醒目的红色字加上黄色双下画线,用于提醒开发者注意为文本设置样式,如图 10-10 所示。

这里值得补充说明的是,由于通常 MaterialApp 的页面会使用 Scaffold 构建,而 Scaffold 组件又会定义更多符合 Material 风格的

图 10-10　醒目的黄色双下画线是由 MaterialApp 提供的

行为,如顶部的 AppBar 导航条,根据是否开启夜间模式而自动适配浅色或深色的程序背景,以及为程序主体部分提供 Material 组件等(而其中 Material 组件的功能之一就是再次提供 DefaultTextStyle 组件,以覆盖根部 MaterialApp 所设置的醒目的默认样式),因此开

发者通常并不需要手动设置字体和颜色,只需按照传统习惯连续使用 MaterialApp 和 Scaffold 组件,就不会经常见到上述的醒目红字了。

实战中,除了可享用更方便的路由方式(详见本章 Navigator 小节)之外,开发者还会经常用到 MaterialApp 的 theme 属性,用于设置 App 的主题风格。例如在新建 Flutter 项目时自动生成的计数器示例中,程序根部的 MaterialApp 就有以下代码:

```
MaterialApp(
  title: 'Flutter Demo',
  theme: ThemeData(
    primarySwatch: Colors.blue,
    visualDensity: VisualDensity.adaptivePlatformDensity,
  ),
  home: MyHomePage(title: 'Flutter Demo Home Page'),
)
```

这里 theme 参数接收的 ThemeData 类用于配置程序的主题颜色、是否开启夜间模式、各种类型的字体样式(标题、副标题、正文等)、按钮样式、图标样式等大量默认视觉效果,而在程序中,也可以随时通过 Theme.of(context) 的方式方便地获取 ThemeData 中的值。

例如可用 primarySwatch 将程序的主题色调定义为绿色,再用 scaffoldBackgroundColor 参数将 Scaffold 的默认背景修改为灰色,最后用 textTheme 参数改写 headline4 的文本样式,代码如下:

```
//第 10 章/material_app_theme.dart

import 'package:flutter/material.dart';

void main() {
  runApp(MyApp());
}

class MyApp extends StatelessWidget {
  @override
  Widget build(BuildContext context) {
    return MaterialApp(
      theme: ThemeData(
        primarySwatch: Colors.green,
        scaffoldBackgroundColor: Colors.grey,
        textTheme: TextTheme(
          headline4: TextStyle(
            backgroundColor: Colors.white,
          ),
        ),
      ),
```

```
      home: MyHomePage(),
    );
  }
}

class MyHomePage extends StatelessWidget {
  @override
  Widget build(BuildContext context) {
    return Scaffold(
      appBar: AppBar(title: Text("Theme Demo")),
      body: Center(
        child: Text(
          "This is headline4",
          style: Theme.of(context).textTheme.headline4,
        ),
      ),
    );
  }
}
```

由于本例的 Text 组件调用了 Theme.of(context).textTheme.headline4，因此它会采取主题风格中要求的 headline4 的样式，即白色背景。运行效果如图 10-11 所示。

图 10-11　使用 theme 修改默认样式

使用 ThemeData 及配套的继承式 Theme 组件,可集中设置 App 的各种样式信息,使整个程序各个页面的元素风格统一,且修改起来也更加方便快捷,是大型项目比较推荐的做法。

10.2.3　CupertinoApp

CupertinoApp 组件可用作 Flutter 程序的根组件,尤其是专门为 iOS 设备开发 App 时。这个组件来自 package:flutter/cupertino.dart 包,继承于 WidgetsApp 组件,并添加了更多符合 iOS 设计风格的必要组件和方便开发者的行为。与 10.2.2 节介绍的 MaterialApp 相似,它也提供了更友好的路由方式,新旧页面切换时的默认动画效果,以及修改 WidgetsApp 的 Navigator 使其可以支持 Hero 动画等。

CupertinoApp 与 MaterialApp 相比也存在一些区别,这其中比较容易观察到的例子是它修改了滚动列表的触边行为,使其默认使用 BouncingScrollPhysics,而不再依据操作系统选择 Clamping 还是 Bouncing 的效果。对滚动列表的行为不熟悉的读者可阅读第 5 章关于 ListView 的内容。同时,CupertinoApp 还缺少一部分 MaterialApp 的功能,因此不适合再直接使用例如 AppBar 等 Material 风格的组件,否则可能会因缺少一些父级组件而出现运行时错误,如图 10-12 所示。

Flutter 框架也提供了不少 iOS 风格的组件,例如与 Scaffold 对应的是 CupertinoPageScaffold 组件,与 AppBar 对应的是 CupertinoNavigationBar 组件,以及本书之前介绍过的 CupertinoTextField、CupertinoButton、CupertinoActivityIndicator 等。本书也会在第 11 章"风格组件"中继续介绍更多贴近 iOS 设计风格的 Flutter 组件。

CupertinoApp 同样支持 theme 属性,用于设置 App 的主题风格。稍微不同的是这里需要传入 CupertinoThemeData 类,调用时也应该使用 CupertinoTheme.of(context) 的方式查找。例如可通过其 textStyle 参数将整个 App 的文字修改为带有红色下画线,代码如下:

图 10-12　CupertinoApp 缺少 Material 的支持

```
CupertinoApp(
  theme: CupertinoThemeData(
    textTheme: CupertinoTextThemeData(
      textStyle: TextStyle(
        color: CupertinoColors.destructiveRed,
        decoration: TextDecoration.underline,
      ),
    ),
  ),
  home: MyHomePage(),
)
```

　　上述代码使用的颜色是 CupertinoColors. destructiveRed,即 iOS 系统默认的删除按钮的那种红色。运行效果如图 10-13 所示。

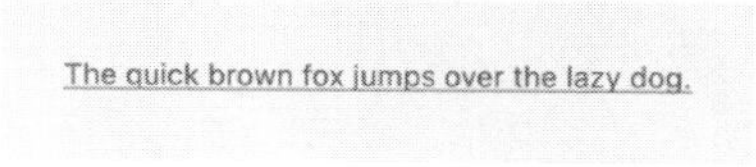

　　另外值得指出的是,CupertinoApp 并没有将默认文本样式修改为醒目的红色下画线,这点也与 MaterialApp 明显

The quick brown fox jumps over the lazy dog.

图 10-13　使用 CupertinoThemeData
修改 App 主题

不同。反之,CupertinoApp 组件提供的默认文本样式就是默认的 iOS 风格,其中包括使用 San Francisco 字体,因此,若安卓或其他设备没有安装 San Francisco 字体,则可能会导致使用 CupertinoApp 作为组件根的 Flutter 程序在不同设备上渲染出不同的效果,开发者还需格外注意。

扩　展　篇

第 11 章

风 格 组 件

11.1 Material 风格

Material Design,有时译作"材料设计"或"质感设计"等,是谷歌公司于 2014 年提出的设计语言,并随着 Android 5.0 系统升级而广为流行。Material 设计风格强调程序界面的质感、层次和物体之间的叠放逻辑,通过光影关系和水波纹等方式清晰地表现物件的深度及用户交互时的反馈。Flutter 框架已经内置了大量 Material 风格的组件,以方便开发者快速且高效地搭建优美的用户界面。

由于篇幅限制,本章只能按组件名称的字母顺序,走马观花般简单介绍 Flutter 框架中较常用的风格组件,而无法针对每个组件做详细介绍和举例。本章的主要目的是带领读者认识一下这些组件,实战中如有相关需求,就可以正确地选择与目标功能接近的组件入手,避免重复造轮子。

11.1.1 AppBar

AppBar 组件是 Material 风格的导航条,一般作为 Scaffold 的 appBar 参数传入,最常用的属性有 title(标题)、leading(前缀)和 actions(操作按钮)等,代码如下:

```
AppBar(
  title: Text("AppBar Title"),
  leading: CloseButton(),
  actions: [
    IconButton(
      icon: Icon(Icons.search),
      onPressed: () {},
    ),
  ],
)
```

其中导航条的标题(title 属性)会根据运行设备的操作系统自动决定位置。例如在 iOS

设备上,标题会尽量居中,如图 11-1(a)所示。当运行在安卓设备上时,导航条也会按照系统惯例,将标题向起始位置对齐,如图 11-1(b)所示。

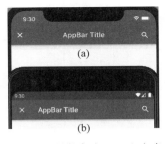

如需要在所有操作系统上统一将 title 居中,可通过传入 centerTitle: true 实现。如需调节阴影强弱,则可使用 elevation 属性修改"海拔",默认为 4.0 单位,将海拔设置为 0 时可关闭阴影效果。另外,当需实现诸如页面滚动时自动隐藏导航条等功能,可参考本书第 13 章介绍的 SliverAppBar 组件。

图 11-1　导航条在 iOS 和安卓设备上的运行效果

11.1.2　BackButton

后退按钮,其特点是会根据设备运行的平台自动适配一个合适的图标,并自动实现单击时的后退功能。实战中使用它时通常什么参数都不传,代码如下:

```
BackButton()
```

图 11-2　导航条在可返回时会自动出现返回按钮

默认情况下,AppBar 的 leading 元素会在有父级页面的时候自动出现一个 BackButton 组件,不需要开发者设置。由于不同平台上的返回按钮会有不同图标,在 iOS 设备运行效果可参考图 11-2(上图),而安卓设备上的图标效果则如图 11-2(下图)所示。

若有必要,BackButton 则可以被直接用在程序界面的任意位置,例如自定义的弹窗等。另外 CloseButton 组件也可以达到类似功能,用法也与 BackButton 组件一致,只是图标不同,开发者可根据实际情况自行选择。

11.1.3　BottomNavigationBar

这是 Material 风格的底部导航栏组件,一般作为 Scaffold 的 BottomNavigationBar 参数传入,可显示一些表示不同页面的图标,并在用户单击时触发 onTap 事件,代码如下:

```
BottomNavigationBar(
  items: [
    BottomNavigationBarItem(
      label: "Phone",
      icon: Icon(Icons.phone),
    ),
    BottomNavigationBarItem(
      label: "Contacts",
```

```
      icon: Icon(Icons.person),
    ),
  ],
  currentIndex: 0,
  onTap: (index) {},
)
```

运行效果如图 11-3 所示。

图 11-3　底部导航条的运行效果

11.1.4　ButtonBar

ButtonBar 组件可显示多个按钮，默认水平方向排列，空间不足时也会自动改为垂直方向排列。实战中一般通过 children 属性传入一些 IconButton 按钮组件，代码如下：

```
ButtonBar(
  alignment: MainAxisAlignment.center,
  children: [
    IconButton(icon: Icon(Icons.phone), onPressed: () {}),
    IconButton(icon: Icon(Icons.chat), onPressed: null),
    IconButton(icon: Icon(Icons.email), onPressed: () {}),
  ],
)
```

上述代码中第 2 个按钮的 onPress 回传函数为 null，因此该按钮会自动变成灰色且不接受单击，如图 11-4 所示。

另外，Flutter 框架中还有一个叫作 OverflowBar 的组件，也可将其 children 水平方向排列，且当水平方向空间不足（溢出）时，自动改为垂直方向排列。

图 11-4　用 ButtonBar 组件
显示一排按钮

11.1.5　Card

Card 组件是一张 Material 风格的卡片，自带一些圆角和阴影效果，用于显示信息。实战中可通过 elevation 属性设置海拔（调整阴影强度），也可以自定义圆角大小等，代码如下：

```
ListView(
  itemExtent: 50,
  children: [
```

```
    Card(
      child: Container(),
    ),
    Card(
      elevation: 8.0,
      child: Container(),
    ),
    Card(
      shape: StadiumBorder(),
    ),
  ],
)
```

运行效果如图 11-5 所示。

图 11-5　Card 组件及不同的阴影和圆角效果

11.1.6　Checkbox

这是一个选框组件,会根据 value 属性决定是否显示一个打钩的图标,并在用户单击时调用 onChanged 回传方法,代码如下:

```
Checkbox(
  value: true,
  onChanged: (value) {},
)
```

如果传入 tristate：true 打开"3 种状态"模式,则还可以支持 value：null。当用户单击图标时可在这 3 种状态之间依次切换,如图 11-6 所示。

与此类似的还有 CheckBoxListTile 组件,效果等同于在 ListTile 组件的末尾处添加一个选框,且会使整个 ListTile 任意位置都支持用户单击。对此不熟悉的读者也可翻阅本章 ListTile 小节。

图 11-6　Checkbox 组件的 3 种状态

11.1.7　Chip

使用 Chip 组件可制作标签,实战中常用于为产品或内容添加分类标签,也可用其代替按钮等组件与用户交互。类似的组件还有 ActionChip、ChoiceChip、FilterChip、InputChip 及 RawChip 组件,例如 FilterChip 可用于代替选框组件,在用户单击时打钩。另外,当传入

onDeleted 参数时,它们也会自动在末尾添加一个删除按钮,代码如下:

```
Wrap(
  children: [
    Chip(
      label: Text("Chip"),
    ),
    Chip(
      label: Text("Chip"),
      onDeleted: () {},
    ),
    FilterChip(
      selected: true,
      label: Text("FilterChip"),
      onSelected: (bool) {},
    ),
  ],
)
```

运行效果如图 11-7 所示。

图 11-7　一些 Chip 类组件的演示

11.1.8　CircleAvatar

这是一个圆形头像组件,一般用于显示用户的头像。根据 Material 设计要求,当用户没有上传头像时推荐显示用户名的首字母,代码如下:

```
Row(
  children: [
    CircleAvatar(
      child: Icon(Icons.person),
    ),
    const SizedBox(width: 8),
    CircleAvatar(
      child: Text("王"),
    ),
  ],
)
```

运行效果如图 11-8 所示。

CircleAvatar 组件支持一定程度的自定义,例如背景颜色可通过 backgroundColor 参数设置,尺寸可通过 radius 属性调节等。

图 11-8　用 CircleAvatar 显示头像或文字

11.1.9　DataTable

这是一个方便制作表格的组件。使用时首先需要设置表头：向 columns 参数传入 DataColumn 组件类型的数组。之后再通过 rows 参数传入表格的内容，每一行数据都是一个 DataRow 组件，而 DataRow 里面的每一格数据都是 DataCell 组件。另外它还支持 sortColumnIndex 属性，此属性用于设置某一列的排序，排序的业务逻辑需要开发者自己实现，但 DataTable 可自动在表头绘制箭头，如图 11-9 所示。

图 11-9　表格组件 DataTable 的运行效果

这个组件的用法比较简单但代码非常冗长。由于本书篇幅限制，在此不附该组件的示例代码。如有必要，读者可在实战时自行查阅相关文档。

11.1.10　DatePickerDialog

支持 Material 风格的日期选择组件有 DayPicker、MonthPicker 和 YearPicker 等，而实战中一般直接通过调用 showDatePicker()方法，打开一个 DatePickerDialog 组件（其背后也是通过

调用上述 3 个日期选择器实现的）。例如可在用户单击时弹出日期选择框,代码如下:

```
ElevatedButton(
  child: Text("选择日期"),
  onPressed: () async {
    final result = await showDatePicker(
      context: context,
      firstDate: DateTime(1990, 1, 1),        //允许选择的最早日期
      lastDate: DateTime(2040, 12, 31),       //允许选择的最晚日期
      initialDate: DateTime.now(),            //弹出对话框时的默认选中日期
    );
    print("用户选择的日期是: $ result");
  },
))
```

运行效果如图 11-10 所示。

图 11-10　调用 showDatePicker 方法打开日期选择器

11.1.11　Divider

这是一个用于渲染风格线的组件,没有必选参数。如有必要,开发者则可通过 thickness 调节粗细,也可通过 color 设置颜色,以及通过 indent 和 endIndent 设置前后的留白,代码如下:

```
Divider(
  thickness: 4.0,
  color: Colors.black,
```

```
    indent: 48,
    endIndent: 48,
)
```

运行后可以观察到一个黑色的较粗的分割线,如图 11-11 所示。

图 11-11　用 Divider 组件绘制水平方向的分割线

与此类似的还有 VerticalDivider 组件,用法完全一致,但会渲染一个垂直的风格线。

11.1.12　Drawer

这是 Material 风格的侧边导航栏组件,也称抽屉式导航。一般作为 Scaffold 的 drawer 或 endDrawer 参数传入,分别对应页面左侧和右侧滑出的导航栏。实战中 Drawer 组件的 child 一般是 ListView 列表,列表第一项也可以使用 DrawerHeader 组件制作表头,代码 如下:

```
Drawer(
  child: ListView(
    children: [
      DrawerHeader(child: Center(child: Text("DrawerHeader"))),
      ListTile(title: Text("ListTile")),
      CheckboxListTile(
        title: Text("Option 1"),
        value: true,
        onChanged: (v) {},
      ),
      CheckboxListTile(
        title: Text("Option 2"),
        value: false,
        onChanged: (v) {},
      ),
    ],
  ),
)
```

运行效果如图 11-12 所示,用户可随时通过滑动手势或单击 Drawer 之外的区域将其 关闭。

当 Scaffold 组件的 drawer 或 endDrawer 属性不为空且其 AppBar 的 leading 和 actions 属性为空时,顶部导航条上还会自动出现用于打开抽屉式导航栏的图标按钮,如图 11-13 所示。

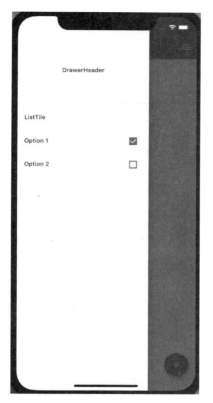

图 11-12 用 Drawer 组件实现抽屉式导航

图 11-13 使用 Drawer 时导航条会自动添加相应的按钮

若 AppBar 的 leading 或 actions 属性不为空,则上述按钮会被覆盖,但用户仍可以通过从屏幕侧边滑入的手势打开抽屉式导航栏。

11.1.13 DropdownButton

这是一个可提供选项菜单的按钮。使用时需先通过 items 属性传入选项,当用户选择后会触发 onChanged 回传,而 DropdownButton 组件会根据 value 属性自动显示 items 中对应值的内容。在用户首次选择之前,开发者也可以通过 hint 属性传入空白时需显示的内容,代码如下:

```
DropdownButton(
    hint: Text("请选择语言"),
    value: "zh-cn",
```

```
    items: [
      DropdownMenuItem(child: Text("简体中文"), value: "zh-cn"),
      DropdownMenuItem(child: Text("English"), value: "en-us"),
    ],
    onChanged: (String value) {},
)
```

当用户单击后可弹出选项菜单,如图 11-14 所示。

图 11-14　DropdownMenu 组件的运行效果

11.1.14　ExpandIcon

ExpandIcon 是一个用于显示展开或折叠状态的组件,渲染的效果为一个箭头,并会在状态改变时自动触发一个 180°旋转箭头的动画效果,代码如下:

```
ExpandIcon(
  isExpanded: false,
  onPressed: (bool) {},
)
```

运行效果如图 11-15 所示。

⌄　⌃

图 11-15　ExpandIcon 折叠和展开时的效果

11.1.15　ExpansionTile

ExpansionTile 组件一般配合 ListView 使用,用于实现用户单击后展开显示更多详细信息的功能,代码如下:

```
ExpansionTile(
  title: Text("详细信息"),
  children: [
    FlutterLogo(size: 48),
```

```
    Text("Flutter"),
  ],
),
```

它在运行时首先是折叠状态，当用户单击后可展开查看 children 内容，如图 11-16 所示。

ExpansionTile 组件非常灵活，既可以放在 ListView 列表中，也可以单独使用，甚至还可以在其展开后的 children 属性中连环嵌套，以达到层层展开的效果。

此外，实战中若需要在列表中嵌入大量可折叠的卡片，除了使用这里介绍的 ListView 列表配合 ExpansionTile 组件外，还可以考虑直接使用 ExpansionPanelList 列表，配合 ExpansionPanel 组件显示折叠卡片。有需要的读者可利用这些组件名作为关键词，自行查阅相关文档。

图 11-16　ExpansionTile 折叠和展开时的效果

11.1.16　FloatingActionButton

FloatingActionButton 是极具 Material 设计感的一个按钮，简称 FAB，一般作为 Scaffold 组件的 floatingActionButton 参数传入，默认显示于屏幕右下角，代码如下：

```
FloatingActionButton(
  onPressed: () {},
  child: Icon(Icons.add),
)
```

图 11-17　一个 FloatingActionButton 悬浮按钮

运行效果如图 11-17 所示。

作为一个组件，FAB 也可以被运用在任何接收 Widget 类型的地方。若在同一个页面上使用了多个 FAB 组件，则需要注意通过 heroTag 属性修改其内部自带的 Hero 组件的标签，否则容易造成冲突。对 Hero 动画不熟悉的读者可参考本书第 10 章关于 Hero 组件的介绍。

另外，通过配合 Scaffold 组件的 floatingActionButtonLocation 属性，以及 BottomAppBar 组件，也可以轻松实现停靠在底部导航栏中央的 FAB 按钮，代码如下：

```
Scaffold(
  body: Container(),
  floatingActionButton: FloatingActionButton(
    child: Icon(Icons.camera),
    onPressed: () {},
  ),
  floatingActionButtonLocation: FloatingActionButtonLocation.centerDocked,
```

```
bottomNavigationBar: BottomAppBar(
  shape: CircularNotchedRectangle(),
  color: Colors.grey,
  child: Container(height: 50),
),
)
```

运行效果如图 11-18 所示。

图 11-18　停靠在底部导航栏中央的悬浮按钮

11.1.17　IconButton

这是一个圆形的图标按钮,一般常用于 AppBar 组件的 actions 属性,当然也可以被运用在任何接收 Widget 类型的地方。使用时通过 icon 属性传入一个图标,代码如下:

```
IconButton(
  icon: Icon(Icons.refresh),
  onPressed: () {},
)
```

当用户单击时可观察到水波纹效果,如图 11-19 所示。

图 11-19　一个 IconButton 正在被单击时的样子

11.1.18　Ink

Ink(墨水)是一个用于为组件树中最近的上层 Material 涂色或添加其他装饰的组件。简单涂色可直接使用 Ink 的 color 属性设置,复杂的装饰则一般通过 decoration 参数实现。采用 Ink 装饰不会影响 InkResponse 或 InkWell 等组件继续在 Material 上绘制水波纹效果。例如使用 Ink 组件的 color 属性就可将 IconButton 设置为黑色背景,代码如下:

```
Ink(
  decoration: ShapeDecoration(
    color: Colors.black,
    shape: CircleBorder(),
```

```
  ),
  child: IconButton(
    icon: Icon(
      Icons.refresh,
      color: Colors.white,
    ),
    onPressed: () {},
  ),
)
```

运行效果如图 11-20 所示。

图 11-20　使用 Ink 为 IconButton 修改背景颜色

11.1.19　InkResponse

InkResponse 是用于在 Material 上响应触碰事件并绘制水波纹效果的组件。例如 IconButton 被单击时的水波纹效果就是由 InkResponse 实现的。使用时需要传入 onTap 等事件回传函数，同时它也支持通过 splashColor 等参数定义水波纹效果的颜色等，代码如下：

```
InkResponse(
  splashColor: Colors.black,
  onTap: () {},
  child: FlutterLogo(),
)
```

上述代码将水波纹定义为黑色，运行效果如图 11-21 所示。

图 11-21　使用 InkResponse 并将水波纹设置为黑色

InkResponse 的水波纹最终默认形状为圆形，开发者也可以通过各种属性自定义形状。另外 Flutter 框架还提供了 InkWell 组件，其主要区别为后者的水波纹形状为矩形。实战中常见的圆角矩形一般由 InkWell 组件制作，设置其 customBorder：StadiumBorder()属性即可实现圆角矩形效果。

11.1.20　ListTile

这是一个用于显示内容的组件，同时也支持用户单击。它通常与 ListView 列表配合使用,可选择设置 title(标题)、subtitle(副标题)、leading(前缀)、trailing(后缀)等属性,代码如下:

```
ListTile(
  title: Text("ListTile Title"),
  subtitle: Text("This is subtitle of a list tile"),
  leading: CircleAvatar(child: Icon(Icons.person)),
  trailing: IconButton(
    icon: Icon(Icons.star),
    onPressed: () {},
  ),
)
```

运行效果如图 11-22 所示。如需支持用户单击,则可设置 onTap 回传函数。

Flutter 框架还提供了 CheckboxListTile、RadioListTile、SwitchListTile 等组件,简而言之,它们就是在 ListTile 组件内部嵌入了 Checkbox、Radio、Switch 等组件的功能,并同时支持用户单击整个组件的任意区域。例如,图 11-23 展示了 CheckboxListTile 组件正在被用户单击时的效果,可观察到水波纹。

图 11-22　ListTile 组件的运行效果 　　　　图 11-23　CheckboxListTile 组件被单击时的效果

11.1.21　Material

Material 一词在英文中是“材质”之意,而 Flutter 框架中的 Material 组件就是负责为 Flutter 其他组件提供材质的组件。为了实现 Material Design 强调的质感与层次等核心概念,Flutter 中的 Material 组件主要负责 3 件事:裁边、设置海拔(阴影)及在用户触碰时绘制水波纹效果。

Material 的形状可由 shape、borderRadius 或 type 等属性修改,包括设置为圆形或圆角的矩形等。默认情况下,Material 会对其子组件按照同样的形状进行裁剪。

Material 的海拔会影响其阴影效果,默认海拔为 4.0。不少具有 Material 风格的组件,例如 AppBar 组件和 Card 组件所呈现的阴影效果,都是通过直接设置 Material 组件的海拔实现的。

Material 被触摸时会产生水波纹效果,虽然这是由 InkResponse 或 InkWell 等组件负责操作的,但最终还是要绘制到 Material 材质上。在 InkWell 等组件的父级插入不透明的渲染类组件,如一个有颜色的 Container 或正在显示图片的 Image 组件,会直接导致水波纹效果消失,这是由于 InkWell 仍会将水波纹绘制到被 Container 遮挡住的上级 Material 组

件,因此用户观察不到该效果。实战中如需对 Material 进行涂色或其他装饰,则应使用 Ink
组件。

Material 组件也可以通过 color 属性设置材质颜色。这与 Ink 组件类似,但前者可粗略
地被理解为 Material 材质的本身颜色(如木头是红色的),而使用 Ink 组件修饰时可比作对
其再次涂色(如红木被刷上蓝色油漆),因此 Ink 也可支持对材质的部分区域涂色。最终
InkResponse 等组件在检测到用户触碰时,会找到最近的上级 Material 组件,并在 Material
上直接绘制水波纹效果。

11.1.22　OutlinedButton

OutlinedButton 与本书第 3 章介绍的 ElevatedButton 和 TextButton 组件基本一致。
实际上通过修改这 3 个组件的 style 属性,完全可以将其中任意一个组件设置为其他 2 个的
样式,因此 OutlinedButton 的主要特点仅在于它的默认样式是一个有边框轮廓的按钮。例
如可通过 style 参数修改边框的颜色和粗细程度,以制作圆角效果,代码如下:

```
OutlinedButton.icon(
  icon: Icon(Icons.star),
  label: Text("收藏"),
  onPressed: () {},
  style: OutlinedButton.styleFrom(
    side: BorderSide(color: Colors.blue, width: 2.0),
    shape: StadiumBorder(),
  ),
)
```

运行效果如图 11-24 所示。

对此类按钮不熟悉的读者可参考本书第 3 章有关
ElevatedButton 和 TextButton 的内容。另外,在旧版本的
Flutter 中存在一个名为 OutlineButton 的组件,不推荐使
用。实战中应使用 OutlinedButton 组件(多了一个字母
d),注意不要混淆。

图 11-24　使用 OutlinedButton
制作圆边按钮

11.1.23　PopupMenuButton

这是一个可弹出菜单的按钮,一般作为 AppBar 的 actions 列表的最后一项传入,用于
提供不太常用的选项菜单,代码如下:

```
PopupMenuButton(
  itemBuilder: (BuildContext context) {
    return < PopupMenuEntry >[
      PopupMenuItem(
        child: Text(
```

```
        "PopupMenuItem",
        textAlign: TextAlign.center,
      ),
    ),
    PopupMenuDivider(),
    CheckedPopupMenuItem(
      child: Text("CheckedPopupMenu"),
      checked: true,
    ),
  ];
},
)
```

运行时它会渲染 3 个点"更多选项"图标,并在用户单击后弹出菜单,如图 11-25 所示。

图 11-25　在导航条中使用 PopupMenuButton 的效果

11.1.24　Radio

这是一个单选按钮组件,每个 Radio 组件可用 value 属性设置一个标识,并通过 groupValue 传入一个变量,当 groupValue 变量与 value 标识相等时,Radio 就会呈现被选中的状态,代码如下:

```
Row(
  children: [
    Radio(
      value: 1,
      groupValue: _value,
      onChanged: (value) {},
    ),
    Radio(
      value: 2,
      groupValue: _value,
      onChanged: (value) {},
    ),
  ],
)
```

当上述代码运行时,若_value 变量值为 1,则第 1 个 Radio 会被选中,如图 11-26 所示。这是因为此时第 1 个 Radio 的 value 值与其 groupValue 值相等。

Radio 组件的 value 和 groupValue 等属性支持任意类型,但实战中通常推荐使用 enum 枚举类型,以增强代码的可读性。

另外 Flutter 还提供了 RadioListTile 组件,效果等同于在 ListTile 组件的 leading 位置嵌入一个 Radio 组件,且整个组件都可支持用户单击,如图 11-27 所示。

图 11-26 Radio 组件的运行效果　　　　图 11-27 RadioListTile 被单击时的效果

11.1.25 Scaffold

英文 Scaffold 是脚手架的意思,即建筑工地上为了便利施工人员在外墙或高空作业时搭建的金属架。在 Flutter 中,Scaffold 组件的主要作用是方便开发者迅速搭建 Material 设计风格的常见布局元素。例如通过它的 appBar、body、drawer、floatingActionButton、bottomNavigationBar 等参数,可以快速设置程序页面的常见元素,如图 11-28 所示。

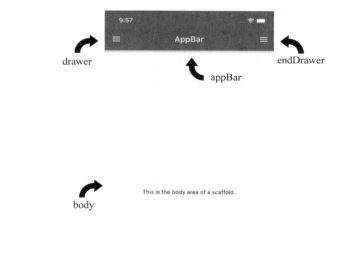

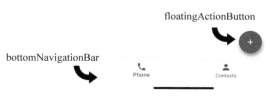

图 11-28 Scaffold 组件提供的常见页面元素

对于 appBar、drawer、floatingActionButton、bottomNavigationBar 等组件不熟悉的读者可翻阅本章对这些组件的相关介绍,也可自行查阅官网文档。

11.1.26 Slider

Slider 组件可用于渲染滑块,默认范围为 0.0～1.0,如显示 60% 可传入 0.6,代码如下:

```
Slider(
  value: 0.6,
  onChanged: (value) {},
)
```

运行效果如图 11-29 所示。

实战中可根据需要,通过 min 和 max 参数设定最小值和最大值。另外还可以通过 divisions 属性,将滑块设置为离散的(不连续的)。例如设置范围为 0～50,

图 11-29　默认的 Slider 运行效果

再传入 divisions:5 将其等分为 5 分,这样用户就必须选择 0.0、10.0、20.0、30.0、40.0 和 50.0 这 6 个值之一,代码如下:

```
Slider(
  min: 0.0,           //最小值 0
  max: 50.0,          //最大值 50
  divisions: 5,       //分为 5 等份
  value: 20.0,        //当前值 20
  onChanged: (value) {},
)
```

运行时可观察到滑块上的小节点。每当用户拖动结束后,Slider 会自动停在最近的节点上,如图 11-30 所示。

此外,若需要让用户选择一个区间,则可以使用 RangeSlider 组件。它的用法与 Slider 组件大同小异,同样支持连续和离散的值,value 属性为 RangeValues 类,例如可设置为 values:RangeValues(0.3,0.6),运行效果如图 11-31 所示。

图 11-30　离散的 Slider 效果  　　　　　　　　图 11-31　RangeSlider 组件的运行效果

另外,虽然 iOS 风格的滑块一般由 CupertinoSlider 组件提供,但实战中也可借助 Slider.adaptive()构造函数,使程序自动根据当前操作系统适配样式。例如当程序运行在 iOS 和 macOS 设备上时,它就会自动调用 CupertinoSlider 组件,否则就会继续使用 Material 风格的 Slider 组件。

11.1.27　SnackBar

Flutter 中的 SnackBar 组件与安卓原生开发中的 Snackbar 功能类似,主要用于实现屏幕底部弹出的提示消息。它支持通过 action 属性接收一个 SnackBarAction 按钮,显示在末尾处。需要显示 SnackBar 时一般通过查找上级的 ScaffoldMessenger 组件再调用其 showSnackBar 方法弹出,代码如下:

```
ScaffoldMessenger.of(context).showSnackBar(
  SnackBar(
    action: SnackBarAction(
      label: "OK",
      onPressed: () {},
    ),
    content: Text("This is a snack bar."),
  ),
);
```

默认情况下 SnackBar 会在屏幕的底部弹出,如图 11-32(a)所示。开发者也可以通过 behavior: SnackBarBehavior.floating 将其设置为悬浮效果,如图 11-32(b)所示。

这里需要注意的是,调用 ScaffoldMessenger.of(context).showSnackBar 的组件的上级必须有 ScaffoldMessenger 组件(一般由 MaterialApp 组件自动创建),否则会出现错误。如果调用 showSnackBar 的组件同时也是创建 MaterialApp 的那个组件,则 ScaffoldMessenger 并不属于它的上级,因此不可以这样使用。解决这个问题的办法有很多,例如可以将组件拆分,或者借助 Builder 组件匿名拆分,甚至使用 GlobalKey 等方法,开发者应根据实际情况自行选择。

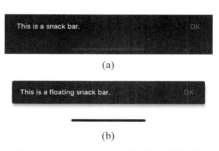

(a)

(b)

图 11-32　SnackBar 组件的运行效果

最后值得一提的是,ScaffoldMessenger 是随 2021 年 3 月的 Flutter 2.0 版本发布的新组件[①],但 SnackBar 本身并不是。在 Flutter 2.0 之前,开发者可调用 Scaffold 组件的同名方法弹出提示消息。

11.1.28　Stepper

Stepper 是一个显示步骤和进度的组件,例如当需要用户完成较长的新账户注册流程时,使用 Stepper 可以将当前进度可视化。Stepper 需要一个由 Step 组件组成的列表,代码如下:

---

① 　https://flutter.dev/docs/release/breaking-changes/scaffold-messenger

```
Stepper(
  currentStep: 1,
  steps: [
    Step(
      title: Text("打开冰箱门"),
      content: Container(),
    ),
    Step(
      title: Text("把大象装进冰箱"),
      content: Icon(Icons.ac_unit, size: 64),
    ),
    Step(
      title: Text("关上冰箱门"),
      content: FlutterLogo(),
    ),
  ],
)
```

运行效果如图 11-33 所示。默认情况下每个步骤下面都会有 CONTINUE(继续)和 CANCEL(取消)按钮,如需更改按钮的样式或彻底删除这些按钮,则可通过修改 controlsBuilder 属性实现。

图 11-33　用 Stepper 配合 Step 组件显示步骤

另外还可以通过传入 type：StepperType. horizontal 将其设置为横向显示,如图 11-34 所示。

图 11-34　水平方向的 Stepper 效果

11.1.29 Switch

Switch 组件本身是一个 Material 风格的开关按钮,默认情况下,无论在 iOS 或安卓设备上都会渲染出 Material 风格的开关,如图 11-35(a)所示,而 Cupertino 风格的开关按钮一般由 CupertinoSwitch 组件提供,效果如图 11-35(b)所示。

实战中通常借助 Switch.adaptive()构造函数,使程序自动适配当前操作系统的样式风格。例如当运行在 iOS 和 macOS 设备上时,它就会自动调用 CupertinoSwitch 组件,代码如下:

```
Row(
  children: [
    Switch(value: true, onChanged: (v) {}),
    Switch(value: false, onChanged: (v) {}),
    VerticalDivider(),
    Switch.adaptive(value: true, onChanged: (v) {}),
    Switch.adaptive(value: false, onChanged: (v) {}),
  ],
)
```

当上述代码运行在 iOS 设备上时,默认的 Switch 和可自动适配的 Switch.adaptive 就会渲染出不同的效果,如图 11-35 所示。

(a)   (b)

图 11-35   Material 和 Cupertino 风格的 Switch 效果

11.1.30 TabBar

TabBar 组件可帮助实现分页效果。它一般作为 AppBar 导航条组件的 bottom 参数传入,并配合 TabBarView 组件实现在不同页面之间的切换,效果如图 11-36 所示。

实现分页效果的办法比较多,常见思路包括通过在上级插入 DefaultTabController 组件以协调 TabBar 和 TabBarView 之间的互动,或者直接手动创建 TabController 控制器等。由于篇幅限制,本书在此不

图 11-36   用 TabBar 制作分页导航栏

逐一举例,有需要的读者可利用上文提到的这些组件名作为关键词,自行查阅相关文档。

11.1.31 TimePickerDialog

本章之前介绍过 showDatePicker()方法,用于打开日期选择器。类似地,开发者还可

以通过调用 showTimePicker()方法,打开 Material 风格的时间选择器,代码如下:

```
showTimePicker(
  context: context,
  initialTime: TimeOfDay.now(),                    //初始值:当前时间
)
```

运行效果如图 11-37 所示。这里值得注意的是,必传的 initialTime 参数需要接收的是 TimeOfDay 类型,而不是常见的 DateTime 类型。

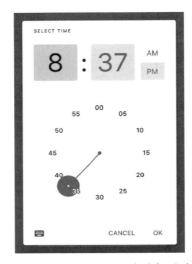

图 11-37　通过 showTimePicker 方法打开时间选择器

11.1.32　ToggleButtons

这是一个可提供多项选择的组件。使用时除了需要传入 children 属性外,还需要传入一个 isSelected 列表。运行时它会将子组件横向排列,并根据用户单击改变状态,代码如下:

```
ToggleButtons(
  isSelected: [false, true, false, true],
  children: <Widget>[
    Icon(Icons.airplanemode_active),
    Icon(Icons.signal_cellular_alt),
    Icon(Icons.bluetooth),
    Icon(Icons.WiFi),
  ],
  onPressed: (index) {},
)
```

运行效果如图 11-38 所示。通过阅读上述代码不难发现，ToggleButtons 组件的本质只是通过 isSelected 属性中的布尔列表设置每个子组件的状态，因此通过编写合适的业务逻辑，该组件可轻易实现单选、多选、不可空选等不同业务。

图 11-38 中第 2 个和第 4 个图标为选中状态，在程序运行时应是蓝色背景。本书由于印刷限制，可能无法表现出蓝色背景，因此在插图中它们看上去可能会更像是灰色的"禁用"状态。

图 11-38　ToggleButtons 的运行效果

11.1.33　Tooltip

提示信息，可在用户长按某组件时弹出一些文字，一般用于解释该界面元素的作用。不少 Material 风格的组件（如 Chip、IconButton、FloatingActionButton、PopupMenuButton 等）都有 tooltip 属性，其实它们的背后也是调用了 Tooltip 组件。直接使用 Tooltip 组件可为任意组件添加提示信息，代码如下：

```
Tooltip(
  message: "这是 FlutterLogo 组件",
  child: FlutterLogo(),
)
```

当用户长按 FlutterLogo 后可观察到提示信息，如图 11-39 所示。

图 11-39　用 Tooltip 组件增添提示信息

另外作为辅助功能，在程序中添加 Tooltip 也有助于屏幕朗读工具更准确地朗读当前界面的内容，为视力不佳的用户提供便利。

11.2　Cupertino 风格

丘珀蒂诺（Cupertino）是一座位于美国加州硅谷南部的城市，也是苹果总部的所在地，因此当前 iOS 系统的设计语言就被 Flutter 称作 Cupertino 风格。本节继续按组件名称的字母顺序，依次简单介绍 Flutter 框架中较常用的 Cupertino 组件。

11.2.1　CupertinoContextMenu

这是一个可在用户长按后弹出菜单的组件，代码如下：

```
CupertinoContextMenu(
  child: FlutterLogo(),
  actions: [
    CupertinoContextMenuAction(
      child: Text("Open"),
      onPressed: () {},
    ),
    CupertinoContextMenuAction(
      isDefaultAction: true,
      child: Text("Delete"),
      onPressed: () {},
    ),
  ],
)
```

运行效果如图 11-40 所示。

图 11-40　CupertinoContextMenu 的运行效果

11.2.2　CupertinoDatePicker

这是一个 Cupertino 风格的日期和时间选择器，代码如下：

```
CupertinoDatePicker(
  onDateTimeChanged: (DateTime value) {},
)
```

运行效果如图 11-41 所示。

图 11-41　CupertinoDatePicker 的默认显示效果

默认模式下 CupertinoDatePicker 会同时允许用户选择日期和时间,开发者也可以通过 mode 属性设置只可选择日期,或只可选择时间。

11.2.3 CupertinoNavigationBar

这个组件是 Cupertino 风格的顶部导航条,有点类似 Material 风格的 AppBar 组件,但功能要少很多。主要原因是因为 iOS 设计语言中的导航条本身相对简单,没有 Material 设计语言中常见的元素,所以实战中基本上只需通过 middle 属性添加标题,代码如下:

```
CupertinoNavigationBar(
  middle: Text("CupertinoNavigationBar"),
)
```

若该页面是通过 Navigator. of(context). push 或类似方法弹出的页面,则导航条也会自动添加一个返回按钮,如图 11-42 所示。该行为与 AppBar 组件一致,若需删除返回按钮,则可通过向 leading 属性传入一个其他组件(如空白的 SizedBox)实现。

图 11-42 Cupertino 风格的顶部导航条

11.2.4 CupertinoPageScaffold

这个组件类似 Material 风格中的 Scaffold 组件,但缺少诸如 Drawer 或悬浮按钮等 Material 设计元素。它的主要作用是通过 navigationBar 参数接收一个 CupertinoNavigationBar 作为顶部导航条,再通过 child 渲染剩余的页面内容,分别对应 Scaffold 组件的 appBar 和 body 属性,代码略。

11.2.5 CupertinoPicker

这是一个 Cupertino 风格的通用选择器,有立体滚轮效果,代码如下:

```
CupertinoPicker(
  itemExtent: 50,
  children: [
    for(int i = 1; i < 20; i++)
      Text("这是第 $ i 个选项")
  ],
  onSelectedItemChanged: (int value) {},
)
```

运行效果如图 11-43 所示。

实际上这个组件的背后调用的是 ListWheelScrollView 组件,对后者不熟悉的读者可参考本书第 5 章"分页呈现"中的相关详细介绍。

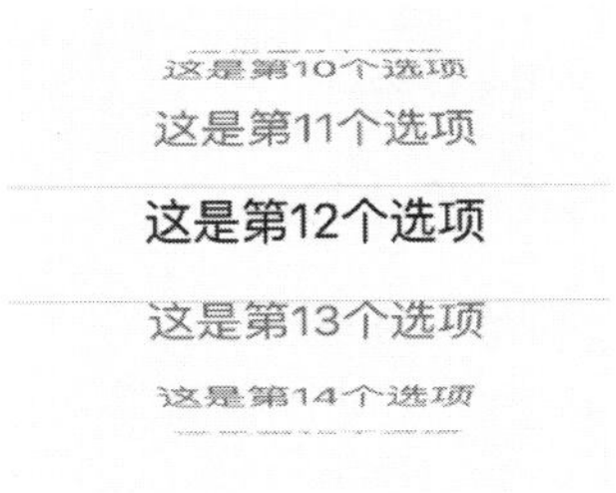

这是第10个选项

这是第11个选项

这是第12个选项

这是第13个选项

这是第14个选项

图 11-43　CupertinoPicker 的运行效果

11.2.6　CupertinoSegmentedControl

这是一个可提供单项选择的组件,代码如下:

```
CupertinoSegmentedControl(
  children: {
    1: Text(" 第一项 "),
    "WiFi": Icon(Icons.WiFi),
    "bt": Icon(Icons.bluetooth),
  },
  onValueChanged: (value) => print(value),
)
```

这里值得注意的是,children 参数要求的是 Map < T,Widget >类型,而不是常见的组件列表类型。其中 Map 的键类型不限,但一般推荐使用 enum 枚举以增强代码的可读性。

当用户单击其中一项时,CupertinoSegmentedControl 会自动将那个子组件高亮,并将其 Map 的键作为 onValueChanged 函数的参数传入。例如当用户选中第 2 个组件时,就可以在终端得到 WiFi 字样,并可同时观察到屏幕上的视觉效果,如图 11-44 所示。

图 11-44　用 CupertinoSegmentedControl 提供单项选择

实际程序运行时,被选中的高亮图标默认应为蓝色。由于本书印刷限制,可能无法准确表现出蓝色背景,因此在插图中它们看上去可能会更像是灰色的"禁用"状态。

11.2.7　CupertinoSlider

这是一个 Cupertino 风格的滑块组件,用法与 Material 风格的 Slider 组件类似,代码如下:

```
CupertinoSlider(
  value: 0.5,
  onChanged: (value) {},
)
```

运行效果如图 11-45 所示。

实战中也可以使用 Slider 组件的 Sldier. adaptive( )构造函
数,实现一个根据当前平台自动适配风格的滑块。这样当程序
运行在 macOS 和 iOS 上时,就会自动调用 CupertinoSlider 组
件,而在其余平台上则会调用 Material 风格的 Slider 组件。

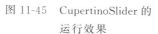

图 11-45　CupertinoSlider 的
运行效果

11.2.8　CupertinoSlidingSegmentedControl

这是一个按照 iOS 13 的新风格设计的单选组件,用法和外观都与 CupertinoSegmentedControl
组件非常类似,子组件同样是由 children 属性接收 Map < T,Widget >类型设置,代码如下:

```
CupertinoSlidingSegmentedControl(
  children: {
    1: Text(" 第一项 "),
    2: Icon(Icons.WiFi),
    3: Icon(Icons.bluetooth),
  },
  groupValue: 2,
  onValueChanged: (value) = > print(value),
)
```

运行时,groupValue 属性值的键所对应的子组件会被高亮,如图 11-46 所示。在
groupValue 值发生变化时,该组件会自动触发动画效果,将高亮滑块移动到新的子组件上。

图 11-46　CupertinoSlidingSegmentedControl 的运行效果

11.2.9　CupertinoSwitch

这是一个 Cupertino 风格的开关按钮。该组件无论在 iOS 或安卓设备上都会渲染出
Cupertino 风格的开关。安卓系统常见的 Material 风格开关按钮可由 Switch 组件提供。

实战中一般借助 Switch. adaptive( )构造函数,使程序自动根据当前操作系统适配风
格。对此不熟悉的读者可翻阅本章关于 Switch 组件的相关介绍。

11.2.10　CupertinoTabBar

这是一个 Cupertino 风格的底部导航条组件,一般作为 CupertinoTabScaffold 组件的
tabBar 属性传入。其用法与 Material 风格的 BottomNavigationBar 组件一致,同样使用
BottomNavigationBarItem 作为导航条的内容,代码如下:

```
CupertinoTabBar(
  items: [
    BottomNavigationBarItem(
```

```
        label: "Phone",
        icon: Icon(Icons.phone),
      ),
      BottomNavigationBarItem(
        label: "Contacts",
        icon: Icon(Icons.person),
      ),
    ],
    activeColor: Colors.black,                    //高亮颜色
    onTap: (index) {},
)
```

上述代码首先通过 items 属性定义了 2 个图标,又通过 activeColor 属性将高亮颜色修改为黑色。当配合 CupertinoTabScaffold 组件使用时,其运行效果如图 11-47 所示。

图 11-47　用 CupertinoTabBar 制作底部导航条

11.2.11　CupertinoTabScaffold

这个组件负责协调多个页面,实战中最常用的有 tabBar 和 tabBuilder 这 2 个参数。前者一般传入 CupertinoTabBar 组件,为多个页面提供底部导航功能,后者则负责搭建一系列由 CupertinoTabView 组成的页面,完整效果如图 11-48 所示。

图 11-48　用 CupertinoTabScaffold 协调导航条和页面

用于实现图 11-48 所示效果的完整代码如下：

```
//第 11 章/cupertino_tab_demo.dart

import 'package:flutter/cupertino.dart';

void main() {
  runApp(MyApp());
}

class MyApp extends StatelessWidget {
  @override
  Widget build(BuildContext context) {
    return CupertinoApp(
      home: MyHomePage(),
    );
  }
}

class MyHomePage extends StatelessWidget {
  @override
  Widget build(BuildContext context) {
    return CupertinoTabScaffold(
      tabBar: CupertinoTabBar(
        items: [
          BottomNavigationBarItem(
            label: "Calls",
            icon: Icon(CupertinoIcons.phone_fill),
          ),
          BottomNavigationBarItem(
            label: "Messages",
            icon: Icon(CupertinoIcons.mail_solid),
          ),
          BottomNavigationBarItem(
            label: "Contacts",
            icon: Icon(CupertinoIcons.person_fill),
          ),
        ],
      ),
      tabBuilder: (BuildContext context, int index) {
        return CupertinoTabView(
          builder: (context) {
            return CupertinoPageScaffold(
              navigationBar: CupertinoNavigationBar(
                middle: Text("Cupertino Tab Demo"),
```

```
          ),
          child: Center(child: Text("这是第 ${index + 1}页")),
        );
      },
    );
  }
}
```

11.2.12 CupertinoTabView

这个组件通常作为 CupertinoTabScaffold 中每个页面的根组件,示例代码可参考 11.2.11 节 CupertinoTabScaffold 的内容。

由于 CupertinoTabView 会为页面创建新的 Navigator 导航器,因此 CupertinoTabScaffold 可支持多个页面之间平行切换,即保持每个页面的独立路由。例如用户在首页单击某按钮弹出某个对话框窗口或某个子页面后,还可以通过底部导航条直接切换到与之平行的其他页面,在切换回首页时之前打开的对话框或子页面并不会受到影响。

换言之,当配合 CupertinoTabScaffold 使用时,每个页面通过 Navigator.of(context). push() 等方法打开的新窗口只会在当前页面打开,并不会覆盖底部的导航条。如需覆盖底部导航条,迫使用户关闭新窗口后才可切换至其他页面,则需要在查找 Navigator 时额外传入 rootNavigator: true 参数,代码如下:

```
Navigator.of(context, rootNavigator: true).push(
  CupertinoPageRoute(builder: (BuildContext context) {
    return Center(child: Text("这是新页面"));
  }),
);
```

这样新页面就会通过主路由弹出,从而覆盖于 CupertinoTabScaffold 多个页面及底部导航条之上。同样地,showDialog 及 showModalBottomSheet 等方法也有 useRootNavigator 参数,当设置为 true 时即可使用主路由,以达到相同的效果。

11.2.13 CupertinoTimePicker

这是一个 Cupertino 风格的时间选择器组件,代码如下:

```
CupertinoTimerPicker(
  onTimerDurationChanged: (Duration value) {},
)
```

运行效果如图 11-49 所示。

图 11-49 CupertinoTimePicker 时间选择器

这个组件与 CupertinoDatePicker 组件的"时间选择模式"不同，主要区别在于这里选择的是一个持续时间，如 4min 8s，可用于实现一个计时器的倒计时功能，而用户通过 CupertinoDatePicker 组件选择的是一个具体时间，例如晚上 8 点半。

第 12 章

进 阶 动 画

(7min)

在 Flutter 框架中大致有 3 类与动画相关的组件,分别是隐式动画(Implicit Animation)、显式动画(Explicit Animation)及其他的动画实现方法。本章将延续第 7 章的内容,继续深入探讨 Flutter 中与动画相关的组件和知识。

12.1　如何选择动画组件

本书第 7 章"过渡动画"中介绍了一部分较为简单易用的动画组件,如 AnimatedContainer、AnimatedOpacity、AnimatedSwitcher 等。这些组件的特点为使用门槛较低,不要求开发者掌握太多与动画相关的知识,往往只需传入一个表示动画时长的 duration 参数。每当这些组件的属性值发生改变时,它们就会自动完成补间动画。这背后的实现原理和烦琐的操控细节都被隐去了,因此这类动画在 Flutter 框架中被称为隐式动画。

然而有时候隐式动画并不能满足实际需求。例如当动画需要循环重播、随时中断或多方协调时,往往开发者会更希望能精确地控制动画的进程。这时就应该考虑使用 Flutter 框架提供的"显式动画"组件了。从命名习惯而言,不同于常以 Animated…开头的隐式动画组件,显式动画组件通常以…Transition 结尾,如 FadeTransition、SlideTransition、SizeTransition等。在使用显式动画时,开发者需要自行创建并维护一个 AnimationController(动画控制器),通过它来控制动画的开始、暂停、重置、跳转、倒播等操作。

当 Flutter 框架提供的隐式动画和显式动画组件都不足以满足实际需求时,也可以考虑使用 TweenAnimationBuilder 自定义隐式动画,或使用 AnimatedBuilder 自定义显式动画。尤其是后者,若再配合 CustomPaint 等支持随意绘制的画布组件,则更可完成一切动画需求,但显然这么做难免会增加代码的难度,延长开发周期,因此实战中选择合适的动画组件相对重要。图 12-1 总结了在选择动画组件时应考虑的一些因素。

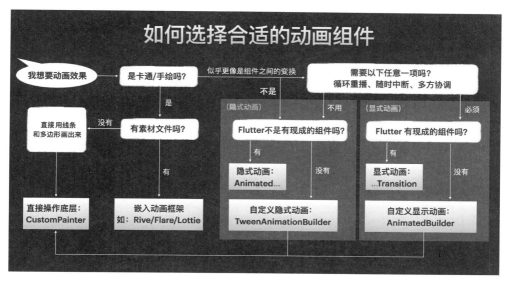

图 12-1 如何选择合适的动画组件

12.2 显式动画

在 Flutter 框架中使用显式动画就可以通过动画控制器完成循环重播、随时中断或多方协调等相对复杂的动画需求。

12.2.1 RotationTransition

这是一个可用于制作旋转效果的显式动画组件,旋转角度由 turns 参数传入,代码如下:

```
RotationTransition(
  turns: _controller,
  child: FlutterLogo(),
)
```

这里 turns 参数需要接收的是 Animation<double>类型,用于描述一个旋转的动画,其中 double 部分表示转了几圈,例如 0.5 就表示转了半圈,即 180°,而 1.0 则表示旋转了 360°,与完全没有旋转时的 0.0 效果一致,因此,若需实现不停旋转的效果,这里需要传入的是 0.0~1.0 的循环值。

由于 AnimationController 的默认区间恰好也是 0.0~1.0,因此可以直接将一个动画控制器作为 Animation<double>值传给 RotationTransition 组件的 turns 参数,完整代码如下:

```dart
//第 12 章/rotation_transition_demo.dart

import 'package:flutter/material.dart';

void main() {
  runApp(MyApp());
}

class MyApp extends StatelessWidget {
  @override
  Widget build(BuildContext context) {
    return MaterialApp(
      home: Scaffold(
        appBar: AppBar(title: Text("RotationTransition Demo")),
        body: Center(
          child: AnimationDemo(),
        ),
      ),
    );
  }
}

class AnimationDemo extends StatefulWidget {
  @override
  _AnimationDemoState createState() => _AnimationDemoState();
}

class _AnimationDemoState extends State<AnimationDemo>
    with SingleTickerProviderStateMixin {
  late AnimationController _controller;

  @override
  void initState() {
    _controller = AnimationController(
      duration: Duration(seconds: 1),
      vsync: this,
    )..repeat();
    super.initState();
  }

  @override
  void dispose() {
    _controller.dispose();
    super.dispose();
  }
```

```
  @override
  Widget build(BuildContext context) {
    return RotationTransition(
      turns: _controller,
      child: FlutterLogo(size: 80),
    );
  }
}
```

上述代码首先通过 SingleTickerProviderStateMixin 得到 ticker，并定义了一个 AnimationController 且在 initState 初始化时将其动画时长设置为 1s，最后通过调用 repeat 方法使其循环播放，运行时即可观察到其子组件 FlutterLogo 循环旋转的动画效果，如图 12-2 所示。

图 12-2　使用 RotationTransition 实现旋转效果

除了 repeat（循环播放）外，动画控制器还支持 forward（正序播放一次）、reverse（倒序播放一次）、stop（原地停止）、reset（重置）、animateTo（动画至某个值后再停下）等方法。

12. 2. 2　FadeTransition

这是一个负责改变不透明度的显式动画组件，可以算作隐式动画 AnimatedOpacity 组件的显式动画版本，因此它可以被动画控制器操作，随时暂停等。该组件用法与 12.2.1 节的 RotationTransition 大同小异，通过 opacity 参数接收不透明度值，代码如下：

```
FadeTransition(
  opacity: _controller,
  child: FlutterLogo(),
)
```

例如可提供一些按钮让用户手动控制动画的进展，效果如图 12-3 所示。

图 12-3　使用 FadeTransition 手动控制不透明度动画

用于实现图 12-3 所示效果的完整代码如下：

```
//第 12 章/fade_transition_demo.dart

import 'package:flutter/material.dart';

void main() {
  runApp(MyApp());
}

class MyApp extends StatelessWidget {
  @override
  Widget build(BuildContext context) {
    return MaterialApp(
      home: Scaffold(
        appBar: AppBar(title: Text("FadeTransition Demo")),
        body: Center(
          child: AnimationDemo(),
        ),
      ),
    );
  }
}

class AnimationDemo extends StatefulWidget {
  @override
  _AnimationDemoState createState() => _AnimationDemoState();
}

class _AnimationDemoState extends State<AnimationDemo>
    with SingleTickerProviderStateMixin {
  late AnimationController _controller;

  @override
  void initState() {
    _controller = AnimationController(
      duration: Duration(seconds: 1),
      vsync: this,
    );
    super.initState();
  }

  @override
  void dispose() {
```

```
      _controller.dispose();
      super.dispose();
    }


    @override
    Widget build(BuildContext context) {
      return Row(
        mainAxisAlignment: MainAxisAlignment.spaceEvenly,
        children: [
          FadeTransition(
            opacity: _controller,
            child: FlutterLogo(size: 80),
          ),
          ElevatedButton(
            child: Text("开始"),
            onPressed: () => _controller.repeat(reverse: true),
          ),
          ElevatedButton(
            child: Text("暂停"),
            onPressed: () => _controller.stop(),
          ),
        ],
      );
    }
  }
```

值得一提的是,上例的开始按钮调用_controller.repeat()方法时传入了 reverse：true
参数,该参数的作用是每当动画控制器播放结束(值为1.0)时,倒序播放一遍,再循环重播。
换言之,当没有传入该参数时,动画控制器默认的循环播放是从0.0渐变至1.0,然后瞬间
重置至0.0,再循环播放,而设置 reverse 后,循环播放的行为会改为从0.0渐变至1.0,再从
1.0渐变至0.0,以此循环播放。

12.2.3 ScaleTransition

这是一个可以缩放子组件的显式动画组件,用法与其他显式动画组件非常相似,不同点
在于它需要通过 scale 参数接收缩放倍数,代码如下：

```
ScaleTransition(
  scale: _controller,
  child: FlutterLogo(),
)
```

例如当 scale 为2.0时,子组件会被放大为原来的2倍,而当 scale 为0.5时,则子组件
就会被缩小为原来的一半。

12.2.4　SizeTransition

这是一个借助 ClipRect 对子组件尺寸进行裁剪的显式动画组件,运行时通过 sizeFactor 属性值决定对子组件的裁剪行为,代码如下:

```
SizeTransition(
  sizeFactor: _controller,
  child: FlutterLogo(),
)
```

例如当 sizeFactor 的值从 1.0 渐变至 0.0 时,可观察到子组件逐渐被裁剪至完全消失的效果,如图 12-4 所示。该组件默认行为是沿垂直方向中心裁剪,如有必要,也可通过传入 axis: Axis.horizontal 改为沿水平方向裁剪,或通过 axisAlignment 属性改变裁剪的对齐方式。

图 12-4　使用 SizeTransition 对子组件进行裁剪动画

12.2.3 节介绍的 ScaleTransition 的内部是通过 Transform 组件对子组件变形,从而在绘制时达到缩放的效果,而这里的 SizeTransition 则是通过直接改变自身尺寸,并配合 ClipRect 对子组件裁剪,在布局时达到需要的动画效果,然而在 Flutter 布局中,组件的尺寸必须满足父级约束,因此实战中要注意该组件的父级约束不应为紧约束,否则无法观察到动画效果。对组件约束等概念不熟悉的读者可参考本书第 6 章"进阶布局"中关于"约束"的内容,对 Transform 变形或 ClipRect 裁剪等内容不熟悉的读者可查阅本书第 14 章"渲染与特效"中对这 2 个组件的介绍。

12.2.5　SlideTransition

(9min)

这是一个负责平移的显式动画组件,使用时需通过 position 属性传入一个 Animation < Offset >表示位移程度,通常借助 Tween 实现,代码如下:

```
SlideTransition(
  position: Tween(
    begin: Offset(0, 0),
    end: Offset(0.5, -1.2),
  ).animate(_controller),
  child: FlutterLogo(size: 100),
)
```

上述代码通过 Tween 的 begin 参数将动画起始位置定义为 Offset(0,0),又通过 end 参数将结束位置定义为 Offset(0.5,−1.2)。这些值是指相对于该组件的尺寸,即应由初始位置偏移的比例,因此动画起始的(0,0)就表示原地不动,而结束位置的(0.5,−1.2)实际表示的是向右移动 0.5 倍于整个子组件的宽度,并向上移动 1.2 倍于子组件的高度。若子组件的尺寸为 100×100 单位,则实际动画时长内组件会向右平移 50 单位,并同时向上平移 120 单位。

12.2.6 PositionedTransition

这个 PositionedTransition 是隐式动画 AnimatedPositioned 组件的显式动画版本,因此这 2 个组件都与第 1 章介绍的普通 Positioned 组件一样,可在 Stack 中使用,代码如下:

```
Stack(
  children: [
    PositionedTransition(
      rect: RelativeRectTween(
        begin: RelativeRect.fromLTRB(0, 0, 200, 200),
        end: RelativeRect.fromLTRB(100, 100, 0, 0),
      ).animate(_controller),
      child: FlutterLogo(size: 100),
    ),
  ],
)
```

这里值得一提的是,该组件的 rect 参数需要的类型为 Animation<RelativeRect>,可由动画控制器串联 RelativeRectTween 得到。通过 RelativeRect.fromLTRB()构造函数,开发者可同时指定 left、top、right、bottom 这 4 个方向的值,用法与 Positioned 组件的同名参数非常类似。

12.2.7 DecoratedBoxTransition

这个组件是普通 DecoratedBox 的显式动画版本,需由 decoration 参数接收类型为 Animation<Decoration>的值,一般由 DecorationTween 提供,代码如下:

```
DecoratedBoxTransition(
  decoration: DecorationTween(
    begin: BoxDecoration(
      color: Colors.grey,
      borderRadius: BorderRadius.circular(50.0),
    ),
    end: BoxDecoration(
```

```
      color: Colors.black,
      borderRadius: BorderRadius.zero,
    ),
  ).animate(_controller),
  child: FlutterLogo(size: 100),
)
```

运行时该组件会由灰色的圆形装饰,渐变至黑色的矩形装饰,如图 12-5 所示。

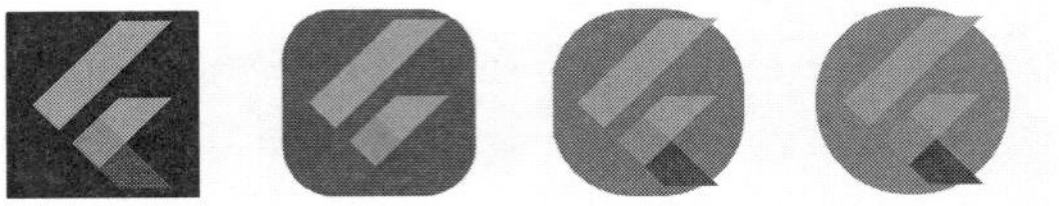

图 12-5　使用 DecoratedBoxTransition 对子组件进行裁剪动画

这个组件看似没有对应的隐式动画组件,但实际上第 7 章介绍的 AnimatedContainer 组件就支持 decoration 属性,也会在 decoration 值发生变化时自动触发隐式动画效果,可完全当作该组件的隐式动画版本。对 DecoratedBox 组件或 BoxDecoration 类不熟悉的读者可参考本书第 14 章"渲染与特效"中的相关内容。

12.2.8　AnimatedIcon

AnimatedIcon 顾名思义,是一个用于提供动画图标的组件。它的名字虽然是以 Animated... 开头的,但它实际上是一个显式动画组件,需要通过 progress 属性传入动画控制器,另外还需要由 icon 属性传入动画图标数据,代码如下:

```
AnimatedIcon(
  progress: _controller,
  icon: AnimatedIcons.arrow_menu,
)
```

运行后即可得到一个数据为 AnimatedIcons.arrow_menu 的动画按钮。根据动画控制器的值,它会从"后退"图标渐变至"菜单"图标,效果如图 12-6(从左向右)所示。

← ← ← ↑ ↑ ↗ ⋰ ⋰ ☰ ☰

图 12-6　AnimatedIcon 之 arrow_menu 的动画效果

图 12-7 列出了目前 Flutter 内置的 14 种动画图标,以及它们对应的名称,供读者参考。

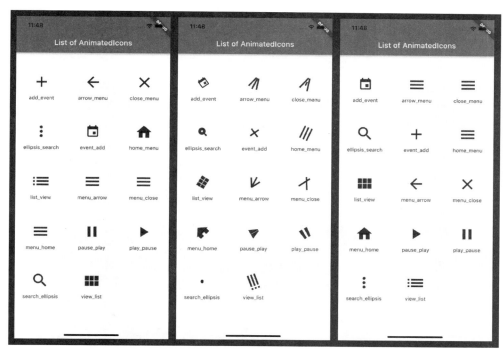

图 12-7　Flutter 内置的 14 种动画图标及名称

12.3　自定义动画

若 Flutter 框架自带的动画组件不足以实现某种动画效果时，则可以考虑使用 TweenAnimationBuilder 和 AnimatedBuilder 这 2 个通用的动画组件。前者可实现任意自定义的隐式动画效果，而后者可实现任意显式动画效果。

12.3.1　TweenAnimationBuilder

作为一个自定义隐式动画组件，TweenAnimationBuilder 的用法与其他隐式动画组件相似。首先需要通过 duration 属性设置动画时长，再通过 tween 属性设置一个 Tween 范围。每当 tween 的 end 值发生变化时，TweenAnimationBuilder 就会自动在当前值与新的 end 值之间插值，并通过连续调用 builder 函数实现补间动画效果，代码如下：

```
TweenAnimationBuilder(
    duration: Duration(seconds: 1),
    tween: Tween(begin: 50.0, end: 80.0),
    builder: (BuildContext context, double value, Widget? child) {
```

▣（14min）

```
          return Icon(Icons.star, size: value);
        },
      )
```

程序首次运行时可以观察到其子组件 Icon 的尺寸由 50 至 80 的渐变动画,时长为 1s。
动画结束后,Icon 组件的尺寸会保持为最终的 80 单位。

读者可扫码观看一个该组件的实例——翻滚计数器,该实例的完整代码如下:

(10min)

```
//第 12 章/tween_animation_builder_example.dart

import 'package:flutter/material.dart';

void main() {
  runApp(MyApp());
}

class MyApp extends StatelessWidget {
  @override
  Widget build(BuildContext context) {
    return MaterialApp(
      home: Scaffold(
        body: Center(
          child: AnimatedFlipCounter(
            duration: Duration(seconds: 1),
            value: 2020,                //每当这里的值改变时,就会自动触发动画效果
          ),
        ),
      ),
    );
  }
}

class AnimatedFlipCounter extends StatelessWidget {
  final int value;
  final Duration duration;
  final double size;
  final Color textColor;

  const AnimatedFlipCounter({
    Key? key,
    required this.value,
    required this.duration,
    this.size = 100,
    this.textColor = Colors.black,
  }) : super(key: key);

  @override
  Widget build(BuildContext context) {
```

```
      List < int > digits = value == 0 ? [0] : [];

    int v = value;
    if (v < 0) {
      v * = - 1;
    }
    while (v > 0) {
      digits. add(v);
      v = v ~/ 10;
    }

    return Row(
      mainAxisSize: MainAxisSize. min,
      children: List. generate(digits. length, (int i) {
        return _SingleDigitFlipCounter(
          key: ValueKey(digits. length - i),
          value: digits[digits. length - i - 1]. toDouble(),
          duration: duration,
          height: size,
          width: size / 1.8,
          color: textColor,
        );
      }),
    );
  }
}

class _SingleDigitFlipCounter extends StatelessWidget {
  final double value;
  final Duration duration;
  final double height;
  final double width;
  final Color color;

  const _SingleDigitFlipCounter({
    Key? key,
    required this. value,
    required this. duration,
    required this. height,
    required this. width,
    required this. color,
  }) : super(key: key);

  @override
  Widget build(BuildContext context) {
    return TweenAnimationBuilder(
```

```
        tween: Tween(begin: value, end: value),
        duration: duration,
        builder: (context, double value, child) {
          final whole = value ~/ 1;
          final decimal = value - whole;
          return SizedBox(
            height: height,
            width: width,
            child: Stack(
              children: <Widget>[
                _buildSingleDigit(
                  digit: whole % 10,
                  offset: height * decimal,
                  opacity: 1 - decimal,
                ),
                _buildSingleDigit(
                  digit: (whole + 1) % 10,
                  offset: height * decimal - height,
                  opacity: decimal,
                ),
              ],
            ),
          );
        },
      );
    }


Widget _buildSingleDigit({
    required int digit,
    required double offset,
    required double opacity,
}) {
    return Positioned(
      bottom: offset,
      child: Text(
        "$digit",
        style: TextStyle(
          fontSize: height,
          color: color.withOpacity(opacity),
        ),
      ),
    );
  }
}
```

运行时的动画效果如图 12-8（从上到下）所示。

图 12-8　翻滚计数器由 2000 翻至 2022 的效果

12.3.2　AnimatedBuilder

这是一个自定义显式动画组件,因此它的用法既类似其他显式动画组件,又接近自定义隐式动画的 TweenAnimationBuilder 组件。使用时首先需要通过 animation 属性传入一个可被监听的 Listenable 类,实战中一般会传入动画控制器。之后每当 Listenable 的值发生变化时,AnimatedBuilder 就会重新调用 builder 函数,并最终通过连续重绘实现视觉上的动画效果,代码如下:

```
AnimatedBuilder(
  animation: _controller,
  builder: (_, child) {
    return Icon(
      Icons.star,
      size: Tween(begin: 24.0, end: 48.0).evaluate(_controller),
    );
  },
)
```

通过 AnimatedBuilder 可以实现任意动画效果。例如可借助 String 的 substring 方法,从一段文本中截取开头的若干字符,并不断延长截取的字符长度,以实现类似打字机的动画效果,代码如下:

```
//第12章/animated_builder_example.dart

import 'package:flutter/material.dart';

void main() {
  runApp(MyApp());
}
```

```dart
class MyApp extends StatelessWidget {
  @override
  Widget build(BuildContext context) {
    return MaterialApp(
      home: Scaffold(
        appBar: AppBar(title: Text("AnimatedBuilder Demo")),
        body: TypeWriter(),
      ),
    );
  }
}

class TypeWriter extends StatefulWidget {
  @override
  _TypeWriterState createState() => _TypeWriterState();
}

class _TypeWriterState extends State<TypeWriter>
    with SingleTickerProviderStateMixin {
  late AnimationController _controller;
  final message = "lorem ipsum " * 20;

  @override
  void initState() {
    _controller = AnimationController(
      vsync: this,
      duration: Duration(seconds: 5),
    )..repeat();
    super.initState();
  }

  @override
  void dispose() {
    _controller.dispose();
    super.dispose();
  }

  @override
  Widget build(BuildContext context) {
    return Container(
      child: AnimatedBuilder(
        animation: _controller,
        builder: (_, child) {
          final count = (message.length * _controller.value).floor();
          final text = message.substring(0, count);
          return Text(
```

```
        text,
        style: TextStyle(fontSize: 24),
      );
    },
  ),
);
}
}
```

程序运行时,文本中的字母会以动画的形式逐个出现,效果如图 12-9(从上到下)所示。

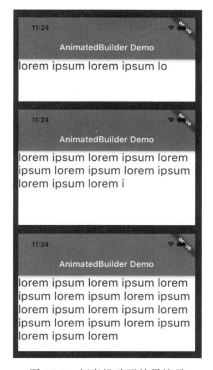

图 12-9 打字机动画效果演示

12.3.3 AnimatedWidget

AnimatedWidget 并不是一个真实可用的组件,而是一个抽象类。通过继承该类,开发者可以根据实际需求创建属于自己的显式动画组件。12.3.2 节介绍的 AnimatedBuilder 就是继承于 AnimatedWidget 实现的。在继承该类时首先需要将 Listenable 传给父级,之后每当动画值发生变化时,父级就会自动通过 setState 的方式重新调用 build 方法渲染组件,从而实现动画效果。

例如 12.3.2 节 AnimatedBuilder 中的打字机动画实例可被封装为一个显式动画组件,

代码如下：

```
//第 12 章/animated_widget_demo.dart
class TypeWriterTransition extends AnimatedWidget {
  final String message;
  final Animation < double > progress;

  const TypeWriterTransition({
    required this.message,
    required this.progress,
  }) : super(listenable: progress);

  @override
  Widget build(BuildContext context) {
    final count = (message.length * progress.value).floor();
    final text = message.substring(0, count);
    return Text(
      text,
      style: TextStyle(fontSize: 24),
    );
  }
}
```

当需要调用时，可以直接使用这个自制的显式动画组件，代码如下：

```
TypeWriterTransition(
  progress: _controller,
  message: "lorem ipsum " * 20,
)
```

运行效果与使用 AnimatedBuilder 时相同，读者可参考 12.3.2 节的图 12-9。

第13章

滚动布局

本书第 5 章介绍的 ListView 等滚动列表组件应该可以满足绝大部分业务需求。本章将延续第 5 章的内容,继续深入讨论 Flutter 中的滚动布局,介绍滚动列表背后的核心：Slivers 布局机制。在 Flutter 框架中,大部分支持滚动的组件背后都是通过 Sliver 实现的。

13.1　Sliver

相信使用过一段时间 Flutter 的开发者应该或多或少听说过 Sliver 这个词。从 Flutter 开发者社区讨论中也可以看出,不少人对 Sliver 这个概念很迷惑,甚至产生了抵触的情绪。其实 sliver 在英文里是"片段"的意思,例如一小块奶酪(a sliver of cheese)、月牙(a sliver of the moon)、一丝希望(a sliver of hope)等都可以用这个单词。

在 Flutter 中,Sliver 是指滚动视窗中的一小块区域。不同于普通的 RenderBox 主导的布局,Sliver 组件的背后是由遵守"Sliver 协议"的 RenderSliver 负责渲染,支持动态加载,在元素较多时非常高效。Sliver 组件名称一般由 Sliver…开头,在与普通的组件混搭时需要转换协议。

13.1.1　CustomScrollView

一般而言 CustomScrollView 组件是打开 Sliver 世界大门的第一步,因为它会创建一个"视窗"。所谓视窗,是指一种里面比外面大的容器,例如一个高度仅为 300 单位的 ListView,内部可以"容得下"成千上万条数据。视窗是 Sliver 组件(RenderSliver)和普通组件(RenderBox)之间过渡的桥梁,视窗里面的内容是 RenderSliver,而视窗本身是 RenderBox。通过滚动翻页,视窗可在有限的屏幕区域内显示无限多的内容。

CustomScrollView 组件并没有 child 或 children 参数,而是提供了 slivers 参数,代码如下：

```
CustomScrollView(
  slivers: [
    SliverA(),
```

```
        SliverB(),
        SliverC(),
    ],
)
```

　　这样参数的更名，由 sliver 取代 child，由复数形式 slivers 取代 children，可以更好地提醒开发者哪些地方需要传入 Sliver 组件，哪些地方是普通的 RenderBox 组件。CustomScrollView 等视窗组件自身是 RenderBox，因此可以被嵌套在普通的组件树中，例如作为 Container 等组件的 child 参数传入，或作为 Scaffold 的 body 传入，而它的内部则可以嵌套 Sliver 组件，如图 13-1 所示。

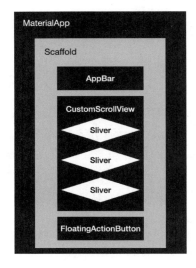

　　除了传递子组件列表的参数由 children 更名为 slivers 之外，CustomScrollView 其他参数和行为都与常见的 ListView 组件并无大异，如 scrollDirection（滚动方向）、reverse（倒转）、controller（滚动控制器）、physics（滚动物理）、shrinkWrap（真空包装）、cacheExtent（缓冲区）等，对这些参数仍不熟悉的读者可回顾本书第 5 章介绍 ListView 的相关内容。

图 13-1　可用 CustomScrollView 在组件树中插入 Sliver

　　如果向 slivers 参数传入普通的 RenderBox 组件，如 Container、Text、Image 等，就会导致运行错误。如需使用这些组件，则可借助 SliverToBoxAdapter 将它们转接为 Sliver。

13.1.2　SliverToBoxAdapter

　　这是一个可将普通的 RenderBox 组件转接至 Sliver 协议的组件。例如 CustomScrollView 的 slivers 属性只接收 Sliver，如需使用普通组件如 FlutterLogo，就可先将其转接，代码如下：

```
CustomScrollView(
    slivers: [
    SliverToBoxAdapter(
        child: FlutterLogo(),
    ),
    ],
)
```

　　本书第 6 章介绍布局约束时提到过，常见的 RenderBox 运作在平面直角坐标系中，以左上角为(0,0)坐标，有最大尺寸和最小尺寸等约束的概念。布局时，RenderBox 组件将父级约束传递给自己的 child 或 children,并等它们确定完尺寸后,再最终决定自身的尺寸并汇报给父级组件,但这样的布局协议并不适合处理滚动,尤其是元素数量较多时的动态加载,以及更复杂的行为(如"钉"在顶部的导航条等),因此,Flutter 处理滚动时使用另一种协议:Sliver Protocol,其中对应"Box 约束"的是"Sliver 约束",包括 axisDirection(滚动方向)、scrollOffset(滚动了多少像素)、overlap(与上一个 Sliver 重叠多少像素)、remainingPaintExtent(剩余多少像素)等众多额外内容,而对应"Box 尺寸"的是"Sliver 几何",例如它有独立的paintExtent(渲染尺寸)和 layoutExtent(布局尺寸)值,其中前者是实际渲染的尺寸,而后者负责指定下一个 Sliver 应从何处开始,若设置不同的值,就可以实现在滚动列表的主轴方向留白或使多个元素重叠等效果。

SliverToBoxAdapter 组件就可帮助开发者将常见的 RenderBox 布局协议转换为 Sliver协议。布局时,它首先将父级约束 SliverConstraints 转换为 BoxConstraints,布局完毕后再将子组件最终确定的 Size 转换为 SliverGeometry 并汇报给父级组件。

另外,SliverToBoxAdapter 的子组件(child 属性)非必传。若子组件为空,则该组件可作为一个空白 Sliver 使用,其功能类似 RenderBox 世界中的空白 SizedBox 组件。

13. 1. 3　SliverList

SliverList 很像普通的 ListView 组件,但属于 Sliver,因此可直接被嵌套在 CustomScrollView里使用。它需要 delegate 委托,开发者既可通过 SliverChildListDelegate 直接传入一系列子组件,也可通过 SliverChildBuilderDelegate 动态加载组件,分别对应 ListView 的 children属性和 builder 方法。

为了演示,这里直接将 SliverList 的 2 种委托方法及 13.1.2 节介绍的 SliverToBoxAdapter组件一并放入一个 CustomScrollView 视窗内,代码如下:

```
//第 13 章/sliver_list_demo.dart

CustomScrollView(
  slivers: [
    SliverToBoxAdapter(
      child: FlutterLogo(size: 48),
    ),
    SliverList(
      delegate: SliverChildListDelegate(
        [
          Text("Sliver Child List A", style: TextStyle(fontSize: 32)),
          Text("Sliver Child List B", style: TextStyle(fontSize: 32)),
          Text("Sliver Child List C", style: TextStyle(fontSize: 32)),
        ],
      ),
    ),
    SliverList(
```

```
            delegate: SliverChildBuilderDelegate(
              (context, index) => Text("Sliver Child Builder ${index + 1}"),
              childCount: 20,
            ),
          )
      ],
  )
```

运行效果如图 13-2 所示。

由此可见,CustomScrollView 确实可以方便地将多种
Sliver 拼凑显示,并统一滚动。如有需要,开发者还可以直
接在 CustomScrollView 的父级插入 Scrollbar 组件添加滚
动条,或 RefreshIndicator 组件实现下拉刷新等。对这些组
件不熟悉的读者可参考本书第 5 章的相关介绍。

13.1.4 SliverFixedExtentList

在普通的 ListView 组件中,若可以提前确定每个元素的
高度,或更准确地说,若可以确定每个元素在滚动列表的主
轴方向的尺寸,则一般建议设置 itemExtent 固定元素尺寸,
以提升性能。在 Sliver 的世界里,SliverFixedExtentList 就是
确定了 itemExtent 的 SliverList。

它的用法与 13.1.3 节介绍的 SliverList 大同小异,同
样需要开发者传入 delegate 委托,选择直接传入子组件列
表,或是传入用于动态加载子组件的构造方法。除此之外,
SliverFixedExtentList 还额外需要开发者设置必传的
itemExtent 属性,指定每个元素在主轴方向的尺寸,代码
如下:

图 13-2　SliverList 的运行效果

```
SliverFixedExtentList(
  itemExtent: 50,
  delegate: SliverChildBuilderDelegate(
    (context, index) => Text("item ${index + 1}"),
    childCount: 20,
  ),
)
```

运行效果与 ListView. builder 且传入 itemExtent 属性无异。

13.1.5 SliverPrototypeExtentList

虽然 13.1.4 节介绍的 SliverFixedExtentList 可通过 itemExtent 属性提前固定每个元
素的尺寸,从而实现性能的提升,但是在实战中,很可能无法在编译时确定每个元素的准确

尺寸。例如已知某列表中的每个元素都只会显示一行文字,字号是24,理应设置固定大小,但由于用户可能在系统偏好中设置了字体缩放,开发者并不能确定最终程序运行在每个设备上的列表元素的具体高度应该是多少。

SliverPrototypeExtentList 组件可以很好地解决这个问题。它允许开发者用 prototypeItem 属性设置一个"样板"组件(该样板组件并不会出现在屏幕上)。程序运行时会先测量样板尺寸,再将列表中的每个元素固定为与样板相同的尺寸,代码如下:

```
SliverPrototypeExtentList(
  prototypeItem: Text("test item"),
  delegate: SliverChildBuilderDelegate(
    (context, index) => Text("item ${index + 1}"),
    childCount: 20,
  ),
)
```

13.1.6 SliverGrid

SliverGrid 其实很像普通的 GridView 组件。它首先需要 delegate 委托,与 SliverList 无异,支持 SliverChildListDelegate 直接传入列表或 SliverChildBuilderDelegate 动态加载。此外它还需要 gridDelegate 网格委托,用于设置网格该如何构建。Flutter 框架已经提供了该委托的 2 种实现方式,分别为 SliverGridDelegateWithFixedCrossAxisCount 和 SliverGridDelegateWithMaxCrossAxisExtent,前者是"交叉轴方向固定数量的委托",后者是"交叉轴方向限制最大尺寸的委托",这也与 GridView 组件的主构造函数一致,对此不熟悉的读者可参考第 5 章有关 GridView 的内容。

为了演示,这里直接将 SliverGrid 的 2 种网格委托方法一并放入 CustomScrollView 视窗内,并通过设置 childAspectRatio 等属性调整子组件的长宽比,代码如下:

```
//第 13 章/sliver_grid_demo.dart

CustomScrollView(
  slivers: [
    SliverGrid(
      gridDelegate: SliverGridDelegateWithMaxCrossAxisExtent(
        maxCrossAxisExtent: 100,
        childAspectRatio: 2 / 3,
        crossAxisSpacing: 2.0,
        mainAxisSpacing: 4.0,
      ),
      delegate: SliverChildBuilderDelegate(
        (context, index) => Container(
          color: Colors.primaries[index * 2 % 18],
          child: Center(child: Text("item ${index + 1}"))),
```

```
        ),
        childCount: 12,
      ),
    ),
    SliverGrid(
      gridDelegate: SliverGridDelegateWithFixedCrossAxisCount(
        crossAxisCount: 3,
        childAspectRatio: 16 / 9,
        crossAxisSpacing: 12.0,
        mainAxisSpacing: 8.0,
      ),
      delegate: SliverChildBuilderDelegate(
        (context, index) => Container(
          color: Colors.primaries[index * 2 % 18],
          child: Center(child: Text("item ${index + 1}")),
        ),
        childCount: 8,
      ),
    ),
  ],
)
```

运行效果如图 13-3 所示。

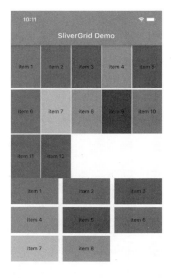

图 13-3　SliverGrid 的运行效果

本书在第 5 章介绍 GridView 时详细介绍了这些网格委托及对应的 crossAxisCount、maxCrossAxisExtent、mainAxisSpacing、crossAxisSpacing 和 childAspectRatio 等参数，不熟悉的读者可翻阅相关内容。

13.1.7 SliverFillViewport

SliverFillViewport 有点类似普通的 PageView 组件，可让其每个子组件占满整个视窗。它同样需要 delegate 委托，支持以列表形式传入子组件，或以 builder 形式动态加载，代码如下：

```
SliverFillViewport(
  delegate: SliverChildListDelegate([
    Center(
      child: Text("Page 1"),
    ),
    Container(
      color: Colors.grey[400],
      padding: EdgeInsets.all(48),
      child: Text("Page 2"),
    ),
  ]),
)
```

运行时每个子组件都会占满视窗，效果与 PageView 组件一致。图 13-4 展示了程序运行后用户向下稍微滚动一部分屏幕后的效果。

图 13-4　SliverFillViewport 的默认运行效果

若不必要占满整个视窗,则可用 viewportFraction 属性设置需要占视窗的比例,默认为 1.0。例如可传入 0.5 表示每个页面应为视窗的 50%,或传入 2.0 表示每个页面应占 2 个视窗的尺寸。

若 viewportFraction 属性设置的值小于 1.0,即每个页面不足一个视窗的尺寸,则默认情况下 SliverFillViewport 会在首页开始前和末页结束后自动加入留白,以确保在滚动到列表边界时,首页和尾页会出现在视窗中央区域。实战中,若 CustomScrollView 组件中不止有 SliverFillViewport,例如在它上边或者下边还有其他 Sliver,则这种行为就变得不再合理,如图 13-5 所示。此时开发者可通过向 padEnds 属性传入 false 来关闭上述自动插入空白的行为。

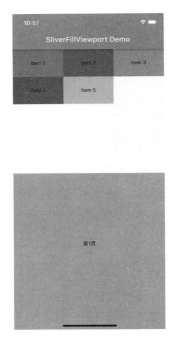

图 13-5　SliverFillViewport 会在首尾页插入空白

用于实现图 13-5 效果的完整代码如下:

```
//第 13 章/sliver_fill_viewport.dart

import 'package:flutter/material.dart';

void main() {
  runApp(MyApp());
}

class MyApp extends StatelessWidget {
```

```dart
@override
Widget build(BuildContext context) {
  return MaterialApp(
    home: Scaffold(
      appBar: AppBar(
        title: Text("SliverFillViewport Demo"),
      ),
      body: CustomScrollView(
        slivers: [
          SliverGrid(
            gridDelegate: SliverGridDelegateWithFixedCrossAxisCount(
              crossAxisCount: 3,
              childAspectRatio: 16 / 9,
            ),
            delegate: SliverChildBuilderDelegate(
              (context, index) => Container(
                color: Colors.primaries[index * 3 % 18],
                child: Center(child: Text("item ${index + 1}")),
              ),
              childCount: 5,
            ),
          ),
          SliverFillViewport(
            viewportFraction: 0.5,
            padEnds: true,                    //可通过 padEnds 属性关闭首尾的留白
            delegate: SliverChildListDelegate([
              Container(
                color: Colors.grey[400],
                padding: EdgeInsets.all(48),
                child: Center(child: Text("第 1 页")),
              ),
              Container(
                color: Colors.grey[400],
                padding: EdgeInsets.all(48),
                child: Center(child: Text("第 2 页")),
              ),
            ]),
          ),
        ],
      ),
    ),
  );
}
```

另外，对 PageView 组件不熟悉的读者可参考第 5 章的相关内容。

13.2 Sliver 导航条

实战中 Sliver 主要用于帮助开发者解决 2 大类难题：第 1 类是上文提到的多个不同样式的列表混搭，例如将普通 List 和网格状的 Grid 混搭，并支持它们内部元素的动态加载。第 2 类则是为了支持复杂的导航条行为，例如使其可随着用户滚动屏幕而自动隐藏等。

13.2.1 SliverAppBar

SliverAppBar 是一个 Sliver 版的 AppBar 导航条组件。由于是 Sliver，它一般被安放于一个 CustomScrollView 容器中，代码如下：

```
CustomScrollView(
  slivers: [
    SliverAppBar(
      title: Text("SliverAppBar"),
      leading: BackButton(),
      actions: [
        CloseButton(),
      ],
    ),
  ],
)
```

与普通的 AppBar 组件类似，它也有 title、leading、actions 等属性。运行后 SliverAppBar 静止时的效果与 AppBar 几乎没有什么区别，如图 13-6 所示，但在用户拖动屏幕开始滚动时，SliverAppBar 可以与 CustomScrollView 的其他 Sliver 一并滚动。

图 13-6　SliverAppBar 的运行效果

实战中一般将 SliverAppBar 作为 CustomScrollView 的第 1 个 Sliver 传入，并以此取代 Scaffold 组件的 appBar 属性中普通的 AppBar 组件，否则会出现 2 个导航条。

1. 钉住与悬浮

默认情况下 SliverAppBar 会随着屏幕的滚动最终移出视窗，将 pinned 属性设置为 true 就可以将它"钉住"在视窗的顶部，继续向上滚动时也不会将其移出。当 SliverAppBar 被钉住时可观察到阴影效果，若需要一直保持阴影效果，则可将 forceElevated 属性设置为 true，而阴影的程度由 elevation 属性控制，默认为 4.0。

与 pinned 类似的还有 floating 属性，用于设置 SliverAppBar 是否悬浮。悬浮的导航条在滚动时依然会正常地沿屏幕顶部离开视窗，但在用户逆向滚动时立刻开始出现，而不需要等用户滚动到列表最顶部时才出现。当 SliverAppBar 在悬浮时，另外可用 snap 属性决定在导航条出现时是否自动全部显示。若不自动显示全部,则当用户逆向滚动少量距离时可观察到导航条仅有底部可见。

2. 扩张与拉伸

随着用户的滚动操作,SliverAppBar 一般可扩张到 expandedHeight 指定的高度,例如 200 单位。扩张后可用 flexibleSpace 属性设置导航条的背景,例如一个 Placeholder 组件,代码如下:

```
SliverAppBar(
    title: Text("SliverAppBar"),
    expandedHeight: 200,
    flexibleSpace: Placeholder(strokeWidth: 8),
)
```

运行效果如图 13-7 所示。

另外,SliverAppBar 还支持 stretch 属性继续拉伸,若设置为 true,则当用户已经拉伸到达列表顶部但继续下拉时可将 SliverAppBar 拉伸至超过 expandedHeight 的尺寸,直到用户松开手指或鼠标后它才会弹回至 expandedHeight 的尺寸。

实战中通常会选择向导航条的 flexibleSpace 属性传入一个 FlexibleSpaceBar 组件以显示一些背景图片等装饰性内容,具体用法本书将在 13.2.2 小节介绍。

图 13-7 扩张后的 SliverAppBar 和 Placeholder 背景

13.2.2 FlexibleSpaceBar

这是一个协助导航条在不同尺寸下更好展示不同效果的组件,通常被嵌入 SliverAppBar 组件的 flexibleSpace 属性中使用(也可被普通 AppBar 组件的同名属性使用)。使用时需注意 SliverAppBar 组件的 expandedHeight 属性值应足够大,否则可能无法观察到 flexibleSpace 的效果。

FlexibleSpaceBar 也有 title 属性,通常可用于设置并取代 SliverAppBar 的导航条标题。此外它的 background 属性也很常用,通常可传入 Image 组件设置背景图片等。这里为了演示方便,直接使用 FlutterLogo 组件作为背景并传入 title,代码如下:

```
SliverAppBar(
    backgroundColor: Colors.grey,
    pinned: true,
    stretch: true,
    expandedHeight: 300.0,
    flexibleSpace: FlexibleSpaceBar(
        title: Text('FlexibleSpaceBar Title'),
```

```
        background: FlutterLogo(),
    ),
)
```

运行效果如图 13-8 所示。

1. 坍缩

随着屏幕的滚动,FlexibleSpaceBar 在渐渐移出屏幕之前高度会越来越小,并最终变成普通导航条的高度。在此过程中,背景内容也会逐渐变淡,如图 13-9 所示。

图 13-8　FlexibleSpaceBar 的运行效果　　图 13-9　FlexibleSpaceBar 被缩小至一半时的效果

通过 collapseMode 属性可额外设置背景的位移方式,例如可修改为 CollapseMode. pin 使背景组件以正常速度向上平移,或设置为 CollapseMode. none 使之完全不参与滚动。该属性的默认行为介于上述两者之间,值为 CollapseMode. parallax 可产生一种不错的视觉效果,一般不需要修改。

2. 拉伸

当 SliverAppBar 被用户拉伸至超过 expandedHeight 属性所设置的高度时,FlexibleSpaceBar 也会进入拉伸状态,拉伸行为可用 stretchModes 参数设置。

该属性共有 3 种值,分别为放大背景、模糊背景和渐淡标题。这 3 种效果并不互斥,因此这里接收列表类型,可多选。默认情况下它会将背景内容放大,即 StretchMode. zoomBackground。例如可将其修改为同时使用 3 种值,代码如下:

```
stretchModes: [
    StretchMode.zoomBackground,              //放大背景
    StretchMode.blurBackground,              //模糊背景
    StretchMode.fadeTitle,                   //渐淡标题
]
```

运行效果如图 13-10 所示。

另外从图 13-10 中不难观察到,当 FlexibleSpaceBar 被拉伸时,StretchMode. fadeTitle (渐淡标题)参数可使 FlexibleSpaceBar 组件的 title 属性所设置的标题逐渐变淡,但丝毫不会影响 SliverAppBar 组件的同名属性,因此在实战中若使用 FlexibleSpaceBar 组件,通常会

图 13-10　FlexibleSpaceBar 被拉伸时的效果

选择将 SliverAppBar 组件的 title 属性留空,以确保导航条在各种尺寸下均可呈现更令人满意的视觉效果。

13.2.3　SliverPersistentHeader

这是一个可被固定的标题 Sliver 组件。本章之前介绍的 SliverAppBar 组件实际上背后调用的就是这里的 SliverPersistentHeader 组件。

这个组件提供了 pinned 和 floating 这 2 个参数,用法和效果都与上文介绍的 SliverAppBar 的同名属性一致,但它没有与其他导航条相关的属性,如 title 等。SliverPersistentHeader 比较底层一些,使用时需要在自定义的 SliverPersistentHeaderDelegate 委托类中编写 build 相关的代码,但其内容并不复杂。

这里直接举例,利用 SliverPersistentHeaderDelegate 的 pinned 属性,制作一个可将标题钉在屏幕上的滚动列表,完整代码如下:

```dart
//第 13 章/sliver_persistent_header.dart

import 'package:flutter/material.dart';

void main() => runApp(MyApp());

class MyApp extends StatelessWidget {
  @override
  Widget build(BuildContext context) {
    return MaterialApp(
      home: Scaffold(
        body: CustomScrollView(
          slivers: [
            SliverAppBar(
              pinned: true,                       //钉住导航条
              title: Text("Flutter Demo"),
            ),
            SliverToBoxAdapter(),
```

```
          for (int i = 1; i < 5; i++) ..._buildSection(i),
        ],
      ),
    ),
  );
}

List < Widget > _buildSection(int index) {
  return [
    SliverPersistentHeader(
      pinned: true,                         //钉住标题栏
      delegate: _MyDelegate(
        height: 48.0,
        child: FittedBox(child: Text("Sliver Header $ index")),
      ),
    ),
    SliverFixedExtentList(
      itemExtent: 50,
      delegate: SliverChildBuilderDelegate((_, i) {
        return Container(color: Colors.primaries[i * 2][200]);
      }, childCount: 8),
    ),
  ];
}
}

class _MyDelegate extends SliverPersistentHeaderDelegate {
  final double height;
  final Widget? child;

  _MyDelegate({required this.height, this.child});

  @override
  double get minExtent => height;

  @override
  double get maxExtent => height;

  @override
  Widget build(context, double shrinkOffset, bool overlapsContent) {
    return SizedBox.expand(
      child: Material(
        //若标题栏下面有内容(被钉住),则渲染投影
        elevation: overlapsContent ? 4.0 : 0.0,
        child: child,
      ),
    );
  }
```

```
    @override
    bool shouldRebuild(_) = > true;
}
```

运行时,程序共产生 4 个列表,以及对应的 4 个标题栏。当用户向下滚动时,之前的标题栏会依次钉在屏幕的顶部,如图 13-11 所示。

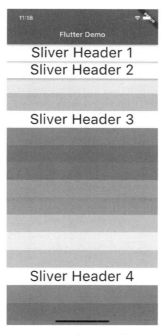

图 13-11　钉住的标题栏实例

13.3　更多的 Sliver 组件

Flutter 框架中还有不少其他的 Sliver 组件,命名一般以 Sliver...开头。本书将再介绍一些较为常用的 Sliver 组件,主要目的是避免初学者频繁使用 SliverToBoxAdapter 这种不高效的方式实现诸如添加留白等常见需求。同时,随着 Flutter 框架的版本迭代,未来的新版本也可能会再添加更多 Sliver 组件。如有可能,读者应在平时多注重知识的积累,方可在实战中避免"重复造轮子"。

13.3.1　SliverFillRemaining

这个组件可用于填满当前视窗的剩余全部空间。例如在一个高度为 800 单位的 CustomScrollView 视窗内,若仅有 SliverAppBar 占了 100 单位,则 SliverFillRemaining 的高度就会为剩余的 700 单位。

实战中这个组件常被作为 CustomScrollView 的最后一个 Sliver 元素使用,例如在其加载列表时需显示一个进度条,使用 SliverFillRemaining 配合 Center 组件,就可使进度条居中,代码如下:

```
CustomScrollView(
  slivers: [
    SliverAppBar(title: const Text('SliverAppBar')),
    SliverFillRemaining(
      child: Center(child: CircularProgressIndicator()),
    ),
  ],
)
```

运行后可在屏幕中央处观察到一个 CircularProgressIndicator 组件,即圆形进度条。

13.3.2 SliverSafeArea

这个组件与普通的 SafeArea 组件的作用相同,可用于避开设备的屏幕缺陷,如某款 iPhone 屏幕上的"刘海儿"区域等。它支持用 sliver 参数接收另一个 Sliver 子组件,代码如下:

```
SliverSafeArea(
  sliver: MySliverList(),
)
```

图 13-12 展示了一个列表在某款有屏幕缺陷的设备上的运行情况,上下图分别为嵌套 SliverSafeArea 组件之前和之后的效果。

与普通的 SafeArea 组件一样,SliverSafeArea 也同样支持 left、top、right、bottom 及 minimum 属性,对此不熟悉的读者可参考第 6 章关于 SafeArea 组件的介绍。

图 13-12　SliverSafeArea 的效果对比

13.3.3 SliverPadding

这个组件基本就是 Padding 组件的 Sliver 版本,用法非常简单,代码如下:

```
SliverPadding(
  padding: EdgeInsets.all(8.0),
  sliver: SliverA(),
)
```

运行后可在其子 Sliver 组件的四周观察到 8 单位的留白。

与普通的 Padding 组件类似,这里设置留白程度的依然是 padding 属性,接收的数据类型也依然是 EdgeInsets 类。唯一区别是 SliverPadding 要求子组件由 sliver 属性传入,而不是由 child 属性传入。由此可见,SliverPadding 与 13.3.2 节介绍的 SliverSafeArea 一样,属于由 Sliver 到 Sliver 的转接组件。

13.3.4　SliverLayoutBuilder

这个组件是 LayoutBuilder 组件的 Sliver 版本,可用于在程序运行时获取上级的 SliverConstraints 约束信息,并根据需要,决定如何渲染子组件。该组件自身是 Sliver 组件,并且要求其 builder 函数也返回一个 Sliver 组件,因此它也属于由 Sliver 到 Sliver 的转接组件。

该组件用法与普通的 LayoutBuilder 几乎一致,代码如下:

```
SliverLayoutBuilder(
  builder: (BuildContext context, SliverConstraints constraints) {
    print(constraints);
    return SliverToBoxAdapter();
  },
)
```

1. SliverConstraints

本书第 6 章介绍过,开发者可通过普通的 LayoutBuilder 组件查看 Box 约束。普通 Box 约束由宽度范围和高度范围组成。例如当程序运行在某款屏幕尺寸为 414×896 逻辑像素的 iPhone 上时,若父级要求子组件不超过屏幕尺寸,则可得到以下约束:

```
BoxConstraints(
  0.0 <= w <= 414.0,
  0.0 <= h <= 896.0
)
```

然而若开发者将 SliverLayoutBuilder 组件的 builder 方法的 constraints 参数打印出来,则可观察到相对复杂的 Sliver 约束,例如以下输出:

```
SliverConstraints(
  AxisDirection.down,
  GrowthDirection.forward,
  ScrollDirection.idle,
  scrollOffset: 0.0,
  remainingPaintExtent: 896.0,
  crossAxisExtent: 414.0,
  crossAxisDirection: AxisDirection.right,
  viewportMainAxisExtent: 896.0,
```

```
    remainingCacheExtent: 1146.0,
    cacheOrigin: 0.0
)
```

下面简单介绍 SliverConstraints 的常用属性。

1）主轴

首先，axisDirection（轴方向）属性描述了当前视窗的滚动方向，例如 AxisDirection. down 就表示该视窗是"向下滚动"的。若开发者通过 CustomScrollView 组件的 scrollDirection：Axis. horizontal 设置其横向滚动，则这里得到的值会是 AxisDirection. right，表示该视窗是"向右滚动"的。

其次，growthDirection（伸展方向）属性描述了相对于上述的 axisDirection，该 Sliver 的下一个元素应该排列的方向。它有正序（GrowthDirection. forward）和倒序（GrowthDirection. reverse）这 2 种值。

最后，viewportMainAxisExtent（主轴尺寸）属性描述了当前视窗主轴方向的尺寸。在竖着滚动的视窗中，这是指视窗高度。如某设备的屏幕高度为 896 单位，则一个占满全屏的 CustomScrollView 的视窗高度也是 896 单位。视窗的主轴尺寸与视窗里面的内容无关。

2）交叉轴

视窗交叉轴的尺寸可由 crossAxisExtent 属性获得。例如当视窗为竖着滚动时，则交叉轴就是与之相对的水平方向，因此 crossAxisExtent 属性值就是指该视窗的宽度。

同时，crossAxisDirection 属性会根据当前设备系统语言的阅读方向，确定交叉轴方向。例如程序运行在中文或英文设备上时，该属性值一般为 AxisDirection. right，即交叉轴向右。

3）userScrollDirection

该属性值是相对于上述的 axisDirection 和 growthDirection 而言的，即视窗此刻正在滚动的方向。例如 ScrollDirection. forward 表示用户正在"向前滚动"。假设 axisDirection 为向下滚动，若 growDirection 为正序，则向前是指向下滚动，反之若 growthDirection 为倒序，则向前是指向上滚动。

若该属性值为 ScrollDirection. idle（闲置）则表示当前视窗不在滚动。

4）scrollOffset

该属性是指当前 Sliver 在视窗中的位置偏移量。例如在一个向下滚动的视窗中，若当前 Sliver 还没进入视窗，或该 Sliver 顶部还没越过视窗顶部，则 scrollOffset 的值为 0，如图 13-13 的第 1 种和第 2 种情况所示。随着用户继续滚动，当该 Sliver 渐渐从视窗顶部移出时，scrollOffset 开始由 0 递增。假设该 Sliver 的高度为 100 单位，则当它仅剩一半可见时，其 scrollOffset 值为它消失的那一半的高度，即 50 单位，如图 13-13 的第 3 种情况所示。最后，由于 CustomScrollView 不支持动态加载和回收组件，所以即使该 Sliver 远离视窗且完全不可见,开发者也可继续查看其 scrollOffset 属性,并得到如 150 或更大的值,如图 13-13 的第 4 种情况所示。

图 13-13 Sliver 约束的 scrollOffset 属性

5) remainingPaintExtent

该属性指当前 Sliver 应绘制多少逻辑像素的内容。若该 Sliver 最终绘制了远超出该数值的内容,则其超出部分也不会显示在视窗内(毕竟视窗尺寸有限),因此可能会造成性能的浪费。

例如在一个向下滚动的视窗中,假设某 Sliver 暂时还没出现在视窗范围内,如图 13-13 的第 1 种情况所示,则此时 remainingPaintExtent 属性值为 0,表示该 Sliver 无须绘制任何内容。当它开始出现在视窗内时,如图 13-13 的第 2 种或第 3 种情况所示,则 remainingPaintExtent 属性值为该 Sliver 顶部至视窗底部的距离。例如视窗总高度为 800 单位,若该 Sliver 的顶部此刻在视窗中央的位置,这就表示它之前的 Slivers 已经占了 400 单位,此时它可负责绘制剩余的 400 单位。同理,若该 Sliver 在视窗的顶部,则它可负责绘制整个视窗共 800 单位的内容。

当然这并不表示该 Sliver 必须用完整个 remainingPaintExtent 的尺寸。例如某 Sliver 实际为一个 SliverToBoxAdapter,且内部嵌套了一个尺寸为 100 单位的 FlutterLogo,则它只需绘制 100 单位。在 remainingPaintExtent 为 800 时,剩余的 700 单位可交给它之后的 Slivers 绘制。同时,若该 Sliver 仅有一半内容可见,如图 13-13 的第 3 种情况所示,则它只需绘制可见的那一半内容,将剩余的 750 逻辑像素统统留给它之后的 Slivers 元素。

最后,当该 Sliver 完全移出视窗时,如图 13-13 第 4 种情况所示,它仍然可享有整个视窗高度的 remainingPaintExtent 供其绘制,但它若不是像 SliverAppBar 那样被"钉"住,则通常并不需要绘制任何内容,而是应该直接把视窗区域留给别的 Slivers 元素。

6) overlap

该属性描述当前 Sliver 与之前的 Slivers 绘制区域重叠的尺寸。例如某个 CustomScrollView 里先有一个"钉"住的 SliverAppBar 组件,随后的 Sliver 就可能在滚动时

被渲染至与导航条重叠的区域,如图 13-14 所示。为了方便展示,这里借助 SliverOpacity
组件为导航条设置了半透明。

实战中通常不必担心 overlap 的情况,除非该 Sliver 也需
要支持"钉"或其他复杂功能。例如本章之前在介绍
SliverPersistentHeader 组件时展示的"钉住的标题栏实例"
(图 13-11)中,被钉住的那些标题栏就可以通过 overlap 属性
查看先前是否已有别的标题栏被钉住,以避免与它们重叠。

图 13-14　Sliver 与 pinned
导航条重叠

2. 实例

这里利用 SliverLayoutBuilder 返回的 remainingPaintExtent 值,制作一个可随着用户
手指的上下滑动而缩放的圆形图标,如图 13-15 所示。

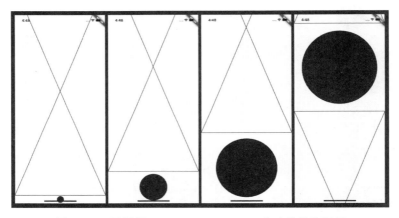

图 13-15　可根据 remainingPaintExtent 自动缩放的图标

本例的完整代码如下:

```dart
//第 13 章/sliver_layout_builder_example.dart

import 'package:flutter/material.dart';
import 'package:flutter/rendering.dart';

void main() {
  runApp(MyApp());
}

class MyApp extends StatelessWidget {
  @override
  Widget build(BuildContext context) {
    return Center(
      child: MaterialApp(
        home: Scaffold(
```

```
        body: CustomScrollView(
          slivers: [
            SliverToBoxAdapter(child: Placeholder(fallbackHeight: 1000)),
            SliverLayoutBuilder(
              builder: (BuildContext context, SliverConstraints constraints) {
                final double size = constraints.remainingPaintExtent
                    .clamp(0, constraints.crossAxisExtent);
                print(" $ constraints");
                return SliverToBoxAdapter(
                  child: Icon(Icons.circle, size: size),
                );
              },
            ),
            SliverToBoxAdapter(child: Placeholder(fallbackHeight: 1000)),
          ],
        ),
      ),
    ),
  );
  }
}
```

13.3.5　SliverOpacity

这个组件是 Opacity 组件的 Sliver 版本,可用于为 sliver 修改不透明度。对普通 Opacity 组件不熟悉的读者可参考第 14 章"渲染与特效"中的相关介绍。

另外,Opacity 组件的隐式动画版 AnimatedOpacity 组件,以及其显式动画版 FadeTransition 组件,也分别有对应的 Sliver 版:SliverAnimatedOpacity 及 SliverFadeTransition 组件。它们的用法与普通动画组件一致,对此不熟悉的读者可翻阅本书第 7 章及第 12 章有关隐式和显式动画的内容。

13.3.6　SliverVisibility

这个组件是 Visibility 组件的 Sliver 版本,可用于将子组件隐藏。普通的 Visibility 组件会根据传入的参数而在其内部调用 Offstage、Opacity、IgnorePointer 等组件,类似地,这里 SliverVisibility 也会根据情况自动调用 SliverOffstage、SliverOpacity、SliverIgnorePointer 等组件。

对普通 Visibility 或 Offstage 等组件不熟悉的读者可参考第 15 章"深入布局"中的相关介绍。

13.3.7　SliverAnimatedList

动画列表组件,顾名思义,其主要功能就是在添加或删除列表元素时提供一些动画效果。实际上 SliverAnimatedList 组件是普通的 AnimatedList 组件的 Sliver 版本。这 2 个动画列表组件的用法和效果都非常相近，本书在此一并介绍。

1. AnimatedList

首先，使用动画列表之前一般需要声明一个用于储存业务逻辑的变量，例如可定义一个颜色数据列表，初始值为红、绿、蓝这 3 个元素，代码如下：

```
final List<MaterialColor> _items = [Colors.red, Colors.green, Colors.blue];
```

其次，由于动画列表的添加和删除操作需要由其 insertItem 和 removeItem 方法完成，为了可以随时访问动画列表的组件状态，实战中通常还会定义一个全局键，代码如下：

```
final _globalKey = GlobalKey<AnimatedListState>();
```

最后，准备就绪后，就可以使用 AnimatedList 组件了，代码如下：

```
AnimatedList(
  key: _globalKey,
  initialItemCount: _items.length,
  itemBuilder: (context, int index, Animation<double> animation) {
    return FlutterLogo();
  },
)
```

上述代码共有 3 个参数：首先 key 参数传入的是之前定义的类型为 GlobalKey<AnimatedListState>的全局键，其次 initialItemCount 参数传入的是该列表的初始数量，这里使用之前定义的颜色数据的长度，最后 itemBuilder 参数传入的是用于构建列表元素的方法，这与普通的 ListView 颇为类似。

2. Sliver 版

与上述的 AnimatedList 组件相比，使用 SliverAnimatedList 组件时只需将其全局键类型定义为 GlobalKey<SliverAnimatedListState>，代码如下：

```
final _globalKey = GlobalKey<SliverAnimatedListState>();
```

这样就可以使用 SliverAnimatedList 组件了。例如可将其嵌入 CustomScrollView 中，代码如下：

```
CustomScrollView(
  slivers: [
    SliverAnimatedList(
      key: _globalKey,
      initialItemCount: _items.length,
      itemBuilder: (context, int index, Animation<double> animation) {
```

```
        return FlutterLogo();
      },
    ),
  ],
)
```

3．动画效果

从 AnimatedList 组件或 SliverAnimatedList 组件的 itemBuilder 回传函数中可以观察到，它不仅会将常见的 BuildContext 和 index 参数传递给开发者，还会额外传入 Animation < double > animation 参数。每当新元素被添加时，该参数值会由 0 渐变至 1，因此开发者可用它驱动一个显式动画组件，以实现元素的入场动画。例如可借助 FadeTransition 修改不透明度，制作淡入效果，代码如下：

```
itemBuilder: (context, int index, Animation < double > animation) {
  return FadeTransition(
    opacity: animation,
    child: FlutterLogo(),
  );
},
```

当元素被删除时，其出场动画应由 removeItem 方法的第 2 个参数传入。

4．添加和删除

添加元素时，首先需要更新业务逻辑中的数据，其次需调用 insertItem 方法将新元素的位置汇报给组件状态。例如数据列表的起始位置若有新数据插入，就应传入 insertItem(0)，代码如下：

```
_items.insert(0, Colors.yellow);            //业务逻辑：在列表 0 的位置插入新数据
_globalKey.currentState!.insertItem(0);     //通知组件状态，在 0 的位置有数据插入
```

同理，删除数据时也应先更新业务逻辑，之后再调用 removeItem 方法通知组件状态。同时这里需要由第 2 个参数传入一个显式动画组件，作为移除该元素时播放的动画，代码如下：

```
final color = _items.removeAt(0);           //业务逻辑：删除位于 0 的数据
_globalKey.currentState!.removeItem(        //通知组件状态
  0,                                        //在 0 的位置有数据被删除
  (context, animation) = > SizeTransition(   //并指定移除动画
    sizeFactor: animation,
    child: Container(
      height: 100,
      color: color[200],
    ),
  ),
)
```

此外,无论是 insertItem 还是 removeItem 方法,都有可选的命名 duration 参数,可用于分别指定添加和删除元素时的动画时长。

5. 实例

这里展示一个完整的实例。程序运行时首先会将数据列表中的颜色依次显示在一个动画列表组件中。当用户单击 FAB 悬浮按钮后,程序会在列表顶部插入一个随机的新颜色,入场动画效果如图 13-16(从左到右)所示。此外用户还可单击任意色块的删除按钮,可观察到与之相反的出场动画。

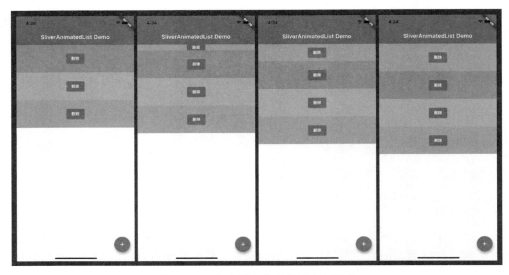

图 13-16　在动画列表顶部插入新元素

本例的完整代码如下:

```
//第13章/sliver_animated_list_example.dart

import 'dart:math';
import 'package:flutter/material.dart';

void main() {
  runApp(MyApp());
}

class MyApp extends StatelessWidget {
  @override
  Widget build(BuildContext context) {
    return MaterialApp(
      home: MyHomePage(),
    );
  }
}
```

```
}
class MyHomePage extends StatefulWidget {
  @override
  _MyHomePageState createState() => _MyHomePageState();
}

class _MyHomePageState extends State<MyHomePage> {
  final _globalKey = GlobalKey<SliverAnimatedListState>();
  final List<MaterialColor> _items = [Colors.red, Colors.green, Colors.blue];

  @override
  Widget build(BuildContext context) {
    return Scaffold(
      body: CustomScrollView(
        slivers: [
          SliverAppBar(title: Text("SliverAnimatedList Demo")),
          SliverAnimatedList(
            key: _globalKey,
            initialItemCount: _items.length,
            itemBuilder: (context, int index, Animation<double> animation) {
              final item = Container(
                height: 100,
                color: _items[index][200],
                alignment: Alignment.center,
                child: ElevatedButton(
                  child: Text("删除"),
                  onPressed: () => _removeItem(index),
                ),
              );
              //设置数据插入时的动画效果
              return SizeTransition(
                sizeFactor: animation,
                child: item,
              );
            },
          )
        ],
      ),
      floatingActionButton: FloatingActionButton(
        onPressed: _addItem,
        child: Icon(Icons.add),
      ),
    );
  }

  _addItem() {
    //随机生成一种颜色并插入数据列表的起始位置
    final index = Random().nextInt(Colors.primaries.length);
```

```
    final color = Colors.primaries[index];
    _items.insert(0, color);
    //通知组件状态,在 0 的位置有数据插入
    _globalKey.currentState!.insertItem(0);
}

_removeItem(int index) {
    //删除数据列表中相应位置的数据
    final color = _items.removeAt(index);
    //通知组件状态,并设置数据删除时的动画效果
    _globalKey.currentState!.removeItem(
      index,
      (context, animation) => SizeTransition(
        sizeFactor: animation,
        child: Container(
          height: 100,
          color: color[200],
        ),
      ),
    );
  }
}
```

第 14 章

渲染与特效

14.1　组件修饰

为了渲染出精美的用户界面,实战中经常需要为一些组件添加半透明效果、阴影效果、平移旋转效果、模糊效果等,这些常见操作在 Flutter 中都有现成的组件可以使用。

14.1.1　Opacity

如需修改某组件的不透明度,则可在该组件父级插入一个 Opacity 组件。用法非常简单,只需将不透明度通过 opacity 参数传入。不透明度取值范围为 0.0～1.0,例如设置 0.5 可将子组件设置为半透明,代码如下:

```
Opacity(
  opacity: 0.5,
  child: FlutterLogo(),
)
```

图 14-1 从上到下依次展示了 opacity 设置为 1.0、0.7、0.4 和 0.1 的运行效果。

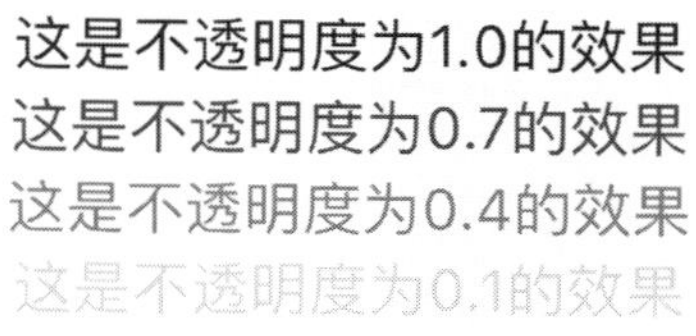

这里值得指出的是,修改不透明度是一个比较消耗性能的操作。每当需要渲染半透明的效果时,Flutter 必须先将子组件(Opacity 组件的 child 属性)渲染至缓冲区(Intermediate Buffer),再对其修改透明度,最后才能渲染。这里的例外情况是当 opacity 的值为 0.0 或 1.0 时,Flutter 会进行相应优化,因此不用担心

这是不透明度为1.0的效果
这是不透明度为0.7的效果
这是不透明度为0.4的效果
这是不透明度为0.1的效果

图 14-1　使用 Opacity 组件实现
半透明的效果

性能。当 opacity 为 1.0 时,即等同于没有使用 Opacity 组件;当 opacity 为 0.0 时,则子组件完全不可见,因此可直接跳过整个渲染过程。

如需要在程序运行时对某些组件的不透明度进行渐变动画,则可使用 AnimatedOpacity 组件。对此不熟悉的读者可参考本书第 7 章"过渡动画"的相关介绍。另外,opacity 为 0.0 的组件仍然可被用户触碰,如需禁用,则可使用 IgnorePointer 或 AbsorbPointer 组件,第 8

章"人机交互"中有介绍。

最后,如有可能,实战中应尽量避免使用 opacity 组件以提升性能。例如只需将一段文字或一个 Container 组件设为半透明,可考虑使用它们的 color 属性,直接传入一个半透明的颜色。

14.1.2　DecoratedBox

DecoratedBox 是一个用于装饰的组件,如添加背景颜色和边框,代码如下:

```
DecoratedBox(
  decoration: BoxDecoration(
    color: Colors.grey[300],
    border: Border.all(
      color: Colors.black,
      width: 2.0,
    ),
  ),
  child: FlutterLogo(size: 80),
)
```

运行后可以观察到 FlutterLogo 组件被灰色背景及黑色边框装饰了,如图 14-2 所示。

1. BoxDecoration

DecoratedBox 组件的 decoration 属性需要接收的是 Decoration 类型的值,而 BoxDecoration 就是 Decoration 抽象类最常用的一种继承。

1) 边框

边框颜色和粗细程度可由 BoxDecoration 的 border 属性定义,一般传入 Border 类。这里支持深度自定义矩形的四边,每条边可用 BorderSide 单独定义颜色和粗细。例如可通过 Border 的 top 属性将顶边设置为黑色,将粗细设置为 4 单位,并用 left 属性将左边设置为黑色,将粗细设置为 16 单位,代码如下:

```
border: Border(
  top: BorderSide(color: Colors.black, width: 4.0),
  left: BorderSide(color: Colors.black, width: 16.0),
)
```

运行效果如图 14-3 所示。

图 14-2　用 DecoratedBox 添加背景色和边框　　　图 14-3　使用 Border 自定义边框

同理,上例代码中可继续使用 bottom 和 right 参数设置底边和右边。若 4 条边的样式一致,开发者也可直接使用 Border.all 构造函数,统一设置 4 条边。

2)圆角

圆角效果可由 borderRadius 属性设置。常见的圆角需求,如将四周统一圆角设置为 16 单位,可直接通过 BorderRadius.circular 构造函数轻易实现,代码如下:

```
DecoratedBox(
  decoration: BoxDecoration(
    color: Colors.grey[300],
    border: Border.all(color: Colors.black, width: 4.0),
    borderRadius: BorderRadius.circular(16.0),          //统一将四周圆角设置为 16 单位
  ),
  child: FlutterLogo(size: 80),
)
```

运行效果如图 14-4 所示。

若需要单独定义 4 个角,则可使用 BorderRadius.only 构造函数,分别设置 topLeft(左上)、topRight(右上)、bottomLeft(左下)、bottomRight(右下)这 4 个属性中的任意数量。设置时可选用 Radius.circular 设置正圆角,也可使用 Radius.elliptical 设置椭圆角。

图 14-4　将四周统一圆角
设置为 16 单位

例如可将左上角设置为圆角 8 单位,将右下角设置为椭圆角,将横向设置为 16 单位,将纵向设置为 32 单位,代码如下:

```
borderRadius: BorderRadius.only(
  topLeft: Radius.circular(8),
  bottomRight: Radius.elliptical(16, 32),
)
```

运行效果如图 14-5 所示。

若四周的边框(border 属性)不一致,如颜色或粗细不统一,则无法定义圆角效果。

3)形状

在 BoxDecoration 中可使用 shape 参数指定形状,默认为 BoxShape.rectangle(矩形),也可修改为 BoxShape.circle(圆形)。和圆角边一样,形状只会影响 DecoratedBox 组件的颜色(包括渐变色)和阴影,但不会使其自动裁减溢出的子组件,如图 14-6 所示。

图 14-5　为 4 个角分别定义不同的样式　　图 14-6　改变圆角或形状都不会自动裁减子组件

形状为圆形时不可以设置圆角边,因此实战中使用 shape 属性并不能实现由圆至方的渐变效果。若 DecoratedBox 组件的尺寸为正方形(长和宽相等),则直接使用 borderRadius 属性将圆角大小调整至超过其边长的一半时,也可达到圆形的效果。例如组件边长为 80 单位,则设置 borderRadius:BorderRadius.circular(40) 即可实现与直接设置 shape:BoxShape.circle 相同的效果,但却额外增加了灵活性,例如可借助动画组件实现 0～40 的补间动画,以达到由方至圆的渐变效果。

4)颜色和图片

颜色可用 color 属性设置,例如本节上述所有例子中的 DecoratedBox 组件都采用了灰色填充,代码为 color:Colors.grey[300]。颜色的混色模式可用 backgroundBlendMode 属性设置。

除了颜色之外,BoxDecoration 还支持 image 属性,用于设置填充图片。若同时设置颜色和图片,则图片会被渲染在颜色之上。这里 image 属性支持各种 ImageProvider,如本地图片或网络图片等,对此不熟悉的读者可参考本书第 2 章"文字与图片"中有关 Image 组件的介绍。

5)阴影

阴影效果可由 boxShadow 属性设置。它支持一个 BoxShadow 类型的列表,可将多个阴影叠加。每个 BoxShadow 均支持设置 color(颜色)、offset(位移)、blurRadius(模糊半径)和 spreadRadius(扩散半径)。这部分内容与主流 UI 框架(如 CSS 的 box-shadow 属性)大同小异。本书也在第 2 章介绍 Text 组件时用到 BoxShadow,读者也可参考图 2-7 和图 2-8 的效果。

图 14-7　向右下角投射的
阴影修饰

阴影可被 borderRadius(圆角)或 shape(形状)属性影响,如设置 16 单位的圆角后,再设置一个向右下角投射的黑色阴影,可观察到阴影边缘的圆角效果,如图 14-7 所示。

用于实现图 14-7 所示效果的代码如下:

```
//第 14 章/decorated_box_shadow.dart

DecoratedBox(
  decoration: BoxDecoration(
    color: Colors.grey[300],
    borderRadius: BorderRadius.circular(16),
    boxShadow: [
      BoxShadow(
        color: Colors.black,
        offset: Offset(4, 4),
        blurRadius: 2,
      ),
    ],
  ),
  child: FlutterLogo(size: 80),
)
```

6）渐变色

BoxDecoration 提供了 3 种渐变方式，分别为 LinearGradient（线性渐变）、RadialGradient（径向渐变）及 SweepGradient（放射渐变），可由 gradient 属性传入。这些渐变方式和用法与大部分主流 UI 框架大同小异，这里进行简单介绍。

线性渐变可以在多个颜色之间平稳过渡，默认方向为从左到右。例如可通过 LinearGradient 的 colors 属性传入 2 种颜色，黑与白，代码如下：

```
DecoratedBox(
  decoration: BoxDecoration(
    gradient: LinearGradient(
      colors: [Colors.black, Colors.white],
    ),
  ),
  child: FlutterLogo(size: 80),
)
```

运行效果如图 14-8 所示。

如需控制颜色节点，则可通过向 stops 参数传入一个与 colors 长度一致的列表，每个节点取值范围为 0~1，默认平均分布。上例中 colors 列表的长度为 2（黑与白），因此 stops 的默认值就是[0.0，1.0]这个列表。再例如当传入 3 种颜色（如黑、白、黑）时，默认的节点列表就是[0.0，0.5，1.0]平均分布。修改节点可控制相应位置颜色的范围，代码如下：

```
LinearGradient(
  colors: [Colors.black, Colors.white, Colors.black],
  stops: [0.0, 0.1, 1.0],
)
```

当使用默认节点时 3 种颜色均匀分布，如图 14-9（左图）所示，但修改中间白色对应的节点后，3 种颜色的渐变分布不再均匀，如图 14-9（右图）所示。

图 14-8　线性渐变的渲染效果

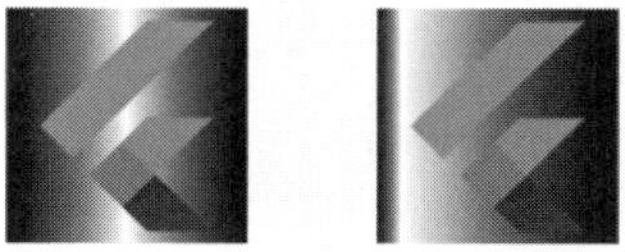

图 14-9　修改渐变色的节点

如需控制渐变的方向，可修改 begin 和 end 参数，例如将起始位置设置为左上角，可使用 begin：Alignment.topLeft 等。若起始位置或终止位置不在边缘，则可以通过 tileMode 参数调节平铺行为。例如可将终止位置设置为 Alignment.center，并将平铺模式设置为 TileMode.repeated（重复），代码如下：

```
LinearGradient(
    begin: Alignment.topLeft,
    end: Alignment.center,
    tileMode: TileMode.repeated,
    colors: [Colors.black, Colors.white],
)
```

这样当颜色由左上角渐变至中心结束后,会按照 tileMode 的要求再次重复,如图 14-10 所示。

除了线性渐变外,开发者也可以通过 RadialGradient 和 SweepGradient 渲染径向渐变和放射渐变。它们的用法均与线性渐变类似,效果如图 14-11 所示。

图 14-10　渐变的方向和平铺行为　　　　图 14-11　径向渐变和放射渐变的效果

用于实现图 14-11 所示效果从左到右 4 个 Gradient 值的代码如下:

```
//径向渐变,默认居中
RadialGradient(
  colors: [Colors.black, Colors.white],
),
//径向渐变,修改 center 属性
RadialGradient(
  center: Alignment(0.5, -0.5),
  colors: [Colors.black, Colors.white],
),
//放射渐变,默认起始点为 3 点钟位置
SweepGradient(
  colors: [Colors.black, Colors.white],
),
//放射渐变,修改 transform 属性
SweepGradient(
  transform: GradientRotation(3.14 / 2),
  colors: [Colors.black, Colors.white],
)
```

径向渐变和放射渐变都支持通过 stops 参数修改渐变色的节点,用法与线性渐变一致。

2. 与 Container 组件的关系

本书第 1 章介绍的 Container 组件也有 decoration 属性,也同样可以做到修饰子组件的作用。实际上 Container 组件在 decoration 属性不为空时会自动创建一个 DecoratedBox 组件。

另外,Container 组件还支持"前景修饰",即 foregroundDecoration 属性。这背后其实也是通过创建一个 DecoratedBox 组件实现的。DecoratedBox 组件的 position 属性可用于设置修饰的位置,默认为背景,即 child 的下面,而传入 DecorationPosition.foreground 可使其将修饰渲染至 child 的上面。

在 Flutter 框架中的 Container 组件的相关部分源代码及添加的注释如下:

```
if (decoration != null)
  //若需要背景修饰,则嵌套一枚 DecoratedBox 组件
  current = DecoratedBox(decoration: decoration, child: current);

if (foregroundDecoration != null) {
  //若需要前景修饰,则嵌套一枚 DecoratedBox 组件
  current = DecoratedBox(
    decoration: foregroundDecoration,
    position: DecorationPosition.foreground,        //修饰位置:前景
    child: current,
  );
}
```

由此可见,若只需使用前景修饰,开发者则可以直接使用 DecoratedBox 并将 position 设置为前景,但若需要同时装饰前景和背景,或者需要使用 Container 的其他功能,如设置尺寸等,就不妨直接使用 Container 组件了。

14.1.3　PhysicalModel

虽然这个组件的名字叫作物理模型,但实际上它的主要作用只是渲染阴影效果。它会根据 elevation(海拔)参数,自动渲染出比较自然地阴影。例如可先用 color 属性将背景色设置为白色,再向 elevation 属性传入 4.0 的海拔,代码如下:

```
PhysicalModel(
  color: Colors.white,
  elevation: 4.0,
  child: FlutterLogo(size: 80),
)
```

运行效果如图 14-12 所示。

这里的海拔可以理解为该组件悬浮于界面的高度,当海拔为 0 时没有阴影效果。Material 设计中常将需投影的元素的海拔设置为 4.0 单位,例如 AppBar 组件默认的 elevation 属性值就是 4.0。阴影默认为黑色,开发者可以通过 shadowColor 属性修改为任意颜色。

图 14-12　海拔为 4.0 单位的阴影效果

另外,PhysicalModel 组件还支持 borderRadius(圆角)和

shape(形状)属性,与 14.1.2 节介绍的 DecoratedBox 同名属性用法一致。

如需要在程序运行时修改阴影并平滑过渡,则可使用 AnimatedPhysicalModel 组件,传入 duration 参数作为动画时长,使其在阴影颜色或海拔等属性发生改变时自动插入补间动画。

14.1.4　RotatedBox

这是一个可让子组件旋转 90°的组件。它需要 quarterTurns(四分之一圈)参数,指定应旋转多少次 90°。传入 1 表示顺时针旋转 90°,传入 2 表示旋转 180°,而传入 3 表示顺时针旋转 3 次共 270°,这与传入-1,逆时针旋转 1 次 90°等效,代码如下:

```
RotatedBox(
    quarterTurns: -1,                    //逆时针旋转 90°
    child: FlutterLogo(
      size: 80,
      style: FlutterLogoStyle.horizontal,
    ),
)
```

运行效果如图 14-13 所示。

第 4 章"异步操作"中介绍 LinearProgressIndicator 时提到,长形进度条组件不支持垂直显示,若有需要,则可借助 RotatedBox 将其旋转 90°。本书也提供了代码示例,运行效果可参见图 4-6。再例如第 5 章"分页呈现"中介绍的 ListWheelScrollView 组件也不支持横向滚动,如有需求,则可通过 RotatedBox 旋转完成。由此可见,RotatedBox 组件可为不少常用组件"翻新",稍加想象,开发者一定能巧妙地为旧组件找到新用法。

图 14-13　逆时针旋转 45°后的 FlutterLogo

最后值得一提的是,RotatedBox 组件的旋转操作是在布局时完成的,因此例如对一个 200×50 单位的组件旋转 90°后,其布局尺寸也会随之转换为 50×200 单位。

14.1.5　Transform

Transform 组件是一个用于在程序绘制时添加变形效果的常用组件,常见的变形效果有缩放、平移、旋转、倾斜或它们之间的任意组合等,变形效果可以由 transform 参数传入一个 4×4 的矩阵描述。

1. 变形矩阵

学过线性代数的读者一定知道,任意三维物体的线性变换都可被一个 3×3 的矩阵描述,但由于计算机图形学中常见的平移操作并不属于线性变换,业界普遍做法是为变形矩阵添加维度,用 4×4 的矩阵描述常见的变换。这部分知识不属于 Flutter 内容,本书在这里只作简单介绍。

1）缩放

一个二维矢量可被描述为一个偏离原点的(v_x, v_y)坐标，例如$(3, -2)$。如需对该矢量缩放，则可直接将矢量与缩放倍数相乘，例如放大 2 倍后的矢量为$(6, -4)$，如图 14-14 所示。

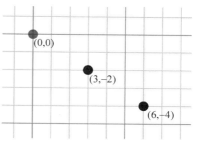

若 x 轴和 y 轴的缩放倍数不同，也可以记为将矢量与一个 2×2 矩阵相乘。若设 s_x 为 x 轴的缩放倍数，s_y 为 y 轴的缩放倍数，则$[[s_x, 0], [0, s_y]]$矩阵可以描述二维矢量的任意缩放。使用时可以直接用该矩阵与原矢量相乘，即可得到缩放后的矢量。

图 14-14　原点与$(3, -2)$和
$(6, -4)$的位置

2）平移

平移虽然是非线性操作，但也可以巧妙地借助额外维度完成。例如对一个三维矢量(v_x, v_y, v_z)进行 t_x、t_y、t_z 的平移，可使用以下 4×4 阵列与矢量相乘的结果：

$$\begin{pmatrix} 1 & 0 & 0 & t_x \\ 0 & 1 & 0 & t_y \\ 0 & 0 & 1 & t_z \\ 0 & 0 & 0 & 1 \end{pmatrix} \begin{pmatrix} v_x \\ v_y \\ v_z \\ 1 \end{pmatrix} = \begin{pmatrix} v_x + t_x \\ v_y + t_y \\ v_z + t_z \\ 1 \end{pmatrix}$$

同理，三维矢量的任意缩放可由 3×3 的矩阵描述，但为了兼顾非线性的平移操作，也可将三维缩放写成以下 4×4 的矩阵：

$$\boldsymbol{M} = \begin{pmatrix} s_x & 0 & 0 & 0 \\ 0 & s_y & 0 & 0 \\ 0 & 0 & s_z & 0 \\ 0 & 0 & 0 & 1 \end{pmatrix}$$

其中 s_x、s_y、s_z 分别对应 3 个维度的缩放倍数。它与矢量相乘后结果如下：

$$\begin{pmatrix} s_x & 0 & 0 & 0 \\ 0 & s_y & 0 & 0 \\ 0 & 0 & s_z & 0 \\ 0 & 0 & 0 & 1 \end{pmatrix} \begin{pmatrix} v_x \\ v_y \\ v_z \\ 1 \end{pmatrix} = \begin{pmatrix} s_x v_x \\ s_y v_y \\ s_z v_z \\ 1 \end{pmatrix}$$

若一个三维物体同时需要平移和缩放，就可以连续将上述 2 个矩阵与其坐标矢量相乘。注意矩阵乘法不满足交换律，因此顺序很重要。例如某物体先被放大 2 倍，再平移 20 单位，则最终偏离原点 20 单位，但若先平移 20 单位，再被放大 2 倍，可能最终偏离原点 40 单位。

3）旋转

三维矢量的旋转操作需要由沿不同轴旋转的 3 个矩阵描述，若用 $\boldsymbol{R}_x$、$\boldsymbol{R}_y$、$\boldsymbol{R}_z$ 分别表示沿 x、y、z 三轴的旋转，角度 θ，变换矩阵如下：

$$\boldsymbol{R}_x(\theta) = \begin{pmatrix} 1 & 0 & 0 & 0 \\ 0 & \cos(\theta) & \sin(\theta) & 0 \\ 0 & -\sin(\theta) & \cos(\theta) & 0 \\ 0 & 0 & 0 & 1 \end{pmatrix}$$

$$\boldsymbol{R}_y(\theta) = \begin{pmatrix} \cos(\theta) & 0 & -\sin(\theta) & 0 \\ 0 & 1 & 0 & 0 \\ \sin(\theta) & 0 & \cos(\theta) & 0 \\ 0 & 0 & 0 & 1 \end{pmatrix}$$

$$\boldsymbol{R}_z(\theta) = \begin{pmatrix} \cos(\theta) & -\sin(\theta) & 0 & 0 \\ \sin(\theta) & \cos(\theta) & 0 & 0 \\ 0 & 0 & 1 & 0 \\ 0 & 0 & 0 & 1 \end{pmatrix}$$

其他变换也可用相应的矩阵描述,本书由于篇幅限制,不再举例,然而这里值得指出的是,由于矩阵乘法满足结合律,即 $\boldsymbol{M}_1(\boldsymbol{M}_2 v) = (\boldsymbol{M}_1\boldsymbol{M}_2)v$,因此在计算多个变换叠加时,一定可以先求出相应的等效矩阵再与矢量相乘,例如设 $\boldsymbol{T} = \boldsymbol{M}_1\boldsymbol{M}_2$,则 $\boldsymbol{M}_1(\boldsymbol{M}_2 v) = \boldsymbol{T}v$。换言之,一切可被多个矩阵描述的变换,都可被一个矩阵描述,因此在 Flutter 中,直接向 Transform 组件提供一个 4×4 的矩阵即可实现一切变形效果。

2. 构造函数

除了直接传入矩阵外,Transform 组件还提供了 3 个方便的构造函数,分别是 Transform.translate(平移)、Transform.rotate(旋转)及 Transform.scale(缩放)。平移时需要传入 offset(位移)指定 x 与 y 轴的平移量。旋转需要传入 angle(角度),以弧度为单位,180°为 π,例如45°应写作 π/4。缩放需要传入 scale(倍数)参数,例如2.0 为放大至2倍,0.5 表示缩小 50%。

如需同时使用多种变换,则可以直接将这些 Transform 组件嵌套使用,代码如下:

```
//第14章/transform_demo.dart

Transform.scale(
  scale: 0.5,
  child: Transform.rotate(
    angle: 3.14 / 4,
    child: Transform.translate(
      offset: Offset(150, 150),
      child: Container(
        width: 100,
        height: 100,
        color: Colors.grey,
      ),
    ),
  ),
)
```

运行时,尺寸为 100 单位的灰色 Container 首先会被平移,接着旋转 45°,最后缩放至 50%,最终效果如图 14-15 所示。

这里值得一提的是,并不是所有的矩阵变换都可以通过这 3 个构造函数实现,例如倾斜效果就不可以通过这 3 种方法叠加而来,但如果直接传入矩阵,就可以通过 Matrix4.skew 方法轻松实现。另外,这里的旋转方法只提供了沿 z 轴的旋转,只相当于 Matrix4.rotateZ 方法,而没有提供沿 x 和 y 轴的旋转方式。最后,连续套用多个 Transform 组件的性能可能也不如直接传入一个矩阵。

3. 布局考虑

实战中需要特别注意,Transform 组件的变换是在 Flutter 布局流程结束后才应用的,这与 14.1.4 节介绍的 RotatedBox 组件不同。换言之,Flutter 布局时会考虑 RotatedBox 的变换结果,但不会考虑 Transform 的变换结果。

这可以借助 Stack 容器演示,例如使用 Positioned 组件要求 Text 组件沿 Stack 的右上角对齐,但同时分别使用 RotatedBox 组件和 Transform 组件将文字旋转 90°,运行效果如图 14-16 所示。

图 14-15 同时使用平移、旋转和缩放　　图 14-16 Transform 在布局完成后才发生

这里可以观察到,经过 RotatedBox 旋转后的文字依然完美地布局于 Stack 的右上角,但经过 Transform.rotate 方式旋转后的文字位置并不正确,因为 Stack 在布局时 Transform 还没有生效,所以它是依照旋转前的 Text 组件进行的布局流程。

用于演示图 14-16 效果的核心代码如下:

```
//第14章/transform_after_layout.dart

Stack(
  children: [
    Container(width: 200, height: 200, color: Colors.grey[400]),
    Positioned(
      right: 0,
      child: RotatedBox(
        quarterTurns: 1,
```

```
        child: Text("Rotated Box"),
      ),
    ),
    Positioned(
      right: 0,
      child: Transform.rotate(
        angle: 3.14 / 2,
        child: Text("Transform.rotate"),
      ),
    ),
  ],
)
```

4. 实例

最后这里附上一个 Transform 组件的使用实例,完整代码如下:

```
//第 14 章/transform_3d_app.dart

import 'package:flutter/material.dart';

void main() => runApp(MyApp());

class MyApp extends StatelessWidget {
  @override
  Widget build(BuildContext context) {
    return MaterialApp(
      home: MyHomePage(),
    );
  }
}

class MyHomePage extends StatefulWidget {
  @override
  _MyHomePageState createState() => _MyHomePageState();
}

class _MyHomePageState extends State < MyHomePage > {
  Offset _offset = Offset.zero;

  @override
  Widget build(BuildContext context) {
    return Transform(
      transform: Matrix4.identity()
        ..setEntry(3, 2, 0.001)
        ..rotateX(0.01 * _offset.dy)
        ..rotateY(- 0.01 * _offset.dx),
      alignment: FractionalOffset.center,
      child: GestureDetector(
```

```
      onPanUpdate: (details) => setState(() => _offset += details.delta),
      child: Scaffold(
        appBar: AppBar(
          title: Text('Transform Demo'),//changed
        ),
        body: Center(
          child: Column(
            mainAxisAlignment: MainAxisAlignment.center,
            children: [
              FlutterLogo(size: 80),
              Text("拖动屏幕以改变三维效果"),
            ],
          ),
        ),
        floatingActionButton: FloatingActionButton(
          onPressed: () {
            setState(() => _offset = Offset.zero);
          },
          child: Icon(Icons.refresh),
        ),
      ),
    ),
  );
}
}
```

运行效果如图 14-17 所示。

图 14-17　Transform 实例的运行效果

　　程序运行时，随着用户手指或鼠标的拖动操作，GestureDetector 会实时捕捉最新的位移量，使 Transform 更新三维变换的效果，读者不妨亲自手试一试。

14.1.6 FractionalTranslation

利用 14.1.5 节介绍的 Transform 组件的 Transform.translate 构造函数,开发者可以轻易地将一个组件位移,如传入 Offset(10,0)可使其子组件向右位移 10 单位。这里的 FractionalTranslation 组件可实现类似效果,但会自动计算相对于子组件尺寸的位移量。同样传入 Offset(10,0),则表示使其子组件向右位移 10 倍于它的宽度。再例如传入 Offset(0.5,0)可使其向右移动自身宽度的一半,代码如下:

```
Container(
  color: Colors.grey,
  child: FractionalTranslation(
    translation: Offset(0.5, 0),
    child: ElevatedButton(
      child: SizedBox(),
      onPressed: () {},
    ),
  ),
)
```

运行后可观察到,原本在灰色 Container 正中心位置的 ElevatedButton 被向右位移了按钮自身宽度的一半,如图 14-18 所示。

这里值得指出的是,位移后的按钮在超出原本位置的区域无法接收单击事件。在上例中,用户单击按钮的左半部分有效,而单击按钮的右半部分无效。这与使用 14.1.5 节介绍的 Transform 组件的行为一致。

图 14-18 FractionalTranslation 的效果

14.1.7 ImageFiltered

虽然名叫 ImageFiltered,但实际上这是一个可以为任意子组件(不仅限于 Image 组件)添加滤镜的组件。实战中最常用于配合 ImageFilter.blur 制作模糊的毛玻璃效果,代码如下:

```
ImageFiltered(
  imageFilter: ImageFilter.blur(sigmaX: 2, sigmaY: 2),
  child: FlutterLogo(size: 80),
)
```

使用模糊效果时可通过 sigmaX 和 sigmaY 参数调节模糊程度。图 14-19 从左到右依次展示了值为 0、2、5 时的渲染效果。

除了 ImageFilter.blur 外,开发者还可以通过 ImageFilter.matrix 方式传入任意矩阵,以实现其他滤镜效果,例如倾斜效果,代码如下:

```
ImageFiltered(
    imageFilter: ImageFilter.matrix(Matrix4.skew(0.25, 0.5).storage),
    child: FlutterLogo(size: 80),
)
```

运行效果如图 14-20 所示。

图 14-19　用 ImageFiltered 制作模糊效果

图 14-20　通过传入矩阵实现倾斜效果的滤镜

14.1.8　BackdropFilter

BackdropFilter 是一个与 ImageFiltered 组件十分类似的组件。它们之间的主要区别在于,14.1.8 节介绍的 ImageFiltered 会为其子组件添加滤镜,而 BackdropFilter 则为被子组件覆盖的其他背景组件添加滤镜。

例如在一个 Stack 容器中,为顶层的较小的 FlutterLogo 嵌套具有模糊背景组件功能的 BackdropFilter 组件,会使 Stack 底层的较大的 FlutterLogo 模糊,代码如下:

```
Stack(
    children: [
        FlutterLogo(size: 80),
        BackdropFilter(
            filter: ImageFilter.blur(sigmaX: 2, sigmaY: 2),
            child: FlutterLogo(size: 24),
        ),
    ],
)
```

运行效果如图 14-21 所示。

图 14-21　BackdropFilter 的运行效果

　　这里可以观察到，BackdropFilter 嵌套着的那个尺寸为 24 单位的 FlutterLogo 反而清晰可见。在实战中，BackdropFilter 常用于当弹出对话框时将程序的其他区域模糊，以凸显弹出的窗口。

14.1.9　ShaderMask

　　ShaderMask 组件可将 shader(着色器)应用于自身的子组件。例如可借助 LinearGradient 生成一个黑白相间的 shader，并运用到一个 Text 组件上，代码如下：

```
//第 14 章/shader_mask_linear.dart

ShaderMask(
  shaderCallback: (Rect bounds) => LinearGradient(
    begin: Alignment(-1, 0),
    end: Alignment(-0.9, 0),
    colors: <Color>[Colors.black, Colors.white],
    tileMode: TileMode.repeated,
  ).createShader(bounds),
  child: Text(
    "斑马效果",
    style: TextStyle(color: Colors.white, fontSize: 80),
  ),
)
```

　　运行效果如图 14-22 所示。

　　该组件还支持通过 blendMode 属性设置混色模式。例如配合 RadialGradient，可制作一个彩虹色的 FlutterLogo，代码如下：

斑马效果

图 14-22　ShaderMask 斑马效果

```
//第 14 章/shader_mask_radial.dart

ShaderMask(
  blendMode: BlendMode.srcATop,
  shaderCallback: (Rect bounds) => RadialGradient(
radius: 0.7,
center: Alignment(0.2, 0.7),
colors: <Color>[
    Colors.indigo,
    Colors.blue,
    Colors.green,
    Colors.yellow,
    Colors.orange,
    Colors.red,
],
  ).createShader(bounds),
  child: FlutterLogo(size: 128),
)
```

运行效果如图 14-23 所示。

图 14-23　彩虹色的 FlutterLogo

由于本书印刷限制,可能不易观察到上例的彩虹色效果,读者不妨亲自动手试一试。

14.2　裁剪边框

在 Flutter 框架中,当需要改变一些组件的外形或需要将某些组件溢出的内容隐藏时,可以考虑使用一些用于裁剪边框的组件,例如 ClipOval 组件可轻易地将正方形的子组件裁剪为圆形。

14.2.1　ClipOval

使用 ClipOval 组件可将子组件裁剪为椭圆形。若子组件原本是正方形,则裁剪后就是正圆形。实战中使用该组件时通常并不需要传入额外参数,代码如下:

```
ClipOval(
    child: Container(width: 100, height: 60, color: Colors.grey),
)
```

这里被裁剪的 Container 组件长和宽不等,所以裁剪后是椭圆形,如图 14-24 所示。

1. clipper

默认情况下 ClipOval 会根据子组件的矩形计算出需要裁剪的形状,制作出紧紧贴合原矩形的椭圆,但通过 clipper 属性,开发者也可以自定义裁剪行为。例如可制作一个左右各留白 10 单位的裁剪,代码如下:

图 14-24　ClipOval 默认的裁剪效果

```
class MyClipper extends CustomClipper < Rect > {
    @override
    Rect getClip(Size size) {
        //这里传入的 size 是子组件的原本尺寸
        return Rect.fromLTWH(10, 0, size.width − 20, size.height);
    }
```

```
    @override
    bool shouldReclip(_) => true;
}
```

需要使用时可通过 clipper：MyClipper()将自定义的裁剪行为传给 ClipOval 组件。

2．性能

圆形裁剪比较消耗性能，因为除了所有裁剪操作都需要在绘制时额外创建图层外，圆形的裁剪还会默认启用抗锯齿(anti-aliasing)。若通过传入 clipBehavior：Clip. hardEdge 关闭抗锯齿，则性能会有所提升，但最终呈现的效果会稍逊色。

另外，不少组件本来就支持直接将自身形状设置为圆形，如 Container 或 ElevatedButton 等。实战中如果可以不用裁剪就能达到需要的效果，则可以完全省略裁剪的步骤，以提升性能。

14.2.2　ClipRect

使用 ClipRect 可将子组件裁剪为矩形。虽然大部分组件本身就是矩形，但若它们容易在渲染时溢出，就可以通过在父级插入 ClipRect 将溢出部分裁剪掉。

例如用于绘制斜角旗帜的 Banner 组件就很容易溢出，如图 14-25(上图)所示。此时直接在父级插入 ClipRect 就可将溢出部分裁剪，如图 14-25(下图)所示。

本例核心部分的代码如下：

图 14-25　使用 ClipRect 裁剪溢出的旗帜

```
ClipRect(
  child: Banner(
    location: BannerLocation.topEnd,
    message: "Hello",
    child: Container(width: 200, height: 80, color: Colors.grey),
  ),
)
```

ClipRect 组件也同样支持通过 clipper 参数传入自定义的裁剪方式。例如使用 clipper：MyClipper()可将 14.2.1 节定义的 MyClipper 类直接传给 ClipRect，效果是裁剪时左右各留白 10 单位。

14.2.3　ClipRRect

这个 ClipRRect 组件名字里有一个额外的 R，表示 Rounded(圆角)。顾名思义，它可用于裁剪圆角的矩形。其基础用法与 ClipRect 相似，但额外支持 borderRadius 参数，用于定义圆角。例如可通过传入 BorderRadius. circular(16.0)将 4 个圆角都定义为 16 单位,代码
如下:

```
ClipRRect(
  borderRadius: BorderRadius.circular(16.0),          //将圆角定义为16单位
  child: Banner(
    location: BannerLocation.topEnd,
    message: "ClipRRect",
    child: Container(width: 200, height: 80, color: Colors.grey),
  ),
)
```

运行效果如图 14-26 所示。

这里定义圆角的方式与本章之前介绍的 DecoratedBox
组件的 BoxDecoration 类的同名属性一致,因此也支持通
过 BorderRadius. only 的方式分别定义 4 个样式不同的
圆角,在此不再赘述。

图 14-26 ClipRRect 裁剪圆角

14.2.4 ClipPath

ClipPath 支持自定义路径的裁剪。开发者可通过传入继承 CustomClipper 类的值,将
子组件裁剪至任意形状。例如可将一个矩形 Container 裁剪为三角形,代码如下:

```
ClipPath(
  clipper: TriangleClipper(),
  child: Container(width: 200, height: 80, color: Colors.grey),
)
```

运行效果如图 14-27 所示。

图 14-27 用 ClipPath 制作三角形的裁剪

这里传给 clipper 属性的 TriangleClipper 就是一个自定义的路径,代码如下:

```
//第 14 章/path_clipper_triangle.dart

class TriangleClipper extends CustomClipper<Path> {
  @override
  getClip(Size size) {
    return Path()
      ..moveTo(0.0, size.height)          //移动至矩形左下角作为起点
```

```
            ..lineTo(size.width / 2, 0.0)              //绘制至矩形顶边的中心位置
            ..lineTo(size.width, size.height)          //绘制至矩形的右下角
            ..close();
    }

    @override
    bool shouldReclip(CustomClipper oldClipper) = > false;
}
```

1. 继承 CustomClipper

继承 CustomClipper 时，首先需要重写 getClip()函数，通过获得的 Size(子组件的尺寸)计算路径。上例代码先通过 moveTo()方法将画笔移动至(0，size. height)的位置，即子组件矩形的左下角，再通过 2 次调用 lineTo()方法，依次绘制路径至三角形顶点和右下角，最后通过 close()方法闭合路径。

其次开发者还需要重写 shouldReclip()函数，通过获得的旧 CustomClipper 实例，判断是否需要重绘。上例中 TriangleClipper 并没有额外参数，所以 getClip()函数永远都会返回同样的路径，因此选择跳过判断，直接返回值为 false，表示不需要重绘。

2. 实例

这里使用 Path 的 quadraticBezierTo()方法创建贝塞尔曲线，并借助 GestureDetector 判断用户的手指位置，最终做出可跟随用户手指移动的简单曲线裁剪效果，如图 14-28 所示。

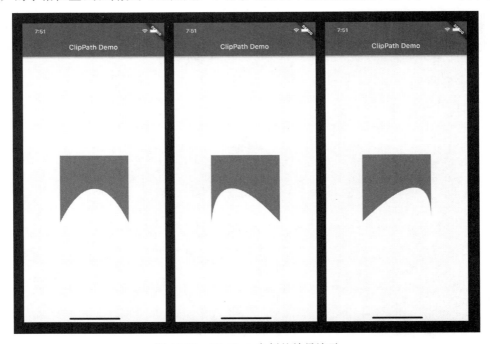

图 14-28　ClipPath 实例的效果演示

本例的完整代码如下：

```dart
//第14章/clip_path_example.dart

import 'package:flutter/material.dart';

void main() {
  runApp(MyApp());
}

class MyApp extends StatelessWidget {
  @override
  Widget build(BuildContext context) {
    return MaterialApp(
      home: MyHomePage(),
    );
  }
}

class MyHomePage extends StatefulWidget {
  @override
  _MyHomePageState createState() => _MyHomePageState();
}

class _MyHomePageState extends State<MyHomePage> {
  double dx = 100;

  @override
  Widget build(BuildContext context) {
    return Scaffold(
      appBar: AppBar(
        title: Text("ClipPath Demo"),
      ),
      body: Center(
        child: GestureDetector(
          behavior: HitTestBehavior.opaque,
          onPanUpdate: (details) {
            setState(() => dx = details.localPosition.dx);
          },
          child: ClipPath(
            clipper: ArcClipper(dx),
            child: Container(width: 200, height: 200, color: Colors.grey),
          ),
        ),
      ),
    );
  }
}
```

```
class ArcClipper extends CustomClipper < Path > {
  final double dx;

  ArcClipper(this.dx);

  @override
  Path getClip(Size size) {
    return Path()
      ..lineTo(0.0, size.height)
      ..quadraticBezierTo(dx, 0, size.width, size.height)
      ..lineTo(size.width, 0.0)
      ..close();
  }

  @override
  bool shouldReclip(ArcClipper old) => this.dx != old.dx;
}
```

读者可在程序运行后试着用手指在灰色的 Container 区域内拖动，即可观察到不同的裁剪效果。

第 15 章

深 入 布 局

15.1　测量尺寸

15.1.1　IntrinsicWidth

英文 Intrinsic 是"内在的、本质的"的意思,因此 IntrinsicWidth 组件的作用是将一个子组件的宽度设置为其本质宽度。Flutter 中有一些组件会试图占有超过其内容的空间,例如 TextField 组件就会尽量占满最大约束,即使里面文本很短。所谓"本质"的宽度,在 TextField 组件的例子中就是其内在的文字内容究竟有多宽,例如文本是空白,那么本质宽度就是 0,代码如下:

```
IntrinsicWidth(
    child: TextField(),
)
```

运行后看不到 TextField 组件,因为程序刚运行时文本为空,因此 TextField 组件的宽度为 0,但若采用一些方法(例如通过传入 controller 设置初始文本,或设置 hintText 装饰等)使其初始内容的宽度不为 0 以便找到它后,随着用户输入更多内容,其宽度也会逐渐变宽,如图 15-1 所示。

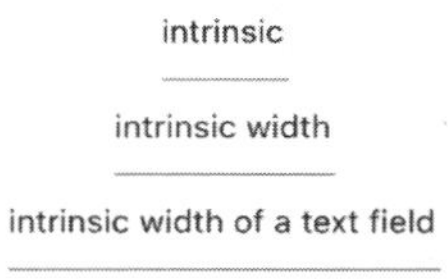

子组件的本质宽度可能是任意值,例如 10.28 单位、47.99 单位,甚至是 0 等,而这些任意值可能会对布局造成困难(如不整齐),因此该组件提供了

intrinsic

intrinsic width

intrinsic width of a text field

图 15-1　IntrinsicWidth 使 TextField
只占本质宽度

stepWidth(宽度步幅)和 stepHeight(高度步幅)属性,可以帮助迫使子组件的宽度或高度设置为某个值的倍数。例如设置 stepWidth:10,就可以使子组件的宽度为 10 的正整数倍。例如当其本质宽度是 7.26 或 10.17 时,它的实际布局宽度就会分别被设置为 10 和 20 单位。这样也可以使 TextField 在空白状态下仍有 10 单位的宽。

当然,对于一个组件而言,无论是否插入了 IntrinsicWidth,也无论是否设置了

stepWidth 属性,都依然不可以违背父级的布局约束。例如父级 SizedBox 要求宽度必须为 128 单位时,无论怎么设置 stepWidth 属性,子组件的宽度一定都是 128 单位,因此,如需将 TextField 组件精确地设置至本质宽度,但又同时希望它的最小宽度不低于 20 单位,也可以 通过插入 ConstrainedBox 组件并设置 minWidth 完成。对此不熟悉的读者可参考本书第 6 章"进阶布局"中关于布局约束的介绍。

最后值得一提的是,IntrinsicWidth 组件会导致 Flutter 多次布局,比较消耗性能。最坏 情况下,布局的复杂度可由平时的 $O(n)$ 变成 $O(n^2)$,因此不推荐大量使用 IntrinsicWidth 组件。

15.1.2　IntrinsicHeight

这里的 IntrinsicHeight 组件与 15.1.1 节介绍的 IntrinsicWidth 组件大同小异,可用于 将一个子组件的高度设置为其本质高度。这同样会导致 Flutter 多次布局,比较消耗性能, 不推荐大量使用。

例如一个 Column 容器中有 3 个 FlutterLogo 组件,默认情况下 Column 的高度会尽量 占满父级组件的最大约束,如全屏,但当嵌入 IntrinsicHeight 后,Column 的高度就会成为 其子组件高度的总和,代码如下:

```
IntrinsicHeight(
  child: Column(
    children: [
      FlutterLogo(),
      FlutterLogo(),
      FlutterLogo(),
    ],
  ),
)
```

运行效果与直接设置 Column 组件中的 mainAxisSize:MainAxisSize.min 属性无异。 这 2 种办法都可使 Column 组件尽量少占垂直方向的空间,最终达到紧紧包裹其子组件的效 果,但显然后者不需要使用 IntrinsicHeight 组件,因此程序运行效率更高并且代码也更可读。

15.1.3　AspectRatio

实战中有时并不在乎某个组件的实际尺寸,但是很在意它的长宽比。AspectRatio 组件 就可根据固定的长宽比设置子组件的尺寸。例如通过传入 aspectRatio:16/9,可将子组件 的长宽比设置为 16∶9,代码如下:

```
AspectRatio(
  aspectRatio: 16 / 9,
  child: Container(color: Colors.grey),
)
```

运行后可观察到一个矩形的灰色 Container,如图 15-2
所示。

这个 AspectRatio 组件的作用有点类似本书第 5 章"分
页呈现"中介绍的 GridView 组件用于控制元素长宽比例的
childAspectRatio 属性,用法也是一致的,接收的数据类型
为小数。例如需要 3:2 的长宽比,可以通过输入 1.5 实
现,但为了提高代码可读性,这里鼓励直接传入 3/2 而不

图 15-2　使用 AspectRatio 组件
固定子组件的长宽比

是 1.5。Dart 语言在编译时也会自动将 3/2 计算为 1.5,因此不必担心性能方面会有
差别。

1. 父级约束

这里需要注意的是,使用 AspectRatio 也并不能使子组件违背父级的布局约束。例如
当父级由 SizedBox 组件设置了一个 200×200 单位的紧约束后,无论怎样调整长宽比,子组
件一定都是正方形。当发生这种情况时,可考虑通过插入 Align 或 Center 组件的方式,放
松父级约束,代码如下:

```
SizedBox(                      //设置紧约束
  width: 200,
  height: 200,
  child: Center(               //通过 Center 组件放松了父级约束
    child: AspectRatio(
      aspectRatio: 16 / 9,     //设置比例,可生效
      child: Container(color: Colors.grey),
    ),
  ),
),
```

运行后可成功观察到一个 16:9 的矩形灰色 Container,与图 15-2 所示效果一致。

2. 布局算法

布局时 AspectRatio 会首先试图将子组件占满父级约束的最大宽度,再通过
aspectRatio 属性推算所需高度。如果高度满足父级约束,就可以执行这个尺寸。若高度无
法满足父级约束,它就会通过高度和比例推算所需宽度。如果宽度无法满足父级约束,则最
终会为子组件选择违背 aspectRatio 但不违背父级约束的尺寸。另外,当父级宽度约束无边
界(unbounded)时,AspectRatio 也会直接采用最大高度和比例进行宽度推算。若宽度和高
度均无边界,则 AspectRatio 布局算法无法正常运行。

对布局约束或无边界等概念不熟悉的读者可翻阅本书第 6 章"进阶布局"中有关
ConstrainedBox 组件及布局约束概念的相关介绍。

15.1.4　PreferredSize

PreferredSize 组件不会对其子组件施加任何额外的约束,因此它并不会影响布局。该

组件的主要作用是通过 preferredSize 参数提供一个"理想尺寸",供其他组件(主要是父级组件)参考。例如可通过 Size.fromHeight(20) 构建一个高度为 20 单位的尺寸(宽度无限)作为理想尺寸,代码如下:

```
PreferredSize(
  preferredSize: Size.fromHeight(20),
  child: FlutterLogo(),
)
```

若将上述组件以 child 的形式传给某个自定义的父级容器,则父级容器可以轻易地通过访问 child.preferredSize 属性获知它的理想尺寸,但这并不表示 child 一定就是这个尺寸,也不表示父级容器必须尊重它提出的理想尺寸。例如父级容器可通过插入 SizedBox 的方式,对 child 进行额外的尺寸约束,从而控制它的实际尺寸。

实战中,Material 设计中的 Scaffold 组件对其 appBar 属性传入的导航条组件的高度比较敏感,因此它需要接收的是 PreferredSizeWidget 类,而不是任何普通的 Widget 类。实战中一般直接传入 AppBar 组件,但如需自定义,则可以选择传入 PreferredSize 组件。当 Scaffold 获知了导航条的理想高度后,就可以更好地计算 body 区域所需要的顶部留白。

15.2　性能与状态

15.2.1　Offstage

英文 Offstage 是"台下"的意思,就是指舞台以外,观众看不到的地方。在 Flutter 中,Offstage 会使子组件不可见,就仿佛将其渲染到屏幕之外,但与真地将某组件渲染到屏幕外不同,实际上 Offstage 组件会直接跳过绘制步骤,从而达到不可见的效果,代码如下:

```
Offstage(
  child: Text("这个组件不可见"),
)
```

运行后发现 Text 不可见,但使用 GlobalKey 等方式可以获取它的正确尺寸。实际上 Offstage 的子组件仍会参与 Flutter 引擎的一切流程,包括布局,但会跳过最后的绘制,因此它依然可以获得光标焦点及键盘的输入,组件的内部状态包括动画进程都会继续,因此也依然消耗资源。

实战中若不需要保留状态或动画进程,一般不使用 Offstage 组件,而是直接将不需要的组件从组件树中移除。例如可通过 if 判断是否需要在 Column 组件中保留第 2 个元素,代码如下:

```
Column(
  children: [
    Text("永远可见的 1"),
    if (condition) Text("有时可见的 2"),
    Text("永远可见的 3"),
  ],
)
```

15.2.2　Visibility

Visibility 组件可以控制其子组件是否需要显示，默认为显示。当将 visible 属性设置为 false 时，子组件就会消失，类似 Offstage 的效果，代码如下：

```
Visibility(
  visible: false,
  child: Text("这个组件不可见"),
)
```

运行后发现 Text 组件不可见，但与 15.2.1 节介绍的 Offstage 不同的是，这里的 Text 被彻底从组件树移除了，因此无法使用 GlobalKey 获取它的位置和尺寸，因为它确实不存在。

1. 行为

当 visible 属性为 false 时，Visibility 组件会从组件树中彻底将其子组件移除，因此其内部状态会全部丢失。若需改变这种行为，则可以考虑使用以下属性。

1）maintainState

是否需要保持状态。如需保持状态，则 Visibility 组件会调用 Offstage 组件将子组件隐藏，使其保留状态。若不需要保持状态，则 Visibility 组件会直接将子组件替换为另一个"替代品"组件，默认为一个空白的 SizedBox 组件，开发者也可以通过 replacement 属性设置替代品组件。

2）maintainAnimation

是否保持动画。若无须保持动画，则 Visibility 组件会调用 TickerMode 组件将动画控制器所依赖的 ticker 关闭。这里值得注意的是，只有在保持状态时才可以保持动画，因此每当将 maintainAnimation 设置为 true 时，maintainState 也必须同时被设置为 true。

3）maintainSize

是否保持尺寸。保持尺寸要求必须保持动画（因此也要求保持状态），因为有些动画可能会影响它的尺寸，例如 AnimatedContainer 的高度变化等。当使用 maintainSize 时，Visibility 组件不再调用 Offstage 组件，而是直接使用 Opacity 组件将子组件设置为完全透明，从而达到隐藏的效果。

4) maintainInteractivity

是否保持交互。默认情况下 Visibility 会自动嵌套 IgnorePointer 以确保用户无法单击不可见的组件。若需允许它继续接收触碰事件,则可在保持状态、保持动画、保持尺寸的前提下要求其保持交互。

5) maintainSemantics

是否保持语义。如需使不可见的组件保留辅助功能,则可选择保持语义,并同时保持尺寸、保持动画,以及保持状态。

2. 与其他组件对比

由上文可见,Visibility 组件的内部实际上也会调用 Offstage 和 Opacity 等组件。相比之下,15.2.1 节介绍的 Offstage 组件的作用是隐藏子组件,不保持尺寸(不为它留空间),不保持交互,但保持动画和状态,而 Opacity 将不透明度设置为 0 时则可使子组件不可见,但会保持尺寸,保持交互,并保持动画和状态。当无须保持状态时,Visibility 组件会直接将 child 替换为 replacement 组件,彻底将其从组件树中移除。

15.2.3 IndexedStack

这是一个可在多个子组件之间切换的容器。使用时可通过 children 属性传入多个子组件,但 IndexedStack 每次只会显示当前 index 参数所指定的那一个子组件,代码如下:

```
IndexedStack(
  index: 0,
  children: [
    Container(color: Colors.red),
    Container(color: Colors.yellow),
    Container(color: Colors.blue),
    Container(color: Colors.green),
  ],
)
```

这里向 IndexedStack 传入了 4 个 Container 组件,颜色分别为红、黄、蓝、绿。由于 index 属性的值为 0(也是默认值),运行后可以观察到一个红色的 Container,效果图略。类似地,若传入 index:3,就可以观察到绿色的 Container,有点像电视机换频道的感觉。

IndexedStack 继承于 Stack 组件,因此也支持 alignment 和 stackFit 等属性,或与 Positioned 组件配合,以便精确控制子组件的位置和尺寸。对此不熟悉的读者可查阅第 1 章"基础布局"中有关 Stack 和 Positioned 组件的相关介绍。另外 IndexedStack 虽然每次只显示子组件中的一个,但会保留全部子组件的状态,因此它的自身尺寸也会匹配为所有 children 中最大的那个。

15.2.4 RepaintBoundary

Flutter 在渲染过程中,并不总是能自动且准确地判断哪些组件应该被绘制在同一张图层上。在组件树中插入 RepaintBoundary 可为子组件单独创建图层,以帮助 Flutter 引擎更高效地完成渲染任务。该组件用法简单,且无视觉效果,代码如下:

```
RepaintBoundary(
  child: MyExpensiveWidget(),
)
```

这样 Flutter 在渲染 child 组件时,就会将其单独绘制在一个新图层上。这里的 MyExpensiveWidget 指代程序中一些比较消耗性能的组件,例如复杂的 CustomPaint 绘制等。若将此类复杂的组件绘制在专属的独立图层上,当该复杂组件在屏幕上发生平移(如被嵌入于滚动列表中)或缩放(如受到 Transform 组件影响)时,Flutter 就可以直接移动或缩放整个图层,而不再需要重新绘制它的内容了。

1. 性能的提升

为了降低程序运行时的内存占用,Flutter 并不一定会将每个组件都绘制到单独的图层上。例如组件 A 与组件 B 虽然是不同的组件,在布局时也相隔了 10 单位,如图 15-3 所示,但仍然完全有可能被绘制到同一张图层。此时若组件 A 的位置发生改变,例如向左移动了 5 单位,则 Flutter 必须重新渲染出一个二者相隔 15 像素的新图层。这就意味着组件 A 与组件 B 都需要重新被渲染。

图 15-3 组件 A 与组件 B 被渲染到同一张图层上

但若组件 A 可被单独绘制到专属的图层,则当它的位置发生改变时,Flutter 就可以直接将组件 A 的图层向左移动 5 单位,不必重新绘制组件 A 的内容,也更不必重新渲染组件 B。甚至当组件 A 确实发生大幅改动(如改变了颜色)而需要重新绘制时,也不必同时渲染组件 B。实战中,在组件 A 的父级插入 RepaintBoundary 组件就可以实现这个效果。

实际上,Flutter 框架中不少组件已经自动添加了 RepaintBoundary 以提升性能,所以开发者无须过度担心。例如 ListView 列表里的元素经常需要滚动,或者 Material 设计中的 Drawer 也会在开关时滑动,这些组件都已经自动处理了 RepaintBoundary,不需要再额外添加 RepaintBoundary 组件。实战中需要开发者手动添加 RepaintBoundary 的一般是自定义的滚动组件,或复杂的 CustomPaint 等。

若读者有兴趣,则不妨自己动手体验一下 RepaintBoundary 的效果。例如可先在一个 CustomPaint 组件的 paint 方法中添加 print 语句,以观察它的每次重绘过程,接着将一个 FlutterLogo 组件与该 CustomPaint 组件一并作为子组件传给 Column 容器。每当改变

FlutterLogo 的尺寸时,可观察到 CustomPaint 在不断重绘。为 CustomPaint 插入 RepaintBoundary 后,它就不会在 FlutterLogo 尺寸改变时重绘了。

2. 截图

除了节约性能开支外,将一个组件(及它的全部子组件)渲染到独立图层的另一种常见目的是为组件截图。在程序运行时,开发者可调用 RenderRepaintBoundary 的 toImage 方法输出图层数据,并导出为 PNG 格式。这里直接举例,完整代码如下:

```
//第 15 章/repaint_boundary_screenshot.dart

import 'dart:ui';
import 'package:flutter/material.dart';
import 'package:flutter/rendering.dart';

void main() {
  runApp(MyApp());
}

class MyApp extends StatelessWidget {
  @override
  Widget build(BuildContext context) {
    return MaterialApp(
      home: MyHomePage(),
    );
  }
}

class MyHomePage extends StatefulWidget {
  @override
  _MyHomePageState createState() => _MyHomePageState();
}

class _MyHomePageState extends State < MyHomePage > {
  GlobalKey _globalKey = GlobalKey();
  var _Bytes;

  @override
  Widget build(BuildContext context) {
    return Scaffold(
      appBar: AppBar(title: Text("Screenshot Example")),
      body: Column(
        children: [
          //需要被截图的区域
          RepaintBoundary(
            key: _globalKey,
```

```
            child: Container(
              width: 300,
              height: 300,
              decoration: BoxDecoration(
                gradient: RadialGradient(
                  colors: [Colors.white, Colors.grey],
                ),
              ),
              child: Row(
                mainAxisAlignment: MainAxisAlignment.center,
                children: [
                  FlutterLogo(),
                  Text("screenshot me"),
                ],
              ),
            ),
          ),
          //截图按钮
          IconButton(
            icon: Icon(Icons.file_download),
            onPressed: () async {
              final render = (_globalKey.currentContext!.findRenderObject()
                  as RenderRepaintBoundary);
              final imageBytes = (await (await render.toImage())
                    .toByteData(format: ImageByteFormat.png))!
                  .buffer
                  .asUint8List();
              setState(() {
                _Bytes = imageBytes;
              });
            },
          ),
          //显示截图
          if (_Bytes != null) Image.memory(_Bytes, width: 200),
        ],
      ),
    );
  }
}
```

　　运行后首先可观察到一个尺寸为 300 单位的渐变灰色 Container 容器，内含 FlutterLogo 及一个 Text 组件。当用户单击屏幕中心的"下载"按钮后，程序会对上述 Container 截图，并借助 Image 组件将图片内容显示在屏幕底部。为了区分，这里将图片尺寸设置为 200 单位，如图 15-4 所示。

图 15-4　使用 RepaintBoundary 为组件截图

15.3　打破约束

本书第 6 章"进阶布局"中详细介绍了 Flutter 的布局原理，即遍历组件树时"向下传递约束、向上传递尺寸"，因此绝大部分情况下，无法满足父级约束的尺寸都会被修正，然而 Flutter 框架也提供了一些可打破父级约束的组件，例如 UnconstrainedBox 和 OverflowBox 等。

15.3.1　UnconstrainedBox

本书第 6 章介绍的 ConstrainedBox 是一个用于在布局时为子组件提供额外尺寸约束的组件，而这里的 UnconstrainedBox 恰恰相反，可用于无视父级，为子组件提供无边界的约束，代码如下：

```
SizedBox(
  width: 200,
  height: 200,
  child: UnconstrainedBox(
    child: Container(width: 300, height: 300, color: Colors.grey),
  ),
)
```

这里父级 SizedBox 设置了一个 200×200 单位的紧约束,子级的灰色 Container 却试图将尺寸设置为 300×300 单位。在 Flutter 布局中,这样违背上级约束的尺寸会被修正,因此最终应该观察到一个 200×200 单位的灰色 Container,然而由于插入了 UnconstrainedBox 组件,Container 实际收到的约束为无边界松约束(0 至正无穷),于是它如愿以偿地将自身尺寸设置为 300×300 单位,并在实际渲染时造成溢出,运行效果如图 15-5 所示。

UnconstrainedBox 组 件 支 持 constrainedAxis 参数,可设置一个应正常受到约束的轴。例如可传入 constrainedAxis: Axis. horizontal 表示水平方向应遵守父级的尺寸约束,但垂直方向的约束会被改为无边界的松约束,实际效果与 Column 容器布局时对其 children 的约束颇为相似。

图 15-5　用 UnconstrainedBox 打破
父级约束并造成溢出

另外它还支持 alignment 属性,用于决定当子组件尺寸超过父级约束时的对齐方式,默认居中。例如可传入 alignment: Alignment. topLeft 使子组件沿左上角对齐,这样只有底边和右边会溢出。另外,如需将溢出的内容渲染出来,则可考虑使用 OverflowBox 组件,本书将在 15.3.2 节介绍。

15.3.2　OverflowBox

OverflowBox 组件可选择无视父级约束,直接为子组件设置一个全新的任意约束,并允许子组件渲染至父级约束的范围之外。例如可使用 OverflowBox 为一个 FlutterLogo 组件打破约束,设置一个尺寸为 150×150 单位的全新的紧约束,代码如下:

```
SizedBox(
  width: 100,
  height: 100,
  child: OverflowBox(
    minWidth: 150,
    minHeight: 150,
    maxWidth: 150,
    maxHeight: 150,
    child: FlutterLogo(),
  ),
)
```

运行后可观察到一个尺寸为 150 单位的 FlutterLogo 组件,然而这里 OverflowBox 组件的父级仍然是一个尺寸仅为 100×100 单位的 SizedBox,因此 SizedBox 的父级只会为其预留 100×100 单位的空间。例如将上述代码插入一个 Column 容器中,就可以观察到打破约束的 FlutterLogo 渲染后的尺寸较大,并且会与其他组件重叠,如图 15-6 所示。

图 15-6　OverflowBox 使中间的 FlutterLogo 打破约束

OverflowBox 同样支持 alignment 属性,用于决定子组件的对齐方式。另外,实战中若不需要将打破约束的组件的溢出部分显示出来,则可选择在其父级再插入一个 ClipRect 组件进行裁剪。例如可将中间那个 FlutterLogo 组件设置为其余的 2 倍尺寸,并设置沿右下角对齐,再裁剪,代码如下:

```
//第 15 章/overflow_box_clip.dart

Column(
  children: [
    FlutterLogo(size: 100),
    SizedBox(
      width: 100,
      height: 100,
      child: ClipRect(
        child: OverflowBox(
          alignment: Alignment.bottomRight,
          maxWidth: 200,
          maxHeight: 200,
          child: FlutterLogo(size: 200),
        ),
      ),
    ),
    FlutterLogo(size: 100),
  ],
)
```

运行效果如图 15-7 所示。

实战中偶尔会遇到子组件确实应该比父级容器更大的情况,例如使用 AnimatedContainer 实现某个菜单渐变消失的动画效果时,随着容器尺寸的缩小,内容会逐渐溢出,如图 15-8 所示。

在 Debug 模式下,当内容溢出时就可以观察到溢出警告条,此时借助 OverflowBox 就

图 15-7 打破约束的 FlutterLogo 被裁剪的效果

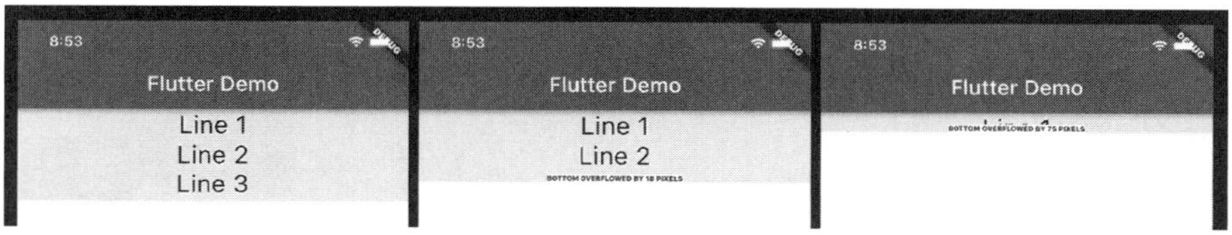

图 15-8 随着容器高度缩小，内容逐渐溢出

可以表明这里的溢出是正确行为，无须警告，代码如下：

```
//第 15 章/overflow_box_example.dart

AnimatedContainer(
  duration: Duration(seconds: 1),
  curve: Curves.bounceOut,
  height: 100,                    //将这里的高度修改为 0,动画过程中不会出现溢出警告
  color: Colors.grey[200],
  child: ClipRect(
    child: OverflowBox(
      alignment: Alignment.topCenter,
      maxHeight: 100,
      child: Column(
        children: [
          Text("Line 1"),
          Text("Line 2"),
          Text("Line 3"),
        ],
      ),
    ),
  ),
)
```

除了使用 OverflowBox 组件外,实战中也可以借助 ClipRect 组件配合 Align 组件,并通过动画修改后者的 heightFactor 属性实现与上例类似的效果。

最后值得一提的是,这里 OverflowBox 的主要功能是打破上级约束,为 child 设置任意尺寸,如 200×200 单位等。若需将 child 尺寸设置为上级约束的倍数(例如需打破上级 100×100 单位的约束,将 child 设置为其 2 倍大小,而不是直接传入 200×200 单位这样固定的值),则可以使用 FractionallySizedBox 组件。对此不熟悉的读者可参考第 6 章"进阶布局"中,对该组件的相关介绍和示例。

15.3.3　SizedOverflowBox

这个 SizedOverflowBox 组件虽然名字和 15.3.2 节介绍的 OverflowBox 组件有点像,但实际上功能差别还是比较大的。OverflowBox 一般用于打破父级约束,直接为 child 设置一个新的约束,而这里的 SizedOverflowBox 则一般用于直接将其父级约束传递给自己的 child,但同时又通过 size 属性设置自身的尺寸(通常是一个较小的尺寸,导致明明遵守其父级约束的 child 溢出)。

这里直接举例,渲染一个黑色 Container 溢出父级灰色 Container 的效果,如图 15-9 所示。

这种效果可用 SizedOverflowBox 组件实现,代码如下:

图 15-9　使用 SizedOverflowBox 使黑色 Container 溢出

```
Container(
  width: 200.0,
  height: 200.0,
  color: Colors.grey,              //父级 200×200 单位的灰色 Container
  alignment: Alignment.bottomRight, //设置 child 沿右下角对齐
  child: SizedOverflowBox(         //插入 SizedOverflowBox 组件
    size: Size(50, 50),            //将自身尺寸设置为 50×50 单位
    alignment: Alignment.topLeft,  //当 child 溢出时,沿左上角对齐
    child: Container(              //子级 100×100 单位的黑色 Container
      width: 100,
      height: 100,
      color: Colors.black87,
    ),
  ),
)
```

同样的效果,也可以使用 15.3.2 节介绍的 OverflowBox 配合 SizedBox 组件实现,代码如下:

```
Container(
  width: 200.0,
```

```
    height: 200.0,
    color: Colors.grey,                    //父级 200×200 单位的灰色 Container
    alignment: Alignment.bottomRight,      //设置 child 沿右下角对齐
    child: SizedBox(                       //插入 SizedBox 并将尺寸设置为 50×50 单位
      width: 50.0,
      height: 50.0,
      child: OverflowBox(                  //插入 OverflowBox 传入新的约束
        alignment: Alignment.topLeft,      //当 child 溢出时，沿左上角对齐
        maxWidth: 100.0,                   //新约束，最大宽度 100 单位
        maxHeight: 100.0,                  //新约束，最大高度 100 单位
        child: Container(                  //子级 100 的黑色 Container
          color: Colors.black87,
        ),
      ),
    ),
  )
```

  由此可见，虽然最终渲染出的效果相同，但这两个组件的本质思路还是完全不同的。其中 SizedOverflowBox 将其父级 0~200 单位的松约束直接转交给了 child，支持它将尺寸设置为 100×100 单位，且同时将自身尺寸设置为更小的 50×50 单位，最终允许 child 打破的仅是自己的约束，而不是父级的约束，而 OverflowBox 则是直接为 child 传入了全新的约束，这里的新约束完全可以打破父级的 200×200 单位约束。

15.4 深度定制

  即使 Flutter 框架已经提供了不少组件，实战中难免还是会遇到非常复杂的或不合常理的布局及绘制需求。若实在无法通过现成的组件实现某些特殊布局，则可以考虑使用 CustomMultiChildLayout 等组件，更全面地操控整个布局流程。

15.4.1 CustomSingleChildLayout

  使用 CustomSingleChildLayout 可以相对随意地为一个子组件布局。具体的布局步骤主要由继承 SingleChildLayoutDelegate 类的委托完成，因此组件部分相对简单，代码如下：

```
CustomSingleChildLayout(
    delegate: MyDelegate(),
    child: FlutterLogo(size: 100),
)
```

  接着需要定义委托类，继承父类后可重写 4 种方法，默认情况如下：

```
class MyDelegate extends SingleChildLayoutDelegate {
    @override
    Size getSize(BoxConstraints constraints) {
```

```
      return constraints.biggest;
    }

    @override
    BoxConstraints getConstraintsForChild(BoxConstraints constraints) {
      return constraints;
    }

    @override
    Offset getPositionForChild(Size size, Size childSize) {
      return Offset.zero;
    }

    @override
    bool shouldRelayout(_) => false;
  }
```

布局时 Flutter 会依次调用 getSize、getConstraintsForChild 和 getPositionForChild 方法,并在委托类发生变动时调用 shouldRelayout 方法,以查询是否有必要重新布局。其中 getSize 方法的 constraints 参数是指父级组件传给 CustomSingleChildLayout 的约束,希望得到 CustomSingleChildLayout 组件汇报自身的尺寸作为回传,默认情况为 constraints.biggest,即尽量占满父级约束允许范围内的最大尺寸。接着 Flutter 会调用 getConstraintsForChild 方法,并同样将父级组件的约束作为参数传入,以获取 CustomSingleChildLayout 对其 child 的约束,然后 Flutter 会将该约束传给 child 组件,并等待 child 组件汇报它最终确定的尺寸。最后 Flutter 会调用 getPositionForChild 方法,并将 CustomSingleChildLayout 的尺寸及 child 最终确定的尺寸分别传入。此时 CustomSingleChildLayout 可任意摆放其 child,默认为 Offset.zero,即对齐于自己的左上角。

例如可通过重写 getPositionForChild 方法,判断 child 的最终宽度是否小于 200 单位,再依此决定将其居中或向左对齐,代码如下:

```
class MyDelegate extends SingleChildLayoutDelegate {
  @override
  Offset getPositionForChild(Size size, Size childSize) {
    var left = 0.0;
    if (childSize.width < 200) {
      //当子组件的宽度小于 200 单位时居中对齐
      left = (size.width - childSize.width) / 2;
    }
    return Offset(left, 0);
  }

  @override
  bool shouldRelayout(_) => false;
}
```

例如当 child 组件是一个 Text 组件时,若其显示的文字较短就会居中显示,但当文字较长时就会自动向左对齐,效果如图 15-10 所示。

上例的主要作用是演示 CustomSingleChildLayout 的用法,实战中如需调整文本的对齐方式,则通常会选择使用 Text 组件的 textAlign 属性。

实际上 Flutter 组件的布局与绘制是 2 个相对独立的步骤,Flutter 框架在绘制组件时也并不要求组件一定需要绘制在布局时设定好的区域内,例如本章之前介绍的 OverflowBox 组件就可以照常绘制其子组件超出父级约束的内容,因此这里若在 getPositionForChild 中返回例如 Offset(-10,-20)的值,也是可以轻易地将 child 绘制在自身区域之外的。

图 15-10 根据 child 尺寸自动
调整布局

最后值得一提的是,CustomSingleChildLayout 组件本身的尺寸只能通过父级约束计算而来,不可以依赖于自己的 child 尺寸,因此无法完成类似 Container 组件那种匹配子组件尺寸的行为。如需由 child 尺寸计算自身尺寸,目前只能通过自己动手编写 RenderObject 的方式实现。

（15min）

15.4.2 CustomMultiChildLayout

15.4.1 节介绍的 CustomSingleChildLayout 组件只可以为一个 child 布局,而 CustomMultiChildLayout 组件则可以同时布局多个子组件。相对于前者,这个组件虽然稍微复杂一些,但无疑更灵活且实用。

1. 用法

使用该组件时,除了需要传入一个继承于 MultiChildLayoutDelegate 类的委托外,还必须在每个子组件的父级插入一个 LayoutId 组件,代码如下:

```
CustomMultiChildLayout(
  delegate: MyDelegate(),
  children: [
    LayoutId(
      id: "text",
      child: Text("CustomMultiChildLayout"),
    ),
    LayoutId(
      id: "line",
      child: Container(color: Colors.red),
    ),
  ],
)
```

这里的 LayoutId 组件是专门为了配合 CustomMultiChildLayout 使用,以便帮助为其

children 标注 ID 的组件。这有点类似专门为 Stack 组件服务的 Positioned 组件，都属于 ParentDataWidget，即为父级组件提供数据的组件。其中 ID 参数可接收任意类型的数值，作为该子组件的唯一标识。

接着需要定义委托类，继承父类后需重写 performLayout 和 shouldRelayout 这 2 种方法，前者用于负责处理整套为子组件布局的流程，后者用于在委托类发生变动时决定是否应重新布局。

如有必要，也可以通过重写 getSize 方法以设置 CustomMultiChildLayout 组件自身的尺寸。与 15.4.1 节介绍的 CustomSingleChildLayout 组件一样，这里组件尺寸只能根据父级约束计算而来，不可以依赖 children 布局后的尺寸。这样有局限性的设计实际上大幅降低了 CustomMultiChildLayout 组件的使用门槛，若无法满足业务需求，开发者可以选择更底层的办法，直接继承于 RenderObject 类。

在 performLayout 方法里，CustomMultiChildLayout 自身的尺寸会被作为参数传入。开发者可以通过调用 hasChild、layoutChild、positionChild 这 3 种方法完成子组件的布局。其中 hasChild 用于查询某个 ID 的子组件是否存在，若存在，就可以通过 layoutChild 方法对其传递约束，并获取它的尺寸。CustomMultiChildLayout 中的每个子组件都必须被 layoutChild 方法布局一次，但顺序不限。最后还需要通过 positionChild 方法决定每个子组件的位置。

例如本节开头的那段代码中，CustomMultiChildLayout 组件共有 2 个子组件，分别是一个 Text 组件和一个红色的 Container 组件。这里可通过重写 performLayout 方法，先将 ID 为 text 的组件布局并获得其尺寸，再将其居中摆放。之后再将 ID 为 line 的 Container 组件布局，通过设置布局约束，限制其宽度以便匹配之前布局好的 Text 组件，再将其高度设置为 4 单位，摆放于 Text 组件的正下方，代码及详细注释如下：

```
class MyDelegate extends MultiChildLayoutDelegate {
  @override
  void performLayout(Size size) {
    //布局 Text 组件并获取其最终尺寸
    final textSize = layoutChild("text", BoxConstraints.loose(size));
    //计算位置,试图将其居中摆放
    final left = (size.width - textSize.width) / 2;
    final top = (size.height - textSize.height) / 2;
    //通过 positionChild 方法将 Text 组件居中
    positionChild("text", Offset(left, top));

    //判断 children 中是否含有 ID 为"line"的子组件
    if (hasChild("line")) {
    //通过设置约束,将该组件的宽度设置为上面 Text 组件的宽度,高度为 4 单位
      layoutChild("line", BoxConstraints.tight(Size(textSize.width, 4)));
      //通过 positionChild 方法将其摆放于 Text 组件的正下方
      positionChild("line", Offset(left, top + textSize.height));
    }
```

```
  }

  @override
  bool shouldRelayout(_) => false;
}
```

　　运行后可观察到居中的 Text 组件的正下方有一条与
之等宽的 Container，如图 15-11 所示。

　　本例的主要作用是演示 CustomMultiChildLayout 的
用法，实战中如需为文本添加下画线，则通常会选择使用
Text 组件的 style 属性中的 decoration 参数。

CustomMultiChildLayout

图 15-11　为 Text 添加下画线

2.实例

　　这里展示一个名为 Diagonal 的自定义布局容器组件，思路与 Row 或 Column 组件相
仿，主要区别在于它会将 children 斜着摆放，如图 15-12 所示。

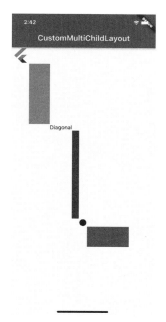

图 15-12　斜着的布局效果

　　这个斜着的自定义布局容器组件就是用 CustomMultiChildLayout 组件实现的，完整代
码如下：

```
//第15章/custom_multi_child_layout_example.dart

import 'package:flutter/material.dart';
```

```dart
void main() {
  runApp(MyApp());
}

class MyApp extends StatefulWidget {
  @override
  _MyAppState createState() => _MyAppState();
}

class _MyAppState extends State < MyApp > {
  @override
  Widget build(BuildContext context) {
    return MaterialApp(
      home: Scaffold(
        appBar: AppBar(
          title: Text("CustomMultiChildLayout"),
        ),
        body: Diagonal(
          children: [
            FlutterLogo(size: 50),
            Container(width: 60, height: 180, color: Colors.orange),
            Text("Diagonal"),
            Container(width: 20, height: 260, color: Colors.purple),
            Icon(Icons.circle),
            Container(width: 120, height: 60, color: Colors.teal),
          ],
        ),
      ),
    );
  }
}

class Diagonal extends StatelessWidget {
  final List < Widget > children;

  const Diagonal({Key? key, required this.children}) : super(key: key);

  @override
  Widget build(BuildContext context) {
    return CustomMultiChildLayout(
      delegate: DiagonalLayout(),
      children: [
        for (int i = 0; i < children.length; i++)
          LayoutId(
            id: i,
            child: children[i],
          ),
      ],
    );
```

```
    }
  }

class DiagonalLayout extends MultiChildLayoutDelegate {
  @override
  void performLayout(Size size) {
    Offset offset = Offset.zero;
    for (int i = 0;; i++) {
      if (hasChild(i)) {
        final childSize = layoutChild(i, BoxConstraints.loose(size));
        positionChild(i, offset);
        offset += Offset(childSize.width, childSize.height);
      } else {
        break;
      }
    }
  }

  @override
  bool shouldRelayout(_) => false;
}
```

15.4.3 Flow

Flow 是一个专门对子组件的绘制过程进行优化的容器组件,尤其擅长于通过矩阵变形的方式对子组件进行平移、旋转或缩放等操作。它的特点是允许开发者适时跳过布局流程,直接在绘制流程中通过修改变形矩阵而渲染出不同的效果,从而在一些特殊情况下大幅提升渲染效率。

1. Flow 不是 Wrap

在介绍 Flow 的用法之前,有必要先说明一点:Flow 与 Wrap 组件无关。一些其他 UI 框架会把顺着一个方向排列的流式布局称为 flow,例如 Java Swing 框架中有 FlowLayout,如图 15-13 所示。

Flutter 框架中有 Wrap 组件负责类似的流式布局。如果对 Wrap 不熟悉,则可翻阅本书第 1 章有关 Wrap 组件的介绍。除了名字之外,这里介绍的 Flow 组件与流式布局完全不相关。

图 15-13 其他框架流式布局效果

2. 用法

Flow 组件用法有点类似于 15.4.2 节介绍的 CustomMultiChildLayout 组件,首先需通过 delegate 参数传入一个继承于 FlowDelegate 类的委托,再通过 children 参数传入子组件,代码如下:

```
Flow(
  delegate: MyDelegate(),
  children: [
    FlutterLogo(size: 48),
    FlutterLogo(size: 48),
  ],
)
```

接着需要定义委托类。这里首先可以选择重写 getSize、getConstraintsForChild 及 shouldRelayout 方法,分别用于计算 Flow 组件自身的尺寸、Flow 对子组件的约束,以及是否有必要重新布局。值得一提的是 getConstraintsForChild 默认情况下会直接将 Flow 的父级约束转达给自己的每个子组件,因此若 Flow 本身受到紧约束,则它会使每个子组件都填满 Flow 的全部空间。如果这并不是想要的效果,开发者则不妨重写该方法,例如通过返回 constraints.loosen()将父级约束放松后再传给子组件。

此外,继承于 FlowDelegate 的委托类必须重写 shouldRepaint 方法,用于决定是否有必要重新绘制。这不同于上述的 shouldRelayout 方法。由于 Flow 组件的核心作用是通过矩阵变形实现对子组件的平移或旋转等,因此大部分情况下 Flow 并不需要重新布局(shouldRelayout 方法默认永远返回值为 false),因此这里额外有 shouldRepaint 方法方便开发者根据实际情况决定是否需要重新绘制。

最后还需要重写 paintChildren 方法以操控 children 的绘制流程。从传入的 FlowPaintingContext 参数中,开发者可通过调用 getChildSize 方法获得 child 的最终尺寸,再通过 paintChild 方法将其渲染。渲染的过程中推荐使用 transform 参数传入一个变形矩阵,也可同时使用 opacity 参数传入不透明度。例如假设 Flow 的 children 是 2 个 FlutterLogo 组件,可将第 2 个徽标平移、旋转、缩放后再将不透明度设置为 80%,代码如下:

```
//第 15 章/flow_delegate_demo.dart

class MyDelegate extends FlowDelegate {
  @override
  void paintChildren(FlowPaintingContext context) {
    final size0 = context.getChildSize(0)!;        //查询第 1 个 child 的尺寸
    final size1 = context.getChildSize(1)!;        //查询第 2 个 child 的尺寸

    context.paintChild(0);                         //直接渲染第 1 个 child,不添加特效
    context.paintChild(                            //渲染第 2 个 child
      1,
      transform: Matrix4.identity()                //使用矩阵进行平移旋转和缩放
        ..translate(size0.width, size0.height)
        ..rotateZ(3.14 / 4)
        ..scale(2.0),
      opacity: 0.5,                                //修改不透明度
```

```
    );
  }

  @override
  bool shouldRepaint(_) => false;
}
```

运行效果如图 15-14 所示。

图 15-14　使用 transform 和 opacity 修改 Flow 的子组件

本书 15.4.2 节介绍 CustomMultiChildLayout 组件时演示的那个名为 Diagonal 的斜式布局容器,也同样可用 Flow 实现,代码如下:

```
//第 15 章/flow_diagonal_example.dart
class Diagonal extends StatelessWidget {
  final List < Widget > children;

  const Diagonal({Key? key, required this.children}) : super(key: key);

  @override
  Widget build(BuildContext context) {
    return Flow(
      delegate: DiagonalLayout(),
      children: children,
    );
  }
}

class DiagonalLayout extends FlowDelegate {
  @override
  void paintChildren(FlowPaintingContext context) {
    Offset offset = Offset.zero;

    for (int i = 0; i < context.childCount; i++) {
      final s = context.getChildSize(i)!;
      context.paintChild(
```

```
        i,
        transform: Matrix4.identity()..translate(offset.dx, offset.dy),
      );
      offset += Offset(s.width, s.height);
    }
  }

  @override
  bool shouldRepaint(covariant FlowDelegate oldDelegate) => false;
}
```

3. 实例

传统的布局容器如 Stack 组件,通常先布局,再绘制。当它们的子组件尺寸或位置需要发生改变时,就不得不重新布局再重新绘制,而 Flex 组件的最大特点在于,它可以通过在绘制时修改矩阵来直接控制 children 的尺寸或位置,因此可以省略布局步骤。实际上,若在 paintChildren 方法中不对任何子组件进行矩阵变换,则 Flex 就会将所有 children 直接绘制在左上角,如图 15-15 所示。

这里展示了一个通过 Flex 制作的按钮菜单的实例。当用户单击菜单按钮后,一些菜单元素缓缓滑出,如图 15-16 所示。该例若使用 Stack 等传统方式实现,Flutter 引擎就不得不在展开动画的过程中频繁布局,而通过 Flow 组件直接在绘制时利用矩阵平移,就可以跳过整个布局步骤,从而大幅提升性能。

图 15-15　Flow 的 children 全部重叠于左上角

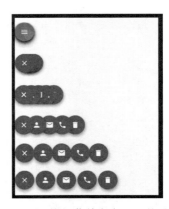

图 15-16　按钮菜单渐渐展开的过程

按钮菜单实例的完整代码如下:

```
//第 15 章/flow_animation_example.dart

import 'package:flutter/material.dart';

void main() {
```

```
    runApp(MyApp());
}

class MyApp extends StatelessWidget {
  @override
  Widget build(BuildContext context) {
    return MaterialApp(
      home: Scaffold(
        appBar: AppBar(
          title: Text("Flow Example"),
        ),
        body: MyFlowMenu(
          items: [
            Icons.person,
            Icons.email,
            Icons.phone,
            Icons.delete,
          ].map((icon) {
            return FloatingActionButton(
              child: Icon(icon),
              onPressed: () {},
            );
          }).toList(),
        ),
      ),
    );
  }
}

class MyFlowMenu extends StatefulWidget {
  final List<Widget> items;

  const MyFlowMenu({Key? key, required this.items}) : super(key: key);

  _MyFlowMenuState createState() => _MyFlowMenuState();
}

class _MyFlowMenuState extends State<MyFlowMenu>
    with SingleTickerProviderStateMixin {
  late AnimationController _controller;

  bool _open = false;

  @override
  void initState() {
    super.initState();
    _controller = AnimationController(
      duration: Duration(milliseconds: 200),
      vsync: this,
```

```
      );
    }

    @override
    void dispose() {
      _controller.dispose();
      super.dispose();
    }

    @override
    Widget build(BuildContext context) {
      return Flow(
        delegate: MyDelegate(animation: _controller),
        children: [
          FloatingActionButton(
            child: Icon(_open ? Icons.close : Icons.menu),
            onPressed: () {
              if (_open) {
                _controller.reverse();
              } else {
                _controller.forward();
              }
              setState(() => _open = !_open);
            },
          ),
          ...widget.items,
        ],
      );
    }
  }

  class MyDelegate extends FlowDelegate {
    final Animation<double> animation;

    MyDelegate({required this.animation}) : super(repaint: animation);

    @override
    BoxConstraints getConstraintsForChild(int i, BoxConstraints constraints) {
      return constraints.loosen();
    }

    @override
    void paintChildren(FlowPaintingContext context) {
      const gap = 4.0;
      double dx = 0.0;
      for (int i = context.childCount - 1; i >= 0; i--) {
        dx = (context.getChildSize(i)!.width + gap) * i;
        context.paintChild(
          i,
```

```
        transform: Matrix4.identity()..translate(dx * animation.value),
      );
    }
  }


  @override
  bool shouldRepaint(MyDelegate oldDelegate) {
    return animation != oldDelegate.animation;
  }
}
```

15.4.4 CustomPaint

这是一个直接向开发者提供画布的组件。如果 Flutter 目前没有组件能满足某种复杂特效，或者动画组件的性能不够，则开发者或许可以选择使用 CustomPaint 直接从底层绘制。

1. 用法

CustomPaint 组件没有必传参数。它的主要绘制过程是由继承于 CustomPainter 类的委托控制的。同一个 CustomPaint 组件最多可以有 2 个不同的 CustomPainter，分别由 painter 与 foregroundPainter 属性传入，绘制背景与前景。另外它还可以再接收一个子组件，代码如下：

```
CustomPaint(
  painter: MyBackgroundPainter(),
  child: Container(),
  foregroundPainter: MyForegroundPainter(),
)
```

在渲染时，CustomPaint 组件会首先调用 painter 的委托进行背景绘制，之后会将 child 绘制在背景上层，最后调用 foregroundPainter 的委托，在 child 上层进行前景绘制。

1）尺寸

CustomPaint 组件本身的尺寸会优先匹配 child 组件，其次再采用 size 属性中的尺寸值。例如设置 size：Size(200，200)就可在没有 child 的情况下，将 CustomPaint 设置为 200×200 单位。若 child 和 size 属性都为空，则 CustomPainter 会采用父级约束的最小值，例如 0×0 单位等。

这里值得再次说明的是，Flutter 框架中的"尺寸"通常是布局流程的概念，不是绘制流程的概念。组件完全可以绘制在布局尺寸边界之外，例如常见的 Stack 组件就可以配合 Positioned(top：−20)，将子组件绘制于超出顶边 20 单位的位置，因此，若 CustomPaint 组件的尺寸为 0，则仅表示它在布局时不占地方(例如 Column 组件就不会为它留空，直接顺序摆放下一个 child)，丝毫不会阻止它在屏幕的任意位置绘制内容。若需要保证 CustomPaint

等组件不能在布局尺寸之外的区域绘制,则可使用 ClipRect 组件对其裁剪。

2)绘制

画布的绘制是由一个继承于 CustomPainter 类的委托完成的,代码如下:

```
class MyPainter extends CustomPainter {
  @override
  void paint(Canvas canvas, Size size) {}

  @override
  bool shouldRepaint(MyPainter oldDelegate) => true;
}
```

这里 paint 方法就是绘制的核心了,其参数有 canvas(画布)和 size(组件的尺寸)。另外还需要重写 shouldRepaint 方法,开发者可通过对比新旧 CustomPainter 的属性来判断是否有必要重绘。

开发者在绘制时可调用的方法与大部分主流 UI 框架大同小异。绘制方法以 draw 开头,例如 drawPoints(点)、drawLine(线)、drawArc(弧线)、drawPath(路径)、drawRect(矩形)、drawRRect(圆角矩形)、drawCircle(圆)、drawOval(椭圆)、drawColor(涂色)等。此外,绘制图片可以考虑使用 drawImage 等方法,但绘制文字一般使用 TextPainter 实现。

画布还支持 clipPath、clipRect 和 clipRRect 这 3 个用于裁剪的方法。初始状态下,画布本身是无限尺寸的,Flutter 也允许 CustomPaint 绘制于组件尺寸边界外。每次调用裁剪方法,画布的有效绘制区域就会被缩小为当前画布尺寸和新的区域重合的部分,并影响之后的绘制命令。例如可先在初始的无限尺寸的画布上绘制一个 400×400 单位的矩形,接着调用 clipRect 将画布裁剪至 150×150 单位,则之后的绘制都不会超出这个 150×150 单位的区域,但之前绘制的 400×400 单位的矩形不受影响。又例如继续调用 clipRect 方法,传入一个 80×300 单位的区域,但由于之前的画布尺寸已经只剩 150×150 单位了,这里只能再将其裁剪为 80×150 单位(而非 80×300 单位),并影响之后的绘制指令。

另外还可以调用 scale、skew、translate 及 transform 方法,为绘制命令添加变形效果。与裁剪类似,这些变形操作可随时被调用,并影响之后的所有绘制命令。若只需针对一部分绘制命令使用裁剪和变形效果,则可以借助 save 和 restore 方法:前者可保存当前画布状态,之后开发者可以自由添加裁剪或变形的效果,并调用相应的绘制命令进行绘制,之后再通过调用 restore 方法还原之前(未裁剪或变形)的画布状态。

最后,使用 saveLayer 配合 restore 方法,可将一部分绘制命令缓存至单独的图层,方便统一添加效果。例如当需要绘制多个半透明的形状时,若将它们单独绘制,这些形状重叠处的颜色就会较深。若使用 saveLayer,就可以先将这些形状用普通颜色绘制,再在 restore 的时候统一通过混色添加半透明效果。

2. 实例

通过 GestureDetector 组件监听用户手势,记录下用户的鼠标或手指的移动路径,再使用 CustomPaint 组件将其绘制出来,就可以实现一个简单的手写板功能,如图 15-17 所示。

图 15-17 用 CustomPaint 实现手写板功能

该实例的完整代码如下:

```dart
//第 15 章/custom_paint_sketch_example.dart

import 'package:flutter/material.dart';

void main() {
  runApp(MyApp());
}

class MyApp extends StatelessWidget {
  @override
  Widget build(BuildContext context) {
    return MaterialApp(
      home: Scaffold(
        appBar: AppBar(
          title: Text("Sketch"),
        ),
        body: SketchPad(),
      ),
    );
  }
}
```

```dart
class SketchPad extends StatefulWidget {
  @override
  _SketchPadState createState() => _SketchPadState();
}

class _SketchPadState extends State<SketchPad> {
  final List<Offset?> points = [];

  @override
  Widget build(BuildContext context) {
    return GestureDetector(
      onPanUpdate: (details) {
        setState(() => points.add(details.localPosition));
      },
      onPanEnd: (details) {
        setState(() => points.add(null));
      },
      child: CustomPaint(
        foregroundPainter: SketchPainter(points),
        child: Container(color: Colors.yellow[100]),
      ),
    );
  }
}

class SketchPainter extends CustomPainter {
  final List<Offset?> points;

  SketchPainter(this.points);

  static final pen = Paint()
    ..color = Colors.black
    ..strokeWidth = 2.0;

  @override
  void paint(Canvas canvas, Size size) {
    for (int i = 0; i < points.length - 1; i++) {
      if (points[i] != null && points[i + 1] != null) {
        canvas.drawLine(points[i]!, points[i + 1]!, pen);
      }
    }
  }

  @override
  bool shouldRepaint(_) => true;
}
```

3．性能

当 CustomPaint 绘制过程比较复杂且耗时较长时，可能会遇到一些性能上的问题。例如数学中著名的"混沌游戏"就可以作为绘制谢尔宾斯基三角形的算法。这样绘制的图案虽然规则简单，代码简短，但需要多次循环才可以看到较好的效果，因此比较消耗性能。

使用混沌游戏方法生成谢尔宾斯基三角形的规则如下：首先需定义一个三角形的 3 个固定顶点，再随机摆放 1 个"游走点"。每次迭代时，游走点从当前位置出发，向三角形的随机 1 个顶点移动一半的距离。经过大量（如 50 000 次）迭代后，游走点停留过的位置会逐渐组成一个谢尔宾斯基三角形，如图 15-18 所示。

图 15-18　用 CustomPaint 绘制谢尔宾斯基三角形

用于实现图 15-18 所示效果的 CustomPainter 代码如下：

```
//第 15 章/custom_paint_chaos.dart

class ChaosPainter extends CustomPainter {
  final rand = Random();
  final pen = Paint()..color = Colors.black;

  @override
  void paint(Canvas canvas, Size size) {
    print("painting");
    final anchors = [
      //定义三角形的 3 个顶点
```

```
            Offset(size.width / 2, 0),              //画布的顶部中间处
            Offset(0, size.height),                 //画布的左下角
            Offset(size.width, size.height),        //画布的右下角
        ];

        Offset current = Offset(0, 0);
        for (int i = 0; i < 50000; i++) {
            //随机选择三角形的其中 1 个顶点
            final anchor = anchors[rand.nextInt(anchors.length)];
            //从当前位置向顶点移动一半的距离
            current = (current + anchor) / 2;
            //在新的位置绘制一个黑色的点(前 10 个点不必绘制)
            if (i > 10) canvas.drawCircle(current, 1.0, pen);
        }
    }

    @override
    bool shouldRepaint(_) => false;
}
```

此时每当屏幕上的任意内容发生变动,例如某些组件的位置发生改变,或屏幕上的其他元素产生动画,或仅仅是某一个 Material 按钮被单击时触发了波纹效果时,都会导致 Flutter 引擎重新渲染这整个屏幕,也就直接导致了这里的 CustomPainter 不停地重绘整个图案,从而造成严重的性能浪费。

造成这一现象的根本原因是 Flutter 引擎很可能会将屏幕上的各种组件都绘制到同一张图层上,因此当其他组件的视觉效果发生改动时,就不得不将整个图层重绘。这里最简单的解决办法就是在 CustomPaint 组件的父级插入一个 RepaintBoundary 组件,将耗时较久的谢尔宾斯基三角形绘制于独立的图层上。这样当其他组件有改动时,只需绘制其他组件。即使在 CustomPaint 本身的位置需要发生改变时,Flutter 引擎也可以通过直接移动它的图层,跳过 CustomPaint 绘制的步骤。

但实际上即使跳过了绘制步骤,图案也不一定能迅速出现在屏幕上。这是由于 Flutter 渲染步骤的产物依然是绘图指令,而不是颜色像素。换言之,上文提到的"绘制于独立图层"中"图层"仍然是由绘图指令构成的,需再被转化为位图(栅格化)才能显示到屏幕上。如果指令较多,栅格化也会比较耗时,因此,Flutter 引擎也会自动将某些图层栅格化后的最终位图缓存起来,以便再次使用。在目前版本中,如果同一张图层被反复栅格化,Flutter 引擎在执行第 3 次栅格化时会将其缓存。

CustomPaint 组件提供了 isComplex 和 willChange 这 2 个参数,可用于帮助引导 Flutter 引擎是否需要创建栅格缓存。若渲染的图案比较复杂,则可设置 isComplex: true,这样 Flutter 引擎会更倾向于将其绘制出的结果缓存为一张位图,而 willChange 则用来提示 Flutter 引擎,绘制出的结果在下一帧是否可能会改变,这同样会影响缓存行为。当这 2 个参数都不设置时,Flutter 会通过内部算法自动判断哪些图层栅格化的结果值得被缓

存,例如它可能会认为调用了阴影效果的图层比较复杂,值得缓存。

4. 动画

若需要在 CustomPaint 中实现动画效果,例如每一帧都要绘制不同的内容时,最高效的做法是将一个 Listenable 变量直接传给 CustomPainter 构造函数中的 repaint 参数。例如可直接将动画控制器传给 CustomPainter,代码如下:

```
MyPainter(Listenable controller) : super(repaint: controller);
```

这里附上一个雪花飘落的动画实例,运行效果如图 15-19 所示。

图 15-19 用 CustomPaint 制作雪花飘落的动画

本例在示范 CustomPaint 的动画效果的同时,还顺带附有绘制渐变蓝色背景、绘制文字、绘制正圆和椭圆及 canvas.save、translate、restore 等多种方法的示例,完整代码如下:

```
//第15章/custom_paint_snowman.dart

import 'dart:math';
import 'package:flutter/material.dart';

void main() {
  runApp(MaterialApp(home: MyHomePage()));
```

```dart
}

class MyHomePage extends StatefulWidget {
  @override
  _MyHomePageState createState() => _MyHomePageState();
}

class _MyHomePageState extends State < MyHomePage >
    with SingleTickerProviderStateMixin {
  late AnimationController _controller;

  @override
  void initState() {
    _controller = AnimationController(
      vsync: this,
      duration: Duration(seconds: 1),
    )..repeat();
    super.initState();
  }

  @override
  void dispose() {
    _controller.dispose();
    super.dispose();
  }

  @override
  Widget build(BuildContext context) {
    return CustomPaint(
      size: Size.infinite,
      painter: MyPainter(_controller),
    );
  }
}

class MyPainter extends CustomPainter {
  static final whitePaint = Paint()..color = Colors.white;
  static List < SnowFlake > snowflakes =
      List.generate(100, (index) => SnowFlake());

  //将动画控制器传给父类
  MyPainter(Listenable controller) : super(repaint: controller);

  @override
  void paint(Canvas canvas, Size size) {
    final w = size.width;
    final h = size.height;

    //绘制渐变的蓝色背景
```

```dart
      final gradientPaint = Paint()
        ..shader = LinearGradient(
          begin: Alignment.topCenter,
          end: Alignment.bottomCenter,
          colors: [Colors.blue, Colors.lightBlue, Colors.white],
          stops: [0, 0.7, 0.95],
        ).createShader(Offset.zero & size);
      canvas.drawRect(Offset.zero & size, gradientPaint);

      //绘制文字
      final textSpan = TextSpan(
        text: "Do you wanna build a snowman?",
        style: TextStyle(fontSize: 30, color: Colors.white),
      );
      TextPainter(text: textSpan, textDirection: TextDirection.ltr)
        ..layout(maxWidth: w * 0.5)
        ..paint(canvas, Offset(50, 100));

      //绘制雪人
      canvas.save();
      final side = size.shortestSide;
      canvas.translate(
        w > h ? w - side : 0,
        h > w ? h - side : 0,
      );
      canvas.drawOval(
        Rect.fromLTRB(side * 0.25, side * 0.4, side * 0.75, side),
        whitePaint,
      );
      canvas.drawCircle(Offset(side * 0.5, side * 0.3), side * 0.18, whitePaint);
      canvas.restore();

      //绘制雪花
      snowflakes.forEach((snow) {
        snow.fall();
        canvas.drawCircle(
          Offset(snow.x * w, snow.y * h),
          snow.radius,
          whitePaint,
        );
      });
    }

    @override
    bool shouldRepaint(_) => false;
}

class SnowFlake {
  final Random rnd = Random();
```

```
    late double x, y, radius, velocity;

    SnowFlake() {
      reset();
      y = rnd.nextDouble();
    }

    reset() {
      x = rnd.nextDouble();
      y = 0;
      radius = (rnd.nextDouble() * 2 + 2);
      velocity = (rnd.nextDouble() * 4 + 2) / 2000;
    }

    fall() {
      y += velocity;
      if (y > 1.0) reset();
    }
}
```

附　录　A

Flutter 组件（按字母排序）

下面列出所有本书提到过的 Flutter 组件和对应页码，方便读者在实战中迅速查找。

组件名（A～Z 排序）

Flutter 框架小知识

Dart Tips 语法小贴士

图 书 推 荐

书　　名	作　　者
鸿蒙应用程序开发	董昱
鸿蒙操作系统开发入门经典	徐礼文
鸿蒙操作系统应用开发实践	陈美汝、郑森文、武延军、吴敬征
华为方舟编译器之美——基于开源代码的架构分析与实现	史宁宁
鲲鹏架构入门与实战	张磊
华为 HCIA 路由与交换技术实战	江礼教
Flutter 组件精讲与实战	赵龙
Flutter 实战指南	李楠
Dart 语言实战——基于 Flutter 框架的程序开发(第 2 版)	亢少军
Dart 语言实战——基于 Angular 框架的 Web 开发	刘仕文
IntelliJ IDEA 软件开发与应用	乔国辉
Vue＋Spring Boot 前后端分离开发实战	贾志杰
Vue.js 企业开发实战	千锋教育高教产品研发部
Python 人工智能——原理、实践及应用	杨博雄主编,于营、肖衡、潘玉霞、高华玲、梁志勇副主编
Python 深度学习	王志立
Python 异步编程实战——基于 AIO 的全栈开发技术	陈少佳
Python 数据分析从 0 到 1	邓立文、俞心宇、牛瑶
物联网——嵌入式开发实战	连志安
智慧建造——物联网在建筑设计与管理中的实践	［美］周晨光(Timothy Chou)著;段晨东、柯吉译
TensorFlow 计算机视觉原理与实战	欧阳鹏程、任浩然
分布式机器学习实战	陈敬雷
计算机视觉——基于 OpenCV 与 TensorFlow 的深度学习方法	余海林、翟中华
深度学习——理论、方法与 PyTorch 实践	翟中华、孟翔宇
深度学习原理与 PyTorch 实战	张伟振
ARKit 原生开发入门精粹——RealityKit＋Swift＋SwiftUI	汪祥春
Altium Designer 20 PCB 设计实战(视频微课版)	白军杰
Cadence 高速 PCB 设计——基于手机高阶板的案例分析与实现	李卫国、张彬、林超文
Octave 程序设计	于红博
SolidWorks 2020 快速入门与深入实战	邵为龙
SolidWorks 2021 快速入门与深入实战	邵为龙
UG NX 1926 快速入门与深入实战	邵为龙
西门子 S7-200 SMART PLC 编程及应用(视频微课版)	徐宁、赵丽君
三菱 FX3U PLC 编程及应用(视频微课版)	吴文灵
全栈 UI 自动化测试实战	胡胜强、单镜石、李睿
pytest 框架与自动化测试应用	房荔枝、梁丽丽
软件测试与面试通识	于晶、张丹
深入理解微电子电路设计——电子元器件原理及应用(原书第 5 版)	［美］理查德・C. 耶格(Richard C. Jaeger)、［美］特拉维斯・N. 布莱洛克(Travis N. Blalock)著;宋廷强译
深入理解微电子电路设计——数字电子技术及应用(原书第 5 版)	［美］理查德・C. 耶格(Richard C. Jaeger)、［美］特拉维斯・N. 布莱洛克(Travis N. Blalock)著;宋廷强译
深入理解微电子电路设计——模拟电子技术及应用(原书第 5 版)	［美］理查德・C. 耶格(Richard C. Jaeger)、［美］特拉维斯・N. 布莱洛克(Travis N. Blalock)著;宋廷强译